유기화학 반응 메커니즘의 단계별 접근법

Mark G. Moloney | **이창윤** 옮김

Wiley / **자유아카데미**

저자 서문

이 책은 2000년에 첫 출간된 『*Reaction Mechanisms at a Glance*』을 보완한 개정판이라고 할 수 있다. 당시 이 책은 유기 화학에서 반응 메커니즘을 풀기에 적합한 아주 근본적인 규칙 세트가 있음을 입증하려고 시도하였으며, 이 규칙 세트는 조금만 노력하면 완전히 이해될 수 있는 것이었다. 여기서 중요한 점은 이 규칙을 체계적으로 사용해 보니, 공부하는 데 있어 기억의 부담이 상당히 감소하였다는 것이다! 이번 판에서는 완전히 가공된 문제들의 확장된 세트를 담고 있다. 또한 전이 금속을 이용한 리간드-커플링 반응의 문제 해결 전략에 적용 가능한 새로운 장도 포함하였다. 이 장에서는 이와 관련된 화학의 비약적인 성장과 중요성, 다양한 분야로의 광범위한 응용성을 표현하였다.

이 책을 아내 Julie를 비롯한 나의 가족 모두에게 바친다.

Mark Moloney
2014

축약어 안내

Ac	Acetyl ($CH_3C(O)$-)
cat.	catalytic
Δ	Heat
DMF	N,N-Dimethylformamide (Me_2NCHO)
MCPBA	meta-chloroperbenzoic acid
PPA	Polyphosphoric acid
THF	Tetrahydrofuran
p-TsCl	*p*-Toluenesulfonyl chloride (*p*-$MeC_6H_4SO_2Cl$)
p-TsOH	*p*-Toluenesulfonic acid (*p*-$MeC_6H_4SO_3H$)
py	Pyridine (C_5H_5N)
EWG	Electron withdrawing group
dil.	dilute
conc.	concentrated

서론

예전이나 지금이나 학습 자료를 커버하는 유기 화학 교재는 기초적인 것에서부터 심화된 것까지 많이 존재한다. 물론 대부분의 책들이 사실에 입각하여 쓰여 있지만, 학생들은 사실적인 지식을 문제 해결에 적용하는 데 있어서 큰 어려움을 겪는 것 같다. 또한 지나치게 기억에만 의존하도록 한다. 두께가 얇은 일부 교재들에서도 외워야 할 부분이 많아 상당히 부담스러울 수 있어 유기화학을 쉽게 포기하게 만든다. 이 책은 이러한 문제의 대안으로서 일반적인 문제-해결 전략이 실제로 많은 유기화학의 공통된 반응에 적용할 수 있음을 입증하고자 시도하였다. 특히 다양한 상황에서 적용할 수 있는 기초로서 기계론적인 유기 화학을 사용하면서, 문제 해결을 위한 체크리스트 접근법을 보여 줄 것이다. 이 책의 목적은 기초에 대한 좋은 이해와 함께 논리적, 단계별 추론이 문제 해결에 적용할 수 있는 강력한 도구임을 보여 주는 데 있다.

철학적 배경

이 책은 '박스 채우기' 교과서도, 세부 내용을 설명하는 책도 아니다. 다만, 문제를 시작부터 끝까지 어떻게 해결할 수 있는지를 보여 준다. 이 책의 주된 목표는 학생들의 연역적 추론 능력을 발달시키기 위한 것이며, 또한 학생들이 이러한 추론 능력을 반응의 표준 리스트와 관련 메커니즘에 기반을 두고 익숙하지 않은 상황에 적용할 수 있도록 하기 위한 것이다. 이 책은 대학교 1학년과 2학년 학생을 대상으로 하지만, 이미 다양한 교과서에서 커버한 것보다 더 많은 기초적인 주제를 다루지는 않는다. 따라서 팔전자 규칙과 루이스 구조, 그리고 꼬부라진 화살표, 화살표 넣기와 같은 전자를 설명하는 지식은 선행되어야 한다. 그보다 이 책은 일반화된 전략을 특정 문제에 적용함으로써 학생들의 이러한 개념의 사용을 발달 및 강화시키고자 한다. 이 책은 짧은 멀티-스텝 반응 도식을 사용한다. 문제-해결 전략의 강조 때문에, 단지 문제의 제한된 범위만을 커버할 것이다. 또한 모든 반응의 포괄적인 리스트를 제공하려는 시도는 하지 않을 것이다. 이 책의 목적은 이 전략이 다양한 상황에 적용할 수 있음을 증명하는 데 있다. 따라서 문제를 통해 모든 반응의 리스트를 다루려는 것은 부적절한 것으로 고려된다. 사실 이 것이 이 책의 목적을 무너뜨릴지도 모르기 때문이다.

이 책은 새로운 레이아웃에 기반을 두고 있는데, 마주 보는 두 페이지에는 문제와 해설이 담겨 있다. 왼쪽 페이지의 왼편에는 문제와 전반적인 전략이 있고, 오른편에는 답을 하는 데 필요한 광범위한 힌트가 제시되어 있다. 이러한 힌트를 제시한 것이 정답을 위한 세부적인 힌트를 제공하려는 의도는 아니다. 다만, 답에 도달하기 위한 접근법을 가이드하기 위한 것이다. 오른쪽 페이지에는 완전히 해결된 솔루션이 있을 것이다. 나는 학생들이 오른쪽 페이지 위에는 A4 용지를 두고 문제를 풀기를 권장한다. A4 용지는 문제 푸는 노트겸, 전체 정답을 가릴 수 있는 유용한 도구이기 때문이다. A4 용지를 두는 의도는 A4 용지가 너무 일찍 정답을 확인하려는 유혹을 없애 줄 수 있고, 문제의 실마리를 찾아가기 위한 단계별 절차로의 접근과 왼쪽 페이지의 힌트로의 접근을 강조하는 데 있다. 물론 이러한 문제에서 얻을 수 있는 효과는 학생들이 완전한 솔루션을 보기 이전에 전체적인 문제 해결 실마리를 찾으려고 할 때 나타나기 때문이다. 구체적인 정답은 언제나 A4 용지로 가릴 수 있도록 한 페이지 경계 내에서 가능한 많이 채울 것이다. 한 페이지라고 하더라도 전자의 이동은 포함시킬 것이다. 이 책에서 가장 새로운 점은 구부러진 화살표를 순서와 함께 표기하는 데 있을지도 모른다. 나는 학생들에게 전자 이동의 시작점과 그 다음 순서를 명료하게 가리키기 위해 a, b, c, d 순서대로 이름을 붙일 것이다. 요컨대, 다양한 학술적 능력을 위해 힌트와 솔루션을 둘 다 제공할 것이다.

하지만 이 책을 활용하는 데 있어서 지금까지 문제-해결을 위한 전략을 얼마나 잘 계발해 왔는지가 그다지 중요하지 않다는 것과 주요 전공서적의 각 단원에서 이미 배웠던 좋은 지식을 대신할 것은 없다는 점은 새겨 둘 필요가 있다. 여기서는 후자를 강조하고자 한다. 나는 유기 화학 학습이 외국어를 배우는 것과 다르지 않음을 깊게 생각한다. 어떤 언어를 배울 때 어휘의 중요성은 무시할 수 없다. 마찬가지로, 유기 화학을 학습하는 데 있어서도 흔한 작용기 그룹이 갖는 표준적인 반응 특성은 외워야 한다. 이 때문에 각 단원 앞에는 학생들이 알고 싶어 하면서, 동시에 각 장에서 요구하는 문제의 기초를 형성하게 하는 반응의 체크리스트가 요약되어 있다. 하지만 지면의 한계상 세부적인 학습 자료는 제공하지 않는다. 다만, 유기 화학의 문법으로 고려되는 메커니즘은 이 책에서 상당히 세부적으로 커버한다. 이 책을 통해 메커니즘은 문제-해결 과정에서 반복적으로 연습할 때, 가장 잘 학습된다는 교훈을 얻길 바란다.

이 책 사용법

1. 본 교재는 누구나 쉽게 인지할 수 있도록 작용기 그룹에 따라 세분화되어 제시될 것이다. 따라서 초기에 계발해야 할 중요한 기술은 작용기 그룹을 인지하는 것과, 전형적 또는 특유의 반응 특성을 회상하는 것이다. 관련 내용은 모든 단원의 처음에서 간략하게 요약 제시될 것이다. 그러나 근원적 학습 자료로서 본인이 미리 정리해둔 강의 노트나 추천 교재를 사용하면서 세부적인 요약 노트를 준비하는 것이 중요한 시작점이 될 수 있다. 학습 자료를 직접 구성하는 것 이외에 암기를 위한 대안적인 방법은 없다.

2. 각 단원에 제시된 반응 특성은 사실상 기본적인 화학적 원리만 사용해도 쉽게 이해할 수 있을 것이다. 이때 메커니즘은 출발 물질이 생성물로 전환되는 것에 관한 이론적 방식을 제공한다. 그럴듯한 메커니즘을 고안하기 위해서는(어떤 이론적 메커니즘을 확증하는 유일한 방법은 실험밖에 없음을 기억하라), 친핵체와 친전자체, Brønsted–Lowry와 Lewis의 산과 염기, 그리고 이탈기 그룹을 파악하는 것이 가장 먼저 필요하다.

3. 출발 물질과 생성물에 있는 원자의 수를 세는 것이 문제 해결에 도움이 되기도 한다. 이러한 방식은 원자의 출입을 효과적으로 파악할 수 있게 한다.

4. 그럴듯한 메커니즘을 고안하는 데 있어서, 전자가 풍부한 중심(예: 음전하, 비공유 전자쌍, 이중 결합 또는 삼중 결합)에서 시작해서 전자를 밀어 주는 쪽으로 생각하는 게 일반적으로 가장 도움이 된다(다음과 같이 화살표를 그려라.: ).

5. 두 갈퀴를 가진 화살표( )는 전자쌍(2개의 전자) 이동을 나타내고, 한 갈퀴를 가진 화살표( )는 라디칼 전자(전자 1개)의 이동을 나타낸다는 점을 기억하라.

6. 이 책에서 각 문제는 "제시된 상호 전환 반응의 그럴듯한 설명을 하라. 당신의 응답에서 각 반응 스텝에 대한 메커니즘을 포함하라"와 같은 타입의 문제를 풀기 위한 순차적 사고 전략을 사용하도록 의도하였다. 이러한 종류의 문제의 예시는 다음과 같다.

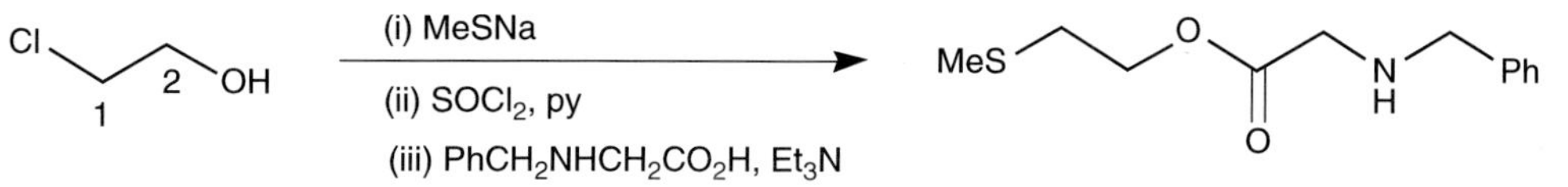

최종 생성물을 제외한 각 시약의 순서를 매기는 것은 이 단계에서 이미 주어졌음을 기억하라. 이처럼 꺼내둔 시약의 순서는 다음을 의미한다. 중간 생성물은 각 단계 시약에 의해 순차적으로 처리되며, 이로부터 나타난 생성물도 그 단계의 시약에 의해 차례대로 처리됨을 말한다. 이를 통해 초기 제시된 것과 같은 최종 생성물이 만들어진다.

7. 일반적인 전략은 다음과 같다.

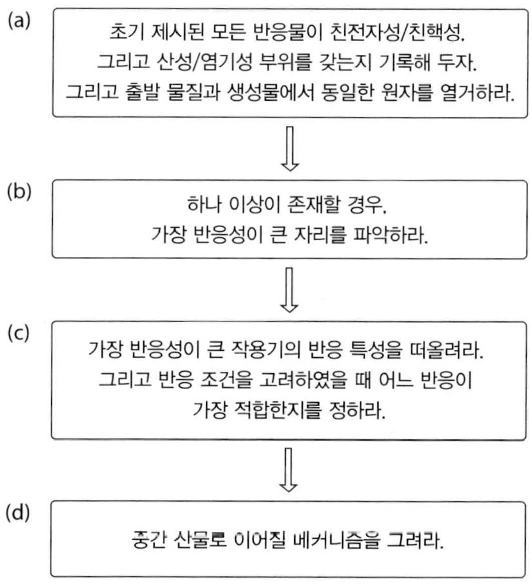

첫 단계(a)는 중요한 예비 단계이며, 이것에 관한 정보는 오른쪽 페이지 점선 윗부분에 표기되어 있다.

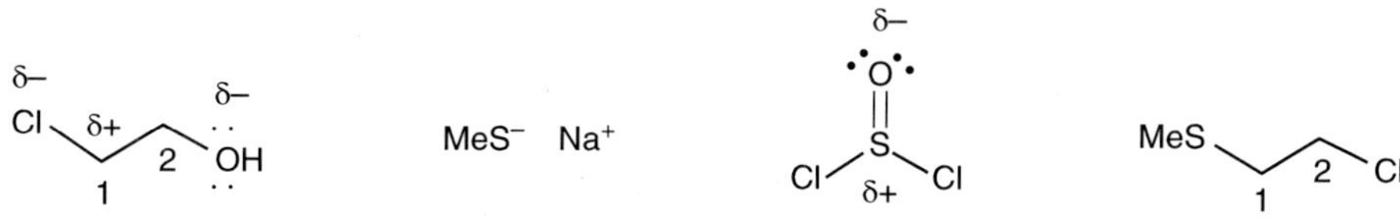

이 부분에는 반응성을 가진 종을 생성하는 예비 반응도 함께 포함되어 있다. 예를 들면 다음과 같다.

$$PhCH_2NHCH_2CO_2H + Et_3N \rightleftharpoons PhCH_2NHCH_2CO_2^- + Et_3\overset{+}{N}H$$

복합적으로 반응하는 자리에 관한 문제를 해결하기 위해, 가장 반응성이 있는 것이 어느 것인지를 파악하는 것(b)이 필요하다. 앞에서 예로서 보여 주었듯이, 할로젠화 알킬(alkyl halide)은 할로젠 원소와 인접한 탄소에서 친전자성을 가진다. 그리고 알코올은 친핵체이다. 일단 가장 반응성이 큰 작용기를 파악하였으면, 이와 관련된 반응 특성을 회상하는 것(c)이 다음 단계에서 유용하다. 주어진 예시에서, 할로젠화 알킬은 손쉽게 친핵성 치환 반응을 한다. 일단 반응 특성을 확정하고 나면, 다음 반응(d)을 추론할 수 있다. 이러한 예시의 연장선으로서, 할로젠화 알킬에 강한 친핵체인 싸이올 음이온의 친핵성 공격이 일어나게 되는데, 이때 치환 생성물이 만들어진다.

이러한 단계에서 떨어져 나간 것들(예를 들어 H_2O나 Cl^-와 같은 이탈기)을 화살표에 표기할 때에는 아래에 '–X'와 같이 표기한다.

$$\xrightarrow[-X]{\qquad\qquad}$$

여기에서 두 가지는 기억할 필요가 있다. 첫 번째는 일분자 반응이나 이분자 반응 단계가 쓰이는 것이 어떤 조건에서 가능한지, 두 번째는 정확한 표현을 위해 3분자 반응 단계를 만들 수 있을지 모르나, 반응 속도론적으로 거의 선호되지 않는다는 점이다. 많은 반응이 평형을 이루고 있기 때문에 출발 물질에서 생성물로의 변환은 반응 순서에서 하나 또는 그 이상의 비가역적 단계에 결정적으로 의존하고 있음을 기억하라. 이러한 평형은 공간이 남는다면 표기할 것이다.

8. 이러한 과정은 주어진 문제를 해결하기 위해 필요한 만큼 반복 · 적용할 수 있다. 만약 반복적 순환의 끝에 들어선다면, 중간체 또는 문제가 요구하는 최종 생성물을 아래 박스와 같이 표기할 수 있다.

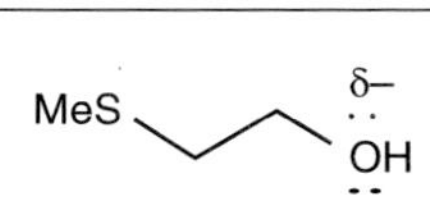

일단 이 단계에 들어서면, 당신은 사이클의 시작점으로 돌아갈 필요가 있다(즉, (a)). 그리고 이러한 절차를 다시 한 번 더 밟아야 한다. 최종 생성물까지 도달하는 데 필요한 반복 횟수는 각 문제에 따라 다르다. 그러므로 당신은 스스로 판단해야 할 것이다. 물론 앞서 제시한 예시와 같은 멀티-스텝 순서라면, 당신은 최소 이미 3회의 스텝이 필요하다는 것을 알고 있기 때문에, 같은 반복 횟수를 기대할 수 있다.

9. 하지만 최종전에 얻어진 생성물이 원하던 것과 다르게 얻어졌을지도 모른다. 그러나 사실상 그것은 최종 생성물과 매우 가까운 것이다. 오해할 경우 그르칠 수 있기 때문에 우리는 최종전 생성물을 신중하게 바라볼 필요가 있다. 토토머화 반응이 좋은 예라고 볼 수 있다. 이 때문에 다음과 같은 단계가 필요할 것이다.

이것이 최종 생성물과 밀접하게 관련된 것인지를 확인하라.

여기에서는 단지 일반적인 산성 또는 염기성 워크업 상태가 표기됨을 기억하라. 이것은 최종 생성물이 종

종 양성자화 또는 탈양성자화에 의해 얻어질 수 있음을 암시하는 것이다. 만약 염기 또는 산 시약이 어떤 반응 순서에서 구체화되어 있다면, (간단한 양성자화/탈양성자화가 아닌) 다른 반응이 암시적으로 뒤따르지 않는지 의심해 볼 필요가 있다.

10. 모든 것이 잘 진행되었다면, 당신은 다음을 수행할 수 있게 될 것이다.

최종 생성물의 구조를 그려라.

11. 힌트는 일반적인 전략 바로 옆에 제공된다. 하지만 당신은 그것들이 도움이 되지 않는다면, 이용할 필요가 없을지도 모른다. 굵은 고딕체로 적힌 용어들은 익숙해져야 하는 것들이며, 만약 익숙하지 않다면 다른 적합한 교재를 참고해서 해당 용어를 익혀야 할 것이다.

12. 세부적인 정답은 오른쪽 페이지에 나와 있으며, 당신이 작성한 답을 점검할 수 있게 해 준다. 당신이 문제를 다 풀기 전까지 정답을 보려는 유혹을 피하라!

13. 각 장별로 15개의 문제가 있으며, 이들은 각 작용기의 반응 특성의 가능한 모든 범위를 커버할 수 있도록 설계되었다.

14. 이러한 전략이 문제 해결에 도움이 되기는 하지만, 모든 곳에 보편적으로 적용 가능한 만병통치약은 아니라는 점을 기억하라. 모든 문제가 제각기 다르기 때문에, 독창적이지 않은 획일적인 접근법은 어떠한 성공도 보장해 주지 않는다. 이 접근법은 사고를 대체할 수는 없다.

15. 이 전략에는 특별히 중요한 제한점이 있다. 그것은 이 전략이 극성 중간체를 포함하는 메커니즘에 관해서만 초점을 맞추고 설계되었다는 점이다. 예를 들어 이 전략은 친핵성 과정, 친전자성 과정을 강조하고 있지만 라디칼 반응이나 고리형 협동 반응에는 직접 적용할 수 없음을 기억하라. 이 때문에 라디칼/고리형 협동 반응은 이 책에서 다루지 않는다. 이러한 반응 유형은 유기 화학 입문에서는 너무 심화된 과정이라고 볼 수 있다.

16. 이 접근법은 주제를 분명히 이해할 수 있게 하며, 단기적으로는 모든 중요한 시험에서 활용할 수 있도록 개발된 것이다. 이러한 전략을 통해 문제를 쉽고 재밌게 풀 수 있을 것이다. 이것을 즐겨라.

역자 서문

화학자들은 그들이 수행한 실험 결과를 학계에 공유하기 위해 화학적 기호, 구조식 등 새로운 언어를 만들어왔다. 이러한 언어 중에서 유기 화학이 가진 학문의 특성을 가장 잘 보여 주는 것이 바로 '메커니즘'이다. 메커니즘은 유기 화학자가 세계 각국에서 수행해 온 반응 결과들을 후세대 유기 화학자들이 언어와 무관하게 이해하고 해석할 수 있게 도와준다. 또한 학계에 속한 다른 학자들이 반응에 관한 어떤 패턴, 규칙을 발견하는 데 있어서 유용하게 활용되고 있다. 메커니즘은 여전히 새로운 발견을 이끄는 데에도 크게 기여하고 있다. 이러한 이유로 유기 화학의 세계에 입문하려는 학생들은 메커니즘의 내면화가 필수적이다.

하지만 지금까지 국내에 널리 알려진 유기 화학 교재들은 학습자가 메커니즘 리터러시(literacy)를 발달시키기 위한 과제를 충분히 제시하지 않았다. 이와 같은 이유로, 나는 국내 유기 화학에 관심 있는 학생들이 메커니즘을 단계적으로 배울 수 있는 교재의 필요성을 느끼게 되었고, Mark G. Moloney의 메커니즘 책을 접한 후 이 책의 번역을 결심하게 되었다.

이 책은 학생들의 새로운 화학 반응에 대한 두려움을 없애 줄 것이다. 또한 유기 화학이 지루하게 외우는 학문이 아닌, 즐겁게 외울 수 있는 학문임을 체험하게 해 줄 것이다. 이 책의 장점으로 암기를 강조하는 이유는 이 책으로 공부하는 독자가 대체로 대학 전공, 편입, 임용 시험을 준비하는 학생이 될 것으로 예상하기 때문이다. 또한 명백한 지식(explicit knowledge)이 머릿속에 얼마나 들어 있는지를 측정하는 시험을 치를 학생들에게도 도움이 됨을 알리고자 한다.

물론 나는 암기를 유기 화학 학습의 본질로 여기지 않는다. 실제 유기 화학 실험실에서는 그 누구도 모든 유기 화학 메커니즘을 암기하지 않는다. 다만 누구나 기본적인 메커니즘 리터러시를 갖추고 있을 뿐이다. 그들은 몰랐던 반응, 관용명을 가진 복잡한 화합물들을 구글 이미지 검색, 위키피디아, Scifinder 등의 검색을 통해 손쉽게 이해한다. 여기서 말하는 메커니즘 리터러시는 온라인상에 분산된 메커니즘 관련 지식을 적재적소 활용하는 능력과 밀접하게 관련된다. 이 책은 이러한 리터러시 계발에도 도움을 줄 것이다. 이 책의 내용을 의도적으로 암기하지 않더라도 학습자는 자신이 점차 메커니즘에 숙달됨을 느낄 것이다. 이 책은 사실상 그렇게 설계된 책이기도 하다.

좋은 책을 위해 최선을 다했지만 부족한 부분이 있을 수 있다. 이 부분은 양해를 바라며, 출간 후에라도 수정사항이 있을 경우에는 자유아카데미 홈페이지(www.freeaca.com) 자료실에 제공할 예정이다.

책이 나오기까지 도움을 주신 홍훈기 교수님, 김은주 교수님, 조준모 선생님, 박철규 선생님께 감사의 뜻을 표한다.

끝으로, 이 책의 독자들에게 이렇게 말하고 싶다. 필요한 만큼 이용하라. 그리고 즐겨라.

역자 이창윤
naver@snu.ac.kr

차례

1. 친핵성 치환 반응과 제거 반응 1

2. 알켄과 알카인 화학 반응 35

3. 카보닐기로의 친핵성 첨가 반응 69

4. 엔올 반응 103

5. 방향족 화학 반응 137

6. 자리옮김 반응 171

7. 리간드 커플링 프로세스 205

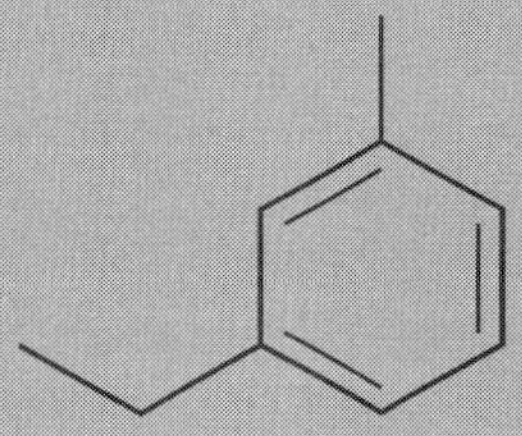

1장

친핵성 치환 반응과 제거 반응

1.1 친핵성 치환 반응: S_N1과 S_N2 반응

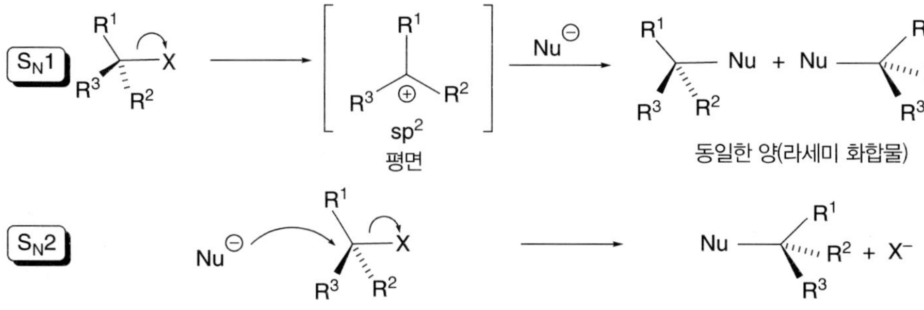

- S_N1 반응은 순차적으로 진행되는(stepwise) 반응이며, 동시에 일분자(unimolecular) 반응이다. 또한 탄소 양이온 중간체를 거쳐 진행되며, 반응 속도는 $[R^3R^2R^1CX]$에 비례한다. 다시 말해서, 반응 속도는 출발 물질로서 할로젠화 알킬의 농도에 의해 결정된다. 한편, 탄소 양이온의 구조상 안정성 순서는 R_3C^+ 〉 R_2CH^+ 〉 RCH_2^+ 〉 H_3C^+ 순서이며, 수소나 탄소의 이동에 의한 재배치가 일어나기도 한다.
- S_N2 반응은 이분자 반응(bimolecular)이며, 결합 형성과 결합 끊어짐 단계가 동시에 일어난다. 따라서 이 반응은 중간체를 거쳐 진행되는 반응은 아니며, 이것의 반응 속도는 $[R^3R^2R^1CX][Nu^-]$에 비례한다. 다시 말해서, 반응 속도는 출발 물질로서 할로젠화 알킬과 친핵체의 농도 둘 다에 의해 결정된다.
- 기질 구조의 본싱, 친핵체, 이덜기, 용매의 극성 정도는 모두 치환 반응의 메커니즘 과정을 결정한다.
- S_N1과 S_N2 메커니즘 경로는 생성물의 특성에 영향을 주게 되는데, S_N1 반응의 경우 라세미화가 일어나며, 후자의 경우 입체적으로 반전이 일어난다.
- 입체 효과(steric effect)는 S_N2 반응에서 특별히 중요하다(할로젠화 네오펜틸 분자는 입체적으로 친핵체의 접근을 가리기 때문에 반응성이 없다).
- S_N1 반응에서 이웃하는 그룹의 참여는 중요하다(즉, 이웃하는 그룹이 S_N1 반응의 중간체 탄소 양이온을 안정시킬 수 있는지 여부가 중요하다).
- 특별한 경우
  (i) 알릴성 친핵성 치환(displacement): S_N1'과 S_N2'가 일어난다.
  (ii) 할로젠화 아릴(Aryl, PhX)과 할로젠화 바이닐($R_2C{=}CRX$): 비록 벤질 자리(benzylic, $PhCH_2X$)와 알릴성(allylic, $RCH{=}CHCH_2X$)이 반응성이 더 크더라도, 여기에서 친핵성 치환 반응은 일반적으로 일어나지 않는다.

1.2 제거 반응: E_1과 E_2 제거 반응

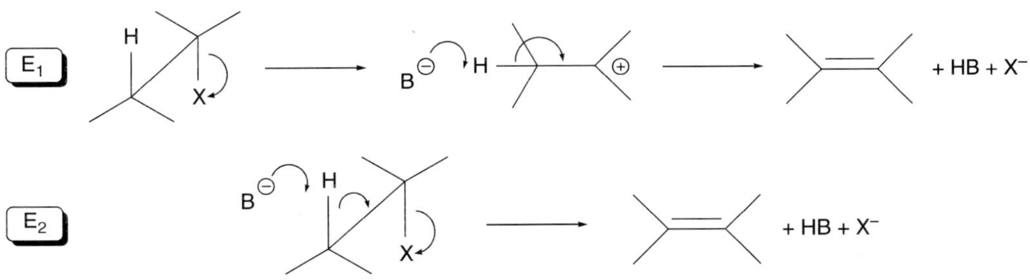

- E_1 반응은 순차적으로 진행되는 반응이며, 탄소 양이온 중간체를 거쳐 진행된다. 반면에 E_2 반응은 이분자(bimolecular) 반응이며, 중간체를 통하지 않고, 결합 형성과 결합 끊김 단계가 동시에 일어난다.
- 세이체프 규칙[1](Saytzev's Rule) 또는 호프만 규칙(Hofmann's Rule)은 제거 반응의 방향을 예측하는 데 사용될 수 있다. 이때 입체 화학은 엇갈린 형태(antiperiplanar; ap형)가 선호된다.
- 제거 반응과 치환 반응은 종종 경쟁하는 반응이다.

1 Zaïtsev's Rule이라고 지칭하기도 함

1.1

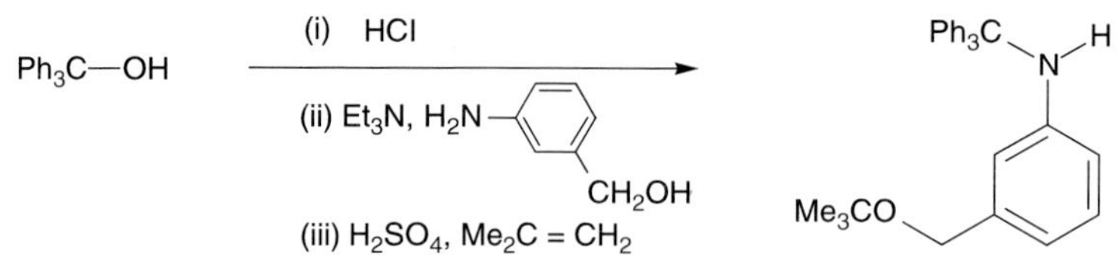

초기 제시된 모든 반응물이 친전자성/친핵성, 그리고 산성/염기성 부위를 갖는지 기록해 두자. 그리고 출발 물질과 생성물에서 동일한 원자를 열거하라.

- 알코올(alcohol, R−OH)은 산소 원자의 비공유 전자쌍(lone pairs) 때문에 친핵체이자 염기로 작용한다.
- 염산(HCl)은 강한 산이며, 완전히 이온화된다($pK_a = -7$).
- 트라이에틸아민(triethylamine, Et_3N)은 약한 염기이다.
- 황산(sulfuric acid, H_2SO_4)은 매우 강한 산이다.

하나 이상이 존재할 경우, 가장 반응성이 큰 자리를 파악하라.

- Ph_3C-OH에서 방향족 고리도 양성자화(protonated)[2]될 수 있기는 하지만, 그보다 알코올이 더 반응성이 크므로 알코올이 갖는 친핵성−염기가 전체 분자의 특성을 결정한다.

가장 반응성이 큰 작용기의 반응 특성을 떠올려라. 그리고 반응 조건을 고려하였을 때 어느 반응이 가장 적합한지를 정하라.

- 강한 산이 존재할 때 알코올기는 쉽게 양성자화되면서 분자에서 이탈한다. 즉, 하이드록실(hydroxyl, −OH)[3] 그룹이 옥소늄 이온(oxonium ion, $-OH_2^+$)과 같이 좋은 **이탈기**로 전환된 후, 물 분자(OH_2)로 떨어져나간다. 이후 탄소 양이온 중간체가 남는다.

중간 생성물로 이어질 메커니즘을 그려라.

- 이탈기가 떨어지면서 만들어진 삼차 탄소 양이온을 트라이페닐메틸 양이온(triphenylmethyl cation)이라고 하며, 이것은 **공명 안정화**(resonance stabilized)된다. 이후 탄소 양이온 자리에 염화 이온(chloride; Cl^-)이 접근하여 붙는다.

위 4단계를 반복하라.

- 염화 트라이페닐메틸(Ph_3C-Cl)은 쉽게 S_N1 반응을 일으킨다. 염화 이온(Cl^-)은 좋은 **이탈기**이므로, 쉽게 트라이페닐메틸 양이온을 생성한다. 생성된 트라이페닐메틸 양이온에는 아닐린 시약의 가장 친핵성을 갖는 작용기(아민 그룹)가 접근한다. 이후 일련의 양성자 이동(proton transfer)을 통해 다음 생성물을 만든다.
- 강한 산 조건(H_2SO_4)에서 아이소뷰테인(isobutane)은 양성자화되면서(*Markovnikov* 첨가), 삼차 뷰틸 양이온(*t*-butyl cation)을 형성한다. 이것은 친핵성을 갖는 알코올과 결합하여, 에터 생성물(ether product)의 양성자화된 형태를 만든다.

이것이 최종 생성물과 밀접하게 관련된 것인지를 확인하라.

- 이 **옥소늄** 양이온의 탈양성자화는 에터 생성물을 형성한다.

최종 생성물의 구조를 그려라.

---

2 양성자화: 수소 이온(H^+)이 접근하여 기존 분자가 갖고 있는 여분의 전자쌍과 결합하는 과정이다.

3 하이드록실은 알코올기(−OH)와 종종 같은 의미로 사용된다.

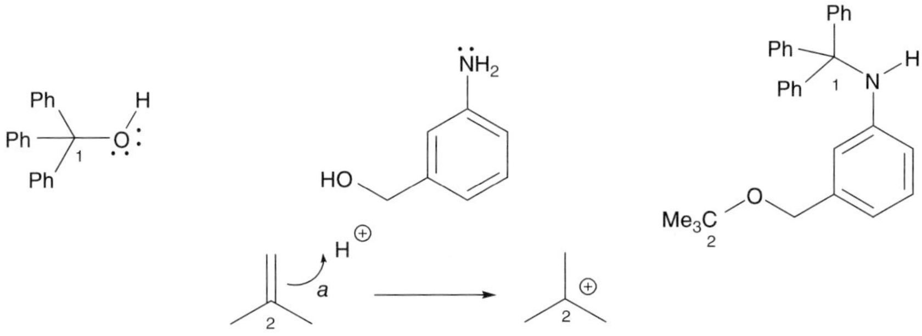

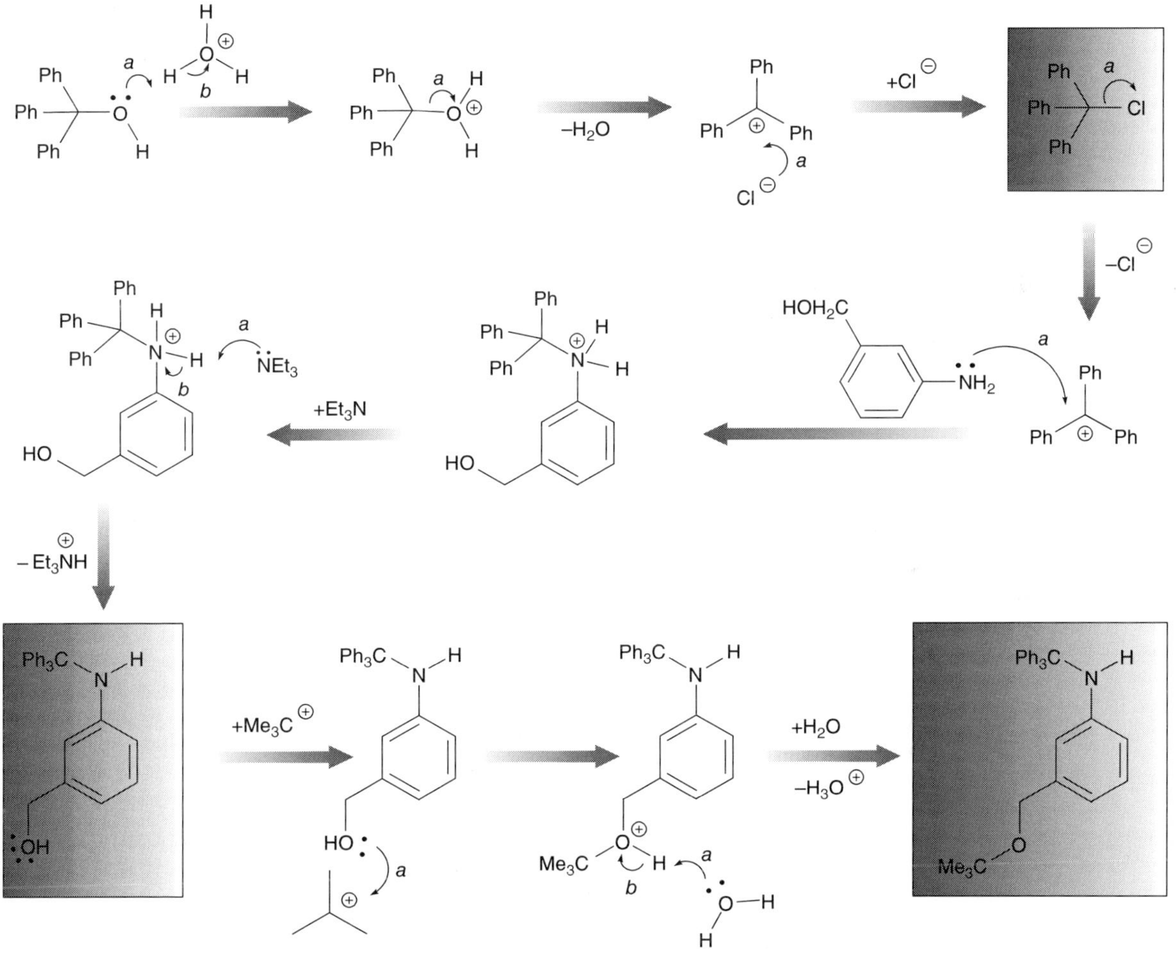

요약: 이 문제는 친핵성 치환 반응(S_N1)의 몇 가지 예시를 포함한다.

$$Nu^{\ominus} + R\text{-}X \longrightarrow R\text{-}Nu + X^{\ominus}$$

이제 문제 1.8과 1.9를 풀어보자.

1.2

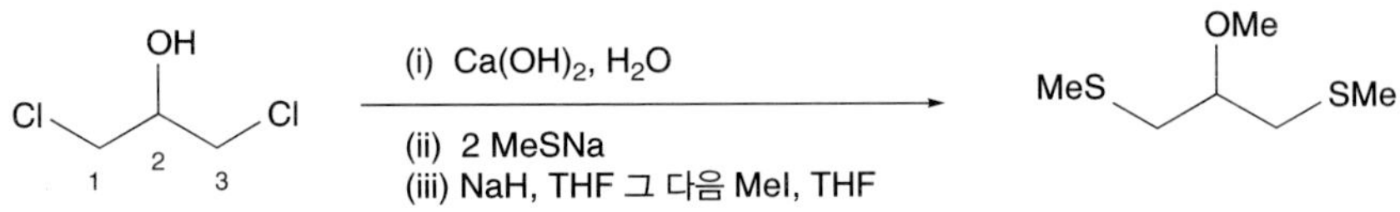

초기 제시된 모든 반응물이 친전자성/친핵성, 그리고 산성/염기성 부위를 갖는지 기록해 두자. 그리고 출발 물질과 생성물에서 동일한 원자를 열거하라.

- 염화 알킬(alkyl chloride, R−Cl)은 좋은 친전자체이다(염화 이온이 좋은 이탈기이며, 동시에 전기 음성적 특성이 C−Cl을 편극화시키기 때문).
- 알코올은 친핵체이면서 약한 산이다.
- 수산화 칼슘(calcium hydroxide, $Ca(OH)_2$)은 약한 염기이다.

↓

하나 이상이 존재할 경우, 가장 반응성이 큰 자리를 파악하라.

- 염기성 조건에서 알코올기는 탈양성자화되면서 매우 친핵성을 갖는 알콕시화 음이온(alkoxide anion)을 형성한다.
- 염화 알킬은 가장 친전자성을 갖는 자리이다.

↓

가장 반응성이 큰 작용기의 반응 특성을 떠올려라. 그리고 반응 조건을 고려하였을 때 어느 반응이 가장 적합한지를 정하라.

- 할로젠화 알킬(alkyl halide)은 알콕시화 이온과 쉽게 친핵성 치환 반응을 하며, 에터를 생성한다(이 반응은 *Williamson ether synthesis*와 관련됨). 이 경우에 반응은 한 분자 내에서 일어난다.

↓

중간 생성물로 이어질 메커니즘을 그려라.

- 알콕시화 이온은 염화 알킬과 분자 내 **친핵성 치환 반응**을 일으키며, 에폭시화물(epoxide)을 만든다.

↓

위 4단계를 반복하라. (→ 첫 단계로)

- Methanethiolate는 좋은 친핵성 분자이며, C−Cl과 에폭시 작용기를 둘 다 공격할 수 있다(두 친전자성 자리를 가짐). 그러나 이때 덜 가로막힌 쪽을 더 공격할 것이다. 결과로서 알콕시화 이온(alkoxide)을 생성한다. 이것은 워크업(work-up)[4] 과정에서 양성자화된다.
- 수소화 소듐(sodium hydride, NaH)은 좋은 염기이며, 알코올을 탈양성자화시킨다. MeI와 **친핵성 치환 반응**을 통해 **알킬화**(alkylation)되며, 최종적으로 에터 산물을 생성한다(이 반응도 *Williamson ether synthesis*와 관련됨).

↓

이것이 최종 생성물과 밀접하게 관련된 것인지를 확인하라.

- 이 단계 생략 가능.

↓

최종 생성물의 구조를 그려라.

---

4 정제 과정 중 하나

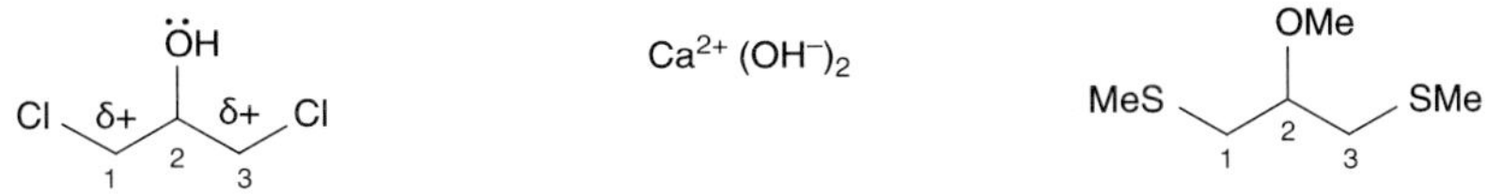

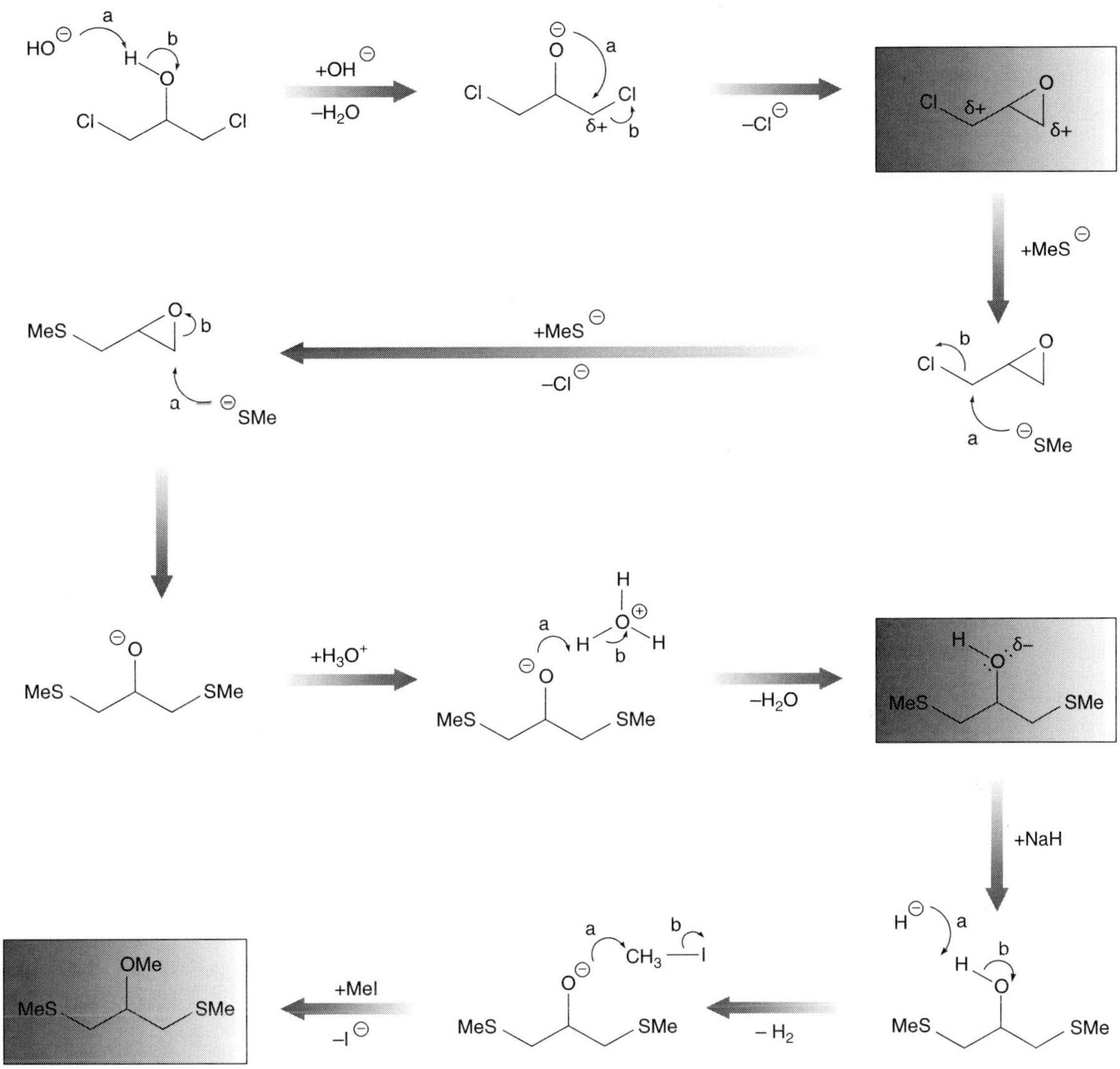

요약: 이 문제는 친핵성 치환 반응(S_N2)의 몇 가지 예시를 포함한다.

$$Nu^{\ominus} + R\text{-}X \longrightarrow R\text{-}Nu + X^{\ominus}$$

이제 문제 1.10을 풀어보자.

1.3

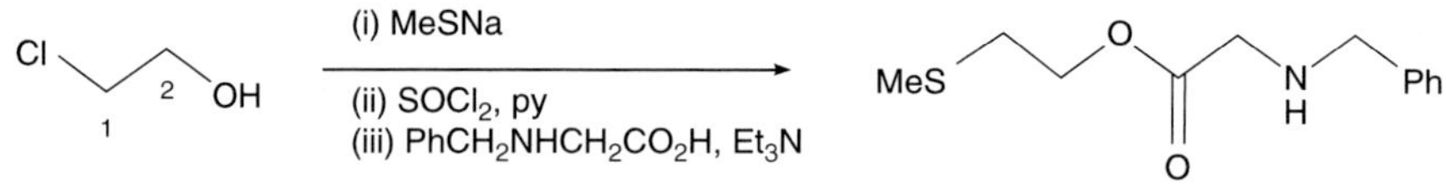

초기 제시된 모든 반응물이 친전자성/친핵성, 그리고 산성/염기성 부위를 갖는지 기록해 두자. 그리고 출발 물질과 생성물에서 동일한 원자를 열거하라.	• 염화 알킬은 염화 이온(Cl^-)이 좋은 이탈기이므로 강한 친전자성을 갖는다. • 알코올 자리는 (산소가 두 개의 비공유 전자쌍을 가지고 있으므로) 좋은 친핵성을 갖는다. • Methanethiolate(MeS^-)는 강한 친핵성을 갖는다(황이 강한 극성을 가짐과 동시에 음전하를 갖기 때문).
하나 이상이 존재할 경우, 가장 반응성이 큰 자리를 파악하라.	• 반응이 MeS^-와 같이 매우 친핵성을 갖는 시약과 함께 진행되기 때문에 가장 반응성이 큰 것은 염화 알킬 자리이다. • 알코올은 친핵성 시약과는 반응하지 않는다.
가장 반응성이 큰 작용기의 반응 특성을 떠올려라. 그리고 반응 조건을 고려하였을 때 어느 반응이 가장 적합한지를 정하라.	• 염화 알킬은 (Cl^-와 같은 높은 전기 음성도를 갖는 할로젠을 이탈기로서 가지고 있기 때문에) 친전자성을 띠며, 손쉽게 **친핵성 치환 반응**을 일으킨다.
중간 생성물로 이어질 메커니즘을 그려라.	• 일차 염화 알킬과 매우 높은 친핵성 싸이올레이트(thiolate) 음이온 사이에서는 S_N2 반응이 일어날 가능성이 매우 높다.
위 4단계를 반복하라.	• $SOCl_2$(thionyl chloride)는 매우 친전자성이고, **첨가-제거** 반응을 통해 알코올 자리를 염화 알킬과 같은 자리로 만든다[**이웃하는 그룹** 또는 SMe그룹의 **분자 내 이웃도움**(anchimeric assistance)[5]과 함께]. • 탈양성자화 작용으로 생성된 카복실산 음이온의 친핵성 하이드록실(hydroxyl) 산소는 이전 단계(SMe 그룹의 분자 내 이웃도움과 함께)에서 형성된 염화 알킬과 **친핵성 치환 반응**을 하여, 에터(ether) 생성물을 형성한다.
이것이 최종 생성물과 밀접하게 관련된 것인지를 확인하라.	• 이 단계 생략 가능.
최종 생성물의 구조를 그려라.	

5 분자 내 이웃한 그룹이 반응에 참여하는 것을 anchimeric assistance라 지칭하며, IUPAC에서는 Neighbouring group participation(NGP)라고 한다.

$$PhCH_2NHCH_2CO_2H + Et_3N \rightleftharpoons PhCH_2NHCH_2CO_2^{\ominus} + Et_3\overset{\oplus}{N}H$$

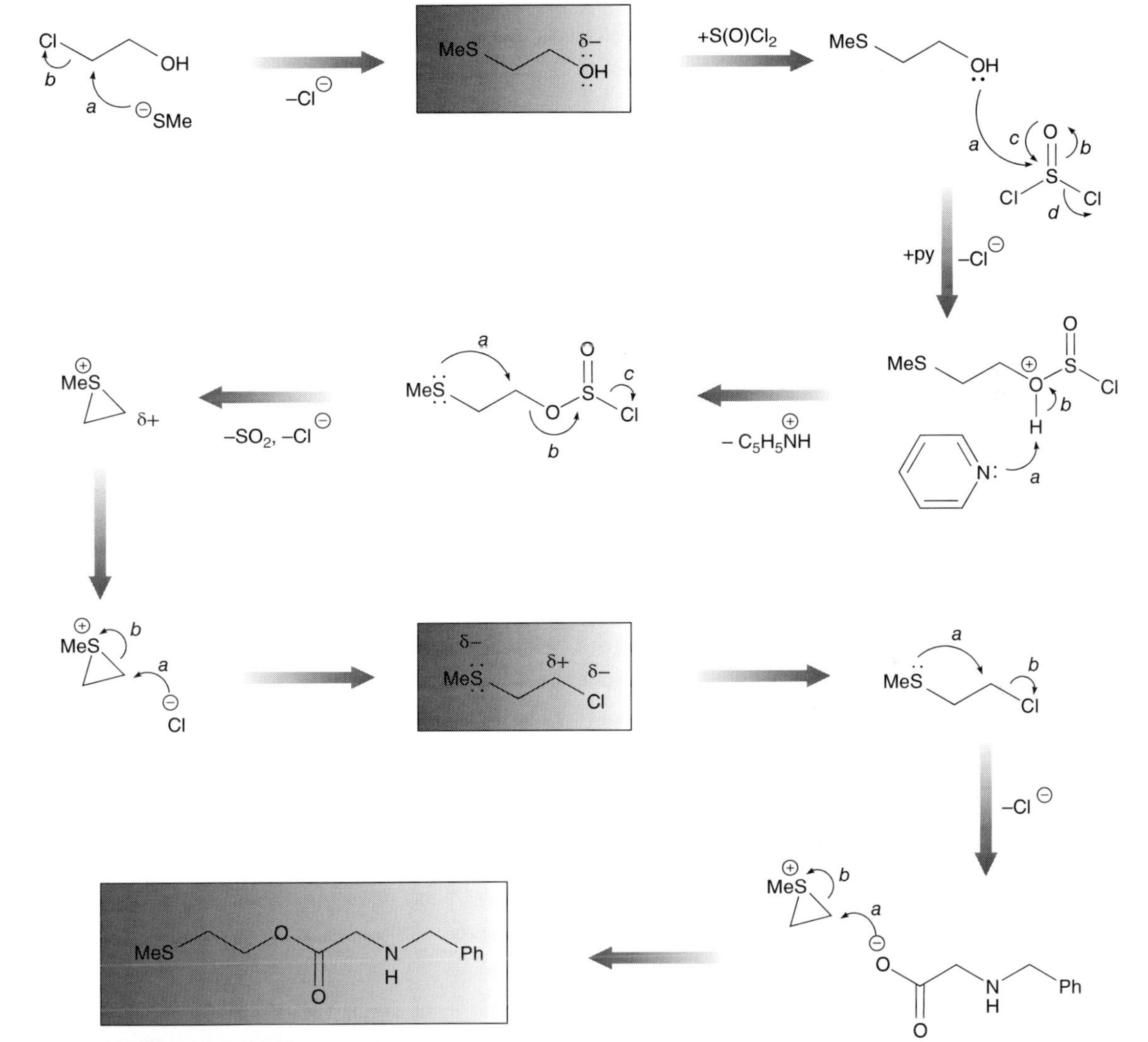

요약: 친핵성 치환 반응에서 분자 내 이웃도움('이웃하는 그룹 참여'라고도 함)의 예시이다.

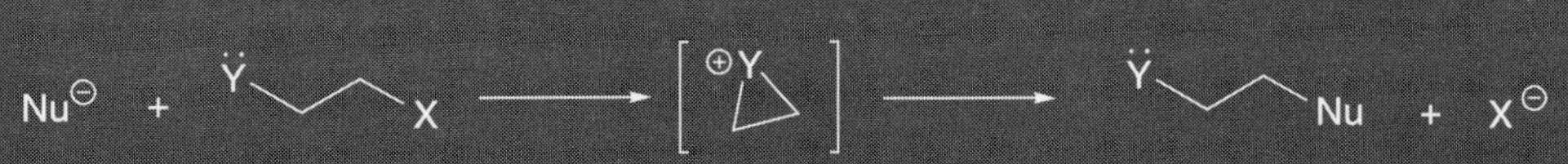

이제 문제 **1.11**을 풀어보자.

1.4

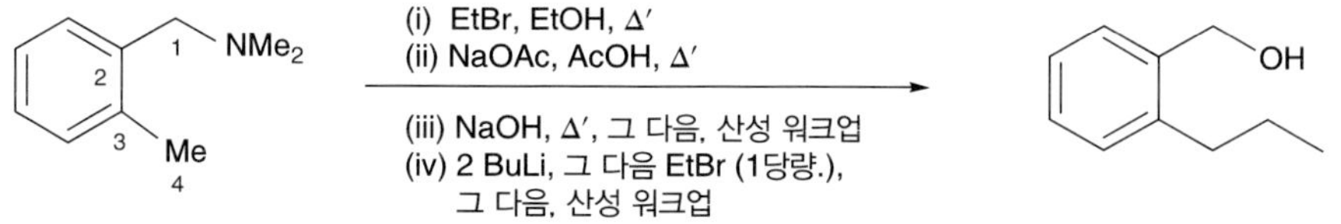

초기 제시된 모든 반응물이 친전자성/친핵성, 그리고 산성/염기성 부위를 갖는지 기록해 두자. 그리고 출발 물질과 생성물에서 동일한 원자를 열거하라.	• 아민(amine)은 질소의 비공유 전자쌍으로 인해 좋은 친핵성 작용기이다. • 브로민화 알킬(alkyl bromide)은 좋은 친전자성을 갖는데, 이는 브로민 원자가 전기 음성도가 크고 좋은 이탈기에 해당하기 때문이다.
하나 이상이 존재할 경우, 가장 반응성이 큰 자리를 파악하라.	• 가장 친핵성을 띠는 것은 다이메틸아미노 그룹(dimethylamino group)이다(비록 방향족 고리가 친핵성을 가질 수 있더라도). • 가장 반응성이 큰 친전자체는 브로민화 에틸(ethyl bromide)이다.
가장 반응성이 큰 작용기의 반응 특성을 떠올려라. 그리고 반응 조건을 고려하였을 때 어느 반응이 가장 적합한지를 정하라.	• 할로젠화 알킬은 손쉽게 **친핵성 치환 반응**을 한다. 이때 친핵체는 다이메틸아미노기(dimethylamino function)이다.
중간 생성물로 이어질 메커니즘을 그려라.	• 브로모에테인이 일차 할로젠화 알킬이고, 아민이 좋은 친핵제이다. 이때 반응은 S_N2 프로세스에 따라 진행되며, 그 결과 사차 암모늄염이 만들어진다.
위 4단계를 반복하라.	• 사차 암모늄 작용기는 좋은 중성 이탈기이므로, 친핵성 아세테이트에 의해 치환된다. 결과적으로 이 반응은 아세테이트 에스터(acetate ester)를 생성한다. • 에스터는 알칼리 조건(pH 7~14 수용액)에서 쉽게 가수분해된다(**첨가-제거 메커니즘**). 이후 산성 워크업 과정에서 알코올 생성물로 전환된다. • 뷰틸 리튬(butyllithium)과 같은 강한 염기와의 반응에서 알코올은 (상대적으로) 강한 산처럼 거동하며, 탈양성자화된다. 그 후, 벤질 메틸(benzylic methyl) 작용기만이 탈양성자화되면서, 공명 안정화된 탄소 음이온을 만든다. 이러한 친핵성 탄소 음이온은 브로모에테인(bromoethane)과의 S_N2 반응에 의해 반응이 종결된다(quenched). 그러나 오직 가장 반응성이 큰 벤질 탄소(benzylic carbon)만이 EtBr[6]의 한 당량과 반응의 중심을 차지한다.
이것이 최종 생성물과 밀접하게 관련된 것인지를 확인하라.	• 알콕시화 이온(alkoxide)은 산성 워크업에 의해 양성자화되며, 알코올 생성물로 전환된다.
최종 생성물의 구조를 그려라.	

(위 4단계를 반복하라 → 첫 단계로 돌아감)

6 브로모 에테인을 줄여서 표기

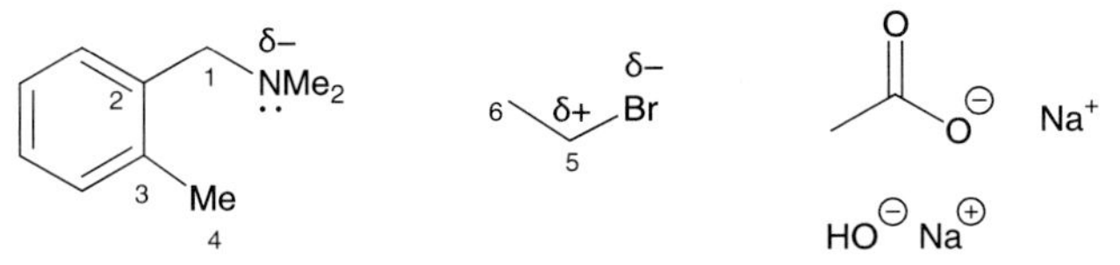

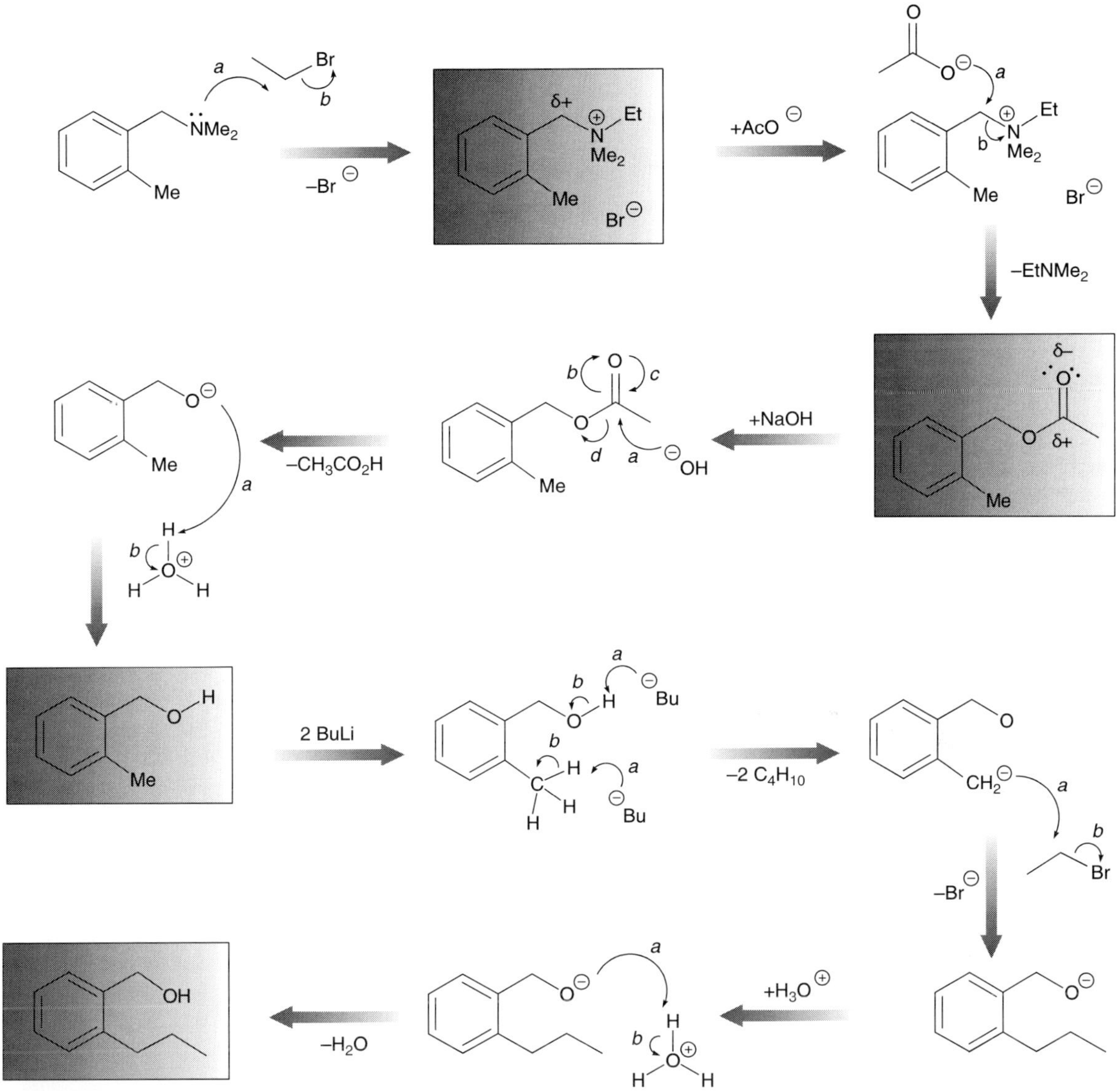

요약: 이 문제는 벤질 자리에서 친핵성 공격의 예시를 포함한다.

$$\mathrm{PhCH_2X} + \mathrm{Nu}^{\ominus} \longrightarrow \mathrm{PhCH_2Nu} + \mathrm{X}^{\ominus}$$

이제 문제 1.12를 풀어보자.

1.5

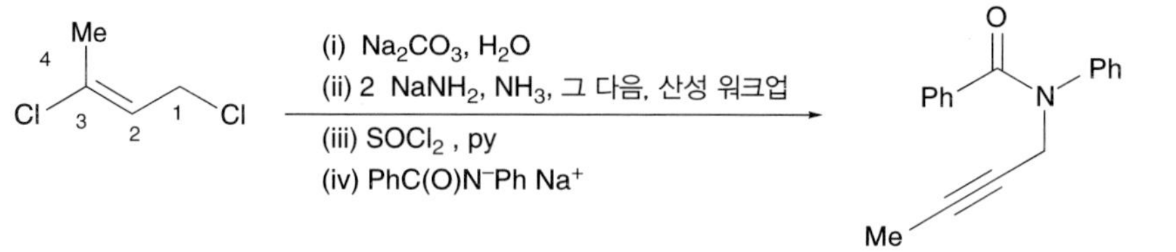

초기 제시된 모든 반응물이 친전자성/친핵성, 그리고 산성/염기성 부위를 갖는지 기록해 두자. 그리고 출발 물질과 생성물에서 동일한 원자를 열거하라.

- 염화 알킬은 좋은 친전자성을 갖는데, 이는 염소 원자가 전기 음성도가 크고, 좋은 이탈기에 해당하기 때문이다.
- 탄산 소듐(sodium carbonate)은 약한 염기이다. 이때 염기성 수용액에서 생성되는 수산화 이온(OH^-)은 강한 염기이며 동시에 좋은 친핵체로 작용한다.

하나 이상이 존재할 경우, 가장 반응성이 큰 자리를 파악하라.

- **알릴성** 염소(allylic chloride) 위치가 가장 친전자성을 띠는 자리이다(**바이닐성** 염소는 이보다 더 강한 C−Cl 결합을 가지고 있으므로, 여기서는 친전자체로는 작용하지 않는다).
- 수산화 이온(OH^-)만이 오직 친핵체로 작용한다.

가장 반응성이 큰 작용기의 반응 특성을 떠올려라. 그리고 반응 조건을 고려하였을 때 어느 반응이 가장 적합한지를 정하라.

- 알릴성 염소는 **친핵성 치환 반응**을 손쉽게 한다. 이때 S_N1 또는 S_N2 메커니즘이 진행될 수 있으며, 기질과 용매에 따라 결정된다.

중간 생성물로 이어질 메커니즘을 그려라.

- 극성 용매에서 알릴성 염소는 S_N1 반응으로 손쉽게 진행되며, 매우 **공명** 안정화된 알릴성 양이온을 경유하면서 반응이 진행된다.
- 이탈기가 떨어져 나간 후, 이 자리는 수산화 이온이 접근하여 들러붙는데, 그 결과 알릴성 알코올 생성물이 만들어진다.

위 4단계를 반복하라.

- 소듐 아마이드(sodium amide 또는 sodamide, $NaNH_2$)는 강한 염기로서, 알코올 작용기를 탈양성자화시키고 염화 바이닐의 제거 반응을 유도하는데, 이때 알카인 산물이 만들어진다.
- 염화 싸이오닐(thionyl chloride)은 매우 친전자성 분자로서, **첨가-제거 과정**을 경유하여, 알코올 자리를 염화 프로파르길(propargyl chloride)[7]로 만든다.
- PhC(O)NHPh(N이 O보다 더 친핵성을 띰)의 염에 의한 **친핵성 치환 반응**은 최종 생성물과 직접적으로 관련된다.

이것이 최종 생성물과 밀접하게 관련된 것인지를 확인하라.

- 이 단계 생략 가능.

최종 생성물의 구조를 그려라.

7 1가의 불포화 원자단

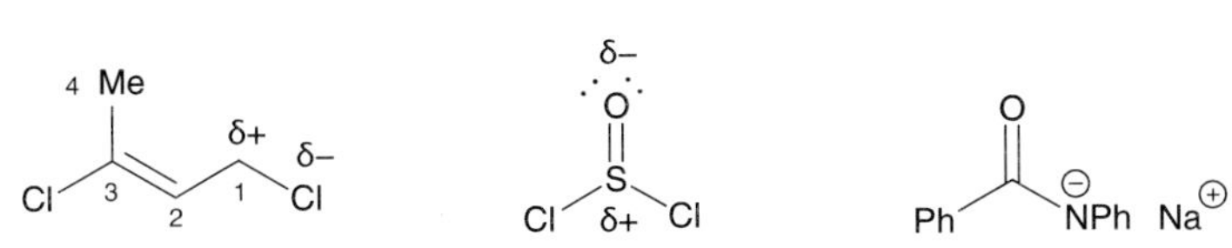

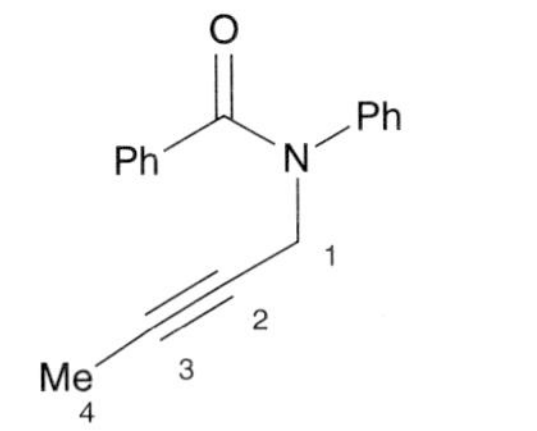

$$H_2O + Na_2CO_3 \rightleftharpoons HO^{\ominus} + NaHCO_3$$

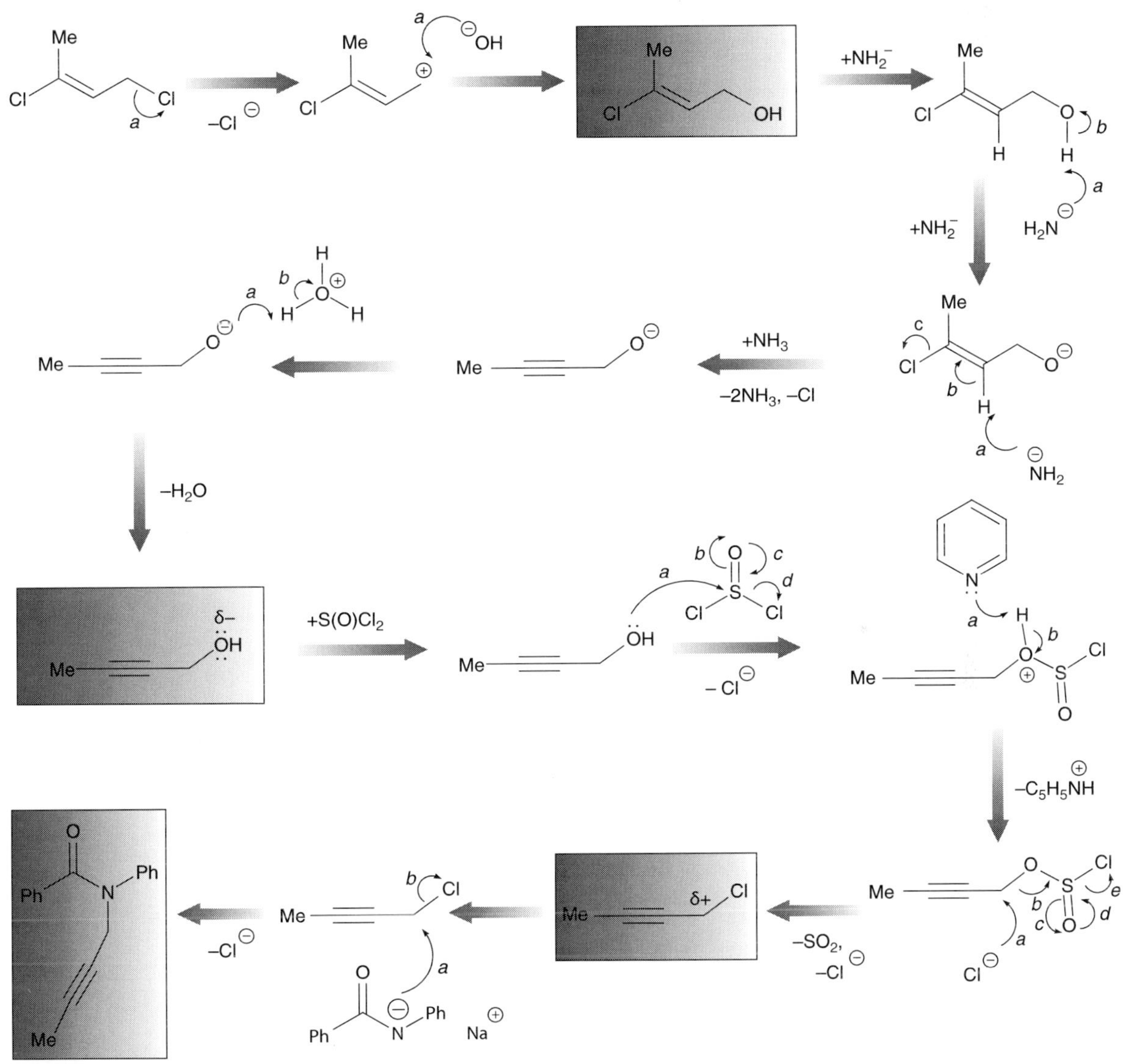

요약: 이 문제는 친핵성 치환 반응 및 제거 반응 예시를 보다 많이 제공한다.

이제 문제 1.13을 풀어보자.

1.6

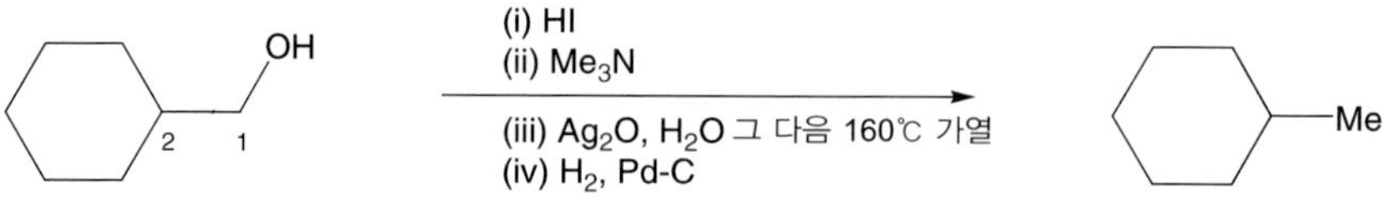

초기 제시된 모든 반응물이 친전자성/친핵성, 그리고 산성/염기성 부위를 갖는지 기록해 두자. 그리고 출발 물질과 생성물에서 동일한 원자를 열거하라.

- 알코올은 산소의 비공유 전자쌍 때문에 친핵체이자 동시에 염기이다.
- HI는 매우 강한 산이며, 완전히 이온화된다($pK_a = -10$).

하나 이상이 존재할 경우, 가장 반응성이 큰 자리를 파악하라.

- 이 분자에서는 알코올만이 유일한 염기성이자 친핵성 자리이다.
- HI는 가장 친전자성을 띠는 시약이다.

가장 반응성이 큰 작용기의 반응 특성을 떠올려라. 그리고 반응 조건을 고려하였을 때 어느 반응이 가장 적합한지를 정하라.

- 알코올의 하이드록실기(R−OH)는 산에 의해 쉽게 양성자화되고, **옥소늄** 이온($R-OH_2^+$)으로 전환된 후, 물(H_2O)로 떨어져 나간다. 여기서 생겨난 탄소 양이온(R^+)은 산 조건에서 적절한 친핵체와 손쉽게 **친핵성 치환 반응**을 일으킬 수 있다.

중간 생성물로 이어질 메커니즘을 그려라.

- **옥소늄** 이온($R-OH_2^+$)은 좋은 이탈기이자, 좋은 친핵체인 아이오딘화 이온(I^-)과의 S_N2 반응에 의해 쉽게 치환된다(일차 기질과 좋은 친핵체).

위 4단계를 반복하라.

- 트라이메틸아민은 좋은 염기이자 친핵체이다. 아이오딘화 알킬은 S_N2 반응성이 크다. 반응에서 아이오딘은 손쉽게 치환되며, 그 결과 사차 아이오딘화 암모늄이 생성된다.
- 산화 은(silver oxide) 처리 과정에서 아이오딘 염은 수산화 염으로 전환되며, 이때 AgI는 침전된다. 이 염을 가열하면 **제거 반응**이 일어난다(호프만 제거). 그 결과 알켄 물질이 생성된다.
- Pd를 이용한 알켄의 수소화 반응은 촉매로서 숯(charcoal)에 의해 촉진되며, 결과적으로 알케인을 생성한다(같은 면-H_2 첨가 반응; *syn*-addition of H_2).

이것이 최종 생성물과 밀접하게 관련된 것인지를 확인하라.

- 이 단계 생략 가능.

최종 생성물의 구조를 그려라.

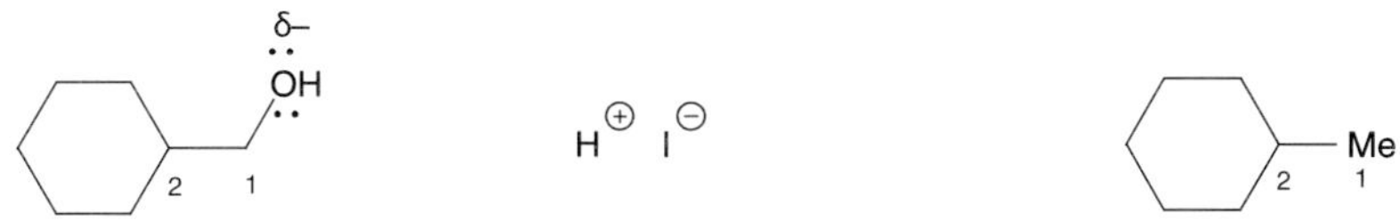

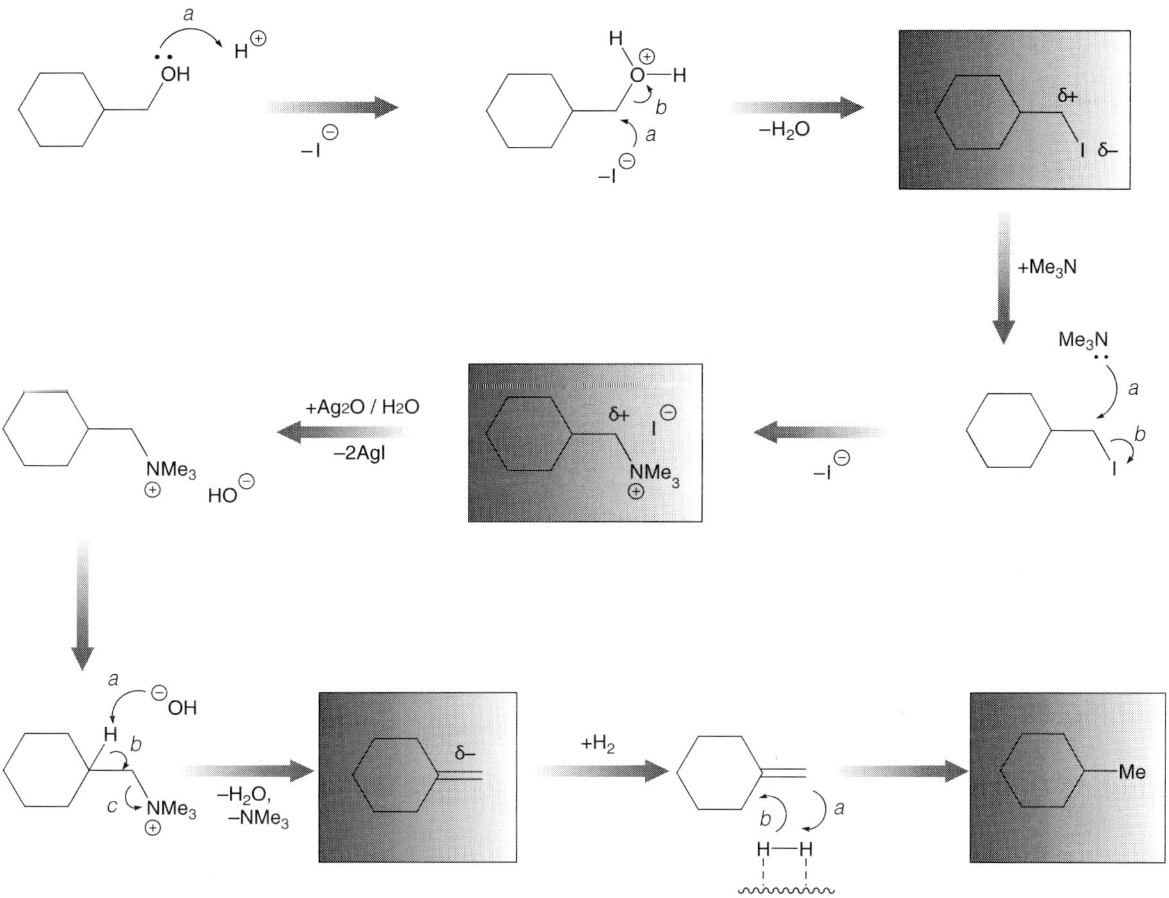

요약: 사차 아이오딘화 암모늄의 호프만 제거 반응의 한 예시이다.

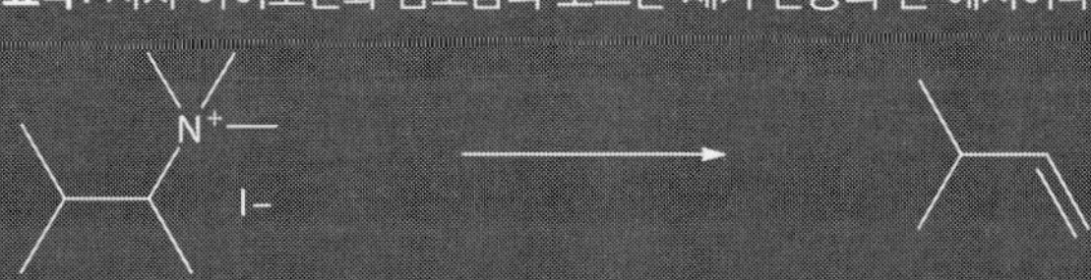

이제 문제 1.14를 풀어보자.

1.7

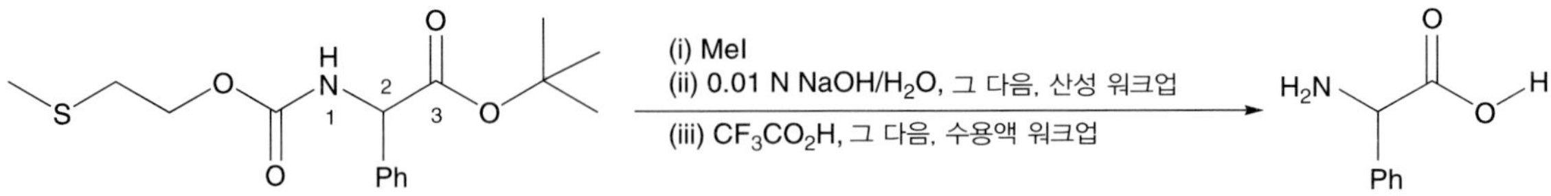

초기 제시된 모든 반응물이 친전자성/친핵성, 그리고 산성/염기성 부위를 갖는지 기록해 두자. 그리고 출발 물질과 생성물에서 동일한 원자를 열거하라.

- 황(surfur), 산소(oxygen), 질소(nitrogen)는 모두 비공유 전자쌍을 가지고 있기 때문에 친핵체이다.
- 아이오딘화 메틸(methyl iodide)은 아이오딘이 전기 음성도가 크고 좋은 이탈기이므로 좋은 친전자체이다.

하나 이상이 존재할 경우, 가장 반응성이 큰 자리를 파악하라.

- 황은 분자 내 O, N, S 중에서 가장 작은 전기 음성도를 갖기 때문에 전자쌍을 내어주기 유리하므로 가장 친핵성을 갖는 헤테로 원자(heteroatom)이다.
- 아이오딘화 메틸은 가장 반응성이 큰 친전자체이다.

가장 반응성이 큰 작용기의 반응 특성을 떠올려라. 그리고 반응 조건을 고려하였을 때 어느 반응이 가장 적합한지를 정하라.

- 할로젠화 알킬은 황 원자가 존재하는 경우에 친핵체로서 황과 **친핵성 치환 반응**을 쉽게 일으킨다.

중간 생성물로 이어질 메커니즘을 그려라.

- 친핵성 황은 아이오딘화 메틸(S_N2)과 **친핵성 치환 반응**을 일으키고, **설포늄** 양이온(sulfonium cation)을 생성한다.

위 4단계를 반복하라.

- 설포늄 양이온의 α-수소는 매우 안정화된 짝염기(conjugate base)이므로 매우 산도가 높다. 또한 단지 약한 염기만으로도 쉽게 탈양성자화되며, **제거 반응**(E_1CB)이 일어나도록 유도한다.
- 에스터(ester)는 강한 산(예: CF_3CO_2H)에 의해 카보닐 산소가 양성자화될 수 있다. 에스터 알킬 그룹(ester alkyl group)은 E_1 과정에서 떨어지고, 아미노산 생성물과 삼차 뷰틸 양이온(*t*-butyl cation)을 생성한다. 이 양이온에 물이 접근하여 들러붙는데, 결국 **옥소늄** 양이온($R-OH_2^+$)이 된다.

이것이 최종 생성물과 밀접하게 관련된 것인지를 확인하라.

- 워크업에서 **옥소늄** 양이온($R-OH_2^+$)의 탈양성자화가 일어나야 삼차 알코올(*t*-butyl alcohol; R−OH) 산물이 생성된다.

최종 생성물의 구조를 그려라.

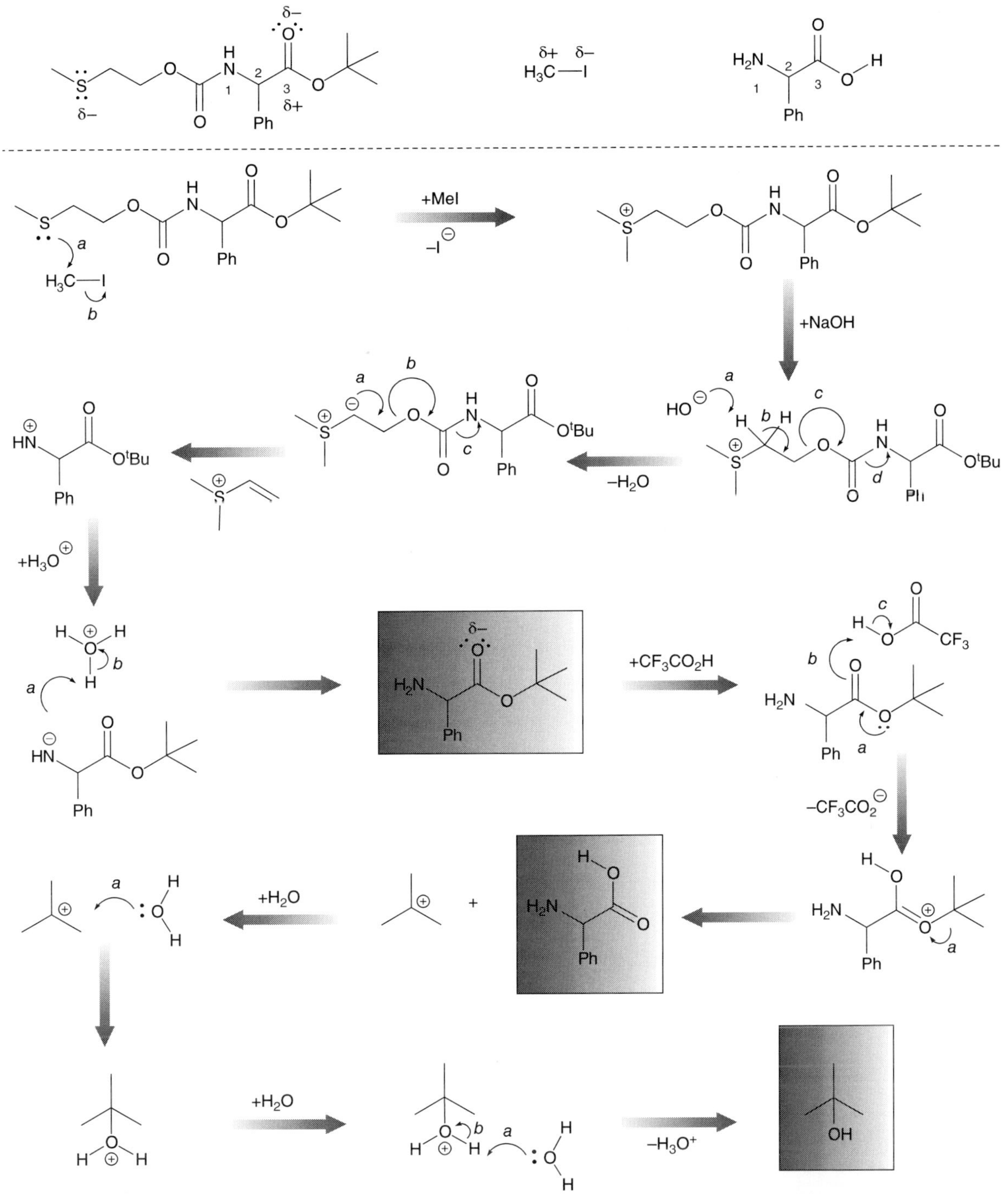

요약: 염기-촉매화된 β-제거 및 산-촉매화된 에스터 가수분해의 예시이다.

이제 문제 1.15와 1.9를 풀어보자.

1.8

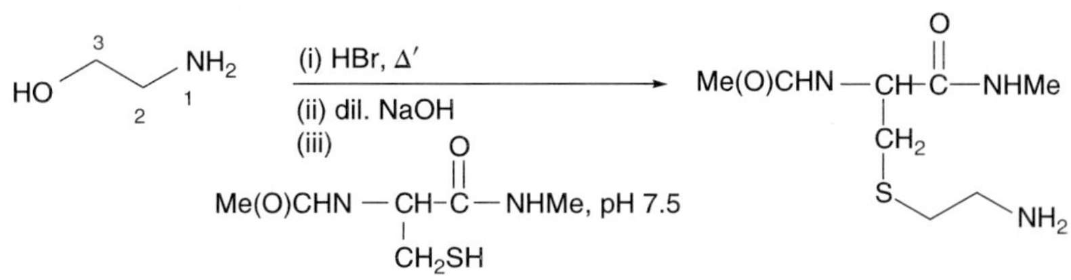

초기 제시된 모든 반응물이 친전자성/친핵성, 그리고 산성/염기성 부위를 갖는지 기록해 두자. 그리고 출발 물질과 생성물에서 동일한 원자를 열거하라.

- 아민과 알코올은 둘 다 비공유 전자쌍을 가지고 있기 때문에 염기로 작용한다.
- HBr은 강한 산으로서 완전히 이온화된다($pK_a = -8$)

하나 이상이 존재할 경우, 가장 반응성이 큰 자리를 파악하라.

- 여기에서는 아민이 조금 더 염기에 해당한다(비록 아민과 알코올이 둘 다 염기로 작용할 수 있다고 하더라도, 질소가 산소보다 전기 음성도가 작기 때문에).
- 여기서 HBr은 가장 강한 산이다.

가장 반응성이 큰 작용기의 반응 특성을 떠올려라. 그리고 반응 조건을 고려하였을 때 어느 반응이 가장 적합한지를 정하라.

- 아민은 브로민화 수소(HBr)에 의해 쉽게 양성자화되고, 알코올도 마찬가지로 양성자화된다.

중간 생성물로 이어질 메커니즘을 그려라.

- 아민 작용기는 초기 브로민화 수소(HBr)에 의해 양성자화되고, 브로민화 음이온(Br^-)이 만들어진다.

위 4단계를 반복하라.

- HBr은 가장 강한 산이고, 남아 있는 알코올을 쉽게 양성자화 시킬 수 있는 능력을 가지고 있다. 이는 알코올(R−OH)을 매우 뛰어난 옥소늄 이탈기로 전환시킨다. 이때 브로민화 음이온과 같은 적절한 친핵체의 공격이 있다면, 옥소늄 이탈기는 물(H_2O)로 떨어져나간다. 이후 염기성 워크업을 통한 탈양성자화 반응에서 아민 생성물이 만들어진다.
- 시스테인 유도체(cysteine derivative) 내 가장 친핵성을 갖는 황 원자는 브로민 자리를 공격하는데, 이때 NH_2이 그룹이 **분자 내 이웃도움**(anchimeric assistance)으로서 반응에 참여한다. 반응 결과, 양성자화된 싸이오 에터 생성물이 만들어진다.

이것이 최종 생성물과 밀접하게 관련된 것인지를 확인하라.

- 앞서 만들어진 물질을 워크업 과정을 통해 탈양성자화시키면, 최종 싸이오 에터 생성물이 만들어진다.

최종 생성물의 구조를 그려라.

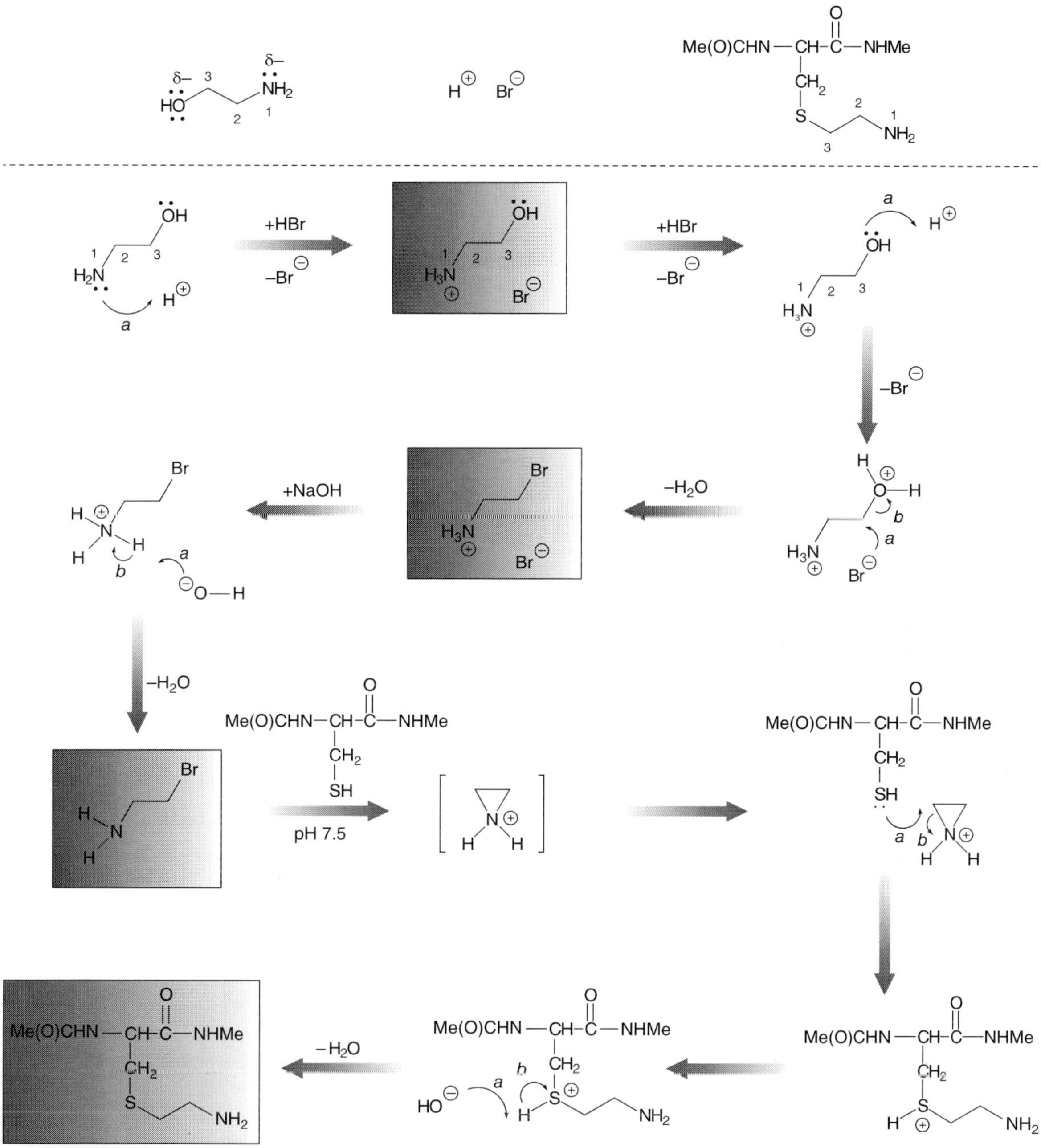

요약: 친핵성 치환 반응(S_N2)의 한 예시이다.

$$Nu^{\ominus} + R\text{–}X \longrightarrow R\text{–}Nu + X^{\ominus}$$

이제 문제 1.9를 풀어보자.

1.9

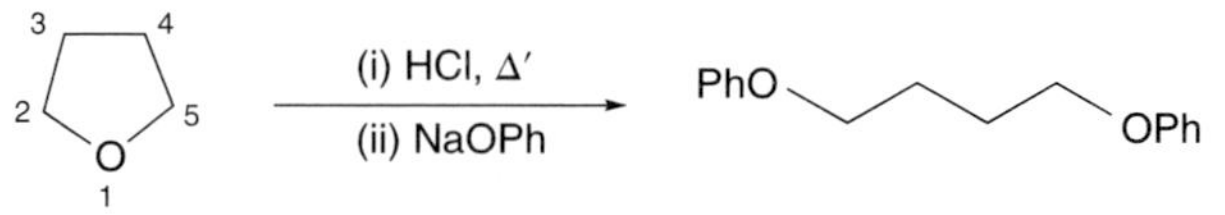

초기 제시된 모든 반응물이 친전자성/친핵성, 그리고 산성/염기성 부위를 갖는지 기록해 두자. 그리고 출발 물질과 생성물에서 동일한 원자를 열거하라.	• 에테(ether)는 비공유 전자쌍을 가진 산소 때문에 친핵성을 갖는다. • HCl은 강한 산이므로, 완전히 이온화된다(pK_a = −7).
하나 이상이 존재할 경우, 가장 반응성이 큰 자리를 파악하라.	• 이 분자에서 에테 작용기만이 반응성을 가진 유일한 그룹이다. • 에테는 염산(HCl)과 같은 강한 산에 의해 쪼개질 수 있으며, 이때 할로젠화 알킬을 생성한다.
가장 반응성이 큰 작용기의 반응 특성을 떠올려라. 그리고 반응 조건을 고려하였을 때 어느 반응이 가장 적합한지를 정하라.	• 에테는 일반적으로 대부분의 시약에 반응하지 않지만, 염산(HCl)과 같은 매우 강한 산에는 분해되며, 할로젠화 알킬을 생성한다.
중간 생성물로 이어질 메커니즘을 그려라.	• 에테 작용기는 염산에 의해 양성자화될 수 있으며, 옥소늄 양이온으로 전환된다. • 이러한 양이온은 매우 좋은 이탈기로 작용하며, 염화 이온(Cl^-)과 같은 매우 약한 친핵체만으로도 치환된다. 반응 결과, 할로젠화 알킬 생성물이 만들어진다.
위 4단계를 반복하라.	• 동시에 발생한 알코올 그룹도 강한 산에 의해 양성자화되고, 옥소늄 이온($R-OH_2^+$)으로 전환된다. 이러한 옥소늄 양이온은 매우 좋은 이탈기로서, 이전 반응처럼 염화 이온과 같은 약한 친핵체에 의해 치환된다. 이것은 할로젠화 알킬 산물을 생성하며, 결국 이염화(dichloro) 생성물이 된다. • 이염화물의 할로젠 자리는 페녹시화 소듐(sodium phenoxide)과 이중으로 친핵성 치환 반응을 하며, 그 결과 생성물이 만들어진다.
이것이 최종 생성물과 밀접하게 관련된 것인지를 확인하라.	• 이 단계 생략 가능.
최종 생성물의 구조를 그려라.	

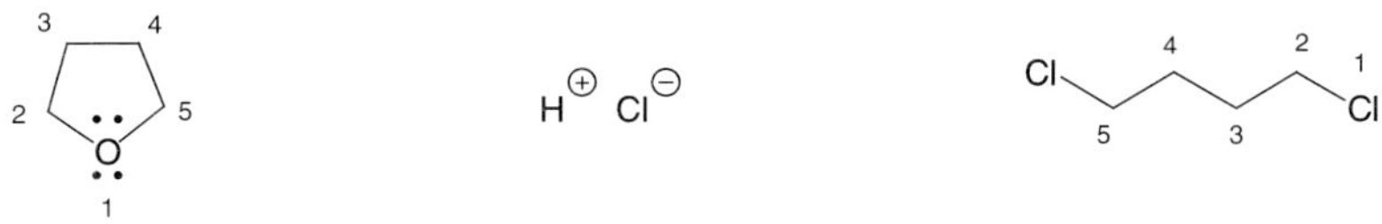

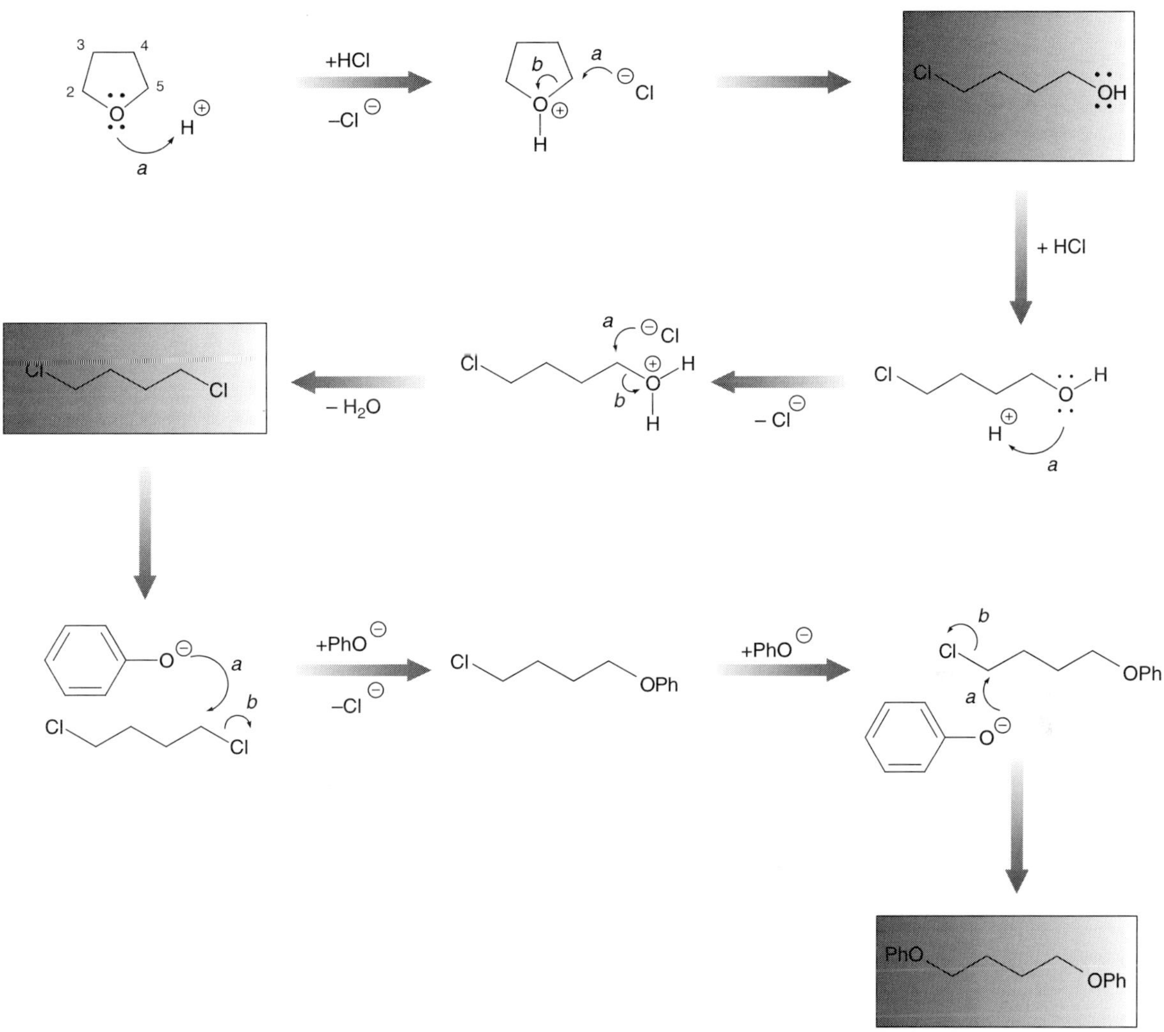

요약: 이 문제는 친핵성 치환 반응(S_N2)의 몇 가지 예시를 포함한다.

$$Nu^{\ominus} + R\text{-}X \longrightarrow R\text{-}Nu + X^{\ominus}$$

1.10

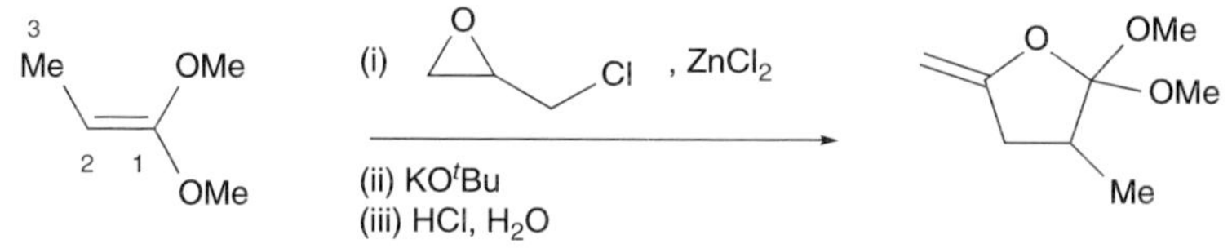

초기 제시된 모든 반응물이 친전자성/친핵성, 그리고 산성/염기성 부위를 갖는지 기록해 두자. 그리고 출발 물질과 생성물에서 동일한 원자를 열거하라.

- 알켄(alkene)은 좋은 친핵체이다.
- 염화 알킬은 염소가 전기 음성도가 크기 때문에 좋은 이탈기이므로, 결국에는 친전자체이다.
- 에폭시화물은 산소가 전기 음성적이고, 좋은 이탈기가 될 수 있기 때문에 친전자체에 해당한다.
- 염화 아연(zinc chloride)는 좋은 루이스 산이다.
- Potassium *t*-butoxide는 강한 염기로만 작용한다(입체 효과 때문에 친핵체는 되기 어려움).

하나 이상이 존재할 경우, 가장 반응성이 큰 자리를 파악하라.

- 일단 루이스 산에 의해 활성화되면, 에폭시화물은 가장 좋은 친전자성 자리가 된다.

가장 반응성이 큰 작용기의 반응 특성을 떠올려라. 그리고 반응 조건을 고려하였을 때 어느 반응이 가장 적합한지를 정하라.

- 에폭시화물은 **친핵성 치환 반응**을 잘 일으키며, 특히 루이스 산에 의해 활성화되었을 때는 더 잘 일으킨다.
- 이러한 환경하에서 염화 알킬은 덜 반응성을 가진다.
- 알켄은 약한 친핵체이다.

중간 생성물로 이어질 메커니즘을 그려라.

- 에폭시화물은 아연 양이온(zinc cation)과 배위 결합을 이루며, 이때 알켄에 의해 공격받을 수 있다(이때 알켄은 덜 가려진 에폭시화물의 탄소를 공격한다).
- 알켄의 두 메톡시기는 (전자를 밀어줌으로써) 알켄을 활성화시키며, 또 다른 **옥소늄** 양이온을 만든다. 고리가 풀린 알콕시화물의 **옥소늄** 양이온의 산소 원자는 고리 닫힘(ring closure) 반응을 이끌며, 닫힌 고리 생성물을 만든다.

위 4단계를 반복하라.

- Potassium *t*-butoxide은 강한 염기이며, 염화 알킬의 제거 반응을 유도하여 알켄 생성물을 만든다. 이것은 E_2 메커니즘에 의해 진행될 가능성이 높다.
- 산성 수용액 조건에서 아세탈(acetal)은 쉽게 **가수분해**되며, 아세탈 가수분해 반응의 일반적인 순서(양성자화-제거 반응-물 첨가-제거 반응순)에 따라 반응이 진행된다.

이것이 최종 생성물과 밀접하게 관련된 것인지를 확인하라.

- 이 단계 생략 가능.

최종 생성물의 구조를 그려라.

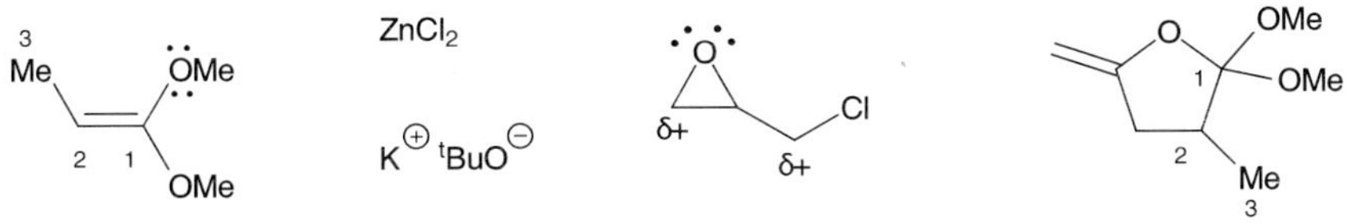

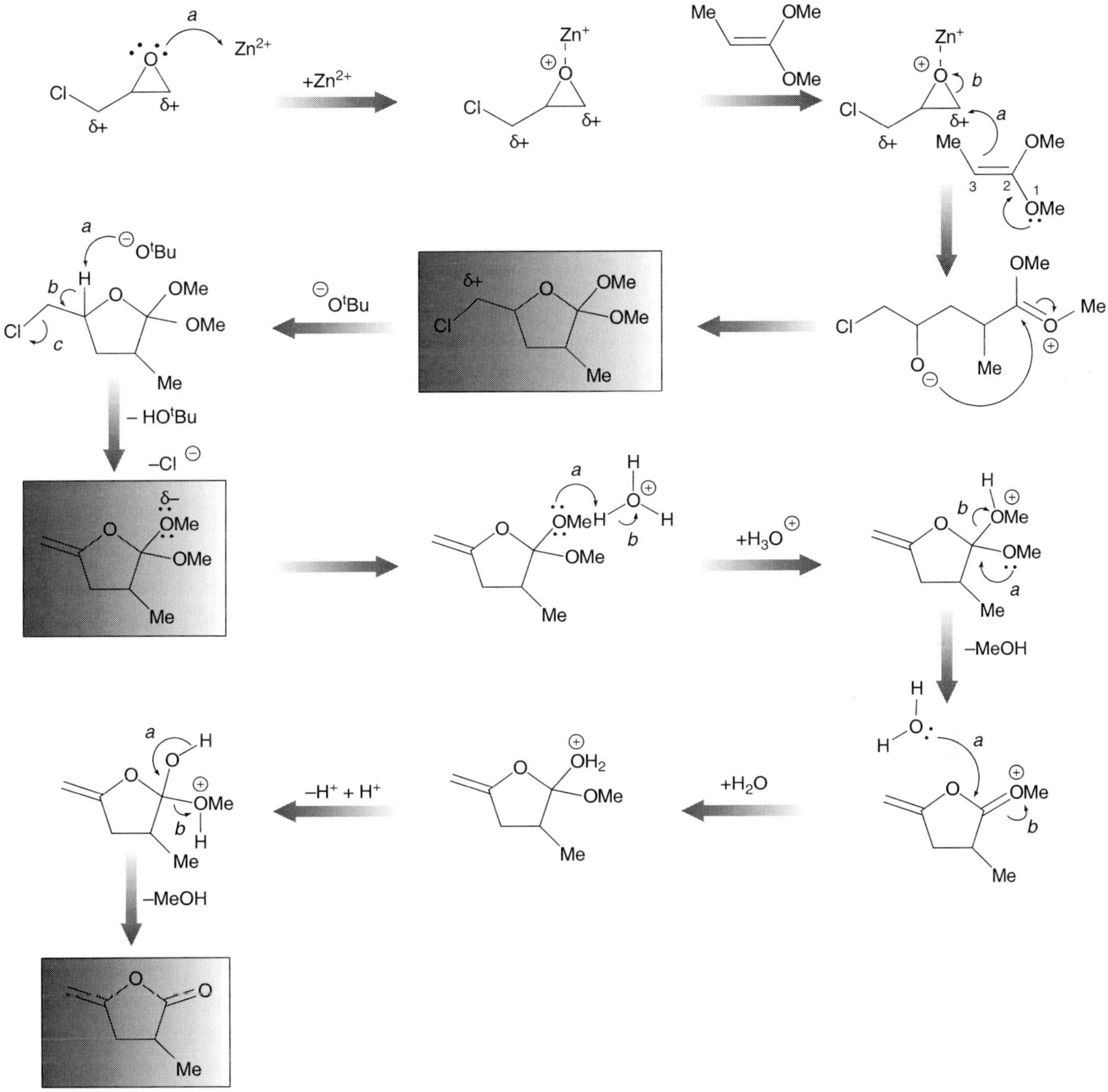

요약: 이 문제는 친핵성 치환 반응과 제거 반응을 포함한다.

$$Nu^{\ominus} + R\text{-}X \longrightarrow R\text{-}Nu + X^{\ominus}$$

1.11

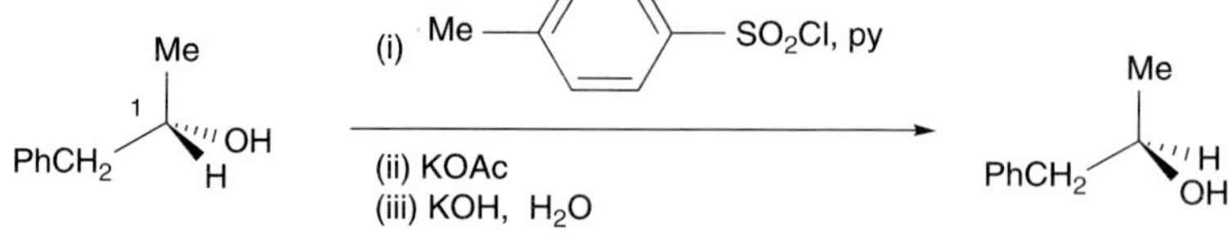

초기 제시된 모든 반응물이 친전자성/친핵성, 그리고 산성/염기성 부위를 갖는지 기록해 두자. 그리고 출발 물질과 생성물에서 동일한 원자를 열거하라.	• 알코올은 산소의 비공유 전자쌍 때문에 친핵체이자 동시에 염기이다. • 염화 토실(tosyl chloride; *p*–TsCl)은 설폰산(sulfonic acid)으로부터 파생된 산 염화물이다. 이것은 전기 음성도가 큰 산소 원자와 좋은 이탈기로서 염화 이온이 함께 구성되어 있기 때문에 친전자성을 가진다. • 포타슘 아세테이트(potassium acetate)는 약한 염기이자 동시에 좋은 친핵체이다.
하나 이상이 존재할 경우, 가장 반응성이 큰 자리를 파악하라.	• 알코올만이 친핵체이다. • 염화 토실만이 친전자체이다. • 피리딘(pyridine)은 염기이다.
가장 반응성이 큰 작용기의 반응 특성을 떠올려라. 그리고 반응 조건을 고려하였을 때 어느 반응이 가장 적합한지를 정하라.	• 염화 설폰일(sulfonyl chloride)이 존재할 때, 알코올은 산 염화물(예: 포타슘 아세테이트)에 의해 손쉽게 에스터로 전환된다.
중간 생성물로 이어질 메커니즘을 그려라.	• 알코올은 염화 이온이 떨어진 설폰산과 **친핵성 첨가-제거 반응**을 일으킨다. 이것은 양성자화된 설폰산 에스터(sulfonate ester)를 생성한다. 이때, 중간생성물은 피리딘에 의해 탈양성자화된다.
위 4단계를 반복하라.	• 토실 그룹(tosylate group)은 매우 좋은 이탈기에 해당하며, 이 시스템은 특히 약한 친핵체인 아세테이트(acetate)로부터 공격받기 때문에 S_N2 반응을 촉진한다. 이러한 반응은 토실 그룹이 있던 자리를 치환함으로써 에스터 산물을 만들며, 동시에 입체 화학적 반전을 수반한다. • 수산화 이온은 매우 좋은 친핵체이며, 에스터를 가수분해시킨다. 이러한 반응은 **첨가-제거 과정**을 통해 진행되며, 에스터를 알콕시화 음이온으로 전환시킨다.
이것이 최종 생성물과 밀접하게 관련된 것인지를 확인하라.	• 염기성 조건하에서 반응은 알콕시화 이온을 만들게 되는데, 이는 산성 조건 워크업에 의해 양성자화시킬 수 있다.
최종 생성물의 구조를 그려라.	

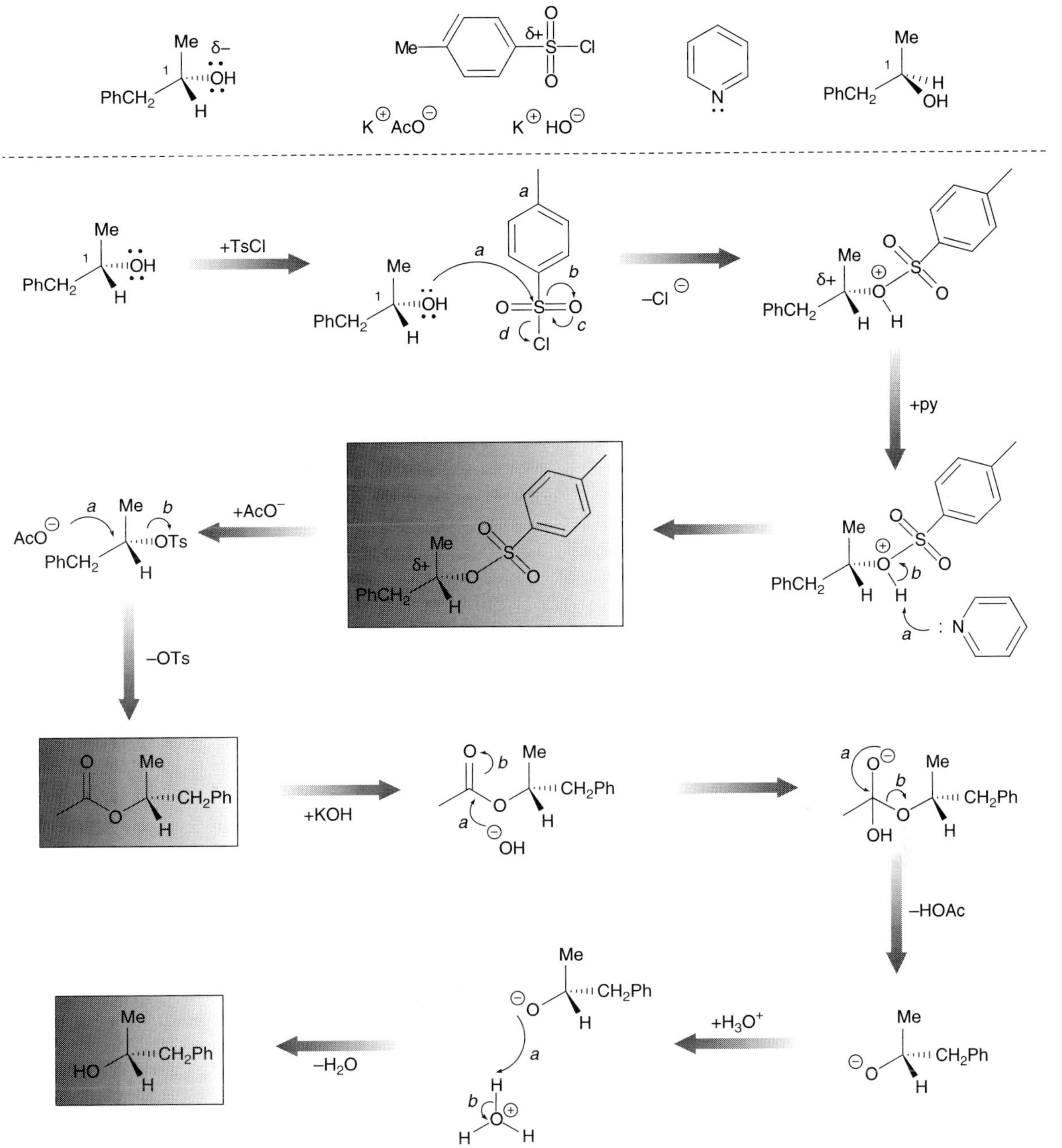

요약: 이 문제는 친핵성 치환 반응(S_N2)의 몇 가지 예시를 포함한다.

$$Nu^{\ominus} + R\text{-}X \longrightarrow R\text{-}Nu + X^{\ominus}$$

1.12

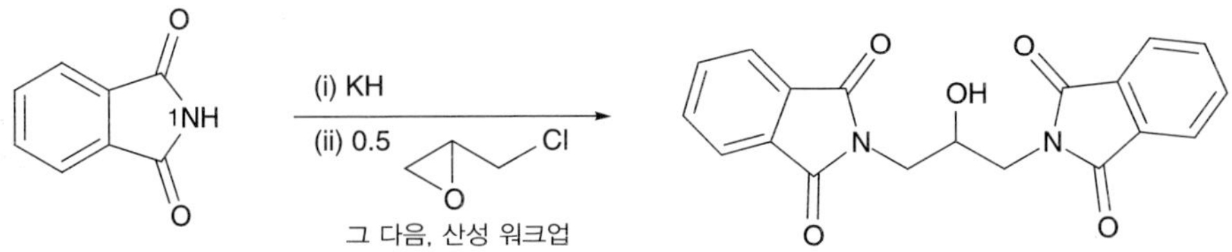

초기 제시된 모든 반응물이 친전자성/친핵성, 그리고 산성/염기성 부위를 갖는지 기록해 두자. 그리고 출발 물질과 생성물에서 동일한 원자를 열거하라.	• 프탈이미드(phthalimide)는 산성이며, potassium hydride는 강한 염기에 해당한다. • 에폭시화물은 분자 내 덜 가려진 자리와 염소 옆 탄소 자리에 두 개의 친전자성 자리를 가지고 있다.
하나 이상이 존재할 경우, 가장 반응성이 큰 자리를 파악하라.	• 염소가 결합된 자리는 가장 친전자성을 가진 자리이다. • 현재 N–H 만이 유일하게 산성 결합을 가진 자리이다.
가장 반응성이 큰 작용기의 반응 특성을 떠올려라. 그리고 반응 조건을 고려하였을 때 어느 반응이 가장 적합한지를 정하라.	• 염화 알킬은 친전자성이며, **친핵성 치환 반응**을 하기 쉽다. 이때 기질과 용매에 따라 S_N1과 S_N2 모두 가능하다.
중간 생성물로 이어질 메커니즘을 그려라.	• 프탈이미드(phthalimide)는 potassium hydride(KI)에 의해 쉽게 탈양성자화되며, 음이온이 된다. • 염화 알킬은 프탈이미드(phthalimide) 음이온과 같이 좋은 친핵체와 쉽게 S_N2 반응을 하며, 그 결과, 아민 생성물을 만든다.
위 4단계를 반복하라.	• 프탈이미드(phthalimide) 음이온은 강한 친핵체이며, 가장 덜 가려진 에폭시화물의 열린자리에 반응한다. 결국 알콕시화(alkoxide)물을 생성한다.
이것이 최종 생성물과 밀접하게 관련된 것인지를 확인하라.	• 최종 생성물은 알콕시화물의 산성 워크업에 의한 양성자화를 통해 만들어진다.
최종 생성물의 구조를 그려라.	

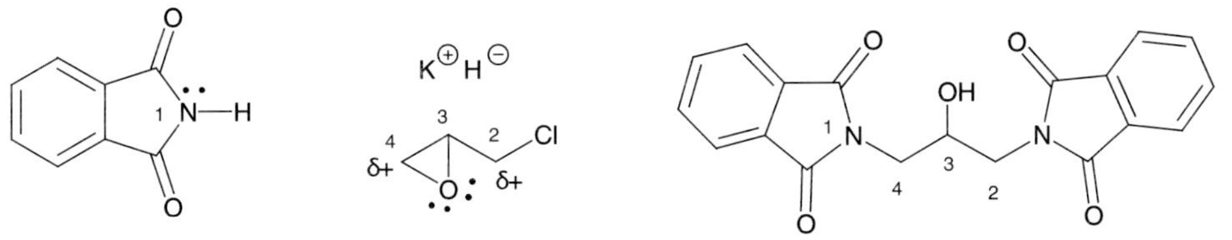

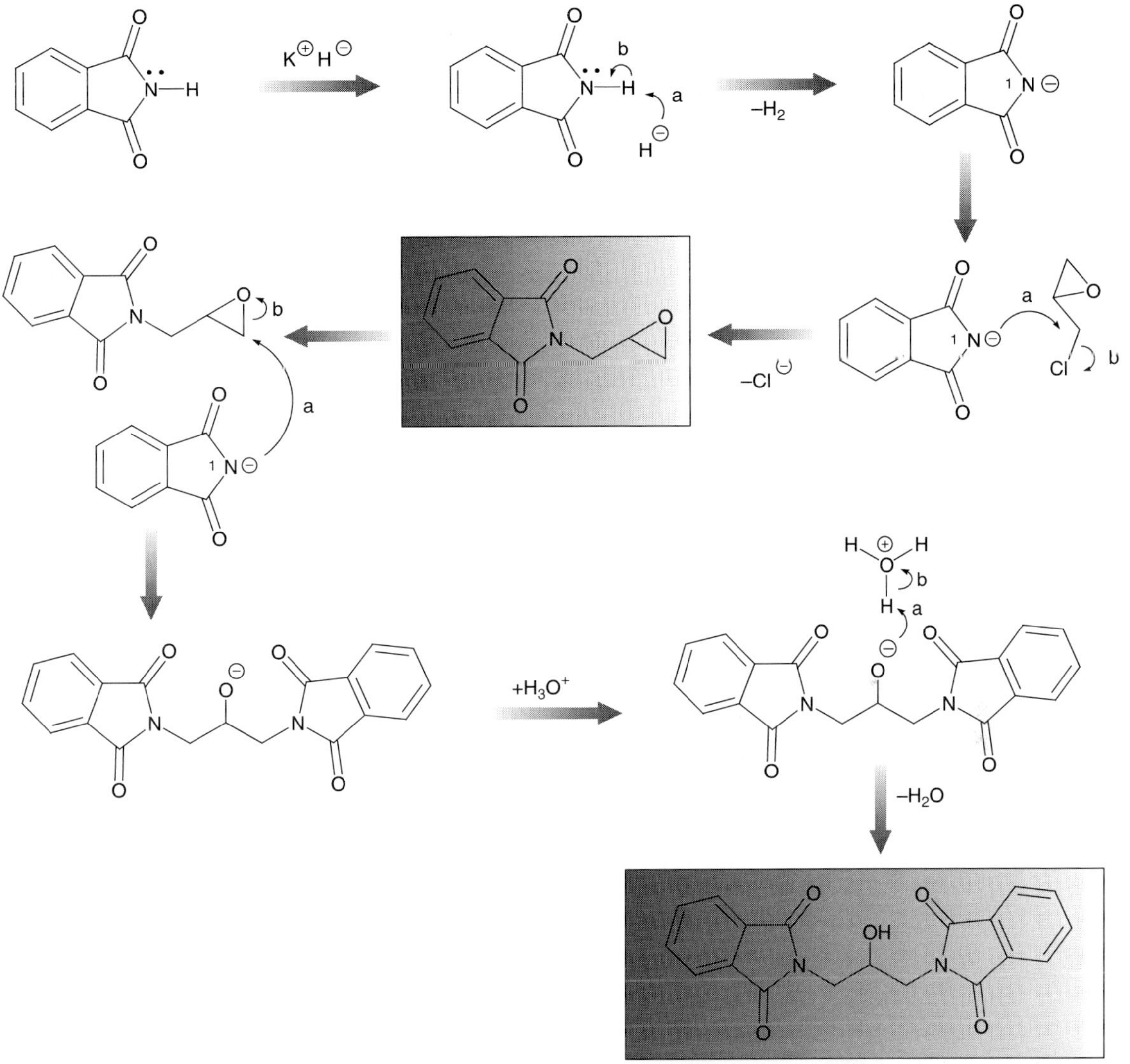

요약: 이 문제는 친핵성 치환 반응(S_N2)의 몇 가지 예시를 포함한다.

$$Nu^{\ominus} + R\text{-}X \longrightarrow R\text{-}Nu + X^{\ominus}$$

1.13

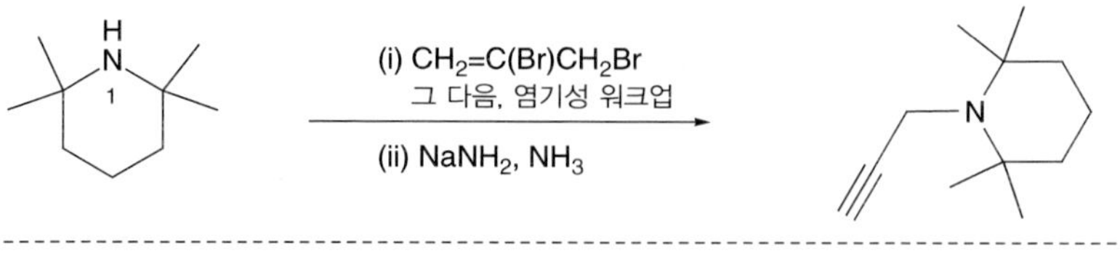

초기 제시된 모든 반응물이 친전자성/친핵성, 그리고 산성/염기성 부위를 갖는지 기록해 두자. 그리고 출발 물질과 생성물에서 동일한 원자를 열거하라.	• 알릴성 브로민 (allyl bromide)은 전기 음성적이고, 좋은 이탈기이므로 매우 좋은 친전자체이다. • 아민은 약한 염기이며, 좋은 친핵체이다. • 소듐 아마이드(sodamide)는 매우 강한 염기이다.
하나 이상이 존재할 경우, 가장 반응성이 큰 자리를 파악하라.	• **알릴성** 브로민은 **바이닐성** 브로민보다 약한 C−Br 결합을 갖기 때문에 가장 친전자성을 띠는 자리이다. • 아민은 현재 유일한 친핵체이다.
가장 반응성이 큰 작용기의 반응 특성을 떠올려라. 그리고 반응 조건을 고려하였을 때 어느 반응이 가장 적합한지를 정하라.	• 알릴성 브로민은 **친핵성 치환 반응**을 할 가능성이 높으며, 이때 기질과 용매에 따라 S_N1과 S_N2 모두 가능하다.
중간 생성물로 이어질 메커니즘을 그려라.	• 알릴성 브로민은 심지어 약한 아민 친핵체와도 친핵성 치환 반응을 손쉽게 한다. • 초기 형성된 생성물은 염기성 워크업 과정에서 탈양성자화되며, 알릴성 아민 생성물이 된다.
위 4단계를 반복하라.	• 소듐 아마이드는 강한 염기이며, 염화 바이닐에서 염소의 **제거**를 유도한다. 여기에서는 알카인 산물을 만든다.
이것이 최종 생성물과 밀접하게 관련된 것인지를 확인하라.	• 이 단계 생략 가능.
최종 생성물의 구조를 그려라.	

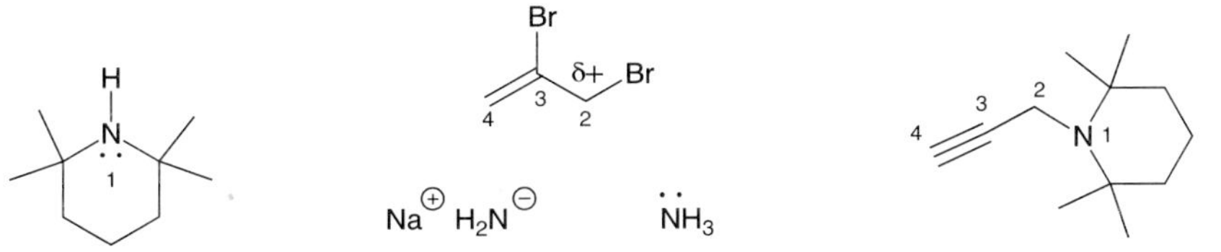

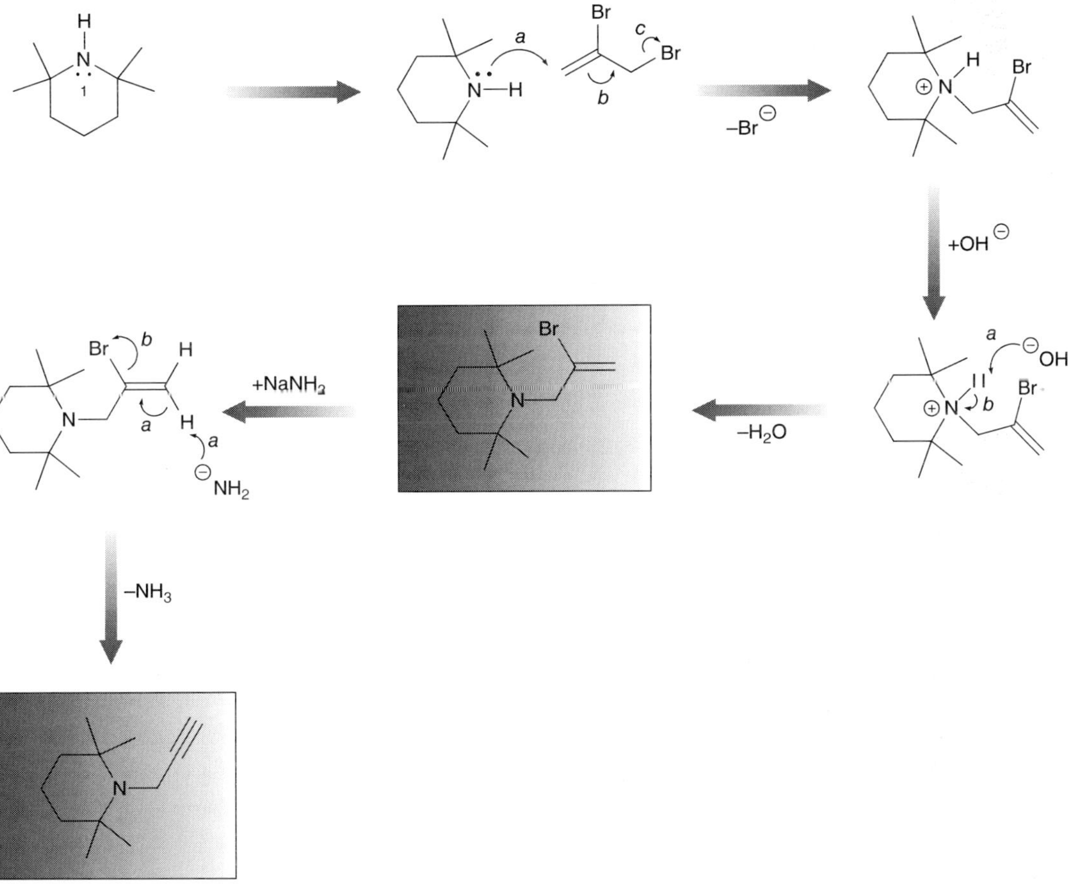

요약: 이 문제는 친핵성 치환 반응(S_N2)과 제거 반응(E2)의 예시를 포함한다.

$$Nu^{\ominus} + R\text{-}X \longrightarrow R\text{-}Nu + X^{\ominus}$$

1.14

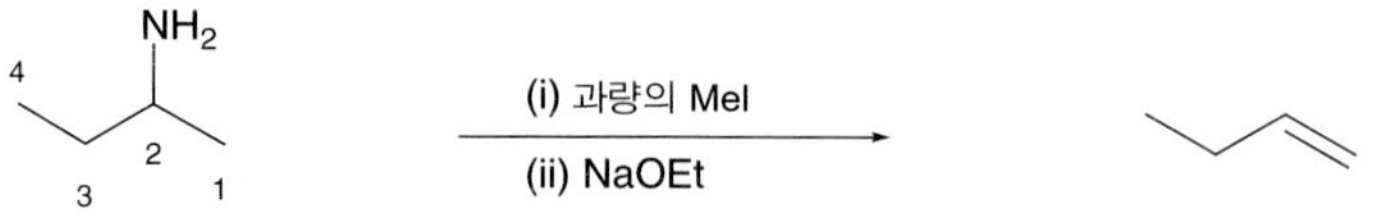

초기 제시된 모든 반응물이 친전자성/친핵성, 그리고 산성/염기성 부위를 갖는지 기록해 두자. 그리고 출발 물질과 생성물에서 동일한 원자를 열거하라.

- 아이오딘화 알킬(alkyl iodide)은 아이오딘이 전기 음성적이며, 좋은 이탈기이기 때문에 친전자체이다.
- 아민은 비공유 전자쌍을 가진 질소 때문에 좋은 친핵체이다.
- 소듐 에톡사이드(sodium ethoxide)는 매우 좋은 염기이다.

하나 이상이 존재할 경우, 가장 반응성이 큰 자리를 파악하라.

- 아이오딘화 알킬은 유일한 친전자성 자리이다.
- 아민은 유일한 친핵성 자리이다.

가장 반응성이 큰 작용기의 반응 특성을 떠올려라. 그리고 반응 조건을 고려하였을 때 어느 반응이 가장 적합한지를 정하라.

- 아이오딘화 알킬은 **친핵성 치환 반응**을 촉진한다. 이때 기질과 용매에 따라 S_N1과 S_N2 모두 가능하다.

중간 생성물로 이어질 메커니즘을 그려라.

- 아이오딘화 메틸은 가려진 자리가 전혀 없기 때문에 S_N2 반응을 쉽게 한다.
- 아민은 약한 친핵체이다. 반응은 암모늄 중간체를 만들며, 이것이 탈양성자화되면 메틸 아민 산물이 생성된다.

위 4단계를 반복하라.

- 여기서 메틸 아민 산물은 N 원자에 추가적으로 치환된 메틸기의 전자 밀어주기 효과(유발 효과)로 인해 출발 물질보다는 더 나은 염기이자 좋은 친핵체이다. 그 다음에 진행되는 알킬화 반응은 메틸기가 2개 치환된 다이메틸아민(dimethylamine) 산물을 만든다.
- 다이메틸아민 산물은 그 전보다 더 좋은 친핵체이다. 따라서 알킬화 반응이 진행되며, 트라이메틸 암모늄(trimethyl ammonium) 생성물을 만든다. 이러한 반응을 **완전** 메틸화(exhaustive methylation)라고 한다.
- 이후, 소듐 에톡사이드는 트라이메틸 암모늄 그룹을 제거하면서, 알케인 산물을 생성한다. 이때 반응 속도론적 통제를 가한다면, 덜 치환된 알켄이 생성될 것이다(*Hofmann* elimination).

이것이 최종 생성물과 밀접하게 관련된 것인지를 확인하라.

- 이 단계 생략 가능.

최종 생성물의 구조를 그려라.

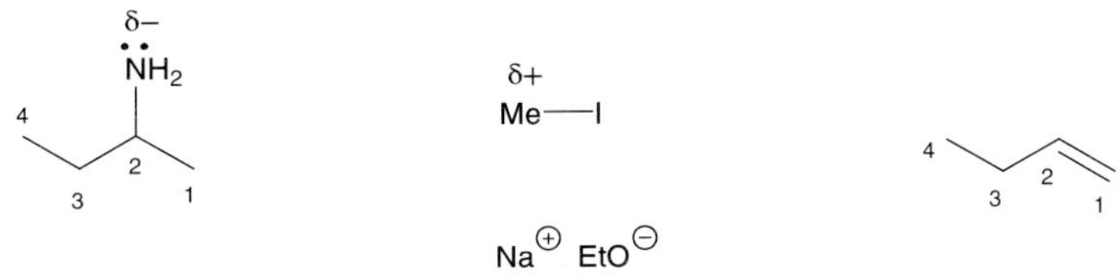

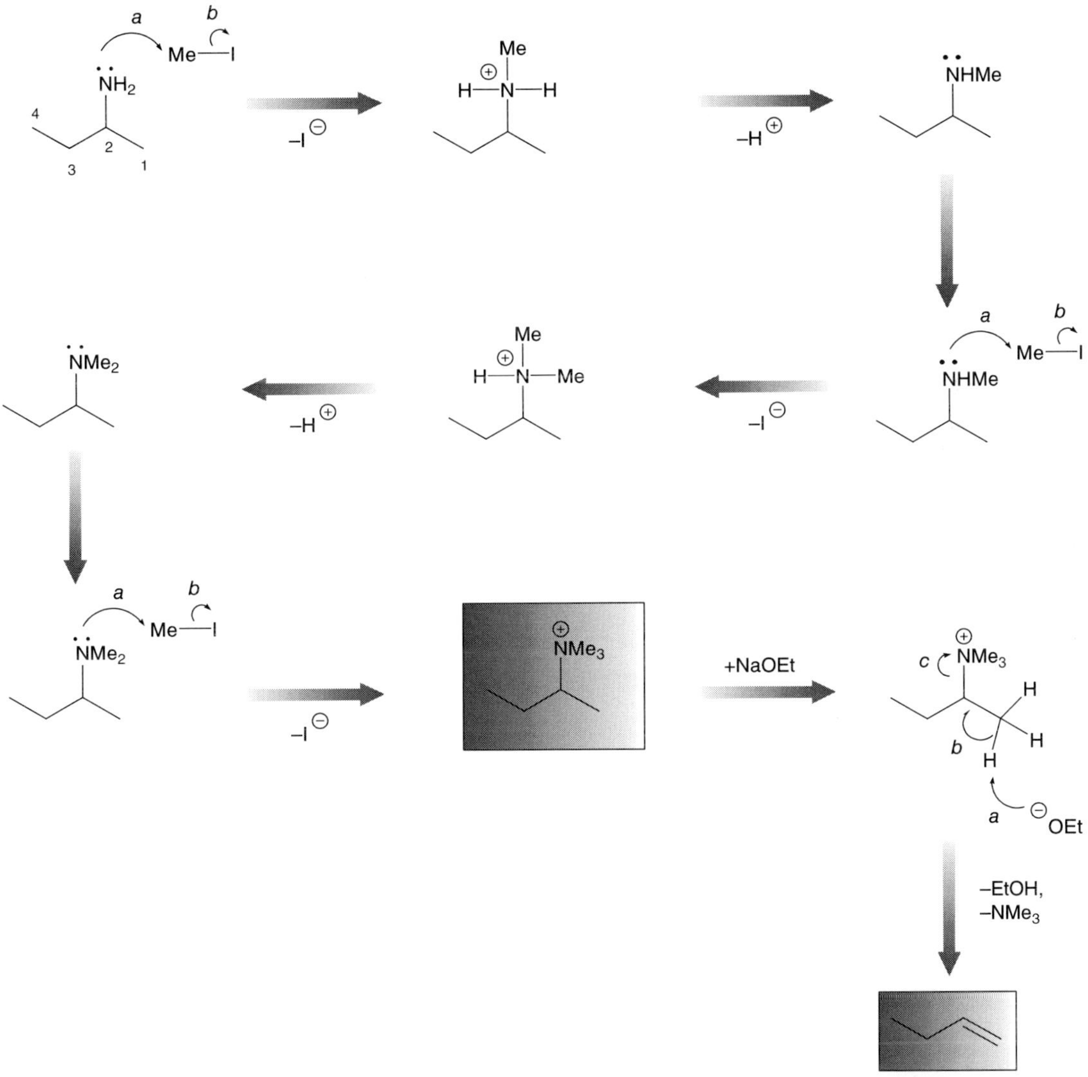

요약: 아민이 사차화됨으로써 발생하는 호프만 제거 반응의 예시이다.

1.15

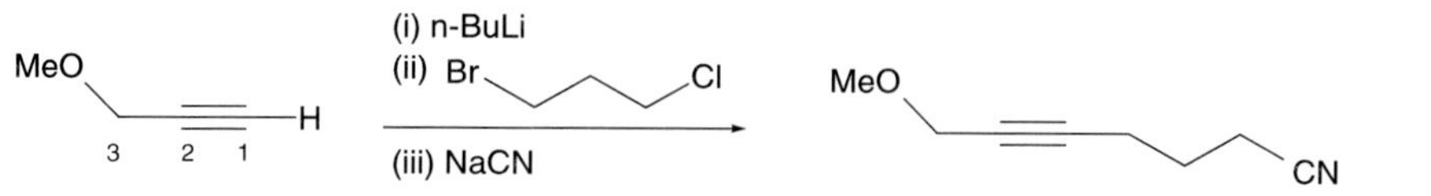

초기 제시된 모든 반응물이 친전자성/친핵성, 그리고 산성/염기성 부위를 갖는지 기록해 두자. 그리고 출발 물질과 생성물에서 동일한 원자를 열거하라.

- 에틸렌은 약한 산성이다.
- *n*-BuLi는 매우 좋은 염기이다.
- 염화 알킬과 브로민화 알킬은 염소와 브로민이 전기 음성적이면서 좋은 이탈기이므로, 친전자성을 갖는다.
- 사이안화 소듐(sodium cyanide; NaCN)은 좋은 친핵체이다.

하나 이상이 존재할 경우, 가장 반응성이 큰 자리를 파악하라.

- 아세틸렌 수소(acetylenic hydrogen)는 가장 산성 자리를 띤다.
- 브로민화 알킬이 염화 알킬보다 친핵성 공격에 있어서 반응성이 더 크다(브로민이 더 좋은 이탈기이므로).

가장 반응성이 큰 작용기의 반응 특성을 떠올려라. 그리고 반응 조건을 고려하였을 때 어느 반응이 가장 적합한지를 정하라.

- 아세틸화 음이온(acetylide anions)은 3중 결합에서 쉽게 알킬화된다.
- 할로젠화 알킬은 손쉽게 친핵성 치환 반응을 한다. 이때 기질과 용매에 따라 S_N1과 S_N2 모두 가능하다.

중간 생성물로 이어질 메커니즘을 그려라.

- *n*-BuLi은 강한 염기이다. 가장 먼저 아세틸렌 작용기를 탈양성자화시키며, 아세틸화 음이온을 생성한다. 브로민화 알킬은 탄소 음이온(R^-)과 같은 좋은 친핵체가 있을 때 쉽게 S_N2 반응을 한다.

위 4단계를 반복하라.

- 염화 알킬은 S_N2 반응을 하며, 특히 사이안화 이온(cyanide)과 같은 좋은 친핵체와 더욱 S_N2 반응을 한다.

이것이 최종 생성물과 밀접하게 관련된 것인지를 확인하라.

- 이 단계 생략 가능.

최종 생성물의 구조를 그려라.

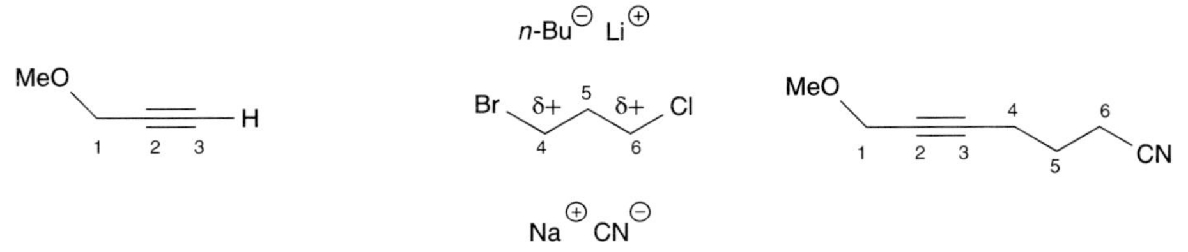

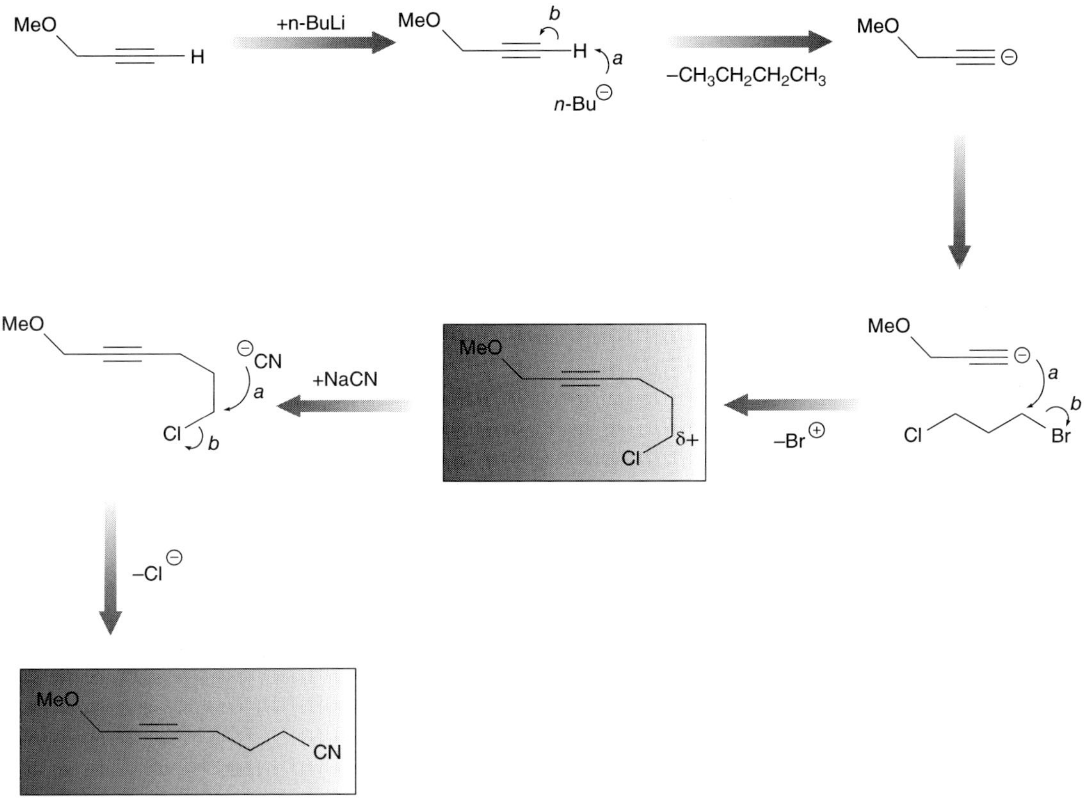

요약: 이 문제는 친핵성 치환 반응(S_N2)의 몇 가지 예시를 포함한다.

$$Nu^{\ominus} + R\text{-}X \longrightarrow R\text{-}Nu + X^{\ominus}$$

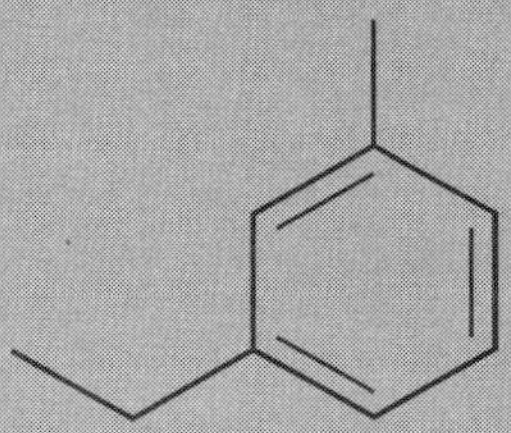

2장

알켄과 알카인 화학 반응

2.1 알켄과 알카인 결합

- 알켄(sp^2 혼성화된 탄소)과 알카인(sp 혼성화된 탄소)에서 결합의 분자 오비탈은 다음과 같이 표기한다.

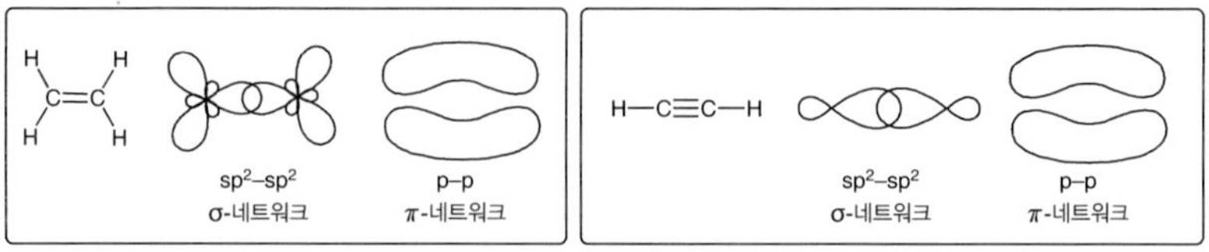

2.2 친전자성 첨가

2.2.1 수소 첨가

- 단계별 과정에 관한 메커니즘과 증거
- 중간체의 본성[고리형 브로모늄(bromonium)과 아이오디늄(iodonium) 종]
- 반응 속도에 관한 치환기 효과
- 첨가 반응의 입체 화학은 *anti*-[1]임.

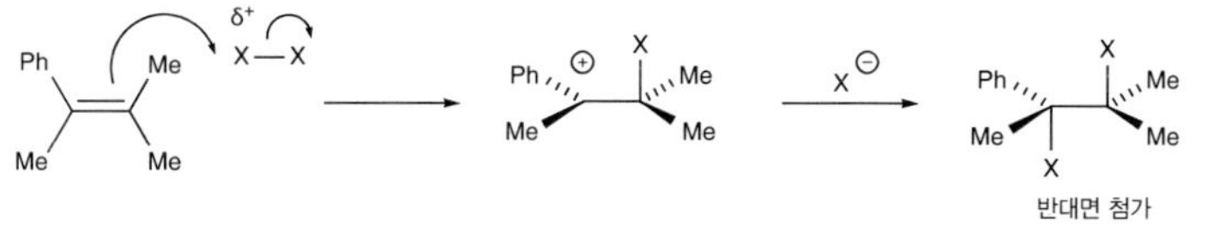

2.2.2 할로젠화 수소의 첨가

- 메커니즘과 탄소 양이온의 중개(intermediacy)
- 첨가의 지향성에 대한 치환기의 효과에 관한 이론적 설명 (예시: Markovnikov's Rule)

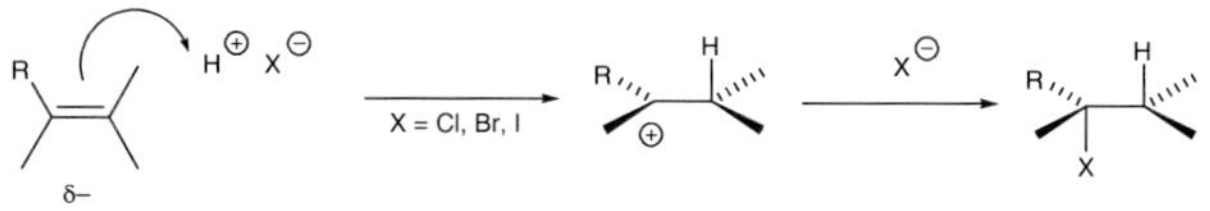

2.2.3 콘쥬게이션 다이엔으로 할로젠화 수소의 첨가 반응

- (1,2-첨가 vs 1,4-첨가)

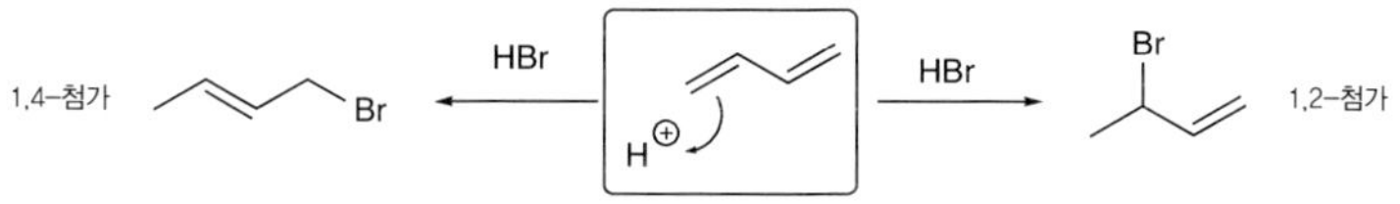

2.3 C=O 결합과 콘쥬게이션을 이루는 C=C 결합으로 친핵성 첨가

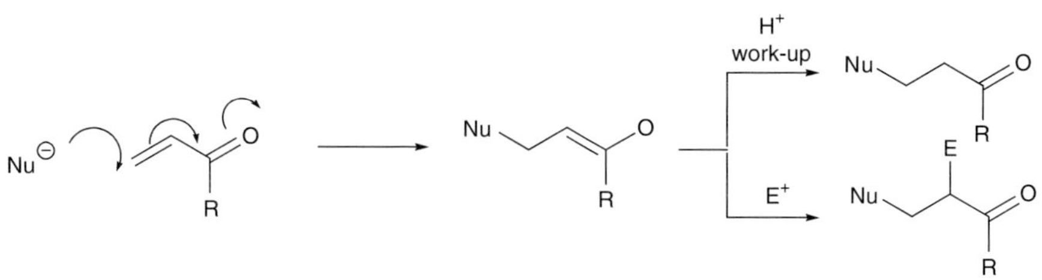

---

1 *anti*- : 입체적으로 반대면을 지향하는

2.4 다른 타입의 첨가

2.4.1 촉매 수소화 반응

- 메커니즘과 입체 화학: H_2의 *cis*- 첨가

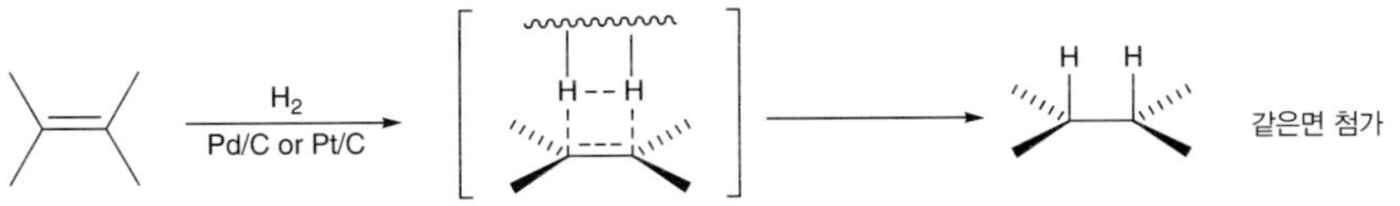

2.4.2 다이하이드록실화 반응

- Osmium tetroxide 또는 alkaline permanganate는 *syn*-1,2-diol을 만든다. 이러한 생성물은 periodic acid 또는 lead tetraacetate 처리에 의해 분해될 수 있다.

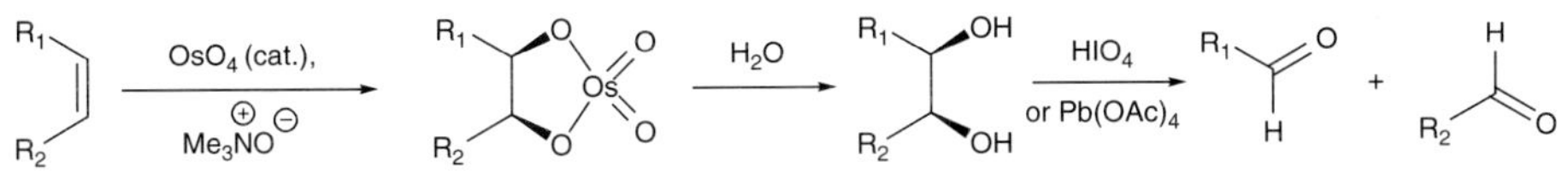

2.4.3 퍼옥시산(peracid)의 에폭시화 반응

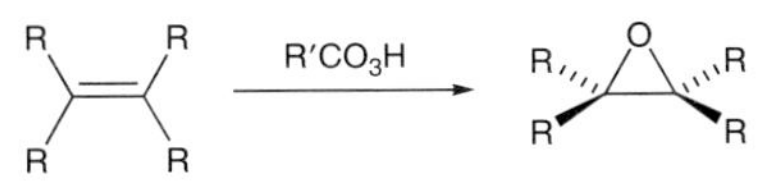

2.4.4 오존의 가오존분해(ozonolysis) 반응

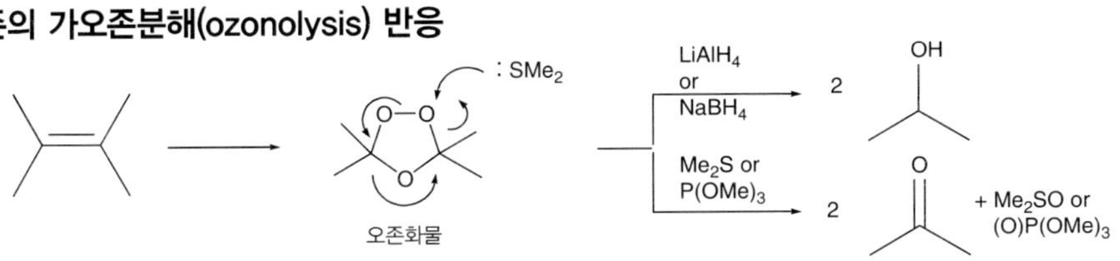

2.4.5 딜스–알더(Diels–Alder) 반응

- 다이엔(diene)과 친다이엔체(dienophiles)의 협동 반응(α,β-불포화 카보닐 화합물)

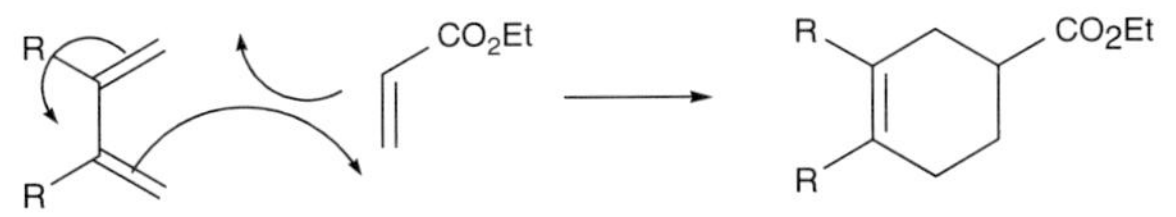

2.4.6 수소화붕소 첨가 반응(hydroboration)

- *anti*-Markovnikov 첨가에 의해 trialkylborane가 형성되며, 이것은 알칼리성(alkaline) H_2O_2를 이용하면 알코올로, hydroxylaminesulfonic acid를 이용하면 아민으로 전환 가능하다.

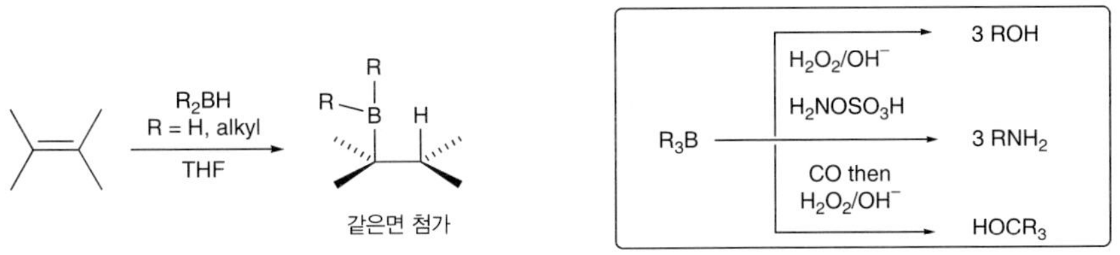

2.4.7 알릴성 자리에서의 반응

- 알릴성 자리에서 *N*-bromosuccinimide와 라디칼 개시자[즉, $(PhCO_2)_2$]를 이용한 할로젠화 반응은 다음과 같다.

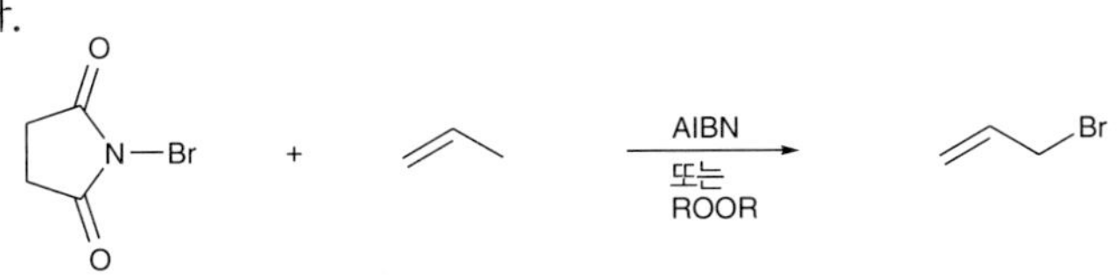

2.1

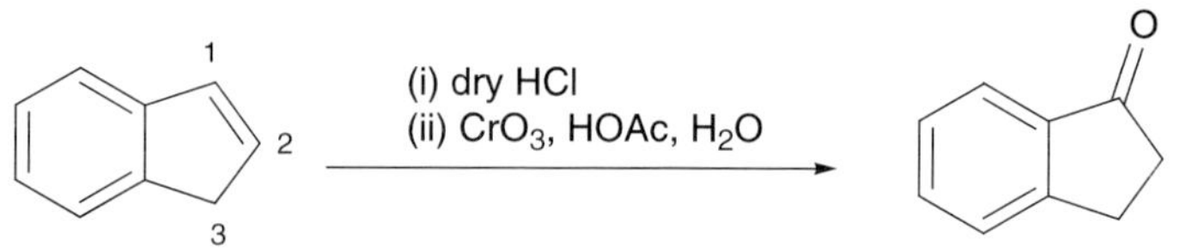

초기 제시된 모든 반응물이 친전자성/친핵성, 그리고 산성/염기성 부위를 갖는지 기록해 두자. 그리고 출발 물질과 생성물에서 동일한 원자를 열거하라.

- 알켄은 그들의 π 전자 밀도 덕분에 좋은 친핵체로 작용한다.
- 염산은 강한 산이다($pK_a = -7$).

하나 이상이 존재할 경우, 가장 반응성이 큰 자리를 파악하라.

- 사이클로펜텐일(cyclopentenyl)의 이중 결합은 가장 큰 반응성을 가진 친핵체이다.
- 이때 페닐 고리의 이중 결합은 **방향족성**(aromaticity)에 의해 안정화되기 때문에 친핵성을 덜 갖는다.
- HCl은 현재 유일한 친전자체이다.

가장 반응성이 큰 작용기의 반응 특성을 떠올려라. 그리고 반응 조건을 고려하였을 때 어느 반응이 가장 적합한지를 정하라.

- 이중 결합에 HCl의 첨가 반응은 가장 안정한 탄소 양이온을 갖는 중간체를 지향하며 진행된다[마르코프니코프 규칙(Markovnikov's Rule)].

중간 생성물로 이어질 메커니즘을 그려라.

- 2번 자리 탄소로 양성자가 첨가될 때 공명 안정화된 **벤질** 탄소 양이온(benzylic carbocation)이 만들어질 수 있다. 이 양이온에는 염화 이온이 접근하여 붙는다.

위 4단계를 반복하라.

- 염화 이온은 좋은 이탈기이며, 물과 같은 약한 친핵체만으로도 치환될 수 있다. 이때 반응은 S_N1 반응으로 진행되며, 안정화된 탄소 양이온 중간체를 만드는 경로를 지향한다.
- 알코올은 삼산화 크로뮴(chromium trioxide)과 친핵성 첨가 반응을 하면서, **크로뮴산 에스터**(chromate ester)를 만든다. 이 과정에서 산소 원자에 붙어 있던 크로뮴 원자는 매우 좋은 **이탈기**가 되어 떨어져 나간다. 반응 결과, 케톤 생성물이 만들어진다.

이것이 최종 생성물과 밀접하게 관련된 것인지를 확인하라.

- 이 단계 생략 가능.

최종 생성물의 구조를 그려라.

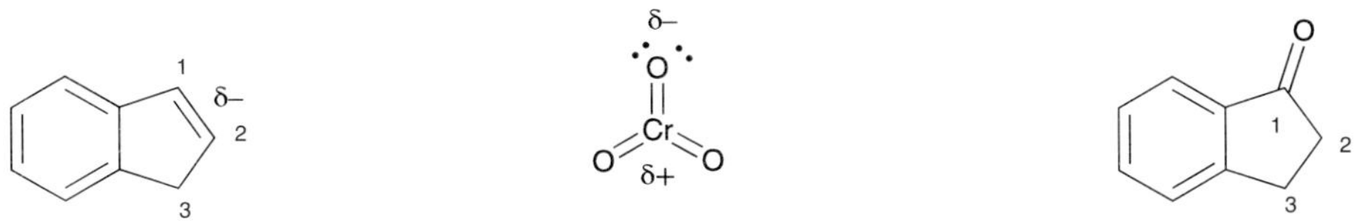

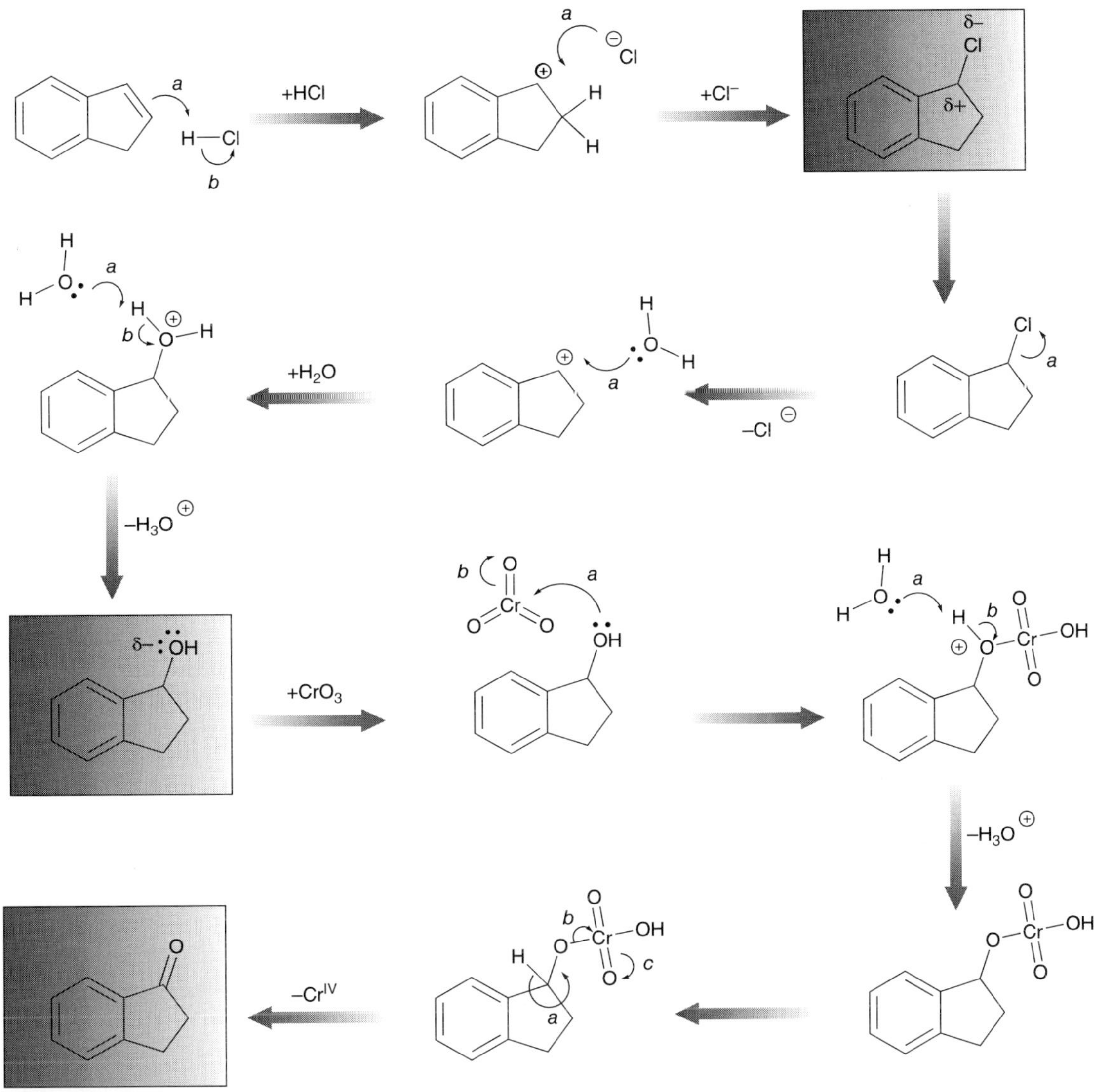

요약: 알켄의 Markovnikov 첨가 반응의 예시이다.

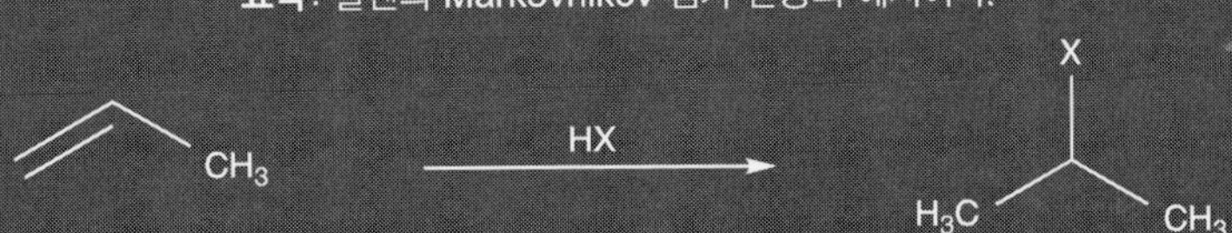

이제 문제 2.8과 2.9를 풀어보자.

2.2

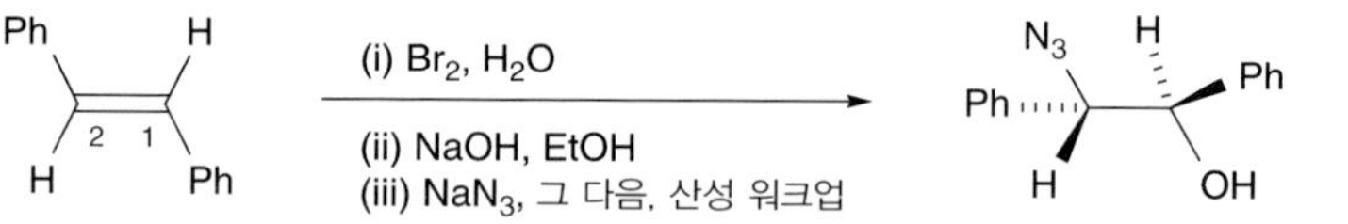

초기 제시된 모든 반응물이 친전자성/친핵성, 그리고 산성/염기성 부위를 갖는지 기록해 두자. 그리고 출발 물질과 생성물에서 동일한 원자를 열거하라.

- 브로민은 약한 Br−Br 결합을 갖기 때문에 친전자체이다.
- 알켄은 π 전자 밀도 덕분에 좋은 친핵체이다.

하나 이상이 존재할 경우, 가장 반응성이 큰 자리를 파악하라.

- 출발 물질의 이중 결합은 페닐 고리의 **방향족성**에 의해 공명 안정화되기 때문에 매우 반응성이 큰 친핵체이다.
- 브로민은 현재 유일한 친전자체이다.
- 물은 약한 친핵체이다.

가장 반응성이 큰 작용기의 반응 특성을 떠올려라. 그리고 반응 조건을 고려하였을 때 어느 반응이 가장 적합한지를 정하라.

- 알켄으로 Br_2의 **친전자성 첨가**는 쉽게 일어날 수 있다. 그러나 이때 물이 존재한다면 브로모하이드린(bromohydrin)이 형성될 수 있다.

중간 생성물로 이어질 메커니즘을 그려라.

- Br_2의 첨가로 인해 브로모늄 이온(bromonium ion) 중간체가 만들어진다. 이 중간체는 물과 반응하여 브로모하이드린을 만든다. 두 번째 첨가는 반대면(*anti*−)에서 일어난다.

위 4단계를 반복하라.

- 브로모하이드린을 염기로 처리하면, 알콕시화 이온(alkoxide)이 생성된다. 이것이 분자 내 브로민을 공격하여 분자 내(intramolecular) **친핵성 치환 반응**(S_N2)을 일으키며, 에폭시화물을 생성한다. 이때 1번 탄소(C−1)는 입체 화학적 반전이 일어난 것으로 볼 수 있다.
- 에폭시화물을 아자이드(azide, $-N_3$)와 반응시키면, **친핵성 치환 반응**(S_N2)이 일어나고, 입체 화학적 반전을 수반한다.

이것이 최종 생성물과 밀접하게 관련된 것인지를 확인하라.

- 알콕시화 음이온이 생성물이 되려면 양성자화를 거쳐야 한다.

최종 생성물의 구조를 그려라.

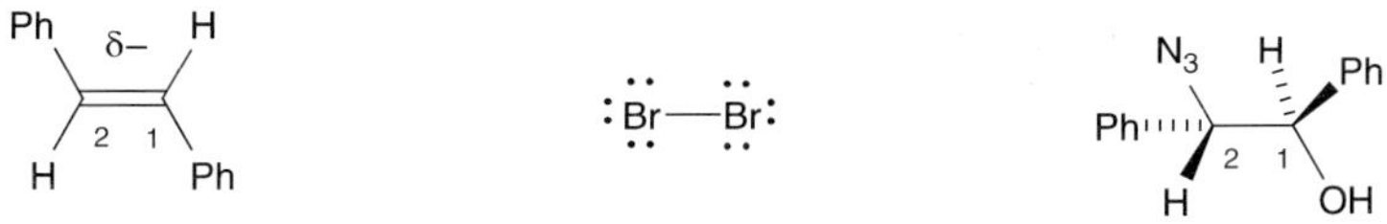

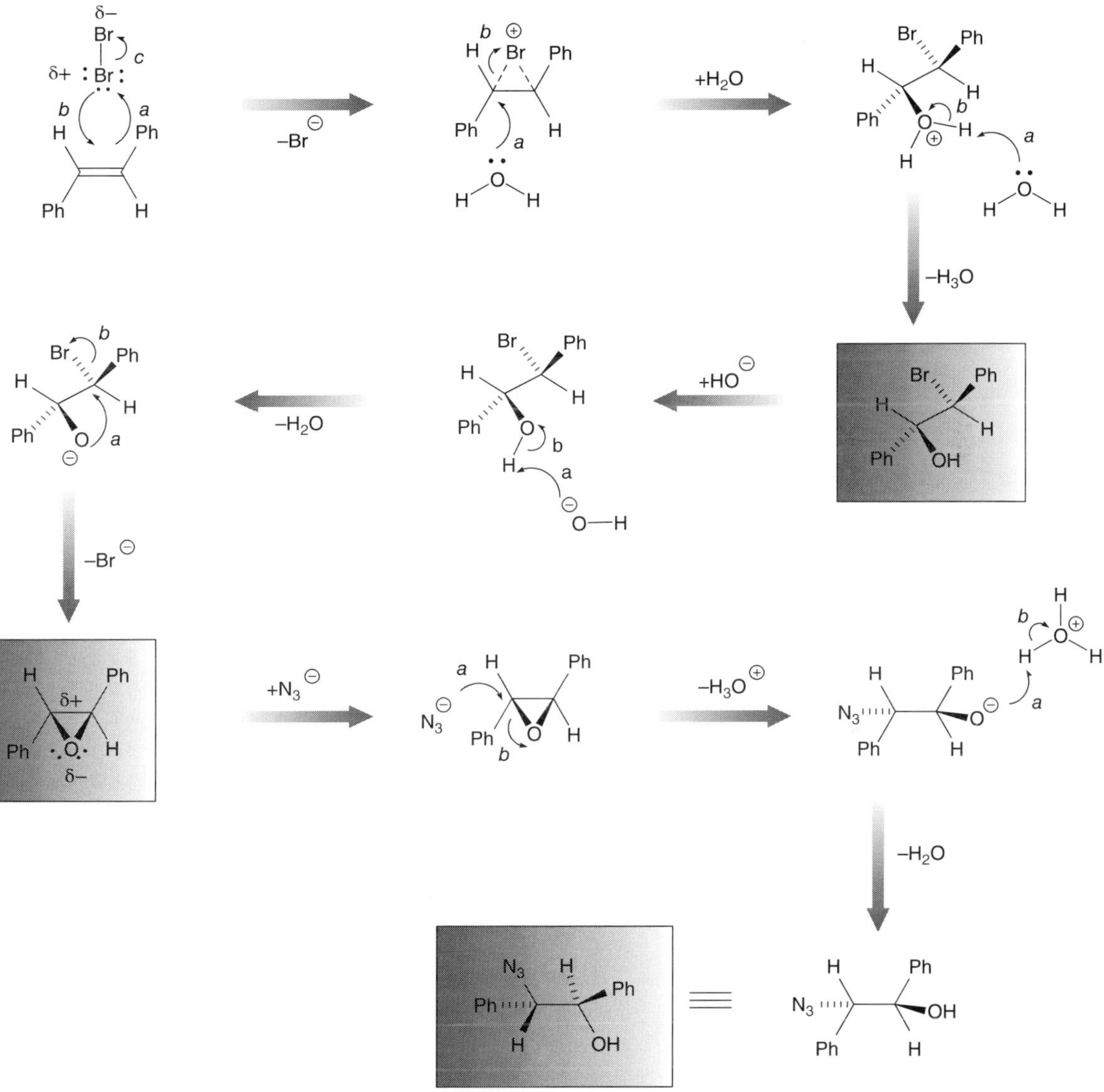

요약: 알켄에 친전자체가 부분입체선택적으로(diastereoselective) 안티-첨가되는 예시이다.

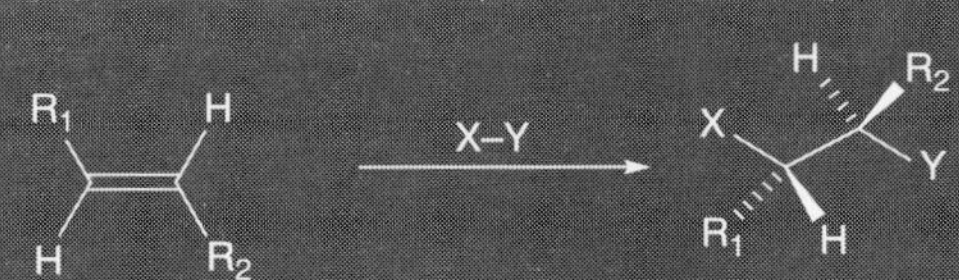

이제 문제 2.10을 풀어보자.

2.3

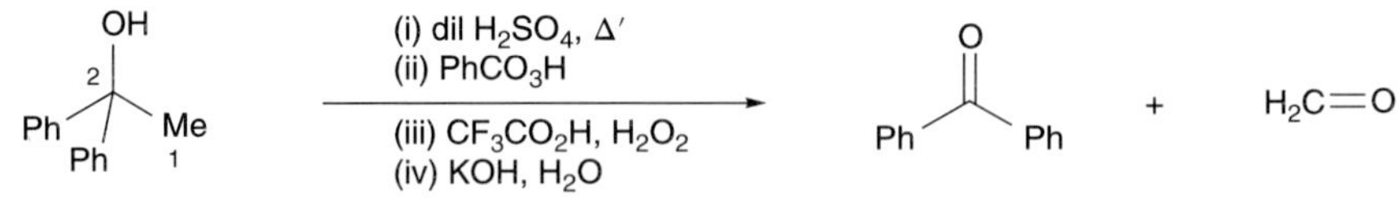

초기 제시된 모든 반응물이 친전자성/친핵성, 그리고 산성/염기성 부위를 갖는지 기록해 두자. 그리고 출발 물질과 생성물에서 동일한 원자를 열거하라.

- 알코올은 산소의 비공유 전자쌍을 갖고 있기 때문에 친핵체이자 염기에 해당된다.
- 황산(sulfuric acid)은 강한 산이며, 완전히 이온화된다(pK_a = −9)

하나 이상이 존재할 경우, 가장 반응성이 큰 자리를 파악하라.

- 강한 산조건하에서 알코올은 염기처럼 거동한다.
- 물론 방향족 고리도 염기로 작용할 수 있지만, 이때 페닐 고리는 방향족성에 의해 이미 안정화되어 있기 때문에 덜 염기성을 갖는다.

가장 반응성이 큰 작용기의 반응 특성을 떠올려라. 그리고 반응 조건을 고려하였을 때 어느 반응이 가장 적합한지를 정하라.

- 산 조건에서 알코올 그룹은 쉽게 물로 떨어져나가며 알켄을 만든다.

중간 생성물로 이어질 메커니즘을 그려라.

- 알코올 그룹이 양성자화되며, 가장 좋은 **이탈기**인 **옥소늄** 이온이 만들어진다. 옥소늄 이온이 **제거**됨으로써 공명 안정화된 **벤질** 탄소 양이온이 만들어지며, 이것은 E_1 메커니즘에 따라 알켄으로 전환된다.

위 4단계를 반복하라.

- 과산화 벤조산(perbenzoic acid)은 친전자성 산소를 가지고 있으며, 알켄의 이중 결합을 쉽게 **에폭시화**시킨다.
- 트라이플루오로아세트산(trifluoroacetic acid, CF_3CO_2H)는 에폭시화물을 양성자화 시킨 후, 공명 안정화된 **벤질** 탄소 양이온을 생성하는 쪽으로 고리를 연다(S_N1 과정). 이때 양이온 자리에는 과산화수소(hydrogen peroxide)가 접근하여 붙는다.
- 수산화 이온은 알코올 그룹을 탈양성자화시키며, 알콕시화 이온을 만들며, 이것이 떨어져 나오도록 유도한다. 동시에 전자의 이동은 약한 O−O 결합이 깨지는 데 기여한다.

이것이 최종 생성물과 밀접하게 관련된 것인지를 확인하라.

- 이 단계 생략 가능.

최종 생성물의 구조를 그려라.

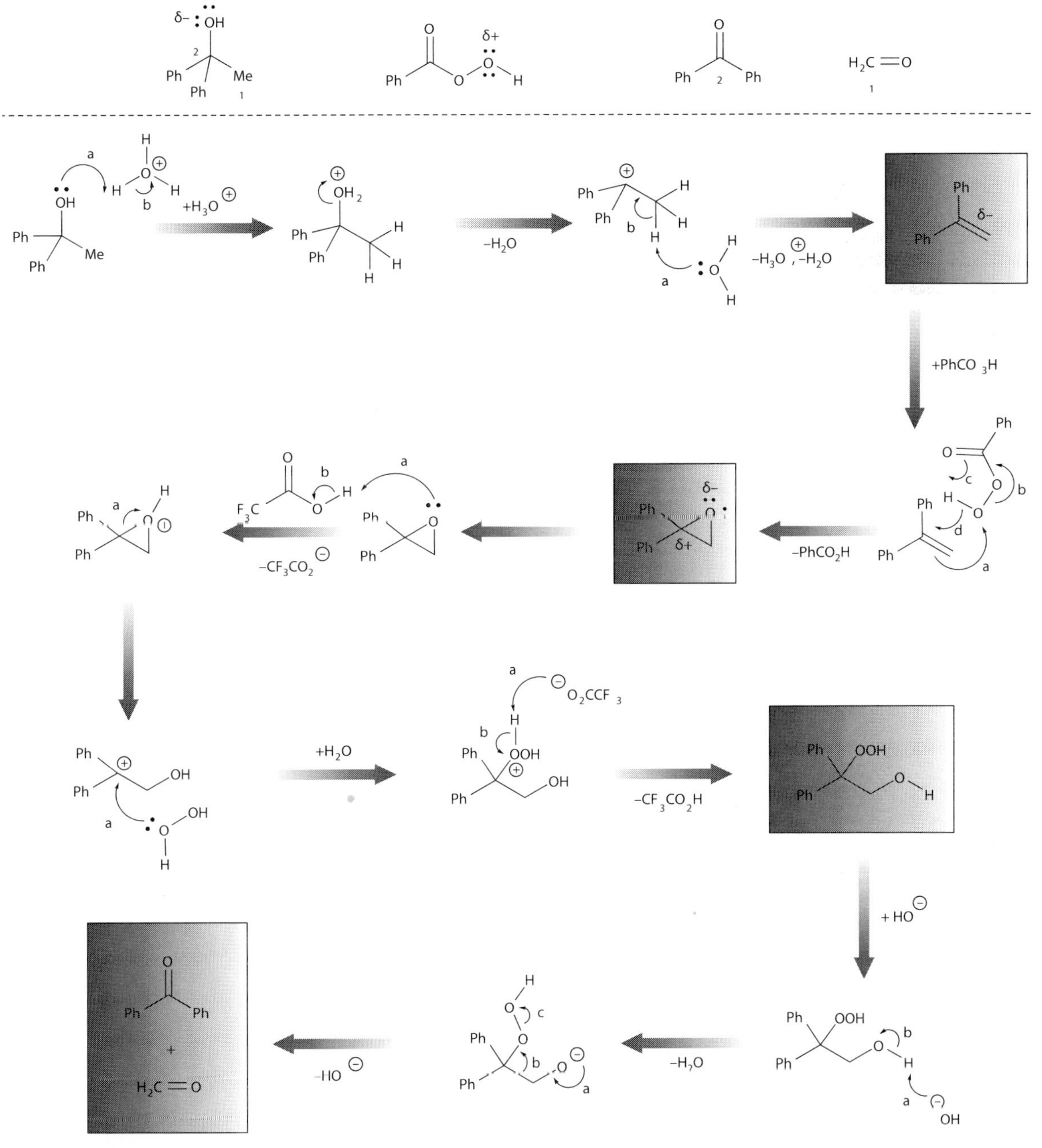

요약: 알켄의 제거와 첨가 반응, 그리고 친핵성 치환 반응의 예시이다.

이제 문제 2.11을 풀어보자.

2.4

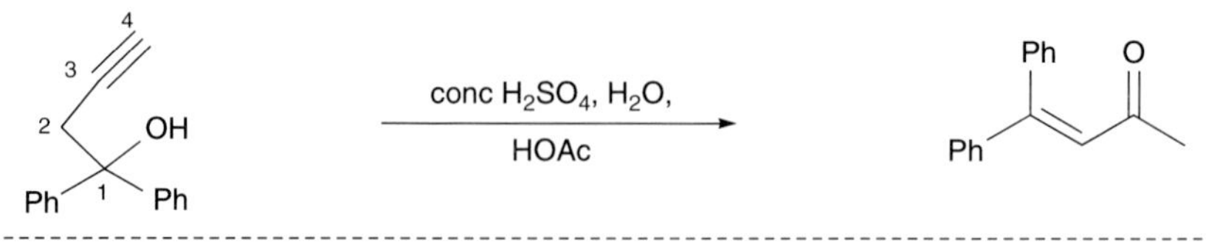

초기 제시된 모든 반응물이 친전자성/친핵성, 그리고 산성/염기성 부위를 갖는지 기록해 두자. 그리고 출발 물질과 생성물에서 동일한 원자를 열거하라.	• 페닐 그룹과 알카인(alkyne) 그룹은 π 전자 밀도 덕분에 친핵체이자 염기성을 갖는다. • 알코올류는 비공유 전자쌍 때문에 친핵체이자 염기성을 갖는다. • 황산은 강한 산이며, 완전히 이온화된다((pK_a = −9).
하나 이상이 존재할 경우, 가장 반응성이 큰 자리를 파악하라.	• 비록 페닐 고리와 알카인이 수소 이온을 받아들일 수 있더라도 알코올이 가장 염기성 자리이다.
가장 반응성이 큰 작용기의 반응 특성을 떠올려라. 그리고 반응 조건을 고려하였을 때 어느 반응이 가장 적합한지를 정하라.	• 산 조건에서 알코올 그룹은 쉽게 물로 떨어져 나가며 알켄을 만든다.
중간 생성물로 이어질 메커니즘을 그려라.	• 알코올 그룹이 양성자화되면, 가장 좋은 **이탈기**인 **옥소늄** 이온 ($-OH_2^+$)이 만들어진다. 옥소늄 이온이 **제거**됨으로써 공명 안정화된 **벤질** 탄소 양이온이 만들어지며, 이것은 E_1 메커니즘에 따라 알켄으로 전환된다.
위 4단계를 반복하라.	• 알카인은 친전자성 첨가 반응을 하며, 산성 수용액 조건하에 케톤 생성물로 가수분해된다. 이때, 말단 자리 알카인에서 양성자화가 일어나면, 더 많이 치환된 **바이닐** 양이온이 만들어진다. 이 양이온에는 물이 접근하여 들러붙는데, 그 결과 엔올류를 형성하며, 토토머화에 의해 케톤 생성물로 전환된다.
이것이 최종 생성물과 밀접하게 관련된 것인지를 확인하라.	• 이 단계 생략 가능.
최종 생성물의 구조를 그려라.	

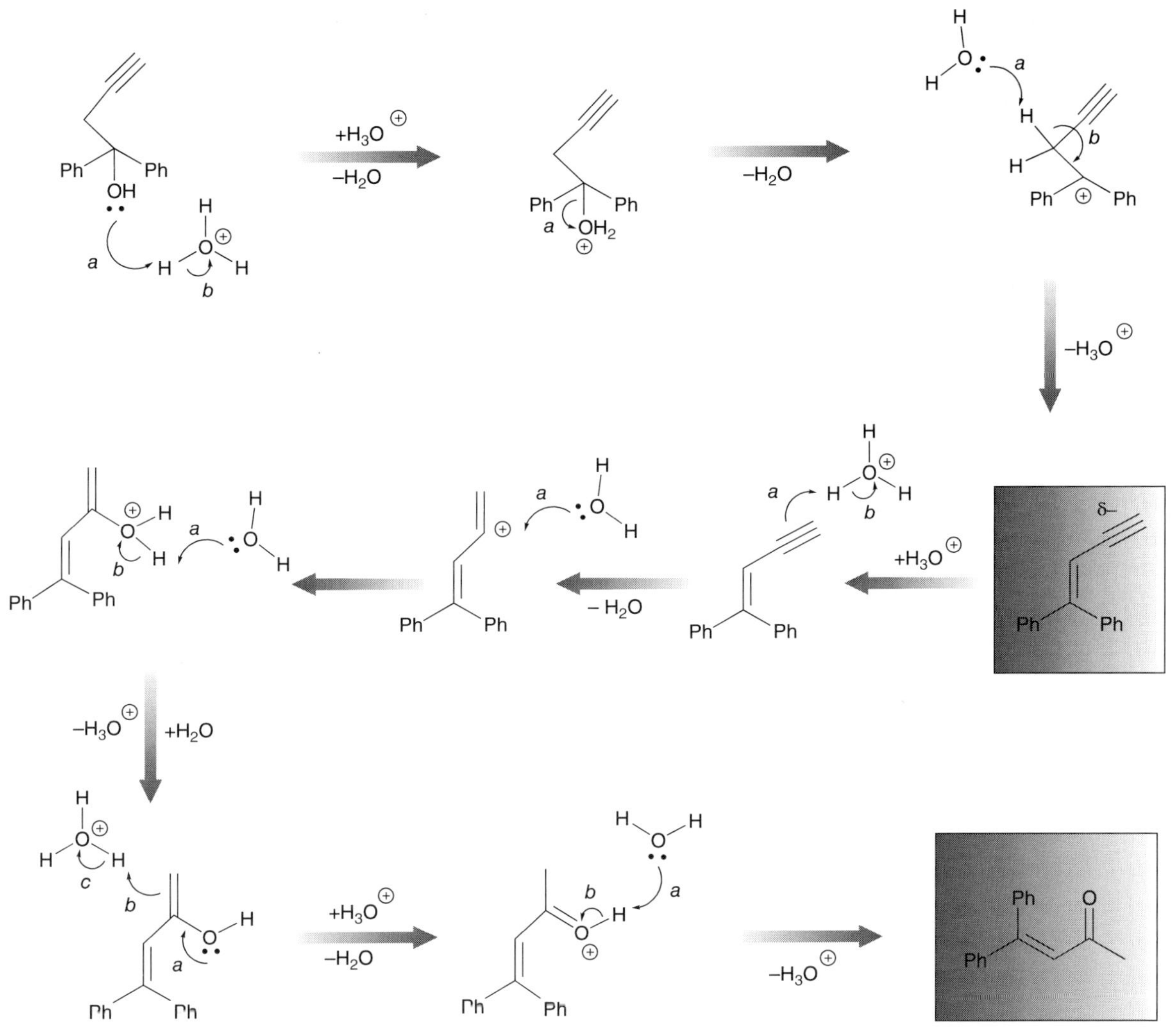

요약: 알카인의 산-촉매화된 수화 반응의 예시이다.

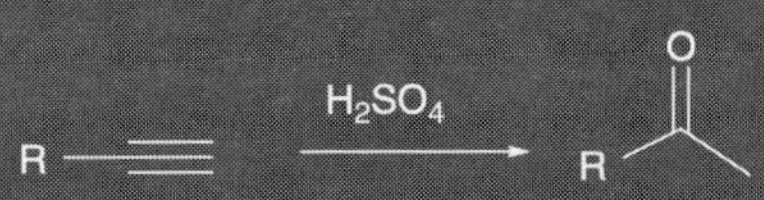

이제 문제 2.12를 풀어보자.

2.5

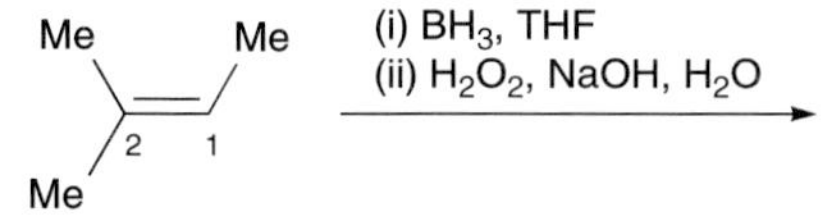

초기 제시된 모든 반응물이 친전자성/친핵성, 그리고 산성/염기성 부위를 갖는지 기록해 두자. 그리고 출발 물질과 생성물에서 동일한 원자를 열거하라.

- 알켄은 π 전자 밀도 덕분에 친핵체이다.
- 보레인(borane, BH_3)은 붕소(boron)의 전자 결핍으로 인해 친전자체이며, 동시에 좋은 루이스 산에 해당한다. 이것은 안정화된 B−O 결합을 형성한다.

하나 이상이 존재할 경우, 가장 반응성이 큰 자리를 파악하라.

- 알켄은 유일한 반응성을 지닌 친핵체이다.
- 붕소는 유일한 친전자체이다.

가장 반응성이 큰 작용기의 반응 특성을 떠올려라. 그리고 반응 조건을 고려하였을 때 어느 반응이 가장 적합한지를 정하라.

- 알켄의 **수소화붕소 첨가 반응**(hydroboration)은 (메커니즘상) B−H 결합이 이중 결합에 평행하게 놓이면서 손쉽게 일어난다. 이때 붕소는 덜 가려진 양이온에서 첨가된다.

중간 생성물로 이어질 메커니즘을 그려라.

- 알켄에 대한 H와 B의 **첨가 반응**은 같은 면(*syn*-process)에서 일어난다. 이 반응은 붕소의 남아 있는 B−H 결합을 모두 사용할 때까지 두 번 더 반복적으로 일어나며, 결과적으로 **트라이알킬보레인**(trialkylborane)을 생성한다.

위 4단계를 반복하라.

- 트라이알킬보레인의 붕소 원자는 여전히 전자가 결핍되어 있다. 그리고 쉽게 과산화수소와 염기로부터 생성된 하이드로퍼옥사이드 음이온(HOO^-)으로부터 쉽게 공격받는다. 이 과정은 B에서 O까지 1,2-**알킬 이동**(alkyl migration)을 유도하며, **트라이알콕시보레인**(*trialkoxyborane*)이 될 때까지 2번 더 반복한다.

이것이 최종 생성물과 밀접하게 관련된 것인지를 확인하라.

- **트라이알콕시보레인**은 알칼리(alkaline) 조건에서 쉽게 **가수분해**되며, 알콕시화 이온을 생성한다. 이는 반응 수용액 조건에서 양성자화된다.

최종 생성물의 구조를 그려라.

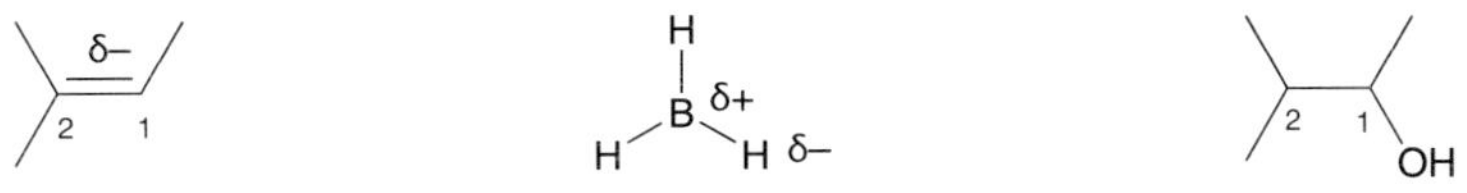

$$HO^{\ominus} + H{-}OOH \rightleftharpoons H_2O + {}^{\ominus}O{-}OH$$

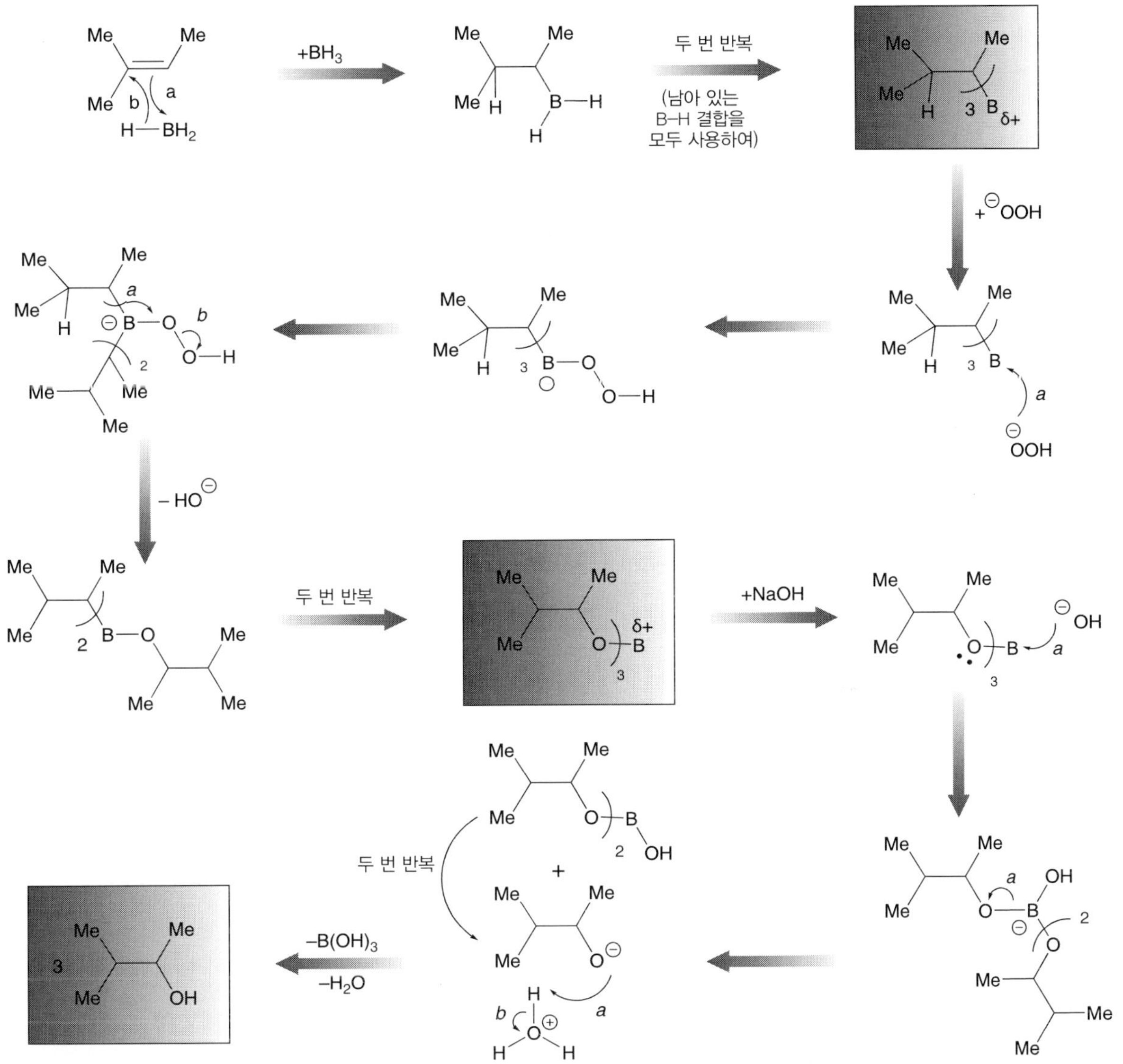

요약: 수소화붕소 첨가 반응의 예시이며, 해당 물질을 알코올로 전환시킨다.

$$3RCH=CH_2 \xrightarrow{BH_3} (RCH_2CH_2)_3B \xrightarrow[NaOH]{H_2O_2} 3\,RCH_2CH_2OH$$

이제 문제 2.13을 풀어보자.

2.6

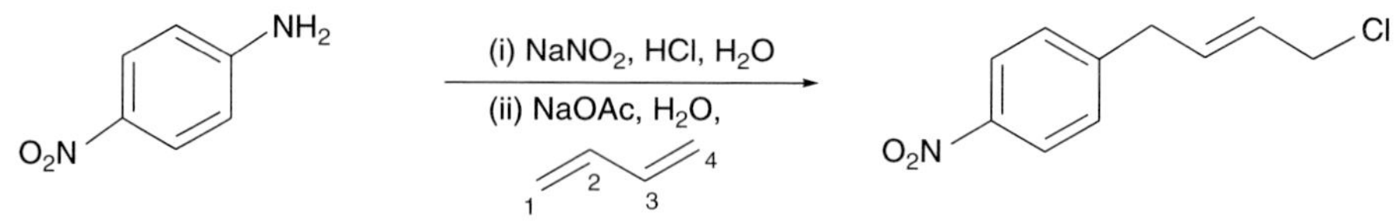

초기 제시된 모든 반응물이 친전자성/친핵성, 그리고 산성/염기성 부위를 갖는지 기록해 두자. 그리고 출발 물질과 생성물에서 동일한 원자를 열거하라.	• 아민 그룹은 일반적으로 좋은 친핵체이기는 하지만, 이 경우에는 아니다. 여기에서 아민은 방향족 고리에 있는 나이트로 그룹과 함께 **공명**을 이루기 때문에 비활성화된다. • 산성 조건에서 아질산 소듐(sodium nitrite)은 좋은 친전자체인 나이트로소늄 양이온(nitrosonium cation, $O{=}N^+$)을 효과적으로 생성한다.
하나 이상이 존재할 경우, 가장 반응성이 큰 자리를 파악하라.	• 페닐 고리보다는 아민이 가장 친핵성을 갖는다. • 나이트로소늄 양이온이 가장 반응성이 좋은 친전자성 자리이다.
가장 반응성이 큰 작용기의 반응 특성을 떠올려라. 그리고 반응 조건을 고려하였을 때 어느 반응이 가장 적합한지를 정하라.	• $NaNO_2/HCl$의 조합은 HONO(아질산)를 생성한다. 이것은 N_2O_3와 평형을 이루며, $O{=}N^+$의 공급원이 된다. 이 시약은 아민 작용기를 **다이아조화**(diazotize)한다.
중간 생성물로 이어질 메커니즘을 그려라.	• N_2O_3로의 아민의 **친핵성 첨가 반응**은 토토머화 반응을 수반하며, 이것에 물이 **제거**되면 **다이아조늄** 염(diazonium salt) 생성물이 만들어진다.
위 4단계를 반복하라.	• 다이아조 그룹은 질소 기체를 잃고, 아릴 양이온(aryl cation)을 형성한다. • 이 양이온은 다이엔(diene)의 사슬 끝과 만나 공명 안정화된 **알릴성** 양이온(allylic cation)을 만든다. 제시된 이차 **알릴성** 중간체 양이온은 조금 더 안정한 형태이다. **알릴성** 양이온은 덜 가려진 말단에서 염화 이온과 반응하며, 1,4-첨가된 생성물을 만든다.
이것이 최종 생성물과 밀접하게 관련된 것인지를 확인하라.	• 이 단계 생략 가능.
최종 생성물의 구조를 그려라.	

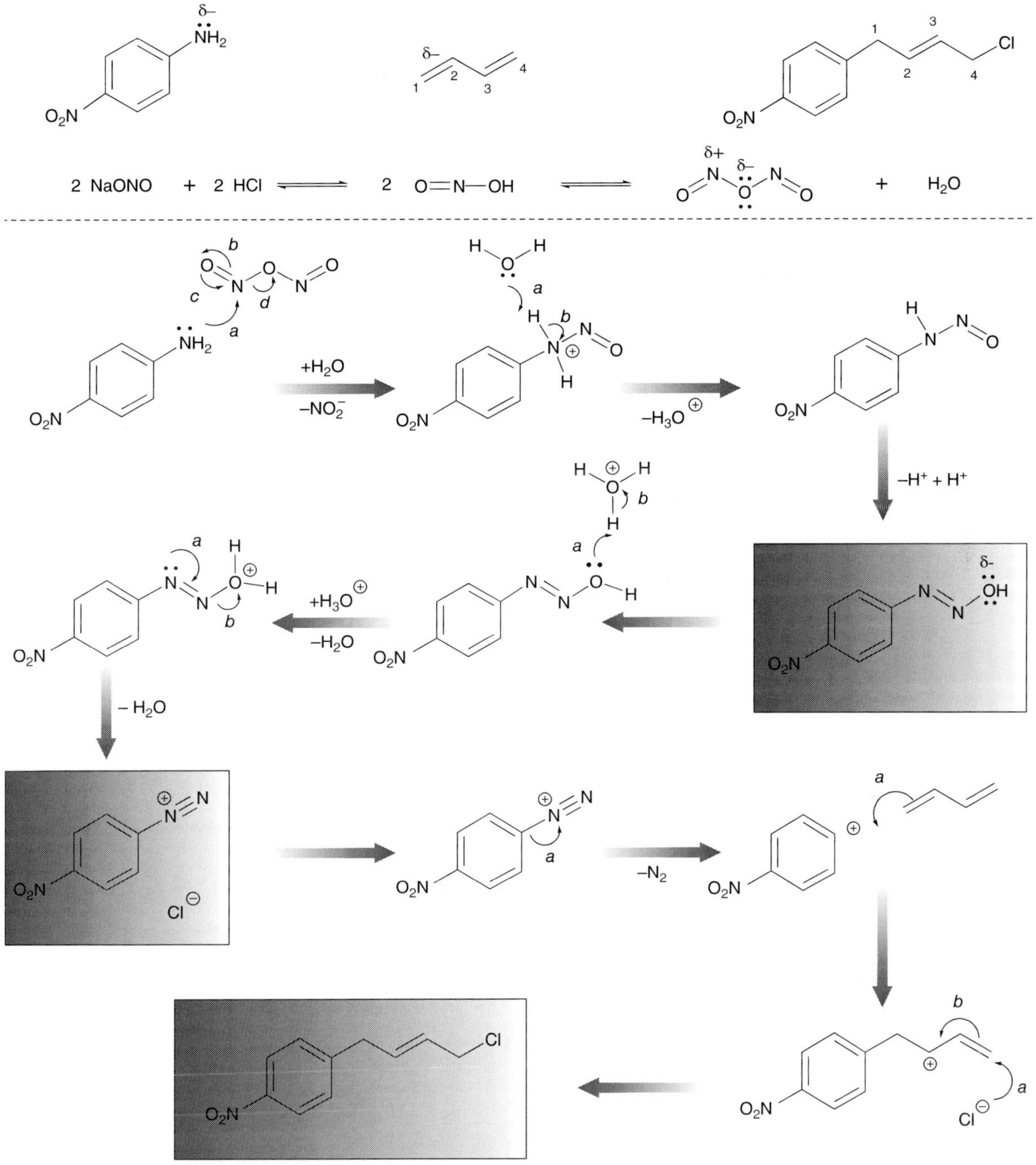

요약: 이 문제는 친핵성 치환 반응(S_N1)의 몇 가지 예시를 포함한다.

$$ArN_2^{\oplus} \xrightarrow{Nu^{\ominus}} ArNu$$

이제 문제 2.14를 풀어보자.

2.7

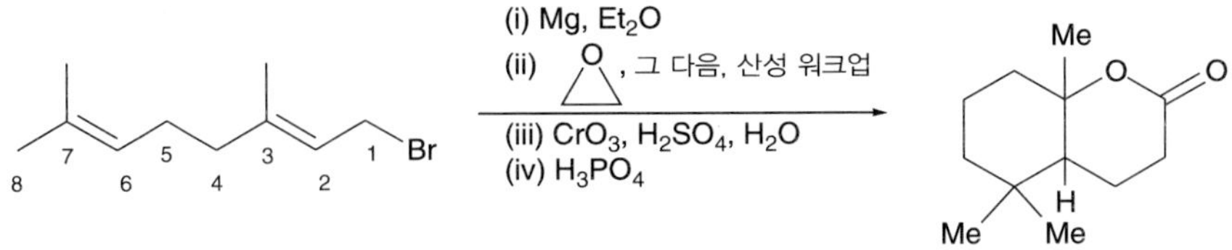

초기 제시된 모든 반응물이 친전자성/친핵성, 그리고 산성/염기성 부위를 갖는지 기록해 두자. 그리고 출발 물질과 생성물에서 동일한 원자를 열거하라.

- 할로젠화 알킬과 마그네슘(magnesium)이 반응하면 Grignard 시약이 만들어진다. 이 시약은 좋은 친핵체이다.
- 산화 에틸렌(ethylene oxide)은 친전자체에 해당한다. 이것은 전기 음성적 산소에 의해 편극화된 C−O 결합을 가지고 있으며, 고리 긴장(ring strain)이 큰 상태에 놓여 있다.

하나 이상이 존재할 경우, 가장 반응성이 큰 자리를 파악하라.

- 할로젠화 알킬(C−1 자리)은 반응을 통해 Grignard로서 탄소음이온 대등체(equivalent)를 만든다. 이것은 좋은 친핵체이며, 유일한 친핵성 자리기도 하다.
- 산화 에틸렌은 산소와 인접한 탄소 자리의 친핵성 공격에 취약하다. 이 때문에 유일한 친전자성 자리로서 작용한다.

가장 반응성이 큰 작용기의 반응 특성을 떠올려라. 그리고 반응 조건을 고려하였을 때 어느 반응이 가장 적합한지를 정하라.

- Grignard 시약은 산화 에틸렌과 반응하며, 사슬 내 탄소 원자를 2개 증가시키면서 알코올을 생성한다.

중간 생성물로 이어질 메커니즘을 그려라.

- 산화 에틸렌은 Grignard 시약에 의해 친핵성 공격(S_N2)을 받게 되는데, 이로 인해 알콕시화 이온 중간체가 만들어진다. 산성 워크업을 통한 양성자화를 거쳐야 알코올이 만들어진다.

위 4단계를 반복하라.

- 알코올은 삼산화 크로뮴과 친핵성 첨가 반응을 하여 크로뮴산 에스터(chromate ester)를 만든다. 이것은 제거 반응에서 알데하이드를 만들고 떨어져 나간다. 이때 알데하이드의 카보닐기에는 물이 첨가될 수 있는데, 이때 형성된 **수화물**(hydrate) 형태와 **평형**이 형성된다. 삼산화 크로뮴은 다시 산화 과정을 반복하며, 카복실산을 만든다.
- 인산(phosphoric acid)은 강한 산이며, 가장 전자가 풍부한 말단 이중 결합을 양성자화시킨다. 그리고는 안정한 삼차 탄소 양이온을 만든다(*Markovnikov* **첨가**). 카복실산 작용기는 내부 친핵체로서 거동하며, 이고리 락톤(bicyclic lactone) 생성물을 만든다.

이것이 최종 생성물과 밀접하게 관련된 것인지를 확인하라.

- 이 단계 생략 가능.

최종 생성물의 구조를 그려라.

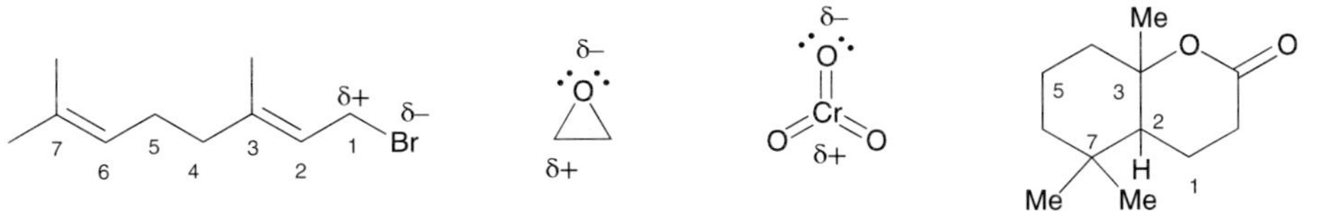

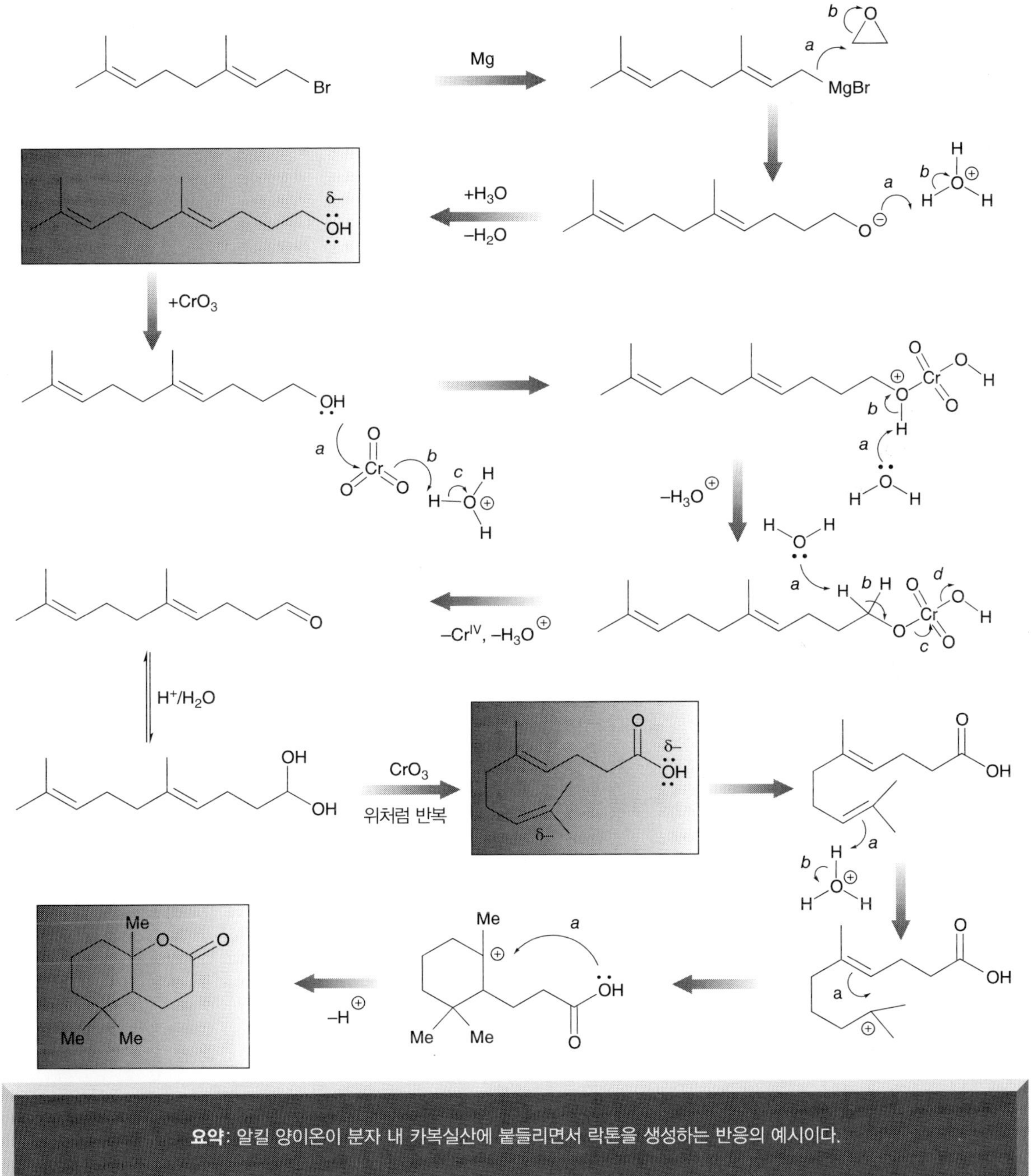

요약: 알킬 양이온이 분자 내 카복실산에 붙들리면서 락톤을 생성하는 반응의 예시이다.

이제 문제 2.15를 풀어보자.

2.8

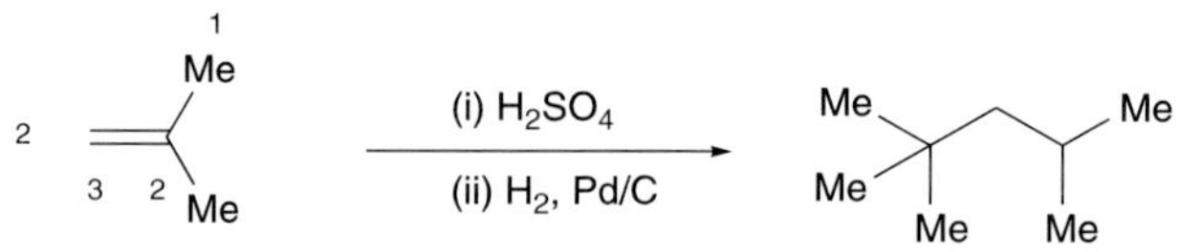

초기 제시된 모든 반응물이 친전자성/친핵성, 그리고 산성/염기성 부위를 갖는지 기록해 두자. 그리고 출발 물질과 생성물에서 동일한 원자를 열거하라.

- 알켄은 π 전자 밀도 덕분에 좋은 친핵체이다.
- 황산은 강한 산이며, 완전히 이온화된다(pK_a = −9).

하나 이상이 존재할 경우, 가장 반응성이 큰 자리를 파악하라.

- 이중 결합은 유일한 친핵성 자리이다.
- 황산으로부터 방출된 양성자는 유일한 친전자체이다.

가장 반응성이 큰 작용기의 반응 특성을 떠올려라. 그리고 반응 조건을 고려하였을 때 어느 반응이 가장 적합한지를 정하라.

- 알켄은 강한 산에 의해 손쉽게 양성자화 될 수 있는데, 특히 이때 생성되는 **탄소 양이온**이 전자를 밀어주는 그룹(이 경우, 두 메틸기 그룹)에 의해 안정화될 수만 있다면, 반응은 더욱 촉진된다. 이때 양성자화의 **위치 선택성**(regioselectivity)은 가장 안정한 삼차 탄소 양이온을 형성하는 쪽에 있다.

중간 생성물로 이어질 메커니즘을 그려라.

- 이중 결합의 양성자화 반응은 삼차 탄소 양이온을 생성한다. 이러한 친전자체는 결국 다른 알켄 출발 물질(그 자체가 원래 친핵체이므로)과 반응한다. 이때 다른 삼차 탄소 양이온이 생성되는데, **제거 반응**을 통해 알켄 생성물로 전환된다.

위 4단계를 반복하라.

- 알켄은 π 전자 밀도 덕분에 좋은 친핵체에 해당한다. 그러나 이것은 팔라듐/숯 촉매(palladium−charcoal 또는 Pd/C) 및 수소 분위기하에 손쉽게 **환원**되면서 알케인을 만든다. 이때 반응은 수소의 입체 특이적 *syn*-첨가 반응(stereospecific *syn*-addition)으로 진행된다.

이것이 최종 생성물과 밀접하게 관련된 것인지를 확인하라.

- 이 단계 생략 가능.

최종 생성물의 구조를 그려라.

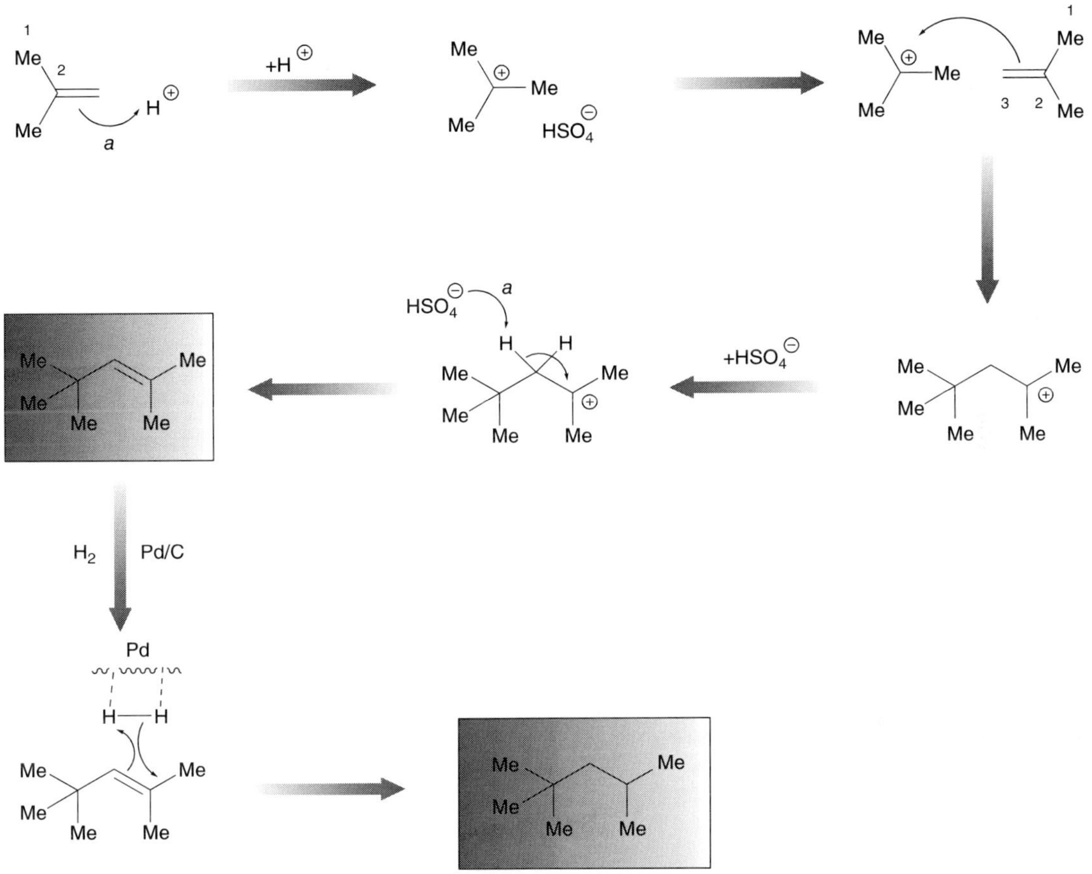

요약: 알켄의 Markovnikov 첨가 반응의 예시이다.

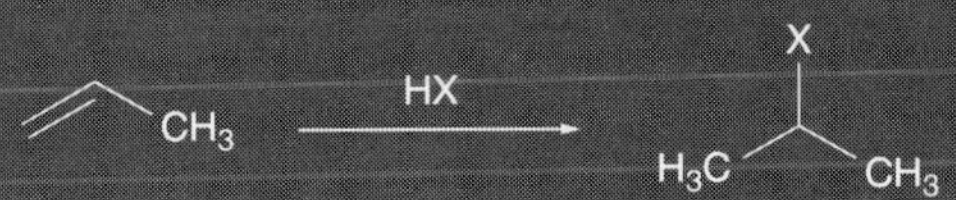

이제 문제 2.9를 풀어보자.

2.9

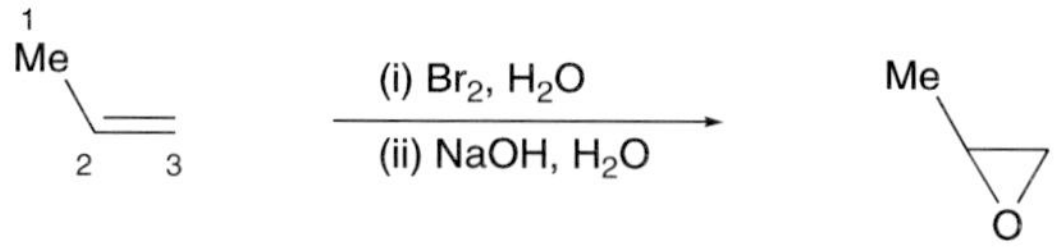

초기 제시된 모든 반응물이 친전자성/친핵성, 그리고 산성/염기성 부위를 갖는지 기록해 두자. 그리고 출발 물질과 생성물에서 동일한 원자를 열거하라.

- 알켄은 π 전자 밀도 덕분에 좋은 친핵체에 해당한다.
- 브로민은 약한 친전자체이다.
- 물은 약한 친핵체이다.

하나 이상이 존재할 경우, 가장 반응성이 큰 자리를 파악하라.

- 여기에서는 이중 결합물과 물이 유일한 친핵체이다.
- 브로민은 유일한 친전자체이다.

가장 반응성이 큰 작용기의 반응 특성을 떠올려라. 그리고 반응 조건을 고려하였을 때 어느 반응이 가장 적합한지를 정하라.

- 알켄은 브로민과 쉽게 반응하여 브로모늄 이온을 생성한다.
- 물 존재하에 브로모늄 이온은 물과 반응하여 브로모하이드린을 생성한다.

중간 생성물로 이어질 메커니즘을 그려라.

- 알켄의 브로민화 반응은 브로모늄 이온을 형성한다. 이러한 종(species)은 안정화된 이차 탄소 양이온을 생성하는 쪽으로 열린다. 이 양이온 자리에는 물이 접근하여 붙는다. 이때 양성자화의 **위치 선택성**은 물이 브로모늄 이온의 가장 가려진 부분에 첨가되는 쪽에 있다.

위 4단계를 반복하라.

- 수산화 소듐은 강한 염기에 해당하며, 여기에서는 알코올기를 탈양성자화시키며 **알콕시화 이온**을 생성한다. 이 알콕시 친핵체는 분자 내 브로민을 공격하여 S_N2 반응을 일으킨다. 결국 브로민화 이온이 이탈하면서 고리화 반응이 일어난다.

이것이 최종 생성물과 밀접하게 관련된 것인지를 확인하라.

- 이 단계 생략 가능.

최종 생성물의 구조를 그려라.

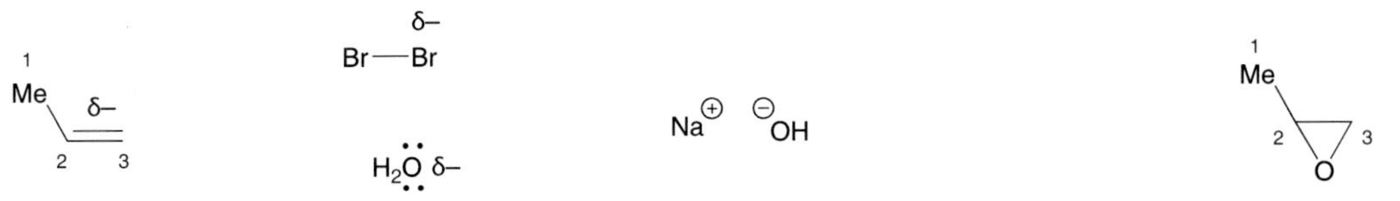

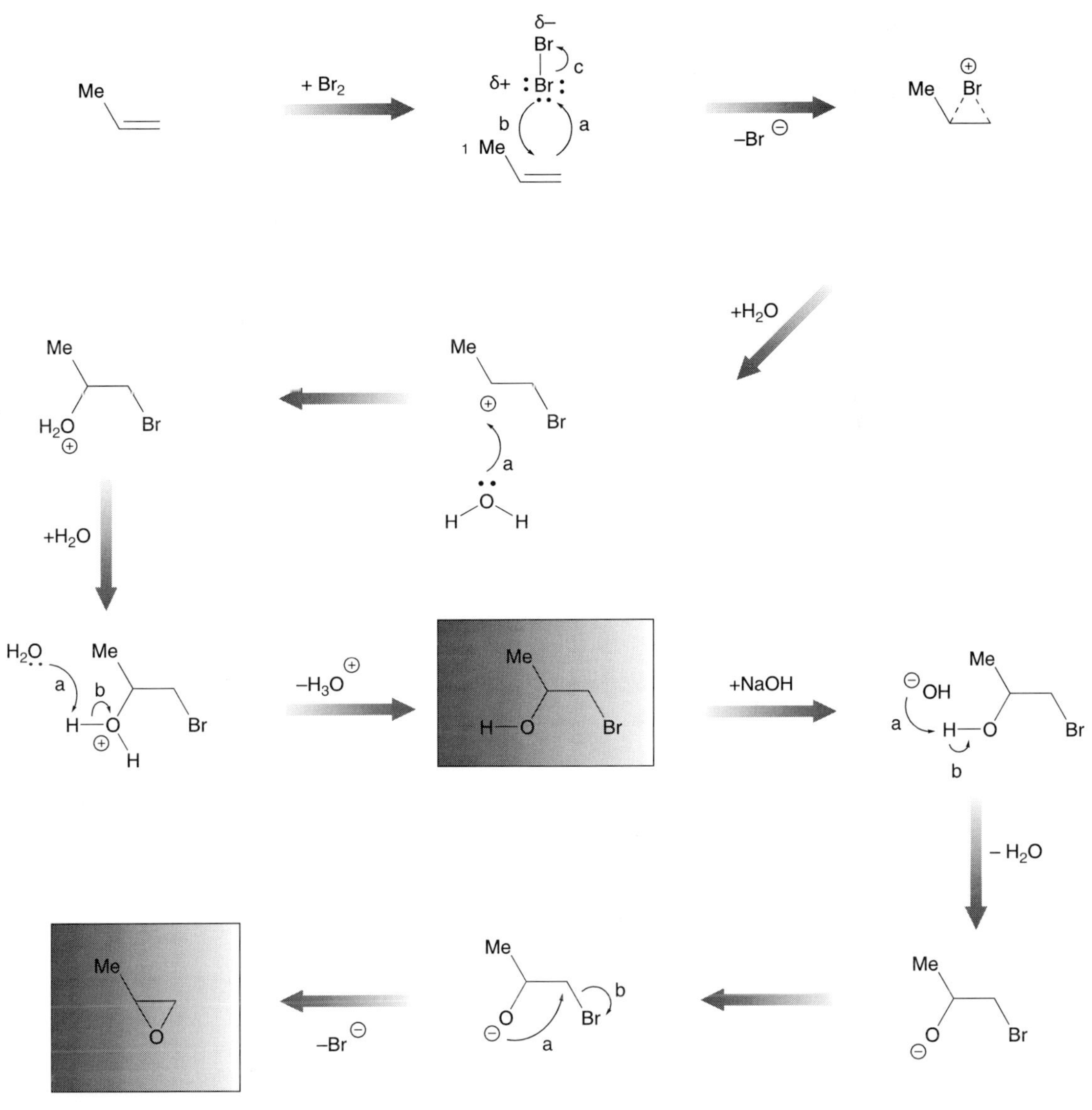

요약: 알켄의 친핵성 치환 반응과 첨가 반응의 예시이다.

2.10

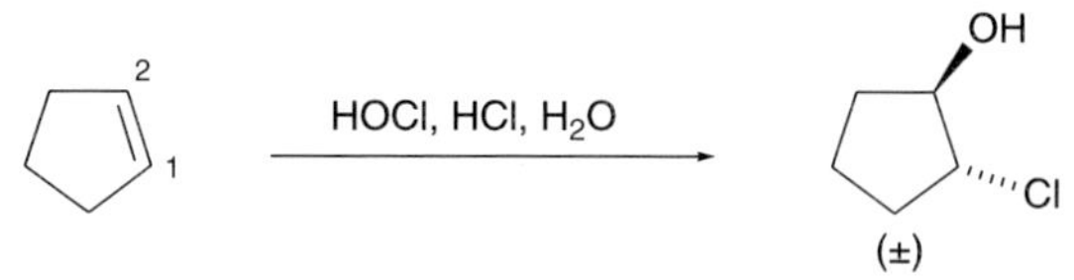

초기 제시된 모든 반응물이 친전자성/친핵성, 그리고 산성/염기성 부위를 갖는지 기록해 두자. 그리고 출발 물질과 생성물에서 동일한 원자를 열거하라.

- 알켄은 π 전자 밀도 덕분에 좋은 친핵체에 해당한다.
- 염산(HCl)은 강한 산이며, 완전히 이온화된다($pK_a = -7$). 이때 염산은 하이포아염소산(hypochlorous acid, HOCl)과 평형을 이루는데, 하이포아염소산은 염화 이온의 공급원으로서 작용한다.

하나 이상이 존재할 경우, 가장 반응성이 큰 자리를 파악하라.

- 탄소-탄소 이중 결합과 물은 둘 다 친핵체이다.
- 염소는 유일한 친전자체이다.

가장 반응성이 큰 작용기의 반응 특성을 떠올려라. 그리고 반응 조건을 고려하였을 때 어느 반응이 가장 적합한지를 정하라.

- 염소와 물은 알켄에 첨가되면서 클로로하이드린(chlorohydrin)의 생성에 기여한다.

중간 생성물로 이어질 메커니즘을 그려라.

위 4단계를 반복하라.

- 알켄은 염화 이온과 손쉽게 반응하며, 클로로늄 이온(chloronium ion)을 만든다. 이것은 탄소 양이온과 함께 **열린** 형태로 존재하기를 선호한다. 초기 염소 첨가는 윗면 또는 아랫면에서 발생할 수 있으며, 거울상 이성질체(enantiomeric) 중간체 탄소 양이온을 생성한다. 이들 중간체 어느 것이든지 물과 반응하여 클로로하이드린 산물을 생성하며, 물이 염소 반대편을 공격하기 때문에 *anti*-결과가 나타난다. 이들은 여전히 라세미 혼합물 형태로 존재한다. 옥소늄 중간체에 탈양성자화가 일어나면, 클로로하이드린 생성물이 만들어진다.

이것이 최종 생성물과 밀접하게 관련된 것인지를 확인하라.

- 이 단계 생략 가능.

최종 생성물의 구조를 그려라.

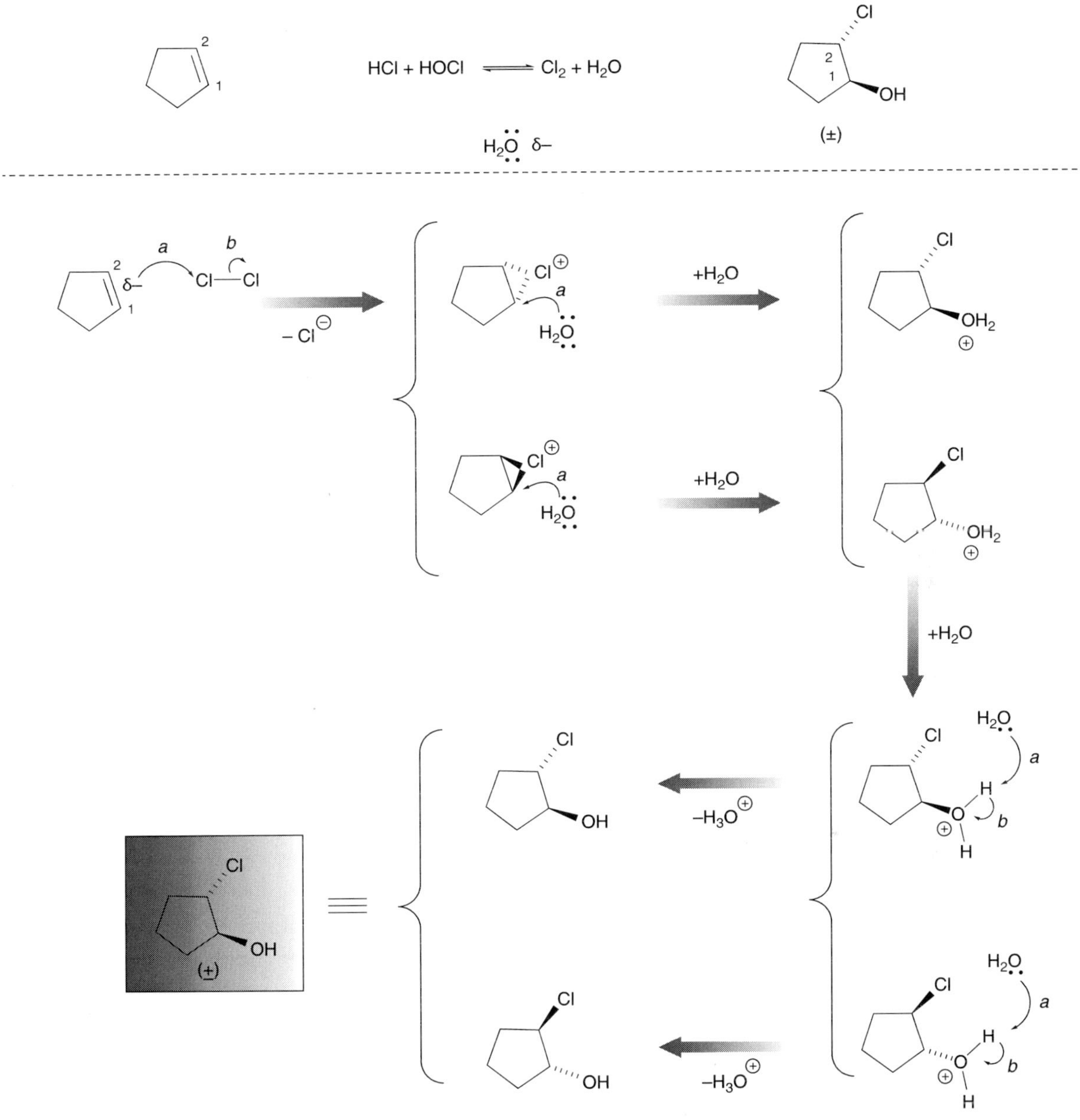

요약: 알켄의 친핵성 치환 반응 및 제거 반응, 첨가 반응의 예시이다.

2.11

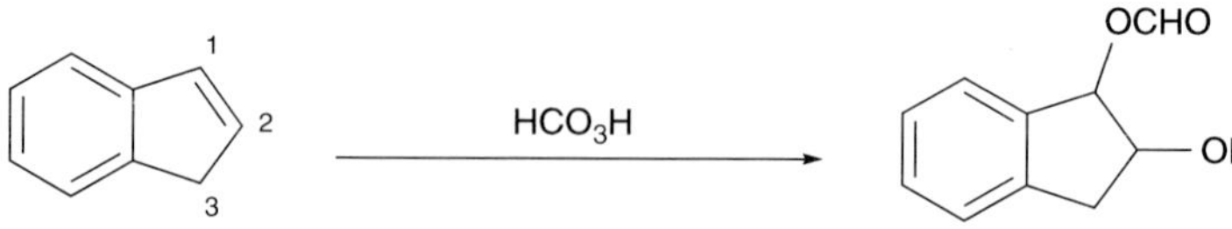

초기 제시된 모든 반응물이 친전자성/친핵성, 그리고 산성/염기성 부위를 갖는지 기록해 두자. 그리고 출발 물질과 생성물에서 동일한 원자를 열거하라.

- 알켄은 π 전자 밀도 덕분에 좋은 친핵체에 해당한다.
- 과산화 폼산(performic acid)은 약한 O–O 결합과 좋은 이탈기를 갖기 때문에 말단 수산화 그룹 자리가 친전자성을 갖는다.

하나 이상이 존재할 경우, 가장 반응성이 큰 자리를 파악하라.

- 사이클로펜텐의 이중 결합은 여기에서 가장 큰 반응성을 가진 친핵체이다.
- 이때 페닐 고리의 이중 결합은 **방향족성**에 의해 안정화되기 때문에 친핵성을 덜 갖는다.
- 과산화 폼산은 유일한 친전자체이다.

가장 반응성이 큰 작용기의 반응 특성을 떠올려라. 그리고 반응 조건을 고려하였을 때 어느 반응이 가장 적합한지를 정하라.

- 알켄는 과산화 폼산과 같은 친전자성 산소 공급원에 의해 쉽게 에폭시화된다.

중간 생성물로 이어질 메커니즘을 그려라.

- 알켄으로의 산소 전달은 고리화 메커니즘(cyclic mechanism)에 의해 진행된다. 이 메커니즘은 에폭시화물을 생성하기도 하지만, 또한 부산물로서, 폼산 음이온(formate anion)과 같은 좋은 이탈기를 생성하기도 한다.

위 4단계를 반복하라.

- 폼산(formic acid)은 강한 산이며, 에폭시화물을 양성자화하여 이탈기로 만든다. 이때 고리 열림(ring opening)이 일어나는데, 안정화된 벤질 탄소 양이온을 생성하는 쪽으로 반응이 진행된다. 이것은 곧 폼산 음이온과 반응하여 1,2-생성물을 조금 더 빠르게 형성시킨다. 이 반응은 유사-S_N1 반응(S_N1-like process)으로 볼 수 있다.

이것이 최종 생성물과 밀접하게 관련된 것인지를 확인하라.

- 이 단계 생략 가능.

최종 생성물의 구조를 그려라.

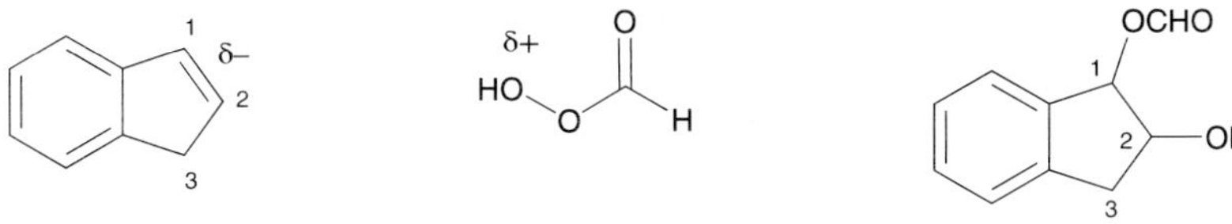

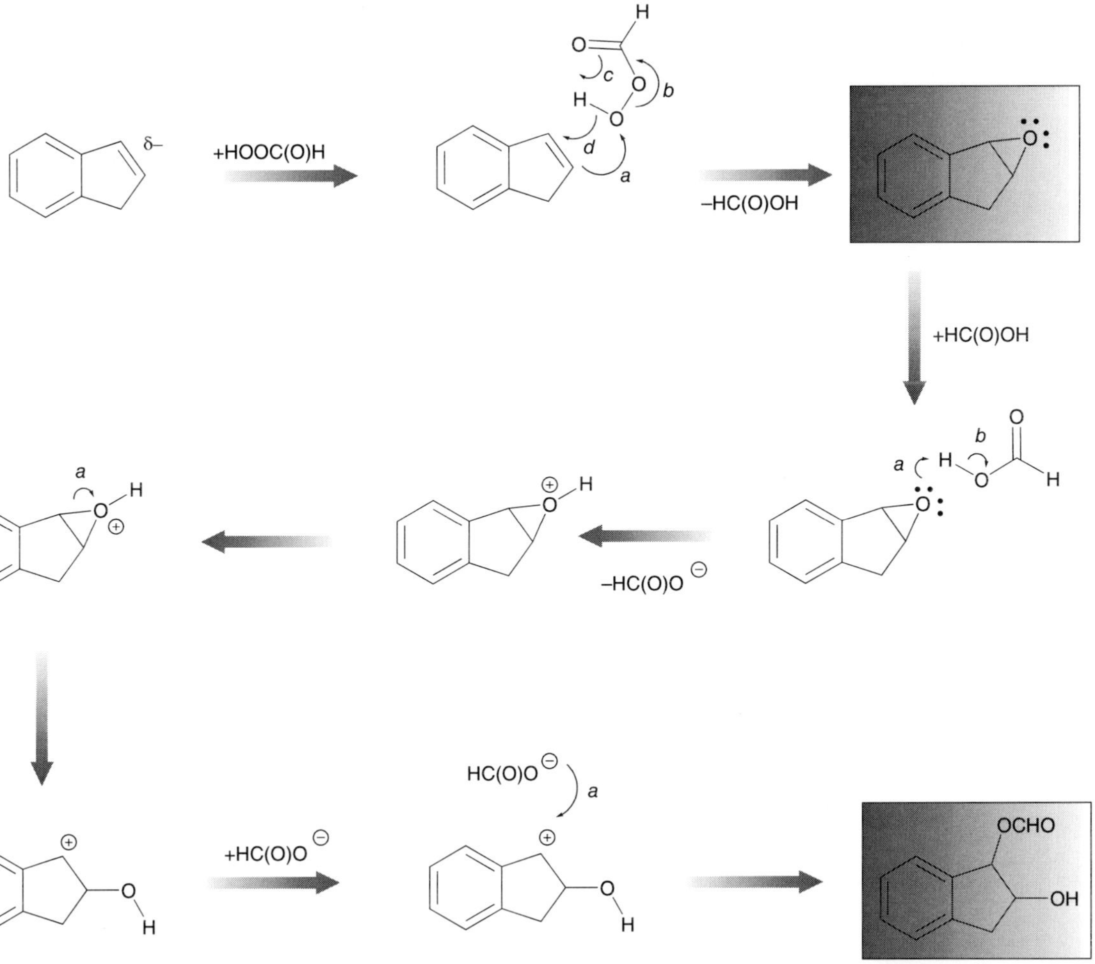

요약: 에폭시화와 고리 열림 반응의 예시이다.

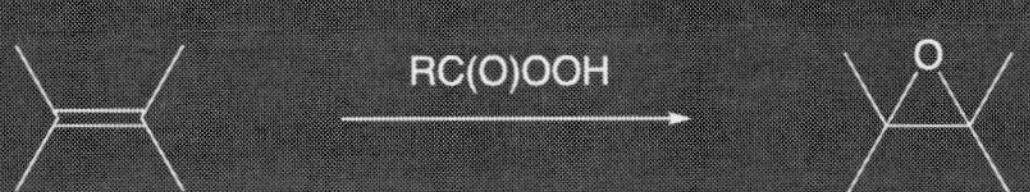

2.12

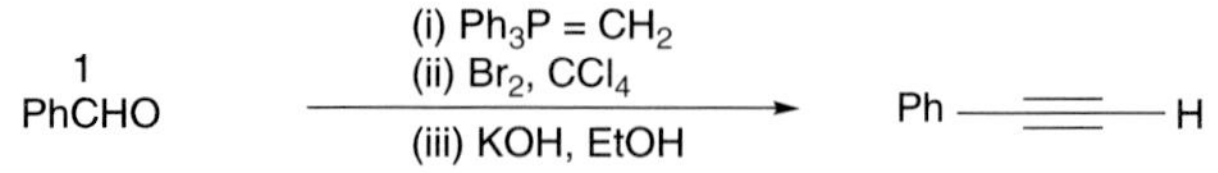

초기 제시된 모든 반응물이 친전자성/친핵성, 그리고 산성/염기성 부위를 갖는지 기록해 두자. 그리고 출발 물질과 생성물에서 동일한 원자를 열거하라.

- 알데하이드는 산소가 탄소보다 조금 더 전기 음성적이기 때문에 친전자체이다.
- **일라이드**(ylide, ex. $Ph_3P{=}CH_2$)는 좋은 친핵체이며, 탄소에 음전하를 편극화시킨다.

하나 이상이 존재할 경우, 가장 반응성이 큰 자리를 파악하라.

- 알데하이드는 유일한 친전자성 자리이다.
- 일라이드는 유일한 친핵성 자리이다.

가장 반응성이 큰 작용기의 반응 특성을 떠올려라. 그리고 반응 조건을 고려하였을 때 어느 반응이 가장 적합한지를 정하라.

- 알데하이드는 **친핵성 첨가 반응**을 매우 잘하는데, 특히 탄소 친핵체와 반응을 잘한다.
- 포스포늄 일라이드(phosphonium ylide)는 비티히 반응(wittig reaction)에 참여하며, 알데하이드를 알켄으로 전환시킨다. 이 과정은 강한 P=O 결합 형성에 의해 일어난다.

중간 생성물로 이어질 메커니즘을 그려라.

- 알데하이드와 일라이드와 친핵성 첨가 반응은 고리 옥사포스페테인(cyclic oxaphosphetane) 중간체를 만든다. 이것은 산화트라이페닐포스핀(triphenylphosphine oxide)을 떼어내며 분해되는데, 그 결과 알켄 생성물이 만들어진다.

위 4단계를 반복하라.

- 브로민은 친전자체이다. 알켄은 π 전자 밀도 덕분에 좋은 친핵체이다. 이 두 가지 물질이 반응하면 브로모늄 이온이 만들어지는데, 남아 있는 브로민화 음이온(Br^-)이 접근하여 붙음으로 인해서 결국 1,2-다이브로모알케인(dibromoalkane) 생성물이 형성된다.
- 수산화 이온(hydroxide)은 좋은 염기이며, 여기에서는 HBr의 E_2 제거 반응을 일으키고 **브로민화 바이닐**(vinyl bromide)을 만든다.
- 수산화 이온은 좋은 염기이며, HBr의 브로민화 바이닐로부터 추가적인 E_2 타입 **제거 반응**으로 이어지며 알카인을 만든다.

이것이 최종 생성물과 밀접하게 관련된 것인지를 확인하라.

- 이 단계 생략 가능.

최종 생성물의 구조를 그려라.

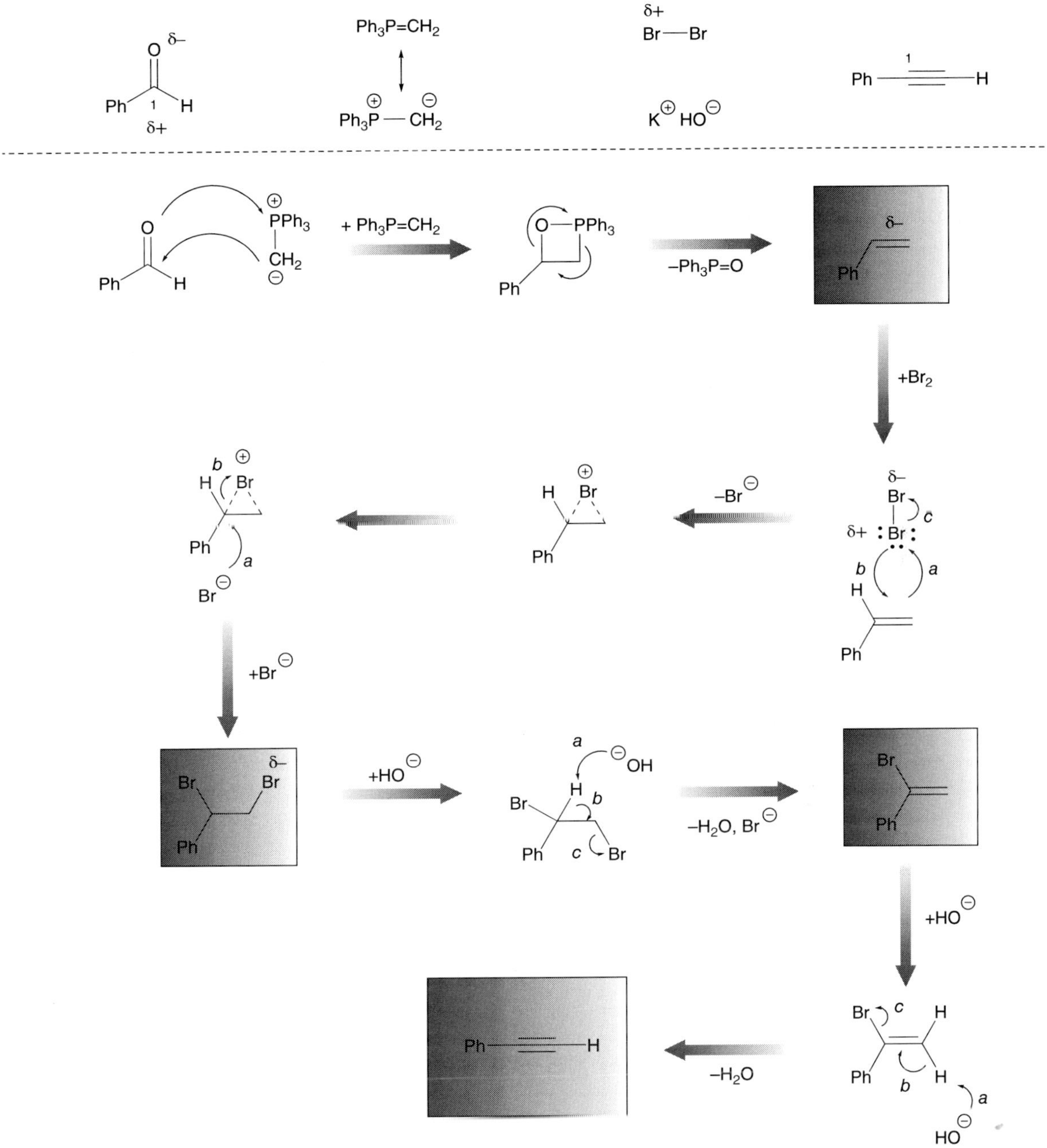

요약: 알켄의 첨가와 제거 반응의 예시이다.

2.13

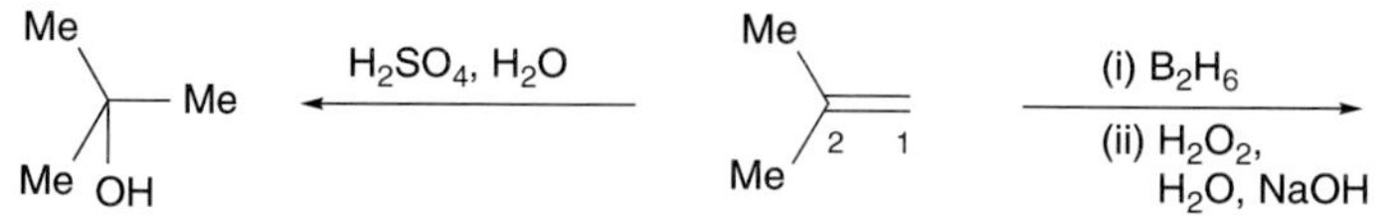

초기 제시된 모든 반응물이 친전자성/친핵성, 그리고 산성/염기성 부위를 갖는지 기록해 두자. 그리고 출발 물질과 생성물에서 동일한 원자를 열거하라.

- 알켄은 π 전자 밀도 덕분에 친핵체이다.
- 보레인(BH_3)은 붕소의 전자 결핍으로 인해 친전자체이며, 동시에 좋은 루이스 산에 해당한다.
- 황산은 강한 산이며, 완전히 이온화된다(pK_a = −9)

하나 이상이 존재할 경우, 가장 반응성이 큰 자리를 파악하라.

- 알켄은 유일한 반응성을 지닌 친핵체이다.
- 붕소와 산은 친전자체이다.

가장 반응성이 큰 작용기의 반응 특성을 떠올려라. 그리고 반응 조건을 고려하였을 때 어느 반응이 가장 적합한지를 정하라.

- 알켄은 **친전자성 첨가 반응**을 매우 잘한다. 적합한 산소 공급원이 있을 때에는 에폭시화를 일으키며, 1,2-다이하이드록실화(1,2-dihydroxylation) 생성물을 만든다.

중간 생성물로 이어질 메커니즘을 그려라.

- 알켄의 **수소화붕소 첨가 반응**(hydroboration)은 B−H가 손쉽게 탄소−탄소 이중 결합에 첨가되면서 일어난다(오른쪽 화살표 반응). 이때 붕소는 덜 가려진 탄소에 첨가되고, 같은 면에서(*syn*-process) 반응이 진행된다. 이것은 남아있는 B−H를 사용하여 2번 더 반복 진행되며, 결국 **트라이알킬보레인**을 생성한다.
- 양성자가 알켄에 추가되며(왼쪽 화살표 반응) Markovnikov 규칙에 따라 진행된다. 결국, 탄소 양이온은 물과 반응하여 삼차 알코올 산물을 만든다.

위 4단계를 반복하라.

- 트라이알킬보레인의 붕소 원자는 여전히 전자가 부족하기 때문에, 과산화수소와 염기로부터 생성된 하이드로퍼옥사이드 음이온(COO^-)으로부터 쉽게 공격을 받는다. 이 과정은 B에서 O로 1,2-**알킬 이동**(alkyl migration)을 유도하며, **트라이알콕시보레인**이 될 때까지 2번 더 반복한다.
- 트라이알콕시보레인은 알칼리 조건에서 쉽게 **가수분해**되며, 알콕시화 이온을 생성한다. 이는 반응의 수용액 조건에서 양성자화된다(문제 2.5 참조).

이것이 최종 생성물과 밀접하게 관련된 것인지를 확인하라.

- 이 단계 생략 가능.

최종 생성물의 구조를 그려라.

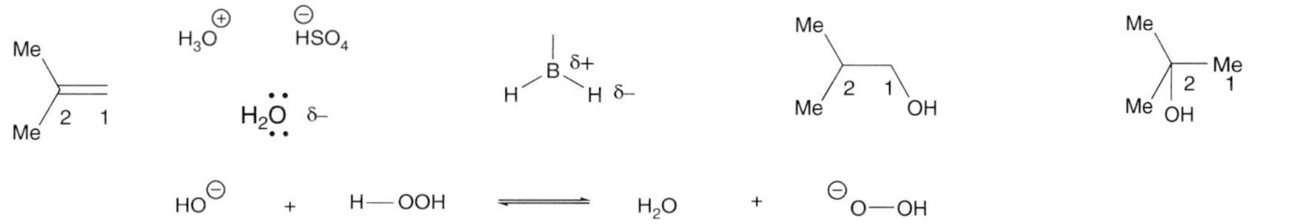

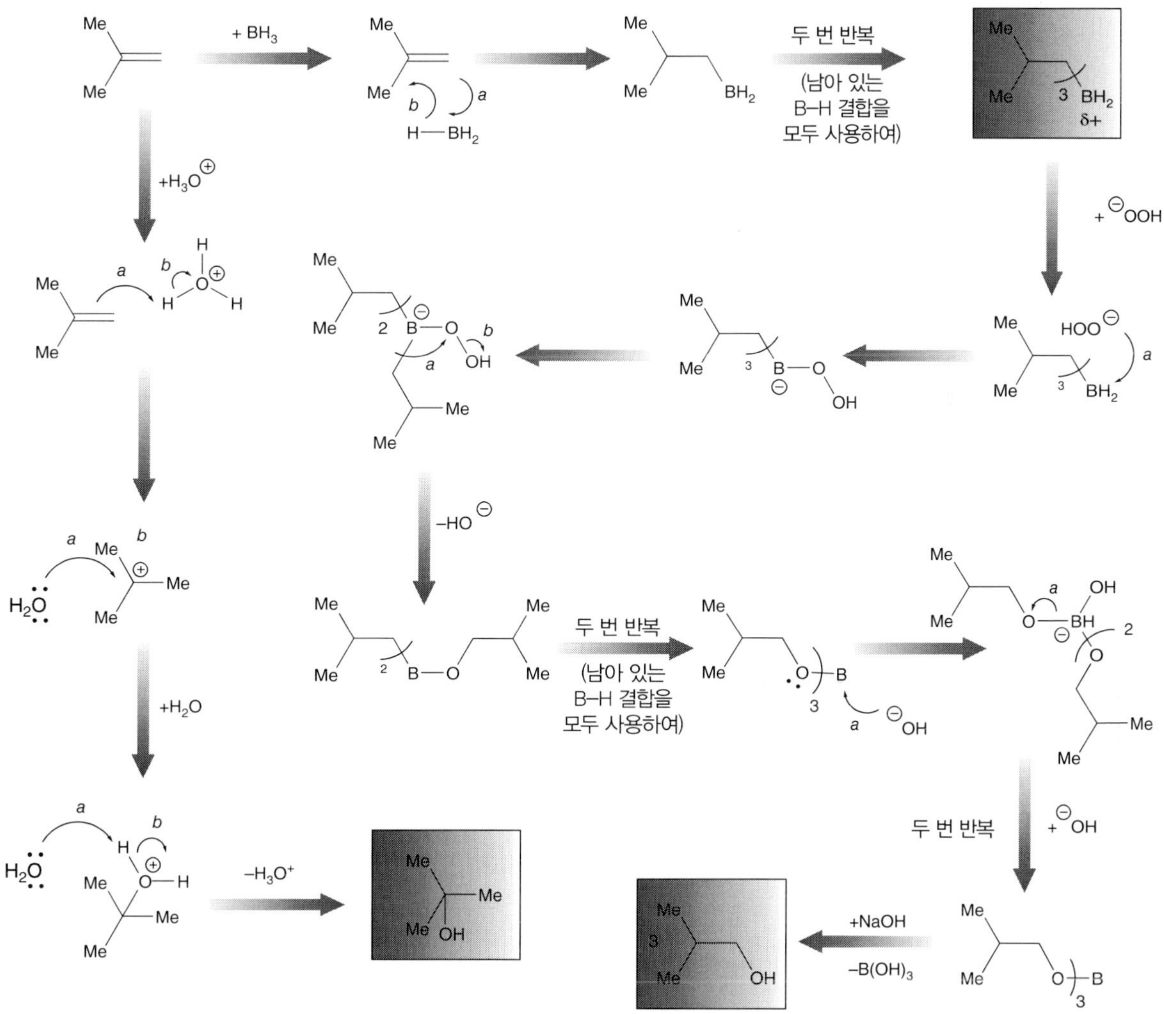

요약: 수소화붕소 첨가 반응의 예시이며, 해당 물질을 알코올로 전환시킨다.

$$3\ RCH = CH_2 \xrightarrow{BH_3} (RCH_2CH_2)_3B \xrightarrow[NaOH]{H_2O_2} 3\ RCH_2CH_2OH$$

2.14

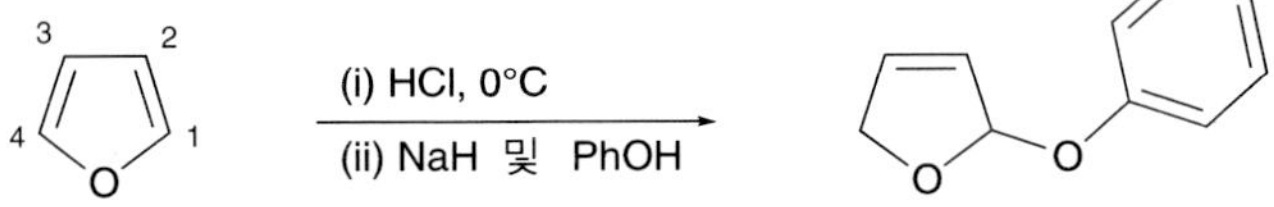

초기 제시된 모든 반응물이 친전자성/친핵성, 그리고 산성/염기성 부위를 갖는지 기록해 두자. 그리고 출발 물질과 생성물에서 동일한 원자를 열거하라.	• 퓨란(furan)은 약한 방향족성이기는 하지만, 산소의 치환체를 안정화시킬 수 있는 공명 구조 덕분에 좋은 친핵체가 된다. • HCl은 강한 산이며 완전히 이온화된다($pK_a = -7$).
하나 이상이 존재할 경우, 가장 반응성이 큰 자리를 파악하라.	• 퓨란의 4번 탄소는 공명안정화에 의해 활성화되기 때문에 가장 친핵성을 갖는다.
가장 반응성이 큰 작용기의 반응 특성을 떠올려라. 그리고 반응 조건을 고려하였을 때 어느 반응이 가장 적합한지를 정하라.	• 알켄은 π 전자 밀도 덕분에 친핵체이다. • 양성자(수소 이온, H^+)는 친전자체이며, 이중 결합을 쉽게 양성자화시킬 것이다.
중간 생성물로 이어질 메커니즘을 그려라.	• 퓨란은 공명구조로 인해 4번 탄소가 쉽게 양성자화되며, 그 결과, **옥소늄** 중간체를 만든다. 이 중간체는 염화 이온과 만나 α-클로로에터(α-chloroether) 생성물로 전환된다.
위 4단계를 반복하라.	• NaH(수소화 소듐; sodium hydride)는 강한 염기이다. 이것은 페놀의 알코올 자리를 탈양성자화시킴으로써 페녹사이드 음이온(phenoxide anion)을 만든다. 페녹사이드 음이온은 클로로에터의 친전자성 탄소와 S_N2 반응을 한다.
이것이 최종 생성물과 밀접하게 관련된 것인지를 확인하라.	• 이 단계 생략 가능.
최종 생성물의 구조를 그려라.	

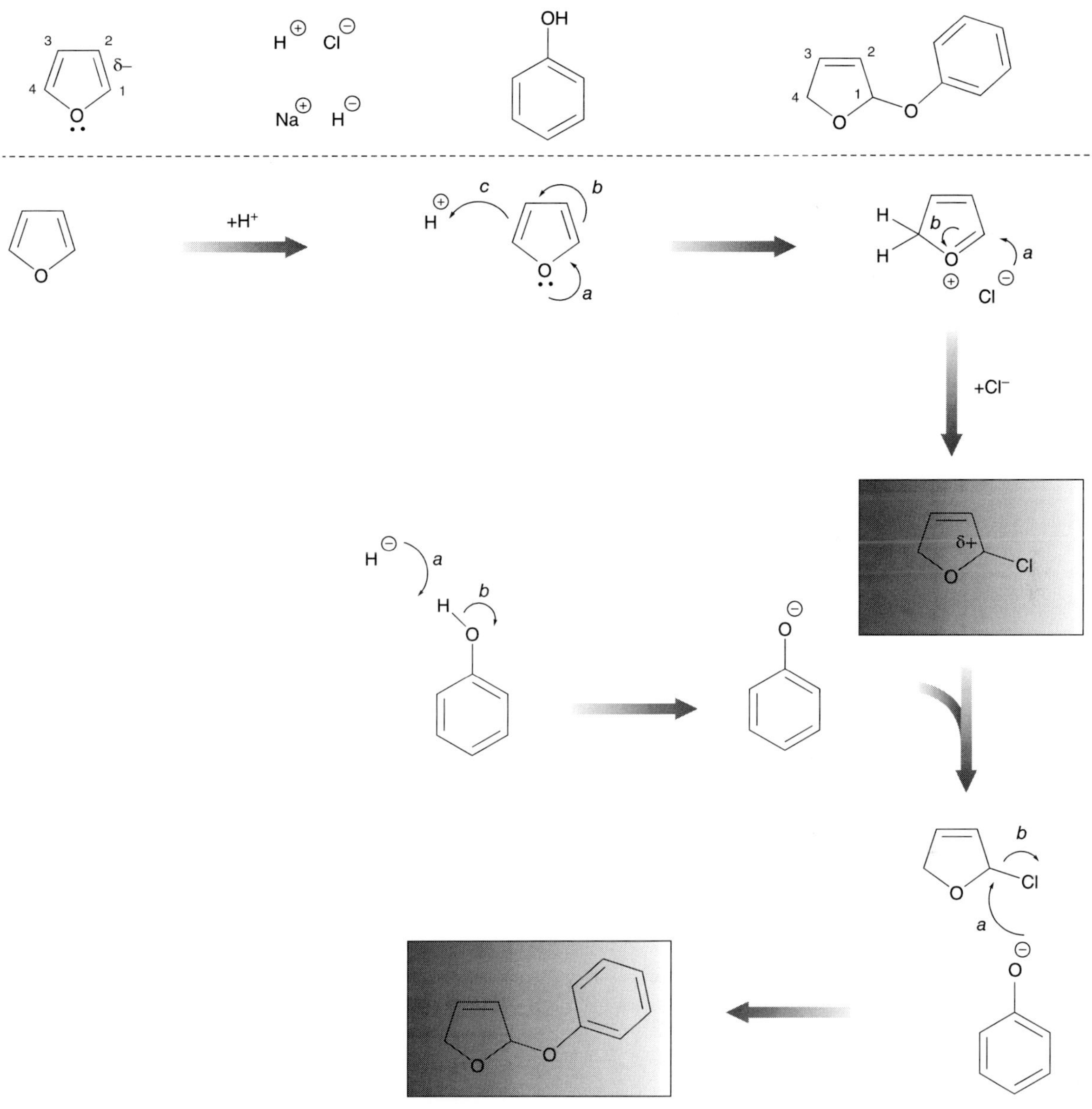

요약: 알켄이 활성화됨으로써 발생하는 친전자성 첨가 반응의 예시이다.

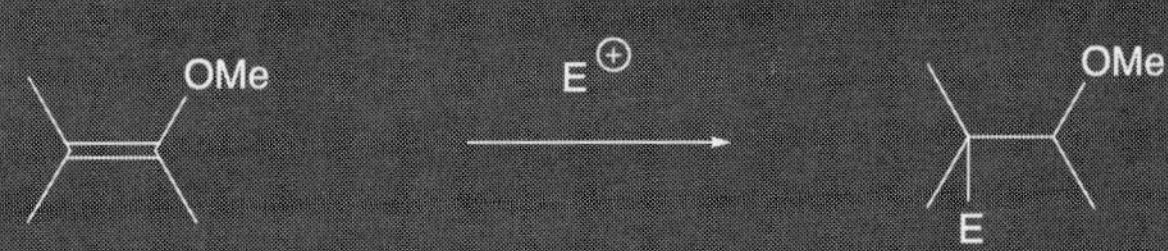

2.15

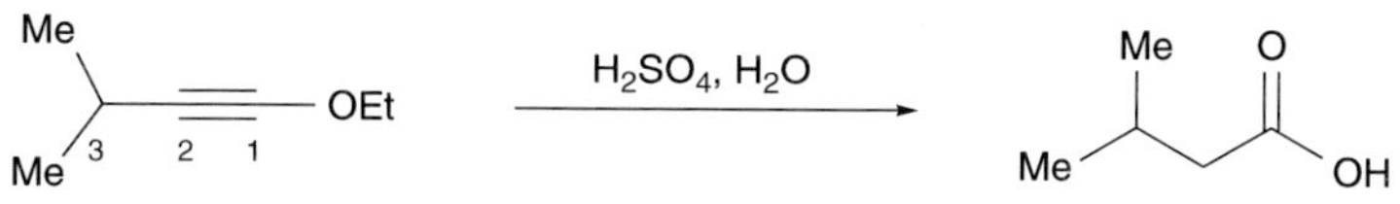

초기 제시된 모든 반응물이 친전자성/친핵성, 그리고 산성/염기성 부위를 갖는지 기록해 두자. 그리고 출발 물질과 생성물에서 동일한 원자를 열거하라.	• 알카인(alkyne)은 π 전자 밀도 덕분에 친핵체이다. 여기서 특별한 알카인은 에톡시 그룹이 내놓는 공명 구조에 의해 활성화된다. • 물은 약한 친핵체이다. • 황산(H_2SO_4)은 강한 산이며, 완전히 이온화된다(pK_a = −9).
하나 이상이 존재할 경우, 가장 반응성이 큰 자리를 파악하라.	• 알카인은 가장 친핵성을 갖는다. • 양성자(H^+)는 유일한 친전자체이다.
가장 반응성이 큰 작용기의 반응 특성을 떠올려라. 그리고 반응 조건을 고려하였을 때 어느 반응이 가장 적합한지를 정하라.	• 알카인은 **친전자성 첨가 반응**을 일으킬 수 있는데, 특히 좋은 친전자체가 있을 때 더 잘 일으킨다.
중간 생성물로 이어질 메커니즘을 그려라.	• 알카인은 산에 의해 양성자화되며, 공명 안정화된 양이온 중간체를 만든다. 이 중간체에 물이 접근하여 붙으면 엔올 중간체가 만들어진다. • 토토머화 반응은 활성화된 옥소늄 양이온을 만들고, 이것은 물에 의해 공격받는다. 이것은 에스터 가수분해를 개시하며, 에탄올을 방출시킨다. 결국 카복실산 생성물이 만들어진다.
위 4단계를 반복하라.	• 이 단계 생략 가능.
이것이 최종 생성물과 밀접하게 관련된 것인지를 확인하라.	• 이 단계 생략 가능.
최종 생성물의 구조를 그려라.	

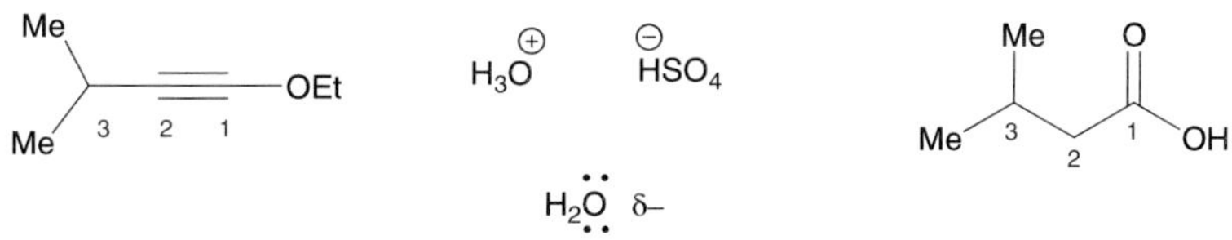

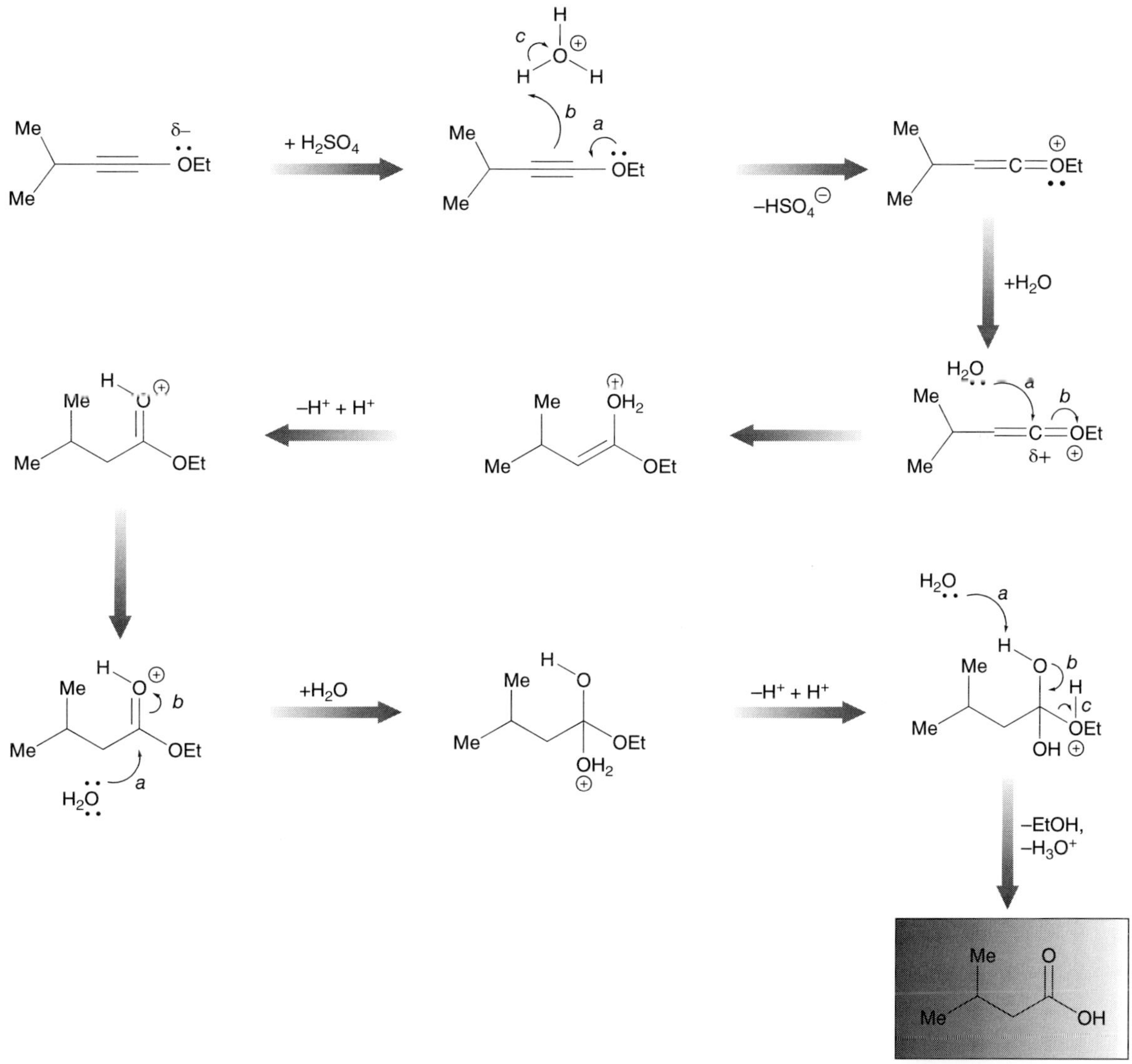

요약: 알카인의 산-촉매화된 수화 반응의 예시이다.

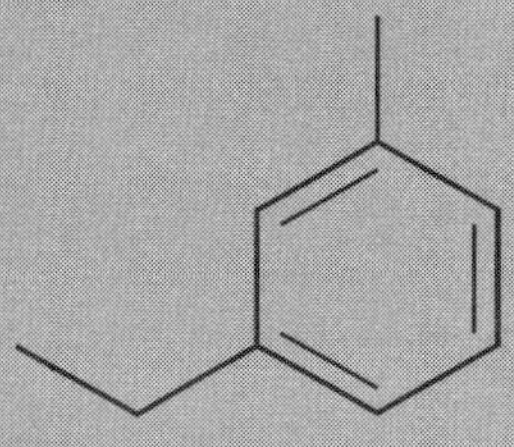

3장

카보닐기로의 친핵성 첨가 반응

- 친핵성 첨가 반응은 모든 카보닐 그룹의 전형적 반응에 해당하며, 이는 C–O 결합의 편극화 때문이다.

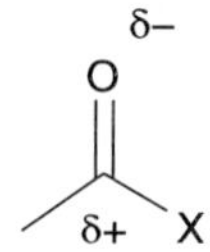

- 탄소와 산소 원자의 전기 음성도 차이에 의해 초래된다.
- 전형적 반응은 카보닐 탄소 옆 치환기 X의 성질(nature)에 의존하며, 다음과 같다.

3.1 알데하이드(X = H)와 케톤(X = R)

3.1.1 친핵체의 비가역적 첨가

i. 환원. 수소 첨가는 다음 물질과 함께 일어난다.

- H_2와 촉매
- H^-(하이드라이드): $LiAlH_4$, $NaBH_4$와 같은 금속 하이드라이드(metal hydride) 착물

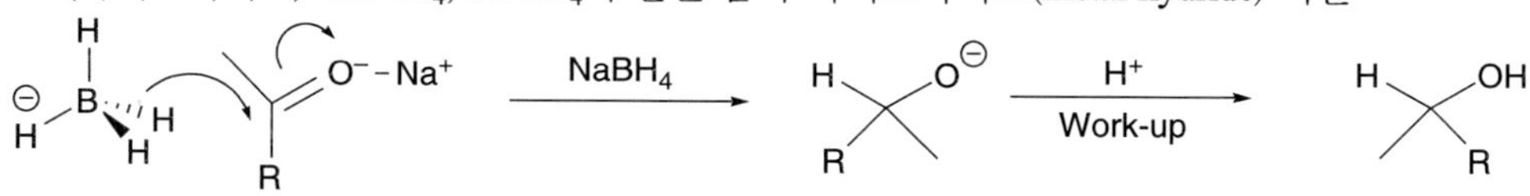

- '유기' 하이드라이드 공급원(Cannizzaro 반응, Meerwein-Ponndorf-Verley 반응)

ii. 탄소 음이온(carbanion) 첨가 반응. Grignard 시약, 유기리튬 시약과 아세틸라이드 음이온(acetylide anion)의 첨가

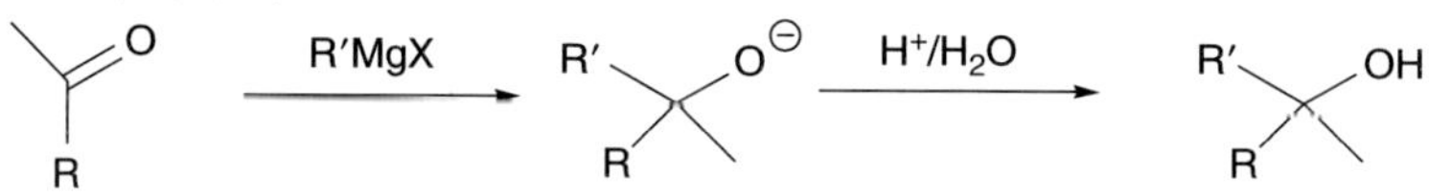

3.1.2 친핵체의 가역적 첨가

친핵체의 성질에 따라 카보닐 첨가의 3가지 타입이 있다.

i. 첨가: 물, bisulphite, 사이안화물

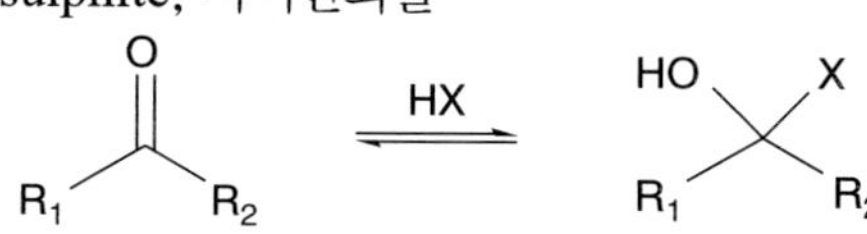

$X = O, SO_3, CN$

ii. 첨가-치환: 이 메커니즘은 6족 친핵체에 있어서 중요하다(즉, 산소와 황).

- 이 반응은 헤미아세탈, 아세탈, 싸이오아세탈과 같은 생성물을 만든다.

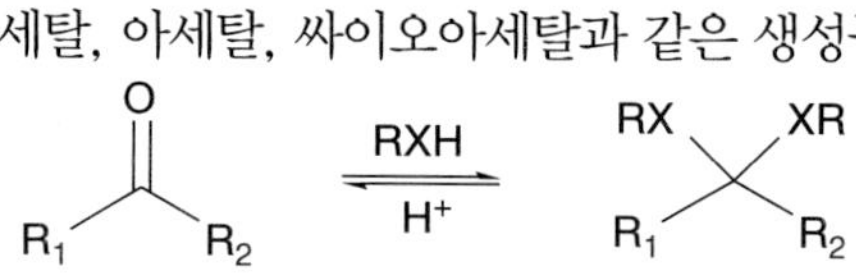

X = O, S

iii. 첨가-제거: 이 메커니즘은 5족 친핵체에 있어서 중요하다(즉, 암모니아, 하이드록실 아민, 하이드라진, semicarbazide, 2,4-dinitrophenylhydrazine). 이 반응은 이민, 옥심(oxime), 하이드라존(hydrazone), semicarbazone, 2,4-dinitrophenylhydrazone을 만든다.

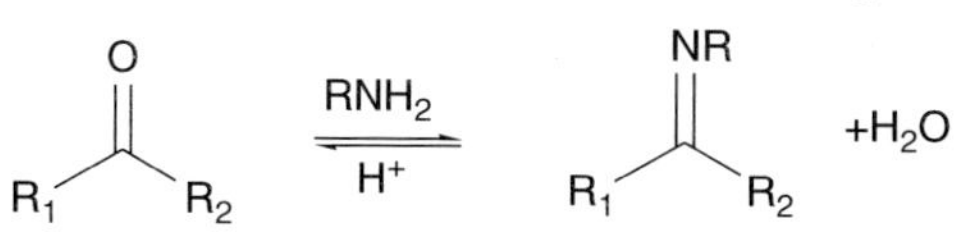

R = Alkyl, OH, NHR, $NHC(O)NH_2$

- 만약 아민이 2차라면, 엔아민이 형성 가능해진다. 엔아민은 중요한 친핵체이다.

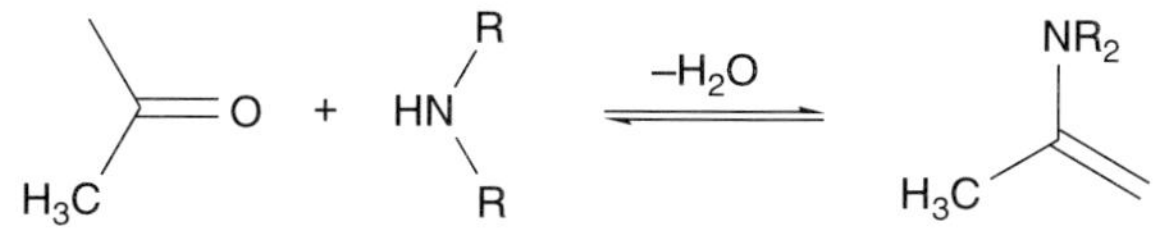

- Wittig 반응은 친핵체로서 인-일라이드(phosphorus ylide)를 사용하는 특별한 경우이다.

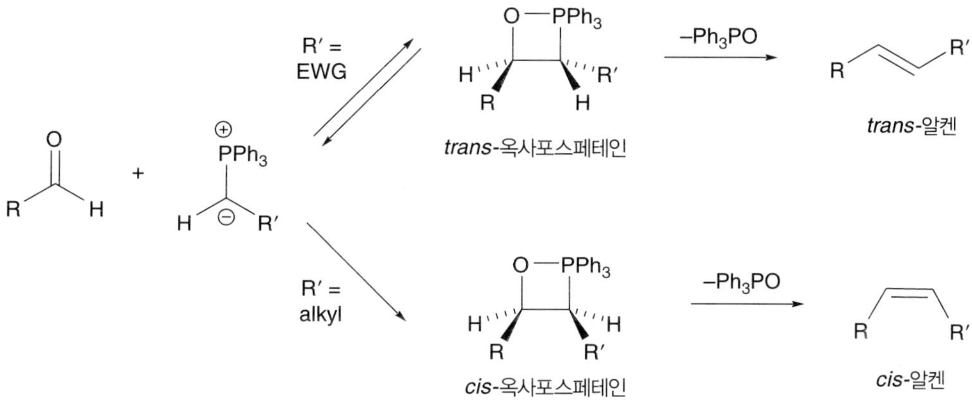

3.2 Acyl 착물(X=OH(산), X=OR(에스터), X=NR$_2$(아마이드), X=Cl, Br(산 할로젠 화물), 그리고 산 무수물(X=OC(O)R)

- 알데하이드나 케톤을 제외한 아실 유도체에서 X는 좋은 이탈기이다(좋은 이탈기는 강한 산의 짝염기다). 그리고 카보닐 그룹의 전형적 반응성을 가짐에 따라, 친핵성 첨가 반응은 불가피하게 제거 반응을 수반한다. 이탈기인 X^-가 떨어지면 4면체 중간체가 형성되는데, 이를 경유하여 진행되는 전반적인 과정을 첨가-제거 반응이라 지칭한다.
- 카보닐 그룹 중 친핵성 첨가 반응을 잘 일으키는 순서는 다음과 같다.

$$RCOCl,\ RC(O)O(O)R > RCHO > R_2CO > RCO_2R' > RCONR'_2$$

- 이 반응 순서는 X 치환체의 입체적, 전기적 효과에 지배를 받는다.
- 전형적인 반응은 다음과 같다.

3.2.1 환원

- 금속 하이드라이드 착물($LiAlH_4$)과 같은 하이드라이드 이온 공급원으로부터 H^-의 첨가

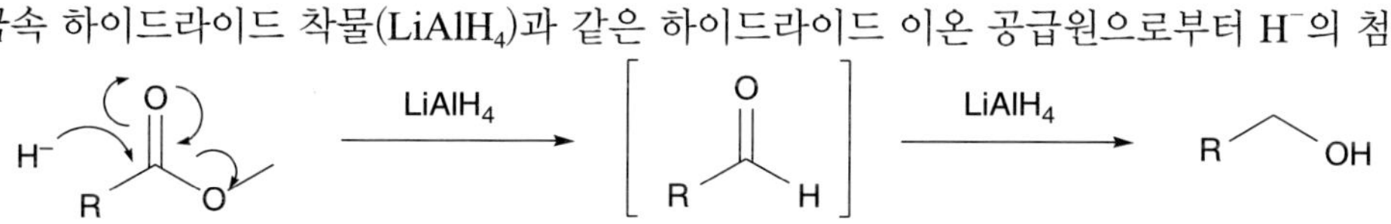

3.2.2 수산화 이온의 첨가

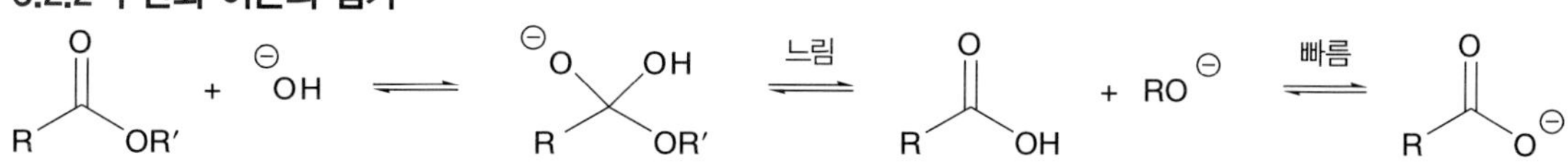

3.2.3. 친핵체. Grignard 시약, 유기리튬 시약, 아세틸라이드 음이온(acetylide anion)의 첨가

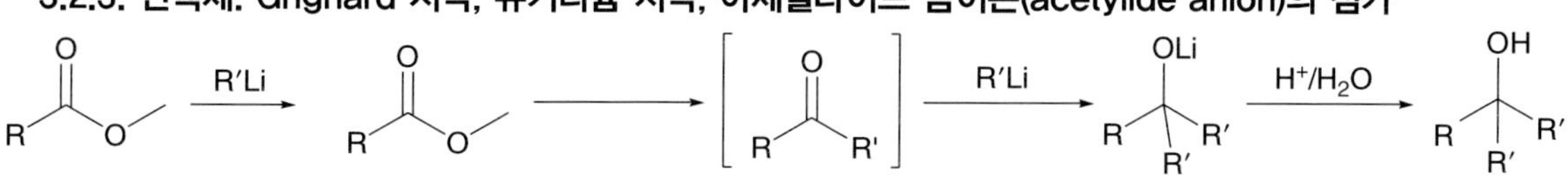

3.1

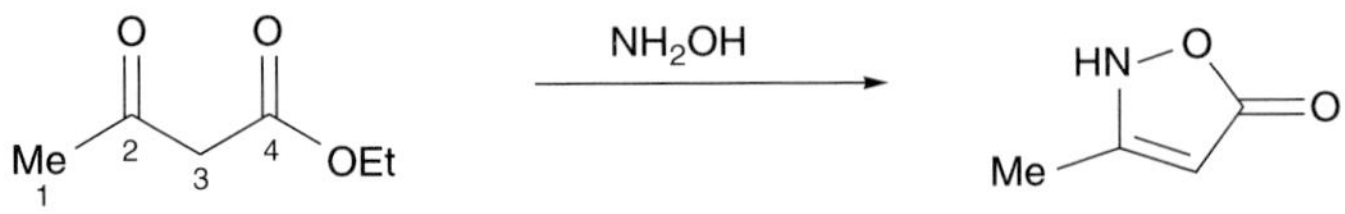

초기 제시된 모든 반응물이 친전자성/친핵성, 그리고 산성/염기성 부위를 갖는지 기록해 두자. 그리고 출발 물질과 생성물에서 동일한 원자를 열거하라.

- 카보닐 그룹은 탄소와 산소의 **전기 음성도** 차이에 의해 편극화되며, 탄소를 친전자성으로 만든다.
- 하이드록실아민(hydroxylamine)은 질소와 산소 원자가 비공유 전자쌍을 가지고 있기 때문에 친핵체이다.

하나 이상이 존재할 경우, 가장 반응성이 큰 자리를 파악하라.

- 케톤은 (에스터의 공명 안정화로 인한 비편재화 때문에) 에스터보다 반응성이 크다.
- 하이드록실아민의 질소는 덜 전기 음성적이기 때문에 산소보다 반응성이 더 크다.

가장 반응성이 큰 작용기의 반응 특성을 떠올려라. 그리고 반응 조건을 고려하였을 때 어느 반응이 가장 적합한지를 정하라.

- 하이드록실아민과 케톤은 물을 **제거**함으로써 **옥심**(oxime)을 형성하는 반응을 한다.

중간 생성물로 이어질 메커니즘을 그려라.

- 옥심은 하이드록실아민이 포함된 상태에서 물이 제거되는 케톤의 표준 **첨가-제거** 메커니즘으로부터 형성된다.

위 4단계를 반복하라.

- 친전자성 에스터 카보닐(ester carbonyl)은 **친핵성 첨가 반응**을 잘 일으키며, 이때 가장 반응할 수 있는 친핵성 자리는 옥심의 산소이다.
- 여기서 알코올과 에스터의 반응은 표준 **첨가-제거** 메커니즘에 따라 고리형 에스터로서 락톤(lactone)을 생성한다.

이것이 최종 생성물과 밀접하게 관련된 것인지를 확인하라.

- 중간 생성물은 **토토머화**(tautomerisation)에 의해 최종 생성물로 전환될 수 있다. 이 반응은 어떤 산 또는 염기 촉매에 의해 촉진될 수 있다.

최종 생성물의 구조를 그려라.

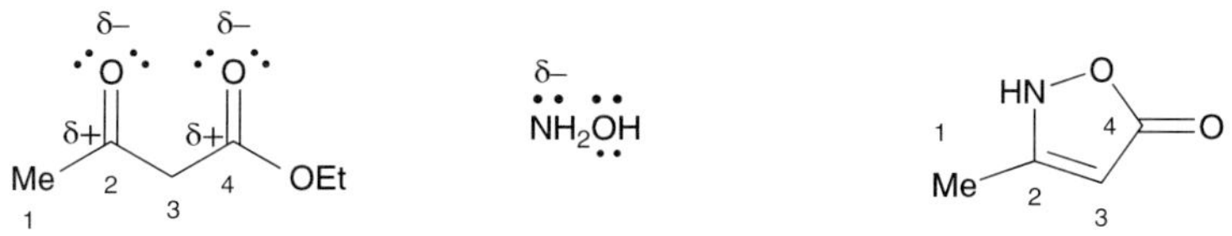

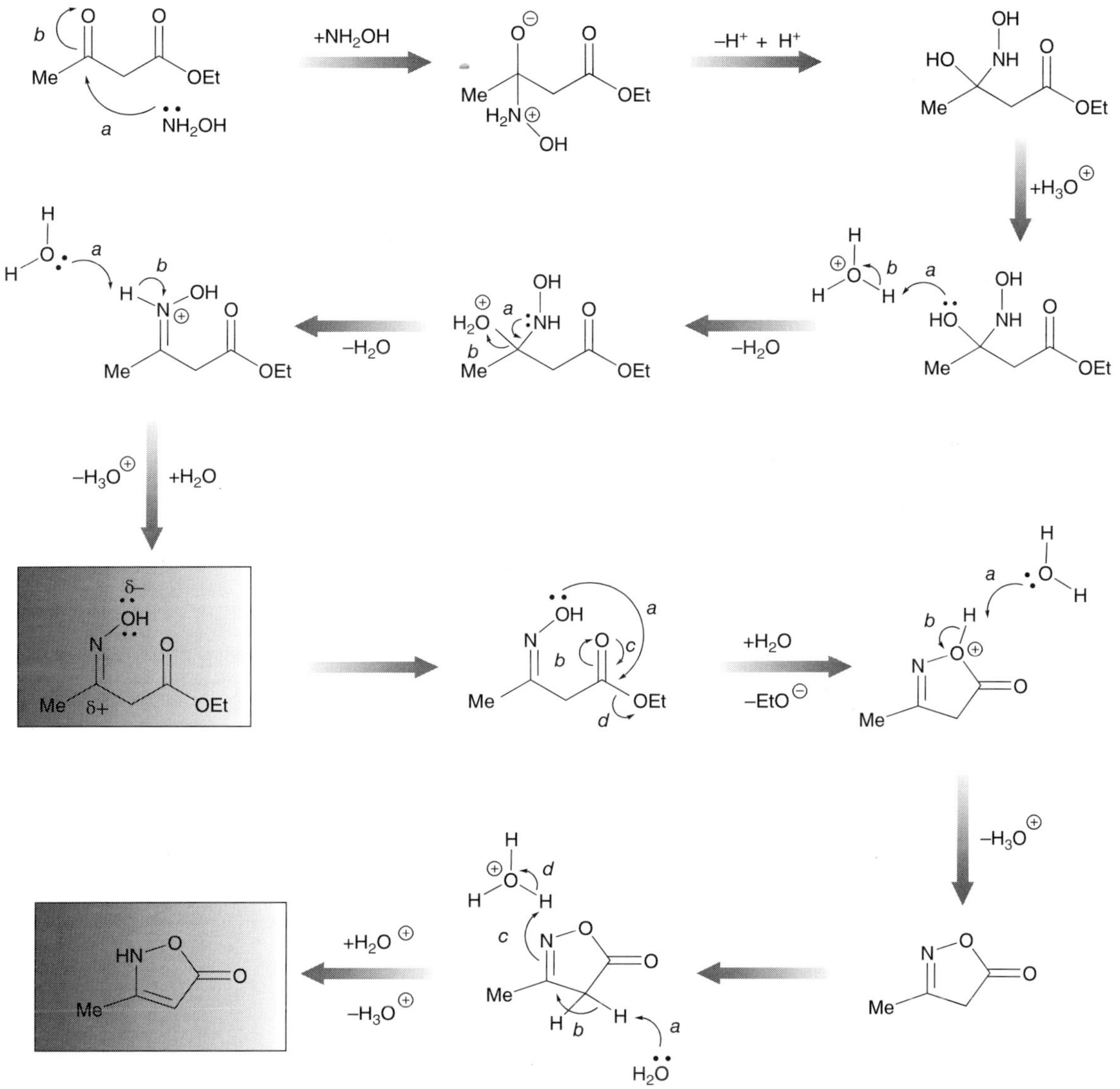

요약: 카보닐 화합물은 쉽게 첨가-제거 반응을 한다.

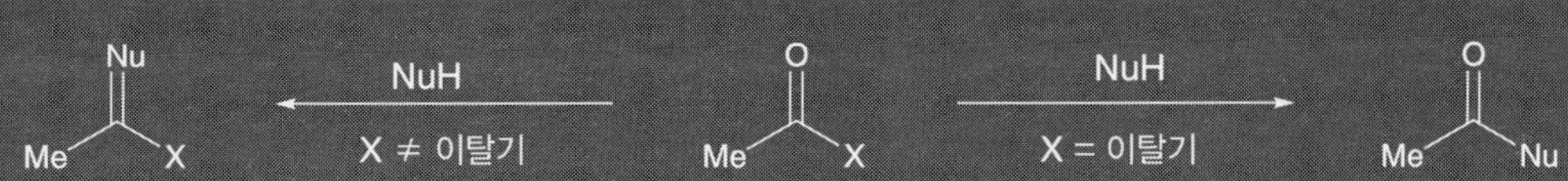

이제 문제 3.8과 3.9를 풀어보자.

3.2

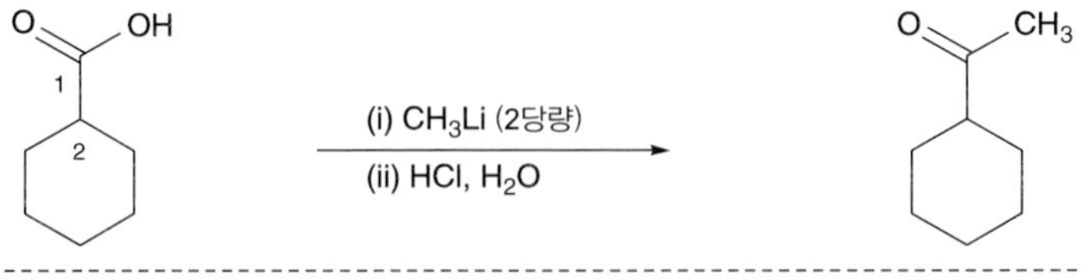

초기 제시된 모든 반응물이 친전자성/친핵성, 그리고 산성/염기성 부위를 갖는지 기록해 두자. 그리고 출발 물질과 생성물에서 동일한 원자를 열거하라.

- 카복실산은 하이드록실 그룹의 수소가 특히 산성을 띠며, 이것의 짝염기(카복실산 음이온)는 공명 안정화된다.
- 메틸 리튬(methyl lithium)은 탄소 음이온을 제공하며, 강력한 염기이자 친핵체로서 작용한다.

하나 이상이 존재할 경우, 가장 반응성이 큰 자리를 파악하라.

- 여기에서 카복실 그룹은 유일한 반응성을 지닌 친전자체 자리이다.
- 메틸 리튬은 유일한 반응성을 지닌 친핵체이다.

가장 반응성이 큰 작용기의 반응 특성을 떠올려라. 그리고 반응 조건을 고려하였을 때 어느 반응이 가장 적합한지를 정하라.

- 산-염기 양성자 교환은 항상 친핵성 공격을 하는 데 유리한 쪽으로 일어날 것이다.
- 카복실산은 초기 메틸 리튬에 의해 탈양성자화 되면서 메테인 기체를 방출한다. 여전히 메틸 리튬은 이미 음전하를 가지고 있는 카복실산 음이온에 **친핵성 첨가**를 할 만큼 충분히 강한 친핵체에 해당한다.

중간 생성물로 이어질 메커니즘을 그려라.

- 메틸 음이온이 카보닐 그룹에 친핵성 첨가될 때, 안정한 4면체 중간체가 만들어지는데, 이를 산처리하면, 같은자리 다이올(geminal diol)이 생성된다.

위 4단계를 반복하라.

- 여기까지 반응의 생성물은 같은자리 다이올이며, 이는 산성 수용액에서 물을 **제거**함으로써 탈수(dehydration)될 것이다.
- 같은자리 다이올 산소의 비공유 전자쌍은 물의 이탈을 촉진시킨다. **옥소늄** 이온이 이탈하면, 최종 생성물이 만들어진다.

이것이 최종 생성물과 밀접하게 관련된 것인지를 확인하라.

- 이 단계 생략 가능.

최종 생성물의 구조를 그려라.

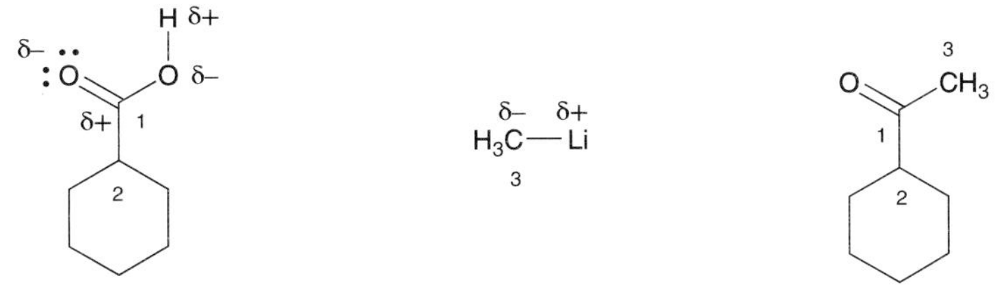

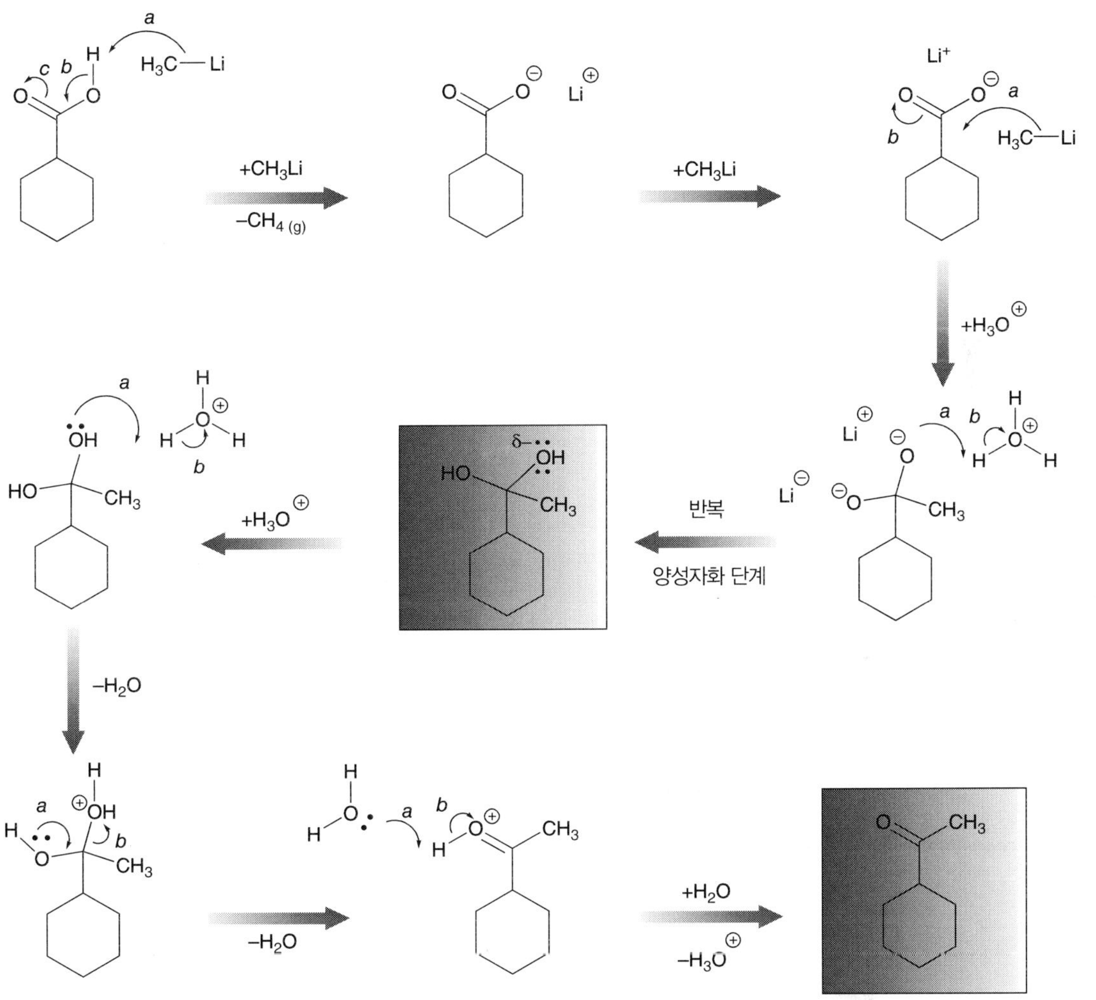

요약: 카보닐 화합물은 2당량의 유기리튬 시약과 반응하여 케톤을 생성한다.

RCO_2H + 2 R′Li —산성 워크업→ 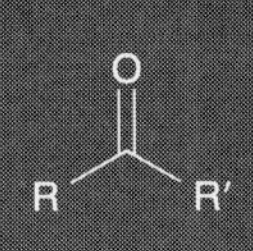

이제 문제 3.10을 풀어보자.

3.3

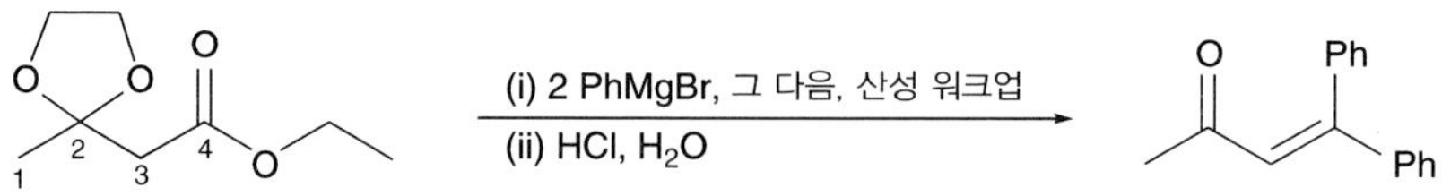

초기 제시된 모든 반응물이 친전자성/친핵성, 그리고 산성/염기성 부위를 갖는지 기록해 두자. 그리고 출발 물질과 생성물에서 동일한 원자를 열거하라.

- 카보닐 그룹은 탄소와 산소의 **전기 음성도** 차이에 의해 편극화되며, 탄소를 친전자성으로 만든다.
- 브로민화 페닐마그네슘(phenylmagnesium bromide)은 **탄소 음이온**을 제공한다(Grignard 시약).

하나 이상이 존재할 경우, 가장 반응성이 큰 자리를 파악하라.

- 에스터는 유일한 반응성을 가진 친전자성 자리이다.
- 아세탈은 산성 **가수분해** 조건을 제외하고서는 대부분의 조건에서 비활성이다.
- 브로민화 페닐마그네슘은 유일한 친핵체이다.

가장 반응성이 큰 작용기의 반응 특성을 떠올려라. 그리고 반응 조건을 고려하였을 때 어느 반응이 가장 적합한지를 정하라.

- 에스터는 과량의 Grignard 시약과 반응하여 삼차 알코올을 만든다. 이때 삼차 알코올은 동일한 두 개의 치환기(Grignard 시약으로부터 나온)를 가진다.

중간 생성물로 이어질 메커니즘을 그려라.

- 초기 브로민화 페닐마그네슘은 에스터의 카보닐과 친핵성 **첨가-제거 반응**을 일으킨다.
- 이때 알콕시화 이온이 이탈기로서 떨어지면서 페닐 케톤이 생성된다.
- 페닐 케톤은 여전히 친전자성을 가진다(산소와 탄소 사이의 전기 음성도 차이에 의해 편극화된 카보닐 때문에). 따라서 PhMgBr의 두 번째 첨가가 일어날 수 있다.
- 워크업을 통해 양성자화시키면 **삼차 알코올**이 생성된다.

위 4단계를 반복하라.

- 산성 수용액에서 아세탈은 양성자화-제거-첨가에 의해 물을 제거하면서 쉽게 **가수분해**된다.
- 삼차 알코올을 산성 조건에 두면 물을 **제거**함으로써 손쉽게 탈수(dehydrate)된다.

이것이 최종 생성물과 밀접하게 관련된 것인지를 확인하라.

- 이 단계 생략 가능.

최종 생성물의 구조를 그려라.

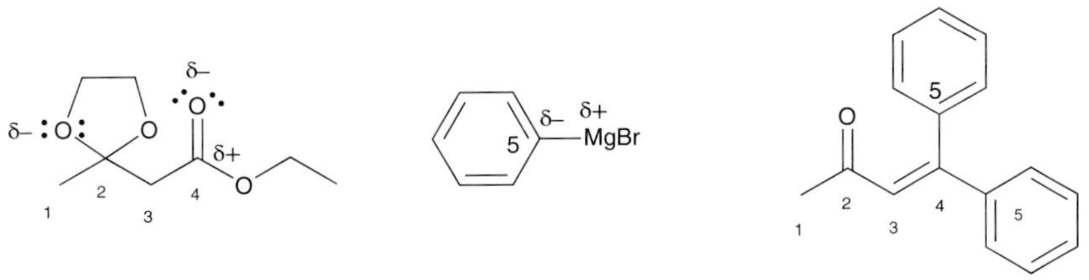

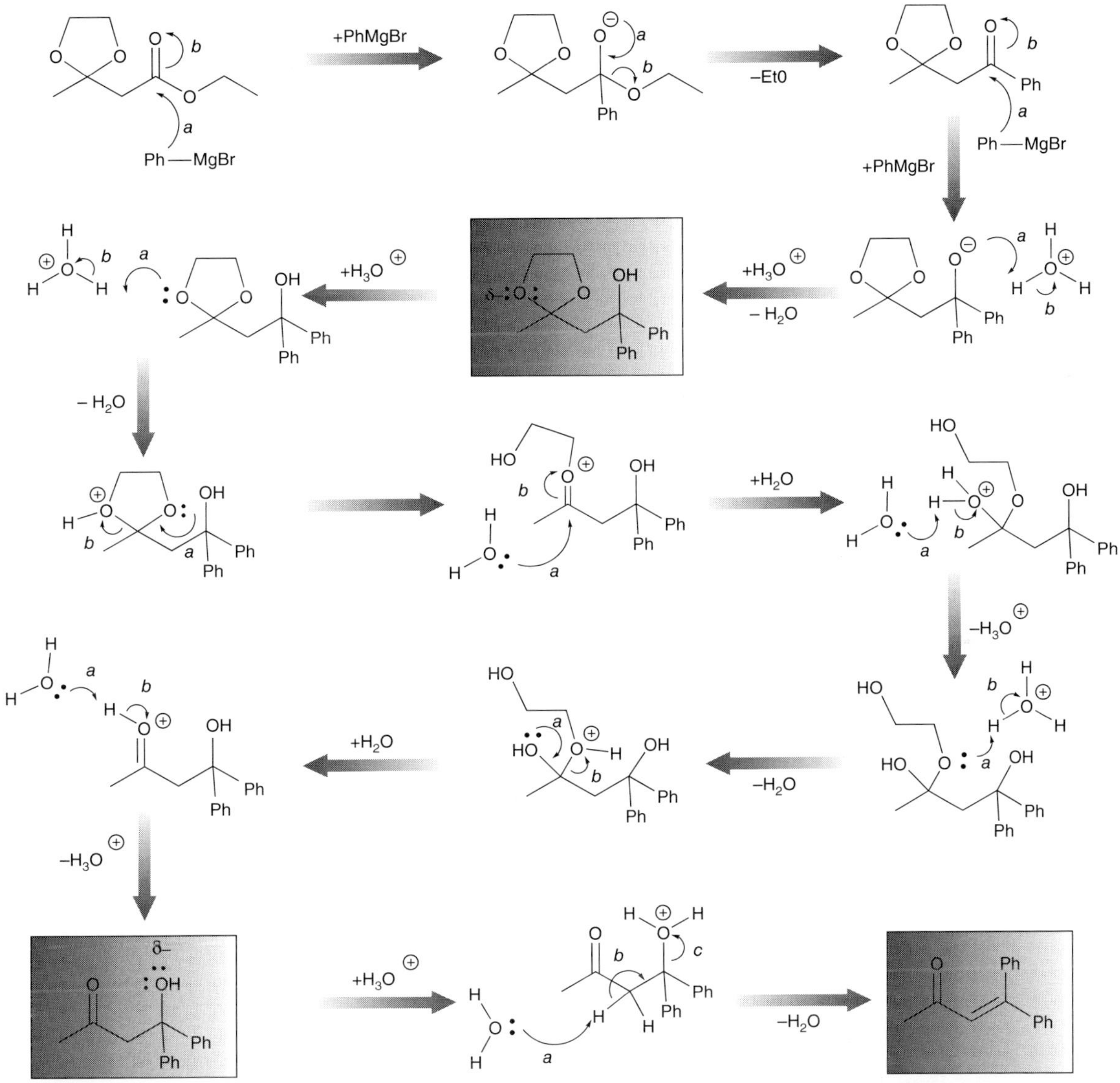

요약: 에스터는 Grignard 시약 2당량과 반응하여 삼차 알코올을 만든다.

이제 문제 3.11을 풀어보자.

3.4

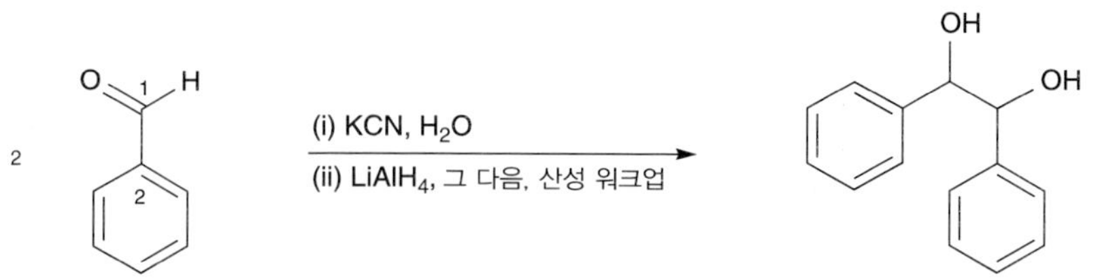

초기 제시된 모든 반응물이 친전자성/친핵성, 그리고 산성/염기성 부위를 갖는지 기록해 두자. 그리고 출발 물질과 생성물에서 동일한 원자를 열거하라.

- 카보닐 그룹은 탄소와 산소의 **전기 음성도** 차이에 의해 편극화되며, 탄소를 친전자성으로 만든다.
- 사이안화 이온(cyanide)은 매우 좋은 친핵체이며, 약한 염기이다.

하나 이상이 존재할 경우, 가장 반응성이 큰 자리를 파악하라.

- 알데하이드는 유일한 친전자체이다.
- 사이안화 이온은 단지 친핵체일 뿐이다.

가장 반응성이 큰 작용기의 반응 특성을 떠올려라. 그리고 반응 조건을 고려하였을 때 어느 반응이 가장 적합한지를 정하라.

- 사이안화 이온(NC^-)은 카보닐기와 가역적 첨가 반응을 일으키며, 초기에 사이아노하이드린(cyanohydrin)을 만든다.
- 이러한 반응조건에서 다른 알데하이드 출발물질에 대한 추가적인 첨가 반응이 일어날 수 있다.

중간 생성물로 이어질 메커니즘을 그려라.

- 사이아노하이드린 생성물은 매우 산성을 띠는 α-수소를 가지고 있다(유발 효과와 공명 효과로 인해 안정화되는 음이온을 갖기 때문). α-수소는 반응 과정에서 생성되는 염기에 의해 쉽게 제거되며, 다른 벤즈알데하이드(benzaldehyde)와 **친핵성 첨가 반응**을 할 수 있는 친핵체를 생성한다. 양성자가 이동한 후, 이 중간체는 사이안화 이온을 이탈시키며, 하이드록시 케톤(hydroxyketone 또는 benzoin) 생성물로 전환된다.

위 4단계를 반복하라.

- 케톤은 $LiAlH_4$에 의해 하이드라이드 음이온(H^-)의 친핵성 첨가반응을 일으키며 손쉽게 환원된다. 반응 결과, 알콕시화 이온이 생성된다.

이것이 최종 생성물과 밀접하게 관련된 것인지를 확인하라.

- 알콕시화 이온은 산성 워크업 과정에서 양성자화되며, 1,2-다이올 생성물(hydrobenzoin)로 전환된다.

최종 생성물의 구조를 그려라.

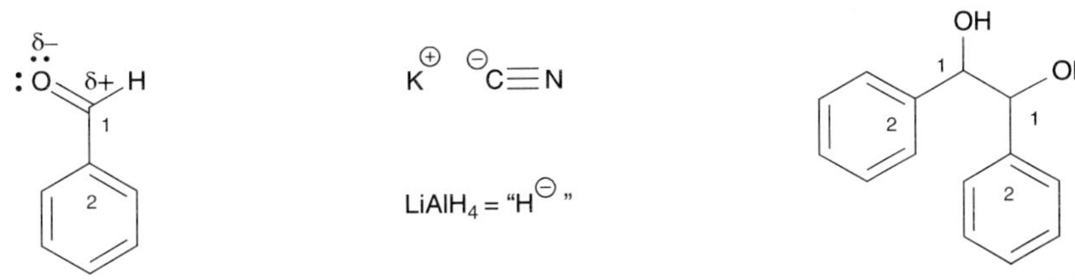

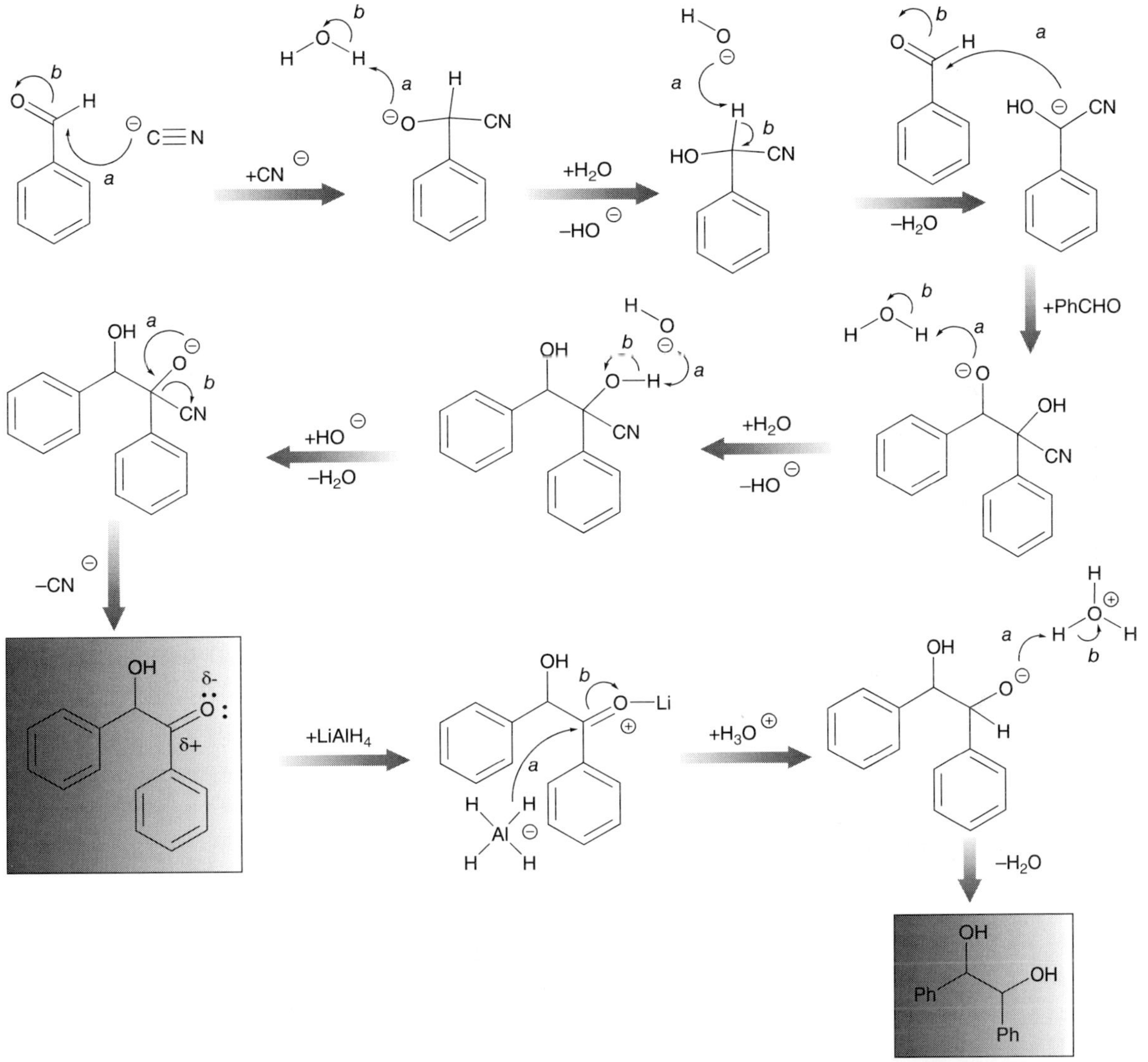

요약: 벤조인 축합 반응의 예시이다.

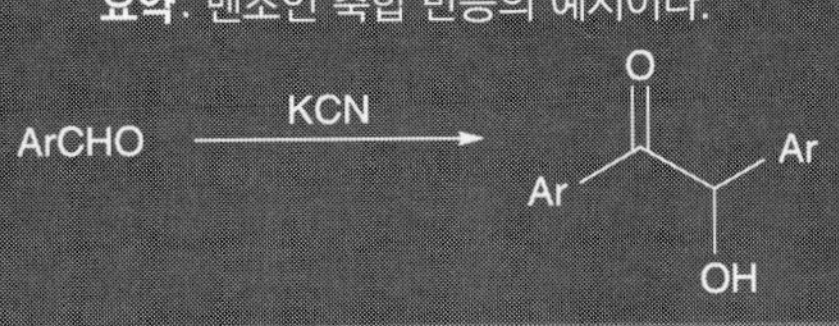

이제 문제 3.12를 풀어보자.

3.5

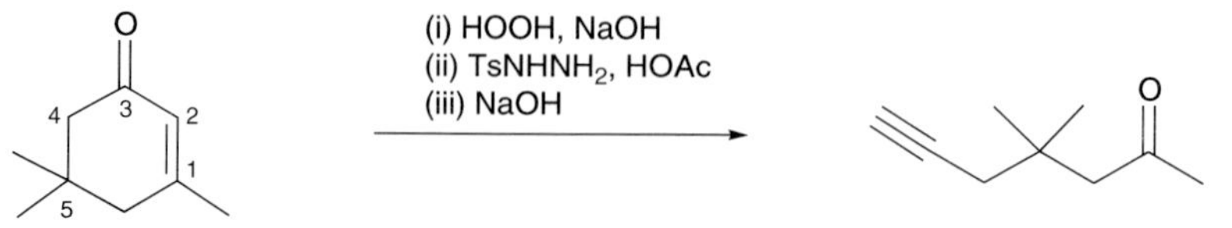

초기 제시된 모든 반응물이 친전자성/친핵성, 그리고 산성/염기성 부위를 갖는지 기록해 두자. 그리고 출발 물질과 생성물에서 동일한 원자를 열거하라.

- α, β-불포화 케톤은 탄소와 산소 사이의 전기 음성도 차이 때문에 카보닐의 탄소(C−3)와 β-자리 탄소(C−1)가 둘 다 친전자성을 갖는다.
- HOOH는 좋은 친핵체(두 산소가 비공유 전자쌍을 갖기 때문)이며, 약한 O−O 결합을 갖는다.
- 수산화 소듐(sodium hydroxide; NaOH)은 좋은 염기이다.

하나 이상이 존재할 경우, 가장 반응성이 큰 자리를 파악하라.

- 친핵체는 선택적으로 α,β-불포화 케톤의 β 자리에 첨가될 수 있다. 따라서 이 분자는 적절한 친전자체로 볼 수 있다.
- NaOH와 HOOH는 **평형**을 이루며, 매우 친핵성을 갖는 하이드로퍼옥사이드 음이온(hydroperoxide anion; HOO^-)을 생성한다.

가장 반응성이 큰 작용기의 반응 특성을 떠올려라. 그리고 반응 조건을 고려하였을 때 어느 반응이 가장 적합한지를 정하라.

- α,β-불포화 케톤에는 친핵체의 **콘쥬게이션 첨가**가 손쉽게 일어날 수 있다.

중간 생성물로 이어질 메커니즘을 그려라.

- HOO^-의 콘쥬게이션 첨가로부터 엔올산 음이온(enolate anion)이 만들어지는데, 엔올산 음이온은 그 자체로도 좋은 친핵체이다.
- 하이드로퍼옥사이드는 내부에 좋은 이탈기(OH)를 가지고 있는데, 내부에서 발생하는 공격은 OH^-를 떼어내며 에폭시화물(epoxide)을 만든다.

위 4단계를 반복하라.

- 에폭시 케톤(epoxy ketone)은 카보닐 그룹 내 친전자성 탄소를 가지고 있기 때문에 토실 하이드라진(tosylhydrazine; $TsNHNH_2$)에 의해 공격받기 쉽다.
- 토실 하이드라진의 공격은 그것을 **첨가-제거** 메커니즘을 통해 하이드라존(hydrazone)을 만든다.
- HO^- 염기는 인접한 토실 그룹에 의해 산성화된 N−H를 손쉽게 탈양성자화시킨다. 이후, 에폭시화물의 열림과 그로부터 발생하는 중간체의 붕괴에 의해 최종 생성물이 만들어진다.

이것이 최종 생성물과 밀접하게 관련된 것인지를 확인하라.

- 이 단계 생략 가능.

최종 생성물의 구조를 그려라.

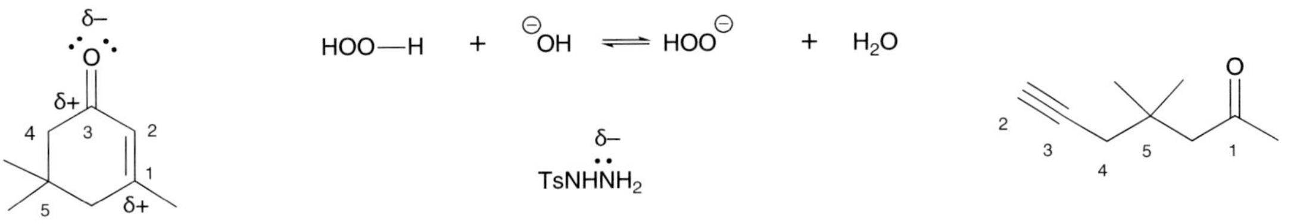

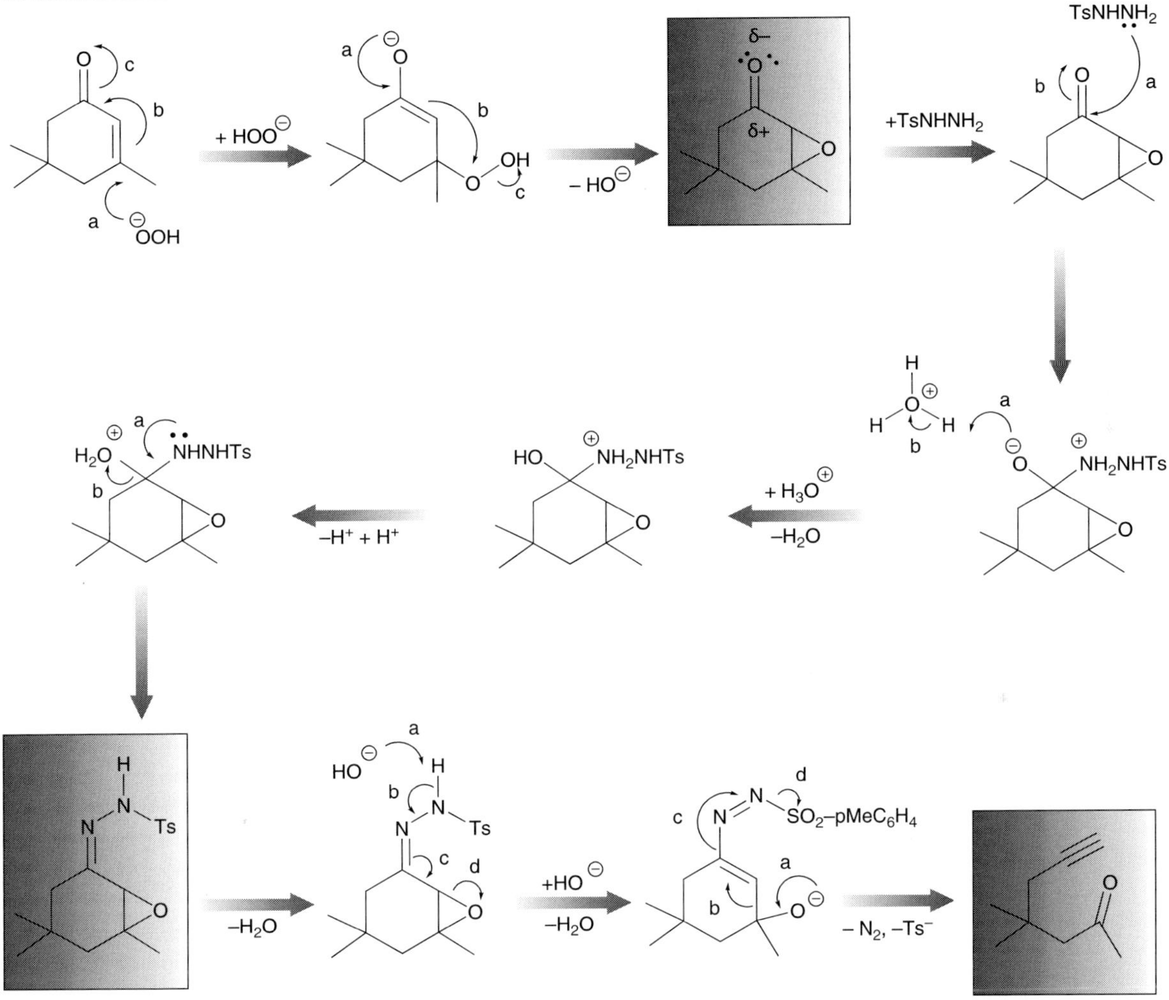

요약: α, β-불포화 enone의 친핵성 첨가는 β-위치에서 발생한다. 이 과정을 콘쥬게이션 첨가라고 한다.

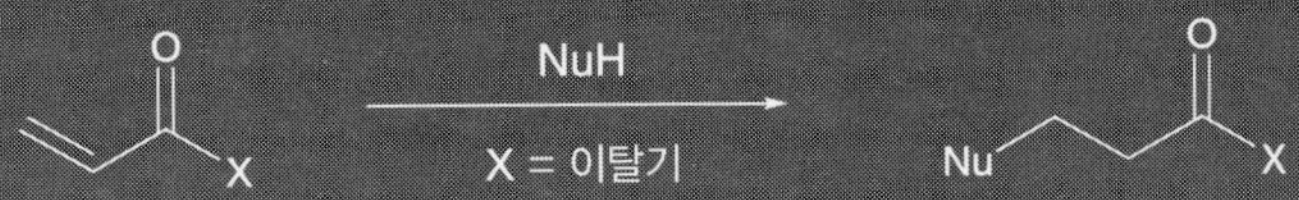

이제 문제 3.13을 풀어보자.

3.6

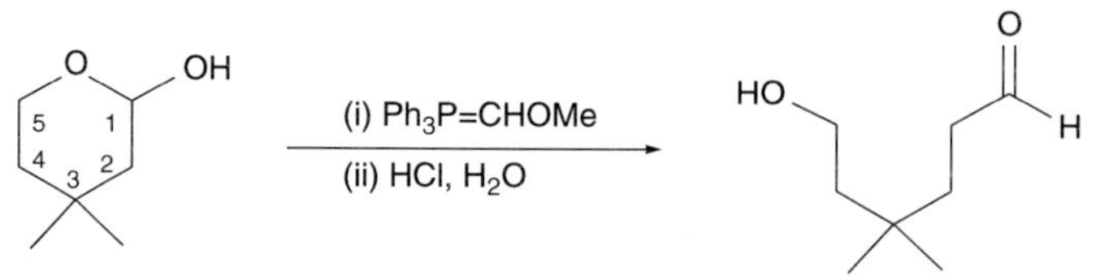

초기 제시된 모든 반응물이 친전자성/친핵성, 그리고 산성/염기성 부위를 갖는지 기록해 두자. 그리고 출발 물질과 생성물에서 동일한 원자를 열거하라.

- 출발 물질은 **고리형 헤미아세탈**(cyclic hemiacetal)이며, 이것은 그것에 상응하는 하이드록시알데하이드(hydroxy aldehyde)와 **평형**을 이룬다. 이 때문에 카보닐 탄소에서 일반적으로 친전자성을 갖는다.
- 일라이드(ylide)는 P 원자의 인접한 탄소에서 친핵성을 갖는다(대안적인 공명 구조로부터 쉽게 알 수 있음).

하나 이상이 존재할 경우, 가장 반응성이 큰 자리를 파악하라.

- 알데하이드는 유일한 친전자체 자리이다.
- 일라이드는 유일한 친핵체이다.

가장 반응성이 큰 작용기의 반응 특성을 떠올려라. 그리고 반응 조건을 고려하였을 때 어느 반응이 가장 적합한지를 정하라.

- 카보닐 그룹과 인 일라이드(phosphorus ylide)는 특유의 *Wittig* **반응**을 하며, 알켄 생성물을 만든다.

중간 생성물로 이어질 메커니즘을 그려라.

- 친핵성 일라이드의 카보닐 그룹으로의 첨가 후, **옥사포스페테인**(oxaphosphetane)이 형성된다.
- Ph_3P=O가 **제거**(P=O는 매우 안정적임)됨으로써 알켄 생성물이 만들어지는데, 이 경우 **엔올 에터**(enol ether)가 생성된다.

위 4단계를 반복하라.

- 엔올 에터는 매우 염기성면서 동시에 β 자리가 매우 친핵성을 갖는다. 이 때문에 β 자리는 쉽게 양성자화될 수 있다. 그 결과 나타나는 중간체 양이온에 물이 첨가되면, 또 다른 **헤미아세탈**(hemiacetal)이 생성된다. 이 헤미아세탈은 알코올을 **제거**하면서 옥소늄 이온을 만든다. 탈양성자화 이후 최종 생성물로서 알데하이드가 만들어진다.

이것이 최종 생성물과 밀접하게 관련된 것인지를 확인하라.

- 이 단계 생략 가능.

최종 생성물의 구조를 그려라.

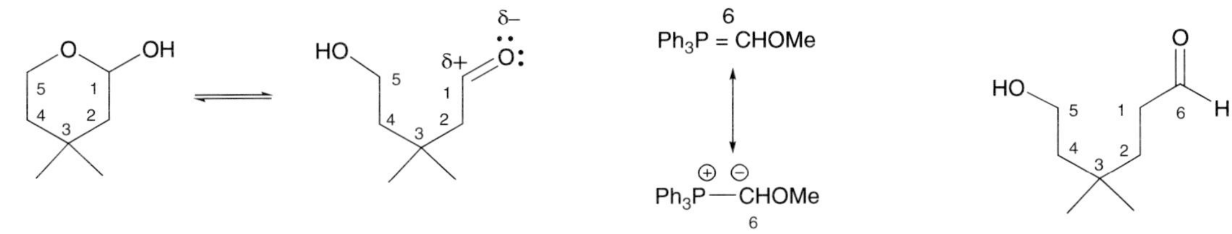

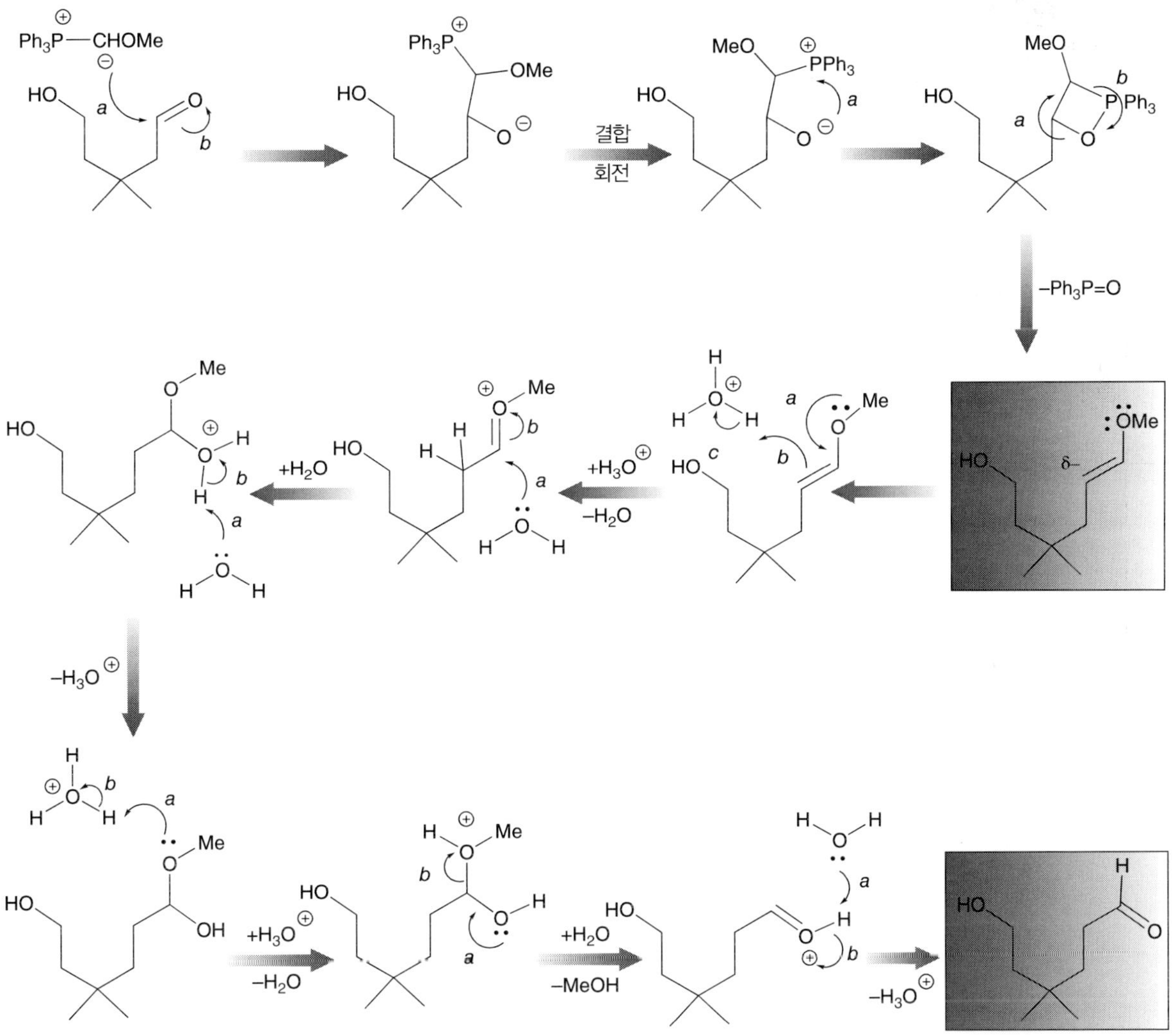

요약: 카보닐 화합물은 인 일라이드와 쉽게 반응하여 알켄을 생성한다(Wittig 반응).

이제 문제 3.14를 풀어보자.

3.7

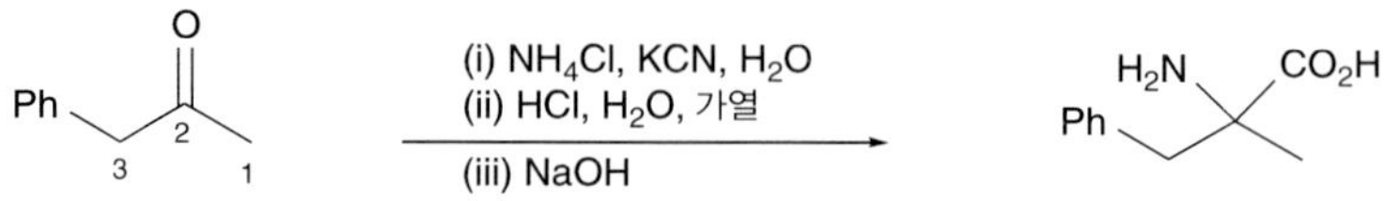

초기 제시된 모든 반응물이 친전자성/친핵성, 그리고 산성/염기성 부위를 갖는지 기록해 두자. 그리고 출발 물질과 생성물에서 동일한 원자를 열거하라.

- 카보닐 그룹은 탄소와 산소의 **전기 음성도** 차이에 의해 편극화되며, 탄소를 친전자성으로 만든다.
- 사이안화 이온은 좋은 친핵체이며, 약한 염기이다(sp 혼성화된 탄소 원자 때문).
- 염화 암모늄(ammonium chloride)은 수용액 상태에서 암모니아를 생성한다.

하나 이상이 존재할 경우, 가장 반응성이 큰 자리를 파악하라.

- 케톤은 친전자성을 띤다.
- 암모니아와 사이안화 이온은 둘 다 친핵체이다.

가장 반응성이 큰 작용기의 반응 특성을 떠올려라. 그리고 반응 조건을 고려하였을 때 어느 반응이 가장 적합한지를 정하라.

- 케톤과 아민의 반응은 물을 제거하면서 **이민**(imine)을 만드는 쪽으로 진행된다.

중간 생성물로 이어질 메커니즘을 그려라.

- 이민은 NH_3와 케톤의 카보닐 그룹 간 친핵성 **첨가-제거** 반응에 의해 형성되며, 제거 단계에서 물이 떨어져나간다.
- 케톤처럼 이민은 탄소와 질소 사이의 전기 음성도 차이에 의해 편극화된다(탄소가 δ^+). 이 자리에 사이안화 이온의 **친핵성 첨가**가 일어나며, 그 결과 아미노나이트릴(amino nitrile) 중간체가 생성된다.

위 4단계를 반복하라.

- 나이트릴은 산 촉매하에 가수분해되는데, 첨가–제거 단계를 거쳐 아마이드를 만든다.
- NaOH(강한 염기이며, 좋은 친핵체)로부터 형성된 염기성 조건에서 아마이드 작용기는 친핵성 **첨가-제거 반응**을 거쳐 **가수분해**된다. 그 결과 산 생성물이 만들어진다.

이것이 최종 생성물과 밀접하게 관련된 것인지를 확인하라.

- 이 단계 생략 가능.

최종 생성물의 구조를 그려라.

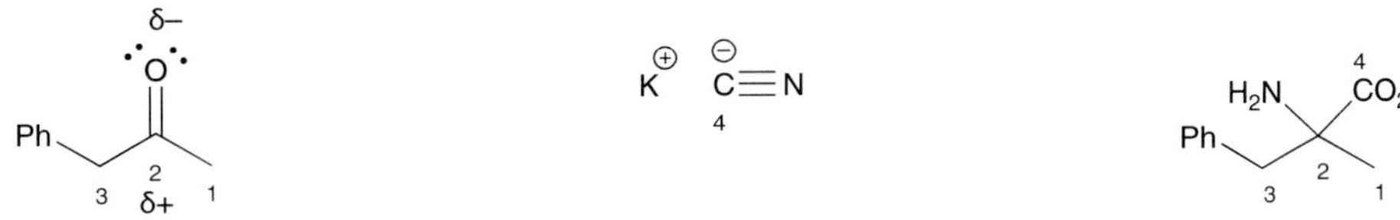

$$NH_4^+ + H_2O \rightleftharpoons NH_3 + H_3O^+$$

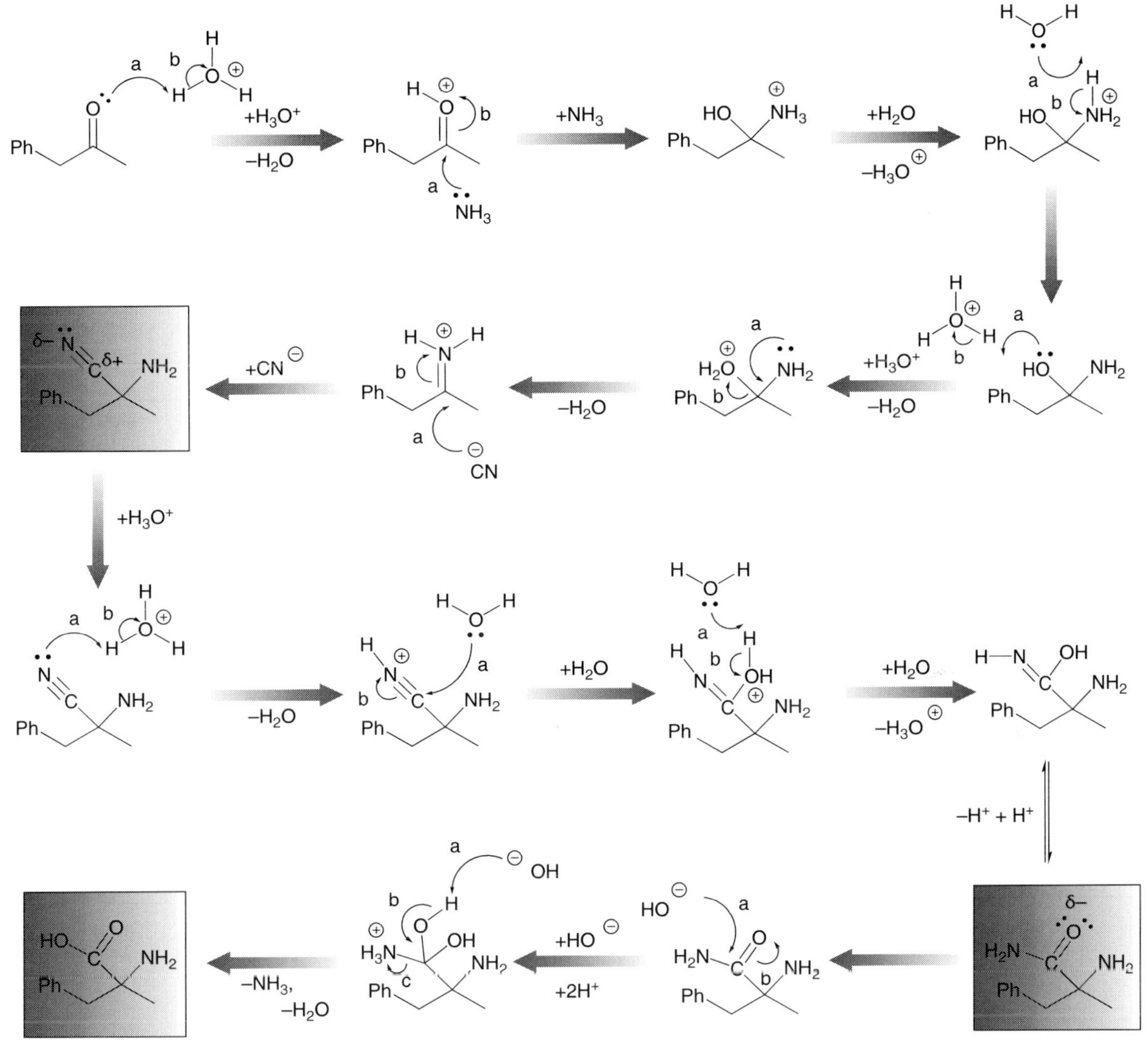

요약: 아미노산의 Strecker 합성의 한 예시이다.

이제 문제 3.15를 풀어보자.

3.8

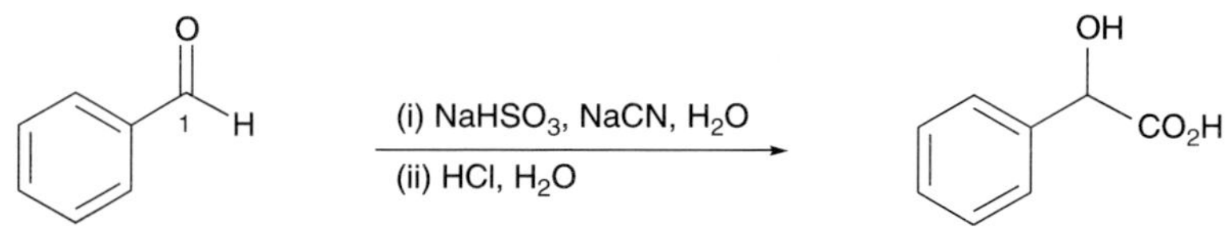

초기 제시된 모든 반응물이 친전자성/친핵성, 그리고 산성/염기성 부위를 갖는지 기록해 두자. 그리고 출발 물질과 생성물에서 동일한 원자를 열거하라.

- 알데하이드는 산소가 전기 음성적이기 때문에 친전자체이다.
- 탄소와 산소 사이의 이중 결합은 친핵체에 반응(반발)한다.
- 소듐 바이설파이트[1](sodium bisulfite)는 약한 산이다.
- 사이안화 이온은 좋은 친핵체이다(sp 혼성화된 탄소 원자 때문).

하나 이상이 존재할 경우, 가장 반응성이 큰 자리를 파악하라.

- 출발 물질 내 알데하이드는 친전자성을 띤다.
- 사이안화 이온은 친핵체이다.

가장 반응성이 큰 작용기의 반응 특성을 떠올려라. 그리고 반응 조건을 고려하였을 때 어느 반응이 가장 적합한지를 정하라.

- 알데하이드는 **친핵성 첨가 반응**을 일으킬 수 있는데, 특히 양성자화에 의해 활성화될 수 있는 산성 조건에서 반응을 잘 일으킨다.

중간 생성물로 이어질 메커니즘을 그려라.

- 알데하이드는 약한 산인 바이설파이트(bisulfite)에 의해 양성자화 되며, 이때 매우 좋은 친핵체인 사이안화 음이온이 직접적으로 공격하도록 활성화된다. 반응 결과 **사이아노하이드린** 생성물이 만들어진다.

위 4단계를 반복하라.

- 매우 강한 산으로서 염산은 수용액 조건에서 나이트릴(nitrile)의 **가수분해**를 유도한다. 사이안화 음이온의 양성자화는 물에 의한 공격을 활성화하고, 양성자화-탈양성자화 반응 이후 아마이드 생성물을 만든다.
- 아마이드 생성물은 이러한 반응 조건에서 여전히 반응성을 가지고 있으며, 초기 양성자화로부터 다른 물 분자의 추가적인 친핵성 공격을 허용한다. **첨가-제거** 반응과 양성자화-탈양성자화 단계를 거친 후, 카복실산 생성물로 전환된다.

이것이 최종 생성물과 밀접하게 관련된 것인지를 확인하라.

- 이 단계 생략 가능.

최종 생성물의 구조를 그려라.

---
1 아황산수소나트륨

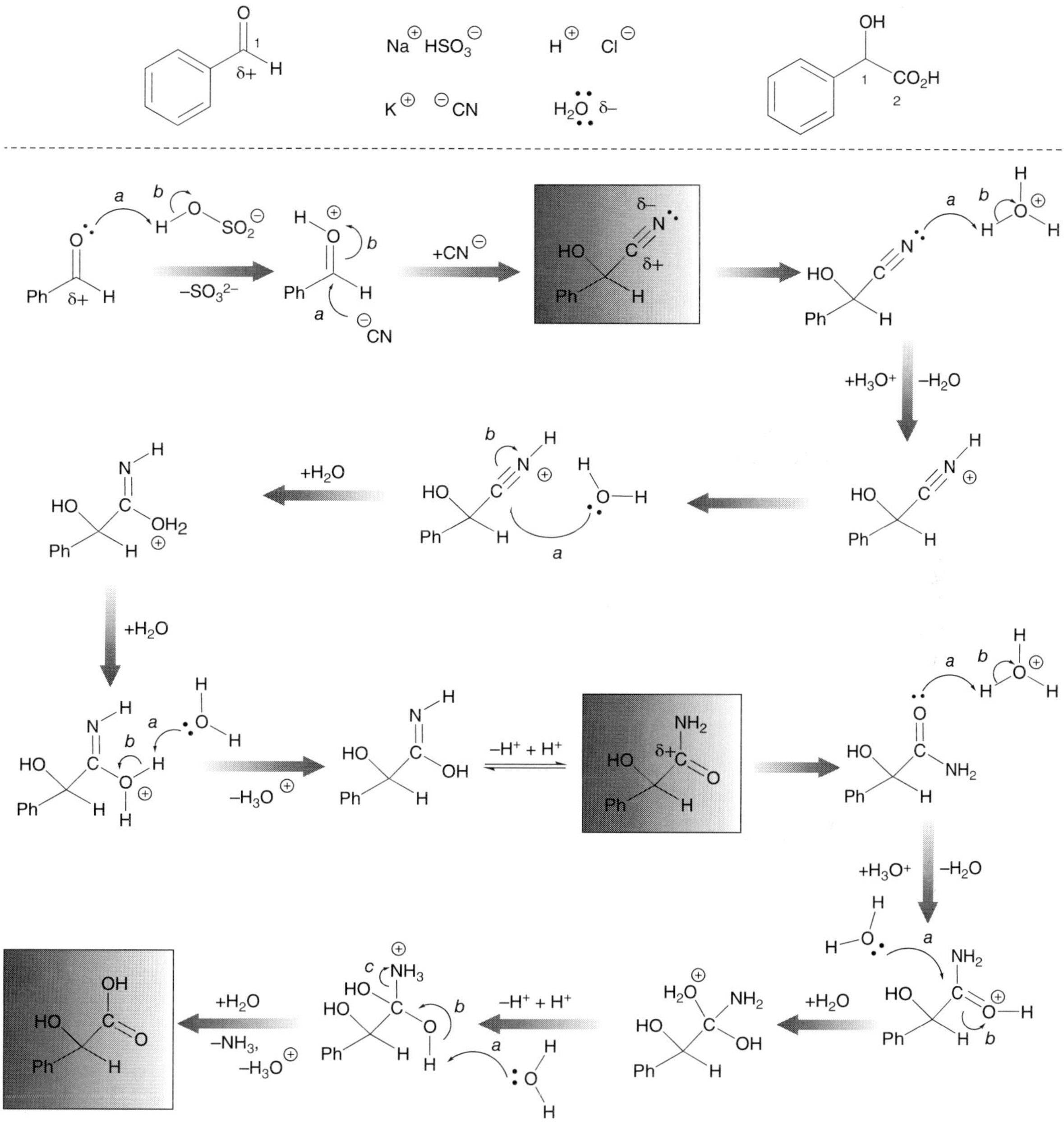

요약: 카보닐 화합물은 쉽게 첨가와 첨가-제거 반응을 한다.

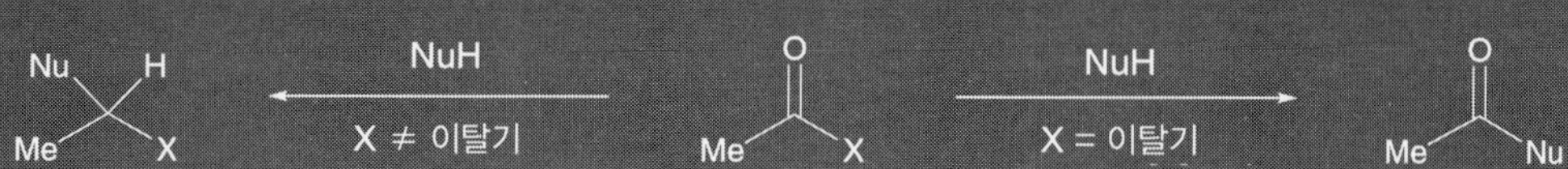

이제 문제 3.9를 풀어보자.

3.9

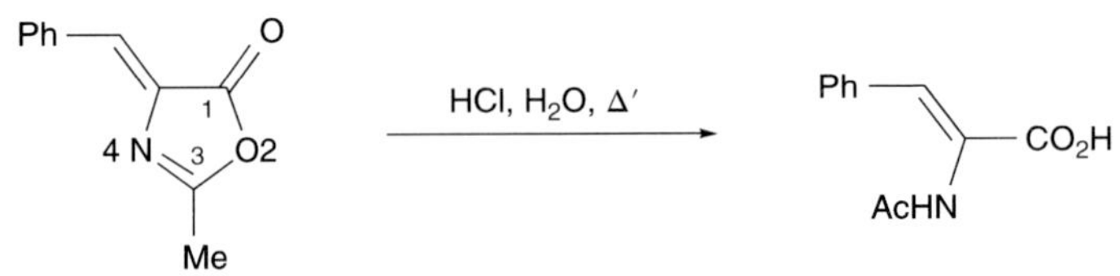

초기 제시된 모든 반응물이 친전자성/친핵성, 그리고 산성/염기성 부위를 갖는지 기록해 두자. 그리고 출발 물질과 생성물에서 동일한 원자를 열거하라.

- 옥사졸론(oxazolone) 작용기는 3개의 친전자성 자리를 가지고 있긴 하나, 산 조건하에서는 카보닐기와 아민기가 양성자화 될 수 있다.
- 염산은 강한 산이며, 수용액에서는 하이드로옥소늄 이온(hydroxonium ion)을 생성한다.

하나 이상이 존재할 경우, 가장 반응성이 큰 자리를 파악하라.

- 이미데이트 그룹(imidate group)이 가장 양성자화되기에 반응성이 큰 자리이다(질소가 가장 염기성을 띠므로). 이때 질소 원자가 양성자화되면 이미늄(iminium) 양이온 중간체가 만들어진다.

가장 반응성이 큰 작용기의 반응 특성을 떠올려라. 그리고 반응 조건을 고려하였을 때 어느 반응이 가장 적합한지를 정하라.

- 카보닐기를 가진 물질들은 **친핵성 첨가** 또는 **친핵성 첨가-제거** 반응을 하기 쉬우며, 특히 수용액 조건에서는 **가수분해**로 이어진다.

중간 생성물로 이어질 메커니즘을 그려라.

위 4단계를 반복하라.

- 활성화된 이미늄 종은 물 친핵체의 공격을 허용하면서 **친핵성 첨가-제거 반응**으로 이어진다. 이때 양성자가 이동함으로써 4면체 중간체가 가역적으로 만들어지며, 이것은 카복신산 음이온을 떼어내며, 고리를 분해시킨다. 이때 고리가 열림으로써 생성물이 만들어진다. 종합해 보면, 이 반응은 가수분해에 해당한다.

이것이 최종 생성물과 밀접하게 관련된 것인지를 확인하라.

- 이 단계 생략 가능.

최종 생성물의 구조를 그려라.

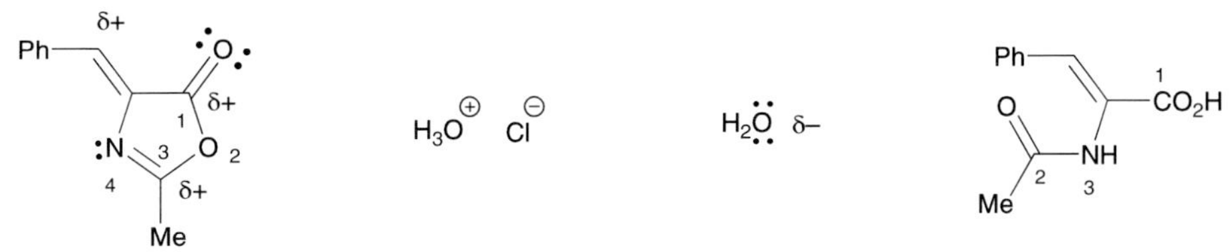

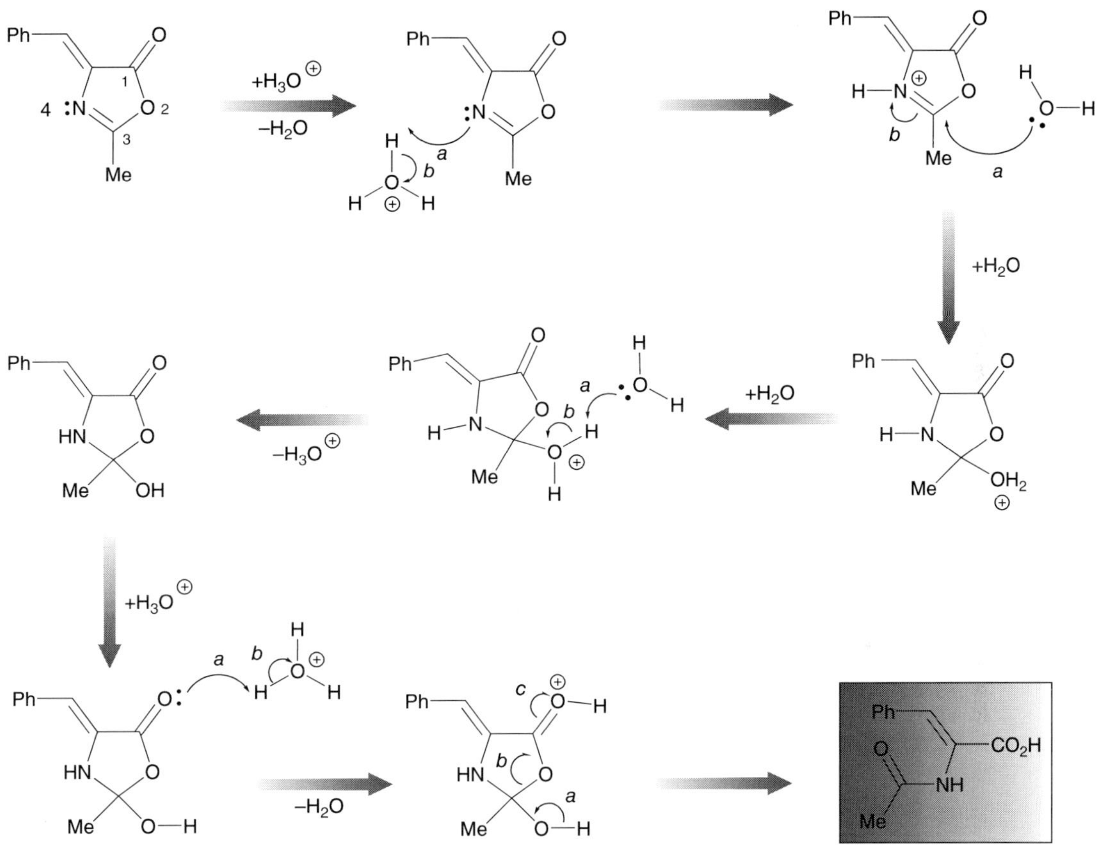

요약: 카보닐 화합물은 쉽게 여러 번 첨가-제거 반응을 한다.

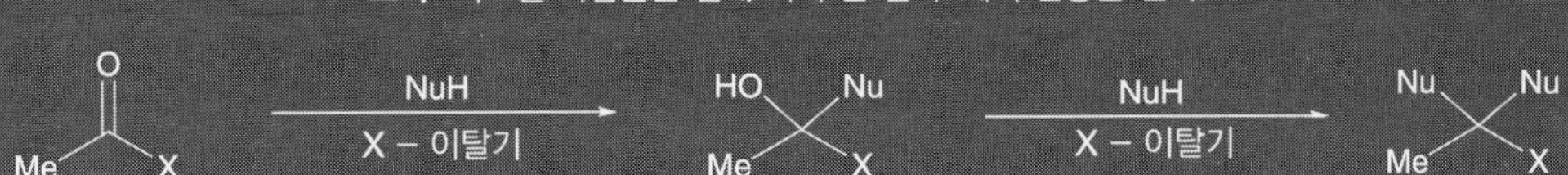

3.10

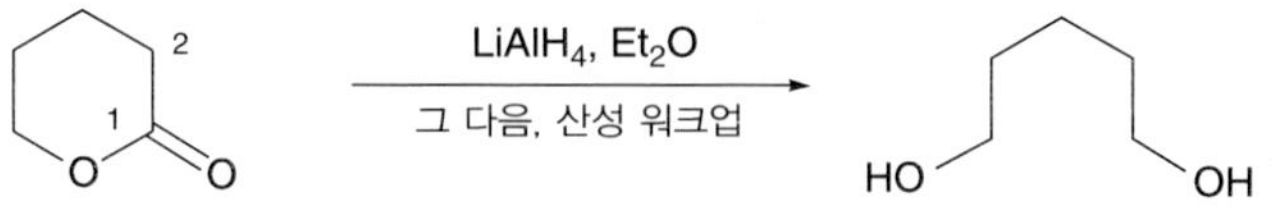

초기 제시된 모든 반응물이 친전자성/친핵성, 그리고 산성/염기성 부위를 갖는지 기록해 두자. 그리고 출발 물질과 생성물에서 동일한 원자를 열거하라.

- **락톤**(고리형 에스터)은 카보닐기 탄소 자리에서 친전자성을 갖는다(카보닐기 산소가 전기 음성적이므로).
- LiAlH$_4$는 하이드라이드의 공급원이며, 이것은 매우 좋은 친핵체이다. 특히 하이드라이드는 리튬 양이온이 루이스 산처럼 거동하면서 카보닐기를 추가적으로 활성화시킬 때, 더욱 친핵체로서 거동한다.

하나 이상이 존재할 경우, 가장 반응성이 큰 자리를 파악하라.

- 카보닐기는 유일한 친전자성 자리이다.
- LiAlH$_4$는 유일한 친핵체이다.

가장 반응성이 큰 작용기의 반응 특성을 떠올려라. 그리고 반응 조건을 고려하였을 때 어느 반응이 가장 적합한지를 정하라.

- 카보닐기는 루이스 산과 손쉽게 상호작용하며, 활성화된 옥소늄 이온을 생성한다.
- 이 옥소늄 이온은 카보닐기가 적합한 친핵체와 친핵성 첨가 반응을 하도록 활성화시킨다.

중간 생성물로 이어질 메커니즘을 그려라.

- 하이드라이드 친핵체(H$^-$)가 활성화된 카보닐기에 첨가되면, 리튬 알콕시화 염(lithium alkoxide salt)이 만들어진다. 이것은 알콕시화 이온을 떼어내며, 고리를 분해시킨다. 이때 만들어지는 알데하이드(카보닐기)도 또 다른 하이드라이드 이온과 반응하며, 그 결과 리튬 비스알콕사이드(lithium bisalkoxide)가 만들어진다.

위 4단계를 반복하라.

- 이 단계 생략 가능.

이것이 최종 생성물과 밀접하게 관련된 것인지를 확인하라.

- 약한 산성 수용액을 첨가하여 워크업을 진행하면, 두 알콕시화물이 양성자화되면서 최종적으로 다이올 생성물이 만들어진다.

최종 생성물의 구조를 그려라.

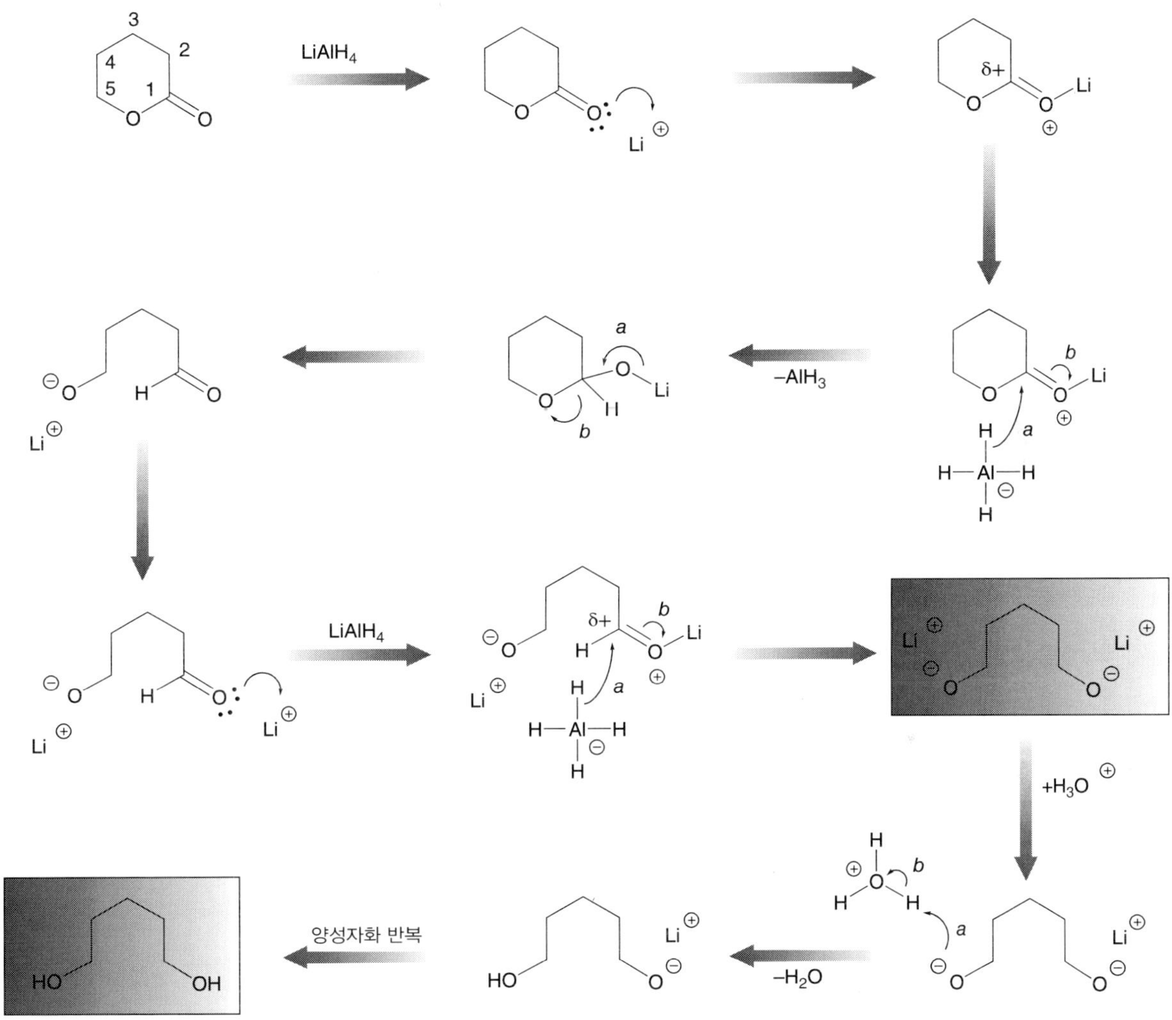

요약: 카보닐 화합물은 쉽게 첨가와 첨가-제거 반응을 한다.

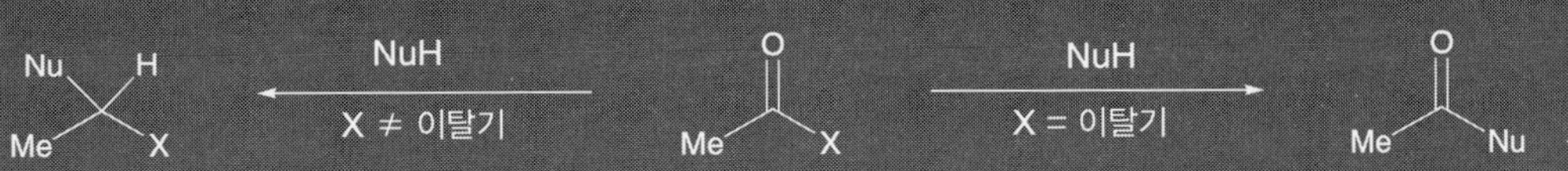

3.11

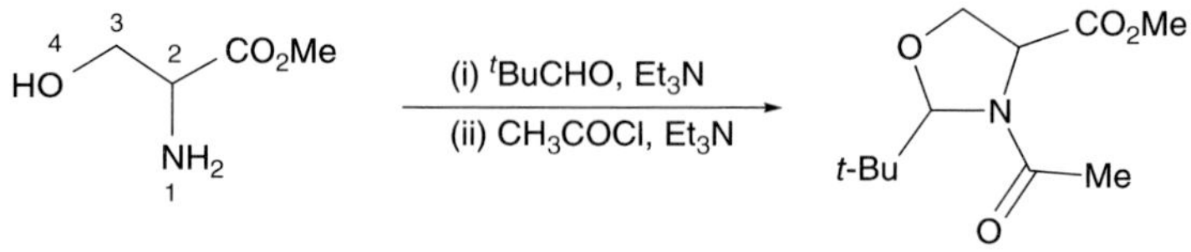

초기 제시된 모든 반응물이 친전자성/친핵성, 그리고 산성/염기성 부위를 갖는지 기록해 두자. 그리고 출발 물질과 생성물에서 동일한 원자를 열거하라.	• 아미노 에스터는 친전자체로서 카보닐기를 가지고 있으며, 친핵체로서 아민과 알코올기를 가지고 있다. • 알데하이드는 산소가 전기 음성적이기 때문에 친전자체이다. • 탄소와 산소 사이의 이중 결합은 친핵체에 반응(반발)한다. • 트라이에틸아민(triethylamine)은 약한 염기이다.
하나 이상이 존재할 경우, 가장 반응성이 큰 자리를 파악하라.	• 아민은 아미노 에스터에서 가장 친핵성을 갖는 자리이다(N이 O보다 덜 전기 음성적이므로). • 피브알데하이드(pivaldehyde)의 카보닐(carbonyl)은 가장 반응성 있는 친전자체이다.
가장 반응성이 큰 작용기의 반응 특성을 떠올려라. 그리고 반응 조건을 고려하였을 때 어느 반응이 가장 적합한지를 정하라.	• 아민과 알데하이드는 산 촉매 또는 염기 촉매 조건하에서 반응하며 **이민**(imine)을 형성한다.
중간 생성물로 이어질 메커니즘을 그려라.	• 아미노기가 알데하이드 작용기의 친전자성 탄소에 첨가된 이후, 양성자가 이동하면 헤미아미날(hemiaminal)이 생성된다. 이때 물이 제거되면 이민이 형성된다. 인근 카보닐의 하이드록실기가 접근한 후, 양성자 이동에 의해 고리 닫힘이 일어난다. 반응 결과, 고리 옥사졸리딘(cyclic oxazolidine)이 생성된다.
위 4단계를 반복하라.	• 염화 아세틸은 매우 좋은 친전자체이다. 염화 아세틸은 아민을 **첨가-제거** 과정을 거쳐 아마이드로 만든다. 아마이드가 트라이에틸 아민에 의해 탈양성자화되면 최종 생성물이 된다.
이것이 최종 생성물과 밀접하게 관련된 것인지를 확인하라.	• 이 단계 생략 가능.
최종 생성물의 구조를 그려라.	

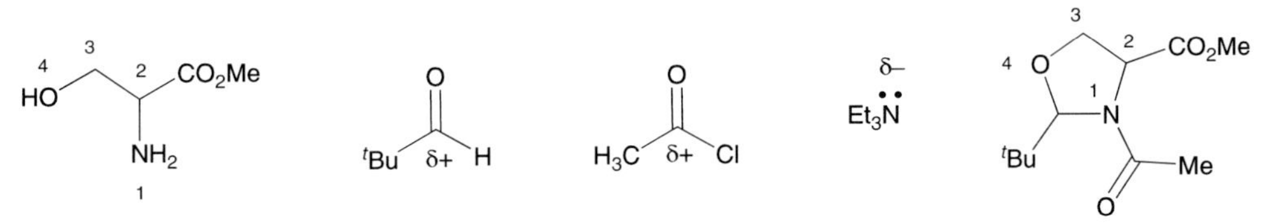

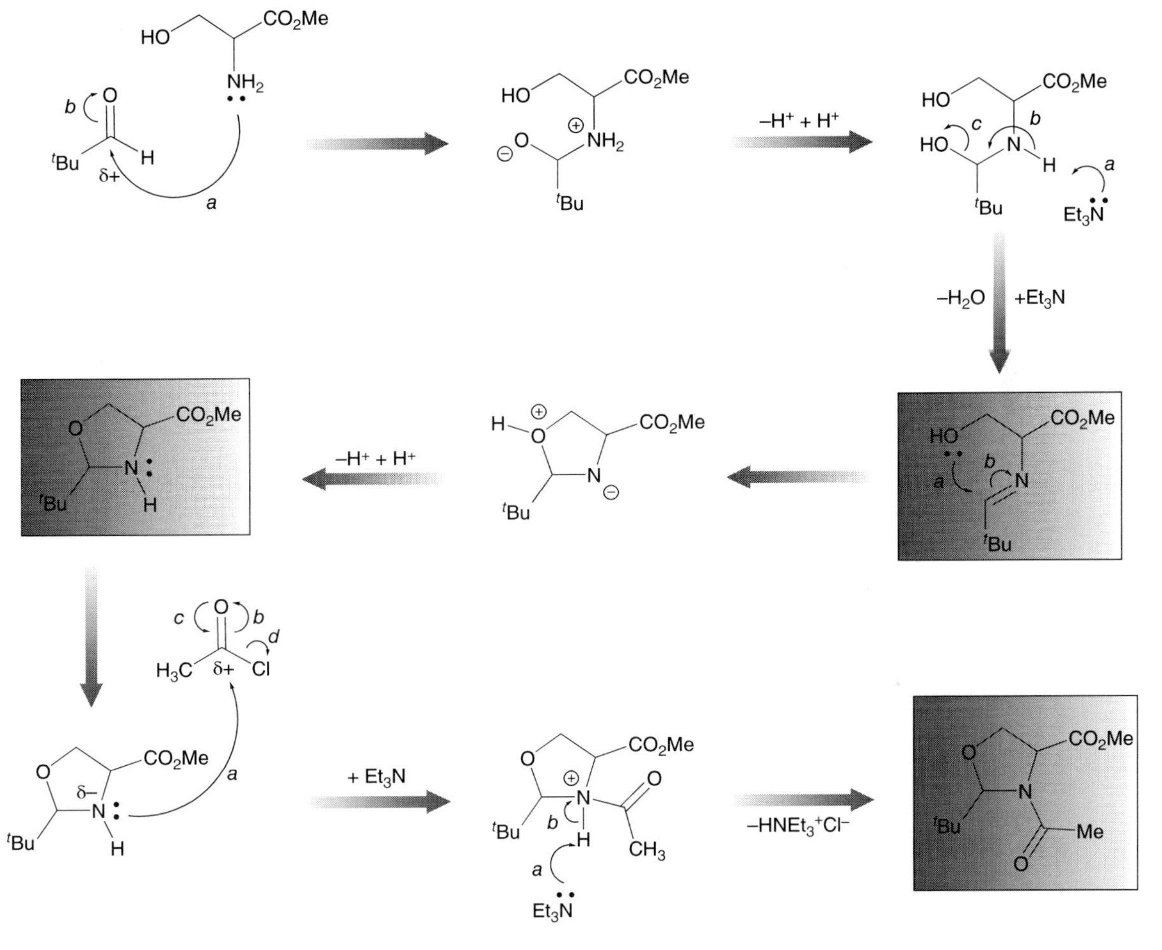

요약: 카보닐 화합물은 쉽게 여러 번 첨가-제거 반응을 한다.

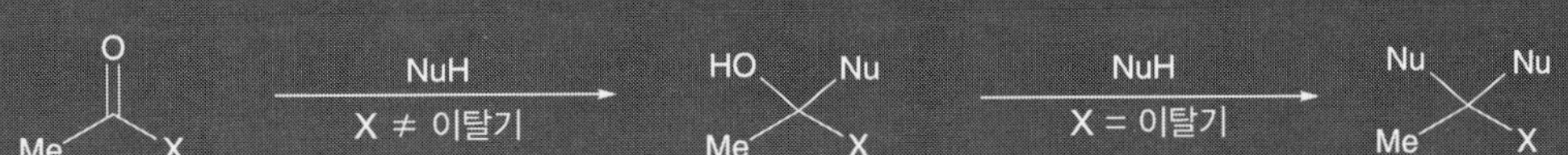

3.12

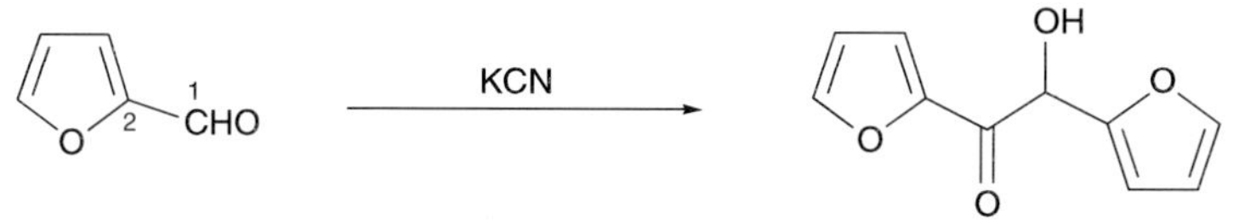

초기 제시된 모든 반응물이 친전자성/친핵성, 그리고 산성/염기성 부위를 갖는지 기록해 두자. 그리고 출발 물질과 생성물에서 동일한 원자를 열거하라.

- 알데하이드는 산소가 전기 음성적이기 때문에 친전자체이다. 탄소와 산소 사이의 이중 결합은 친핵체에 반응(반발)한다.
- 사이안화 포타슘(potassium cyanide)은 매우 좋은 친핵체이며(sp 혼성화된 탄소 원자), 동시에 약한 염기이기도 한다.

하나 이상이 존재할 경우, 가장 반응성이 큰 자리를 파악하라.

- 알데하이드는 출발 물질 내에 유일한 친전자성 자리이다.
- 사이안화 이온은 유일한 친핵체이다.

가장 반응성이 큰 작용기의 반응 특성을 떠올려라. 그리고 반응 조건을 고려하였을 때 어느 반응이 가장 적합한지를 정하라.

- 알데하이드는 **친핵성 첨가 반응**을 하는데, 특히 친핵체가 사이안화 이온과 같이 매우 좋을 경우 반응은 더욱 촉진된다. 그러나 유의해야 할 점은 이 첨가 반응이 가역적이라는 점이다.

중간 생성물로 이어질 메커니즘을 그려라.

위 4단계를 반복하라.

- 알데하이드는 매우 좋은 친핵성 사이안화 음이온에 의해 직접 공격받아 사이아노 알콕시화물을 형성한다. 이것은 반응 조건하에 양성자 이동에 의한 평형을 이루는데, 이때 공명 안정화된 탄소 음이온을 생성한다.
- 탄소 음이온은 출발 물질인 알데하이드의 두 번째 당량과 반응하여 또 다른 알콕시화물을 생성한다. 사이아노알콕사이드(cyanoalkoxide) 중간체는 떨어져나가면서 원래 카보닐기를 다시 생성한다(이때 사이안화 이온의 카보닐기에 대한 첨가는 가역 반응임).

이것이 최종 생성물과 밀접하게 관련된 것인지를 확인하라.

- 이 단계 생략 가능.

최종 생성물의 구조를 그려라.

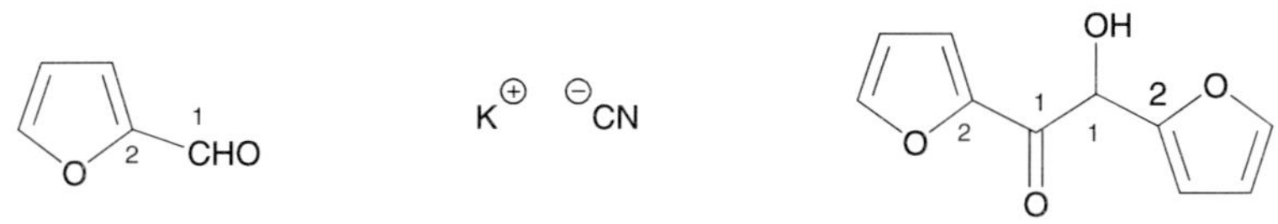

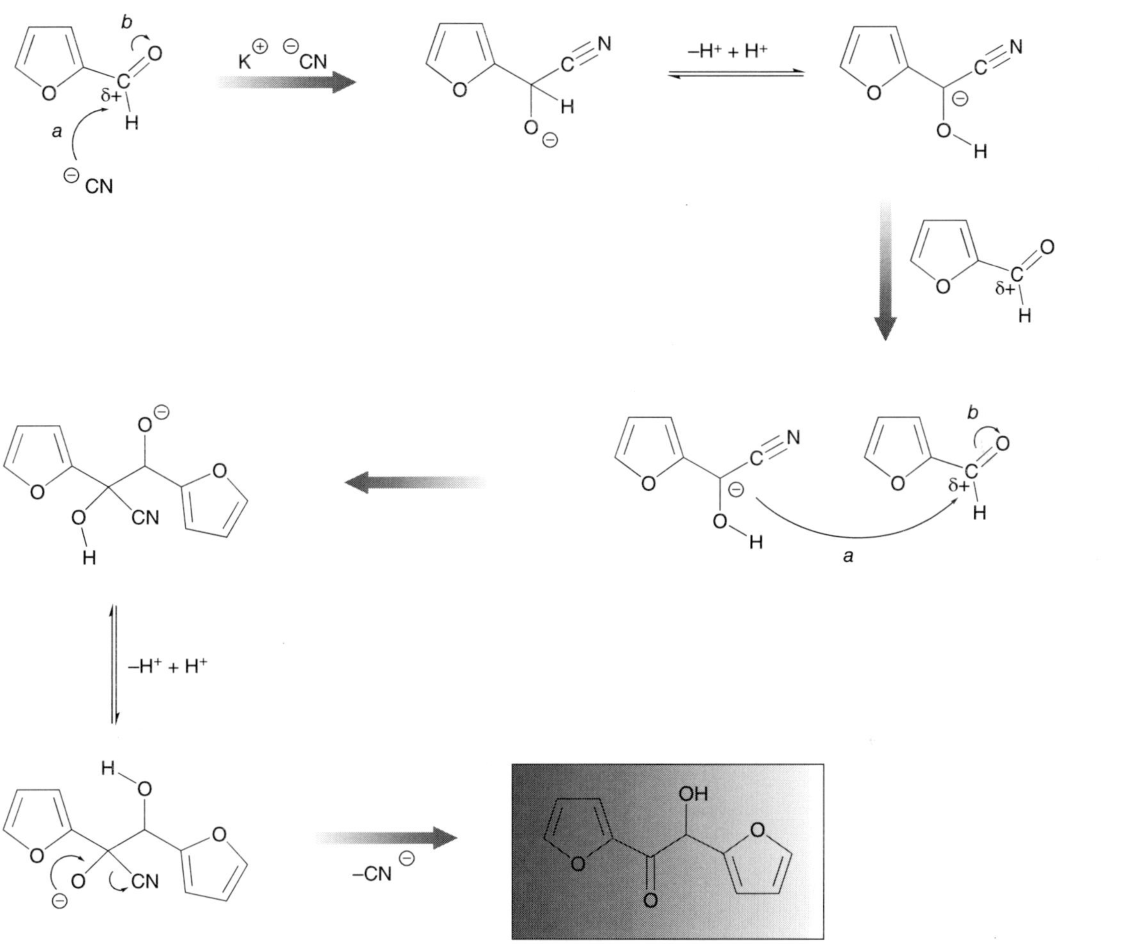

요약: 알데하이드가 사이안화 이온과 반응한 벤조인 축합 반응의 예시이다.

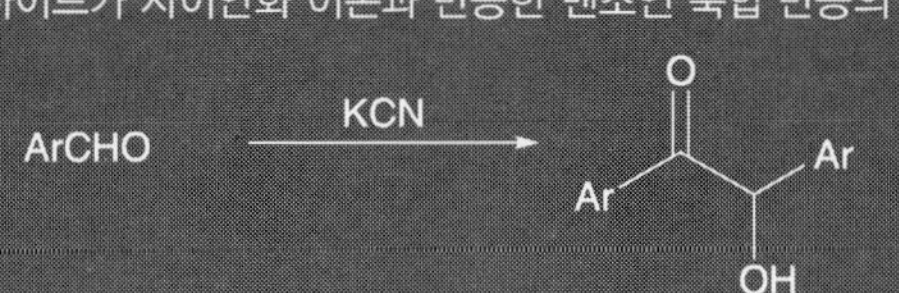

3.13

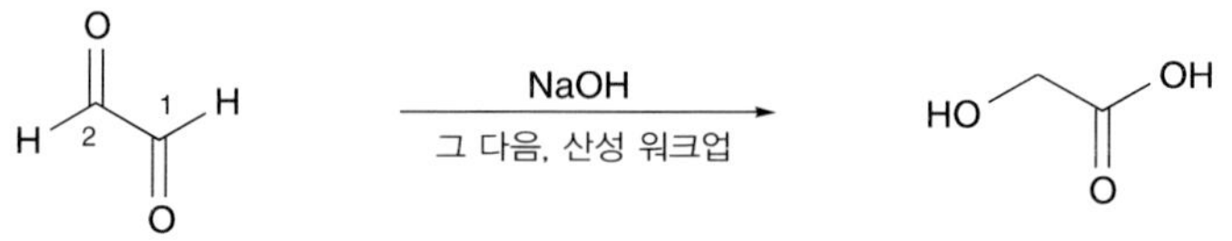

초기 제시된 모든 반응물이 친전자성/친핵성, 그리고 산성/염기성 부위를 갖는지 기록해 두자. 그리고 출발 물질과 생성물에서 동일한 원자를 열거하라.

- 알데하이드는 산소가 전기 음성적이기 때문에 친전자체이다. 탄소와 산소 사이의 이중 결합은 친핵체에 반응(반발)한다.
- 기질로서 글라이옥살(glyoxal)은 인접한 두 알데하이드의 이중극자가 반응성을 높여주기 때문에 특별히 반응성이 크다.
- 수산화 소듐은 강한 염기이며 친핵체이다.

하나 이상이 존재할 경우, 가장 반응성이 큰 자리를 파악하라.

- 출발 물질 내 두 알데하이드(aldehyde)는 동등한 친전자성 자리에 해당한다.
- 수산화 이온(hydroxide)은 유일한 염기이자 친핵체이다.

가장 반응성이 큰 작용기의 반응 특성을 떠올려라. 그리고 반응 조건을 고려하였을 때 어느 반응이 가장 적합한지를 정하라.

- 알데하이드는 **친핵성 첨가 반응**을 잘 일으키는데, 특히 수산화 이온과 같은 좋은 친핵체가 존재할 때 이 반응은 더 촉진된다.

중간 생성물로 이어질 메커니즘을 그려라.

- 수산화 이온(OH^-)은 높은 친핵성을 가지며, 알데하이드를 직접 공격하고, 알콕시화물을 만든다. 반응 소선에서 수산화기는 나른 알데하이드 카보닐 그룹으로도 천천히 첨가되며, 결국 두 개의 음이온을 생성한다. 분자 내 하이드라이드(H^-)는 수산화기를 떼어내면서 이동하여 또 다른 알콕시화물 중간체를 생성한다.

위 4단계를 반복하라.

- 이 단계 생략 가능.

이것이 최종 생성물과 밀접하게 관련된 것인지를 확인하라.

- 워크업을 통한 양성자화는 최종 생성물을 만든다.

최종 생성물의 구조를 그려라.

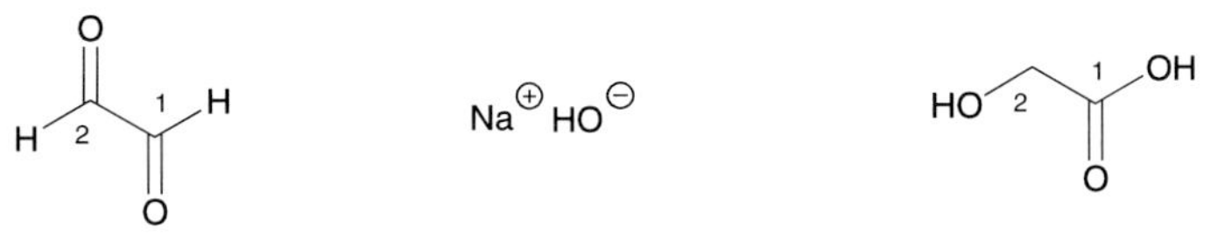

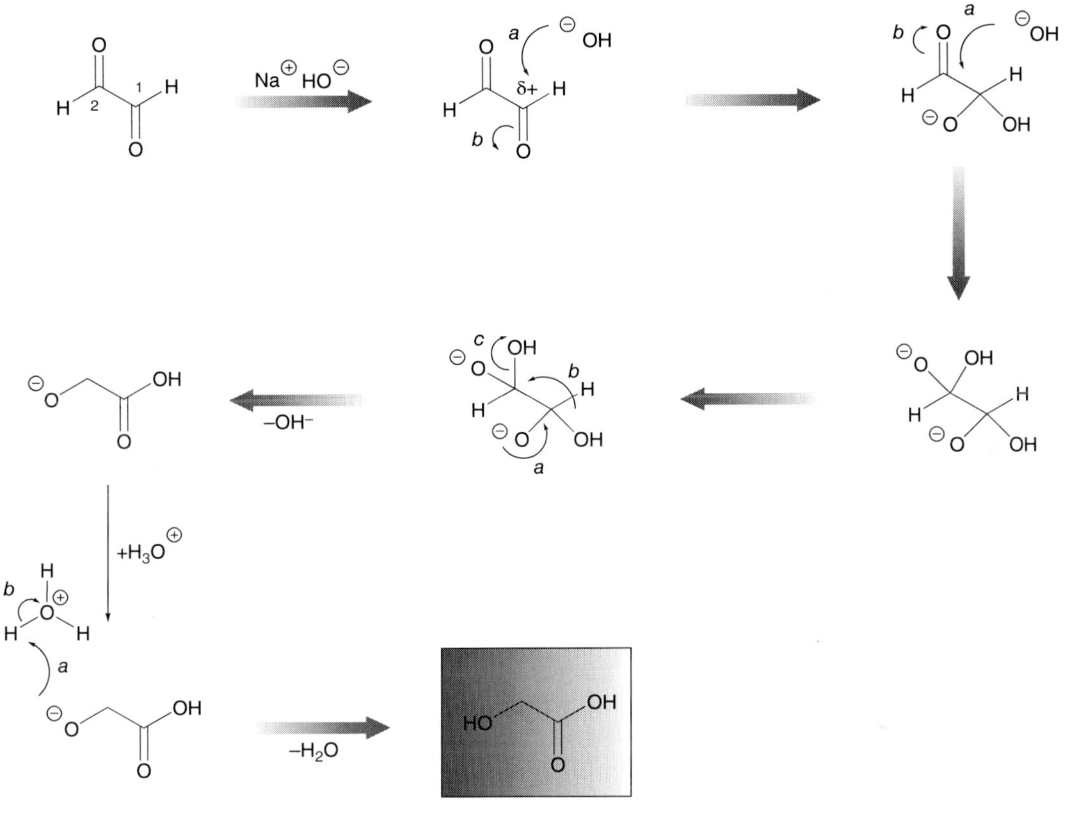

요약: 하이드라이드(H⁻) 이동이 분자 내에서 일어나기는 하지만, 마찬가지로 Cannizzarro 반응의 한 예시이다.

$$2\ ArCHO \longrightarrow ArCO_2H + ArCH_2OH$$

3.14

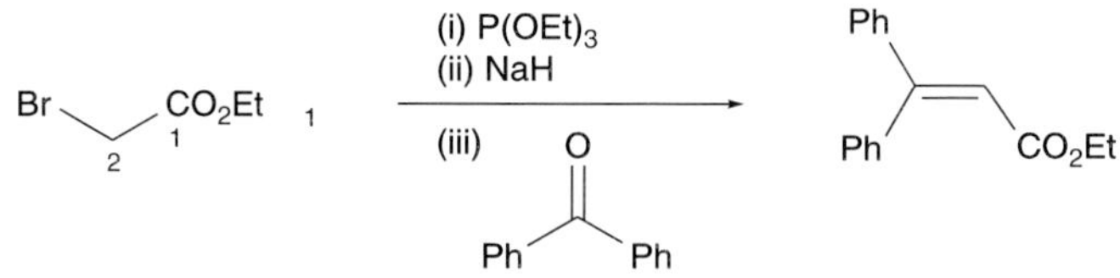

초기 제시된 모든 반응물이 친전자성/친핵성, 그리고 산성/염기성 부위를 갖는지 기록해 두자. 그리고 출발 물질과 생성물에서 동일한 원자를 열거하라.

- α-할로에스터는 할로젠이 전기 음성적이며 좋은 이탈기이므로, 매우 좋은 친전자체이다.
- 카보닐 에스터(ester carbonyl)는 친전자체이다.
- 트라이에틸 포스파이트(triethyl phosphite)는 매우 좋은 친핵체이다.

하나 이상이 존재할 경우, 가장 반응성이 큰 자리를 파악하라.

- 브로민에 인접한 탄소는 매우 친전자성을 갖는다.
- 인(phosphorus)은 유일한 친핵체이다.

가장 반응성이 큰 작용기의 반응 특성을 떠올려라. 그리고 반응 조건을 고려하였을 때 어느 반응이 가장 적합한지를 정하라.

- 친전자체로서 할로젠화 알킬(alkyl halide)은 **친핵성 치환 반응**을 잘 일으킨다. 또한 인접한 에스터 그룹도 친핵성 공격을 더 활성화시키는 데 기여한다.

중간 생성물로 이어질 메커니즘을 그려라.

- 트라이에틸 포스파이트는 S_N2-유사 과정을 거쳐 브로민을 뒤에서 공격(back attack)하여 치환하고, 포스포네이트(phosphonate) 생성물을 만든다. 포스포네이트는 α-수소가 강한 산성을 띤다.

위 4단계를 반복하라.

- 소듐 하이드라이드(sodium hydride)는 매우 강한 염기이다. 이때 α-수소의 탈양성자화는 쉽게 일어나며, 포스포네이트 음이온을 생성한다. 이 포스포네이트는 케톤과 **친핵성 첨가 반응**을 한다. 옥사포스페테인 중간체를 형성하는 고리가 깨지면서, P=O 결합을 형성한다. 반응 결과, 알켄 생성물이 만들어진다.

이것이 최종 생성물과 밀접하게 관련된 것인지를 확인하라.

- 이 단계 생략 가능.

최종 생성물의 구조를 그려라.

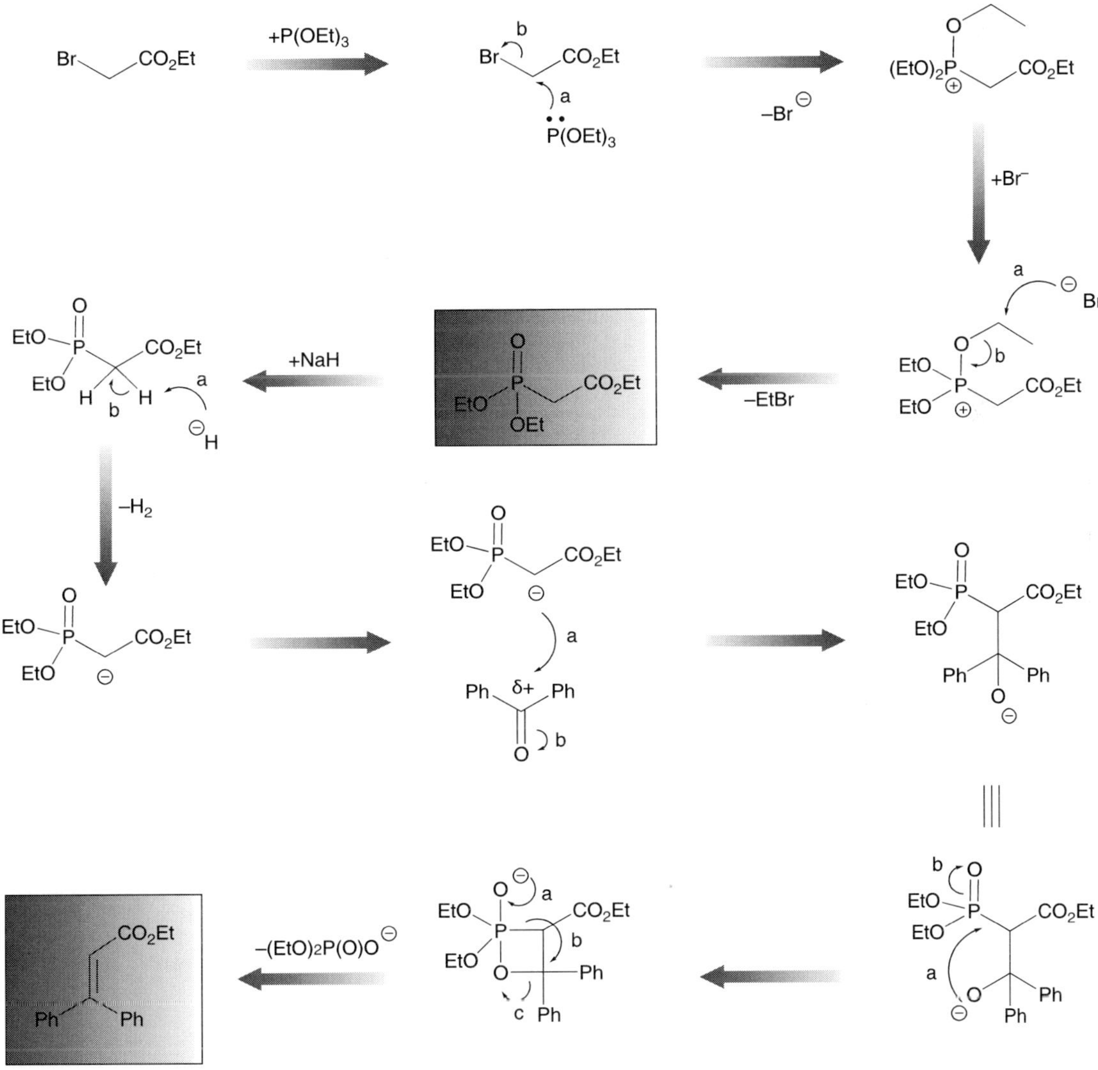

요약: 카보닐 화합물은 쉽게 포스포네이트 음이온과 반응하여 알켄을 생성한다(Horner-Wadsworth-Emmons 반응).

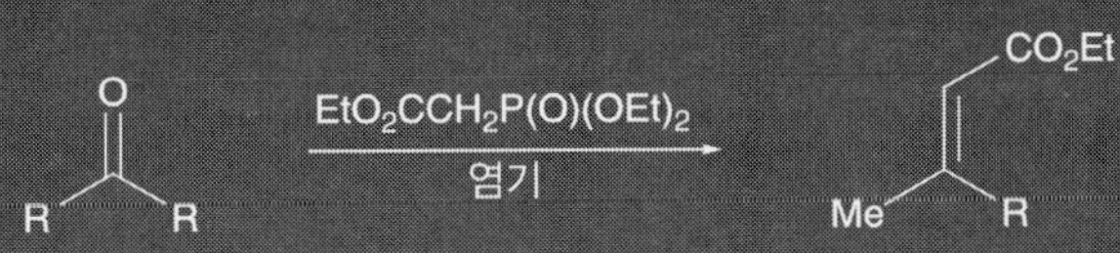

3.15

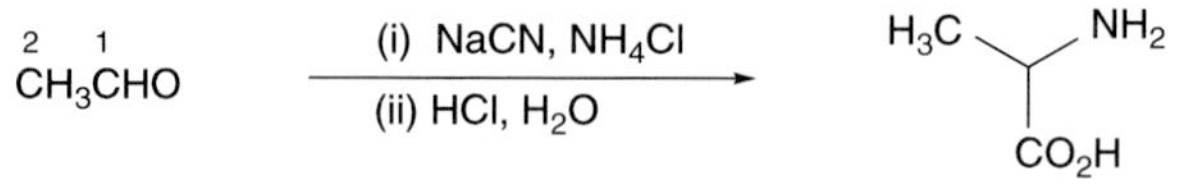

초기 제시된 모든 반응물이 친전자성/친핵성, 그리고 산성/염기성 부위를 갖는지 기록해 두자. 그리고 출발 물질과 생성물에서 동일한 원자를 열거하라.

- 알데하이드는 산소가 전기 음성적이기 때문에 친전자체이다. 탄소와 산소 사이의 이중 결합은 친핵체에 반응(반발)한다.
- 염화 암모늄(ammonium chloride)은 암모니아와 평형을 이루는데, 이때 암모니아는 매우 좋은 친핵체이다.
- 사이안화 소듐(sodium cyanide)도 매우 좋은 친핵체이다(sp 혼성화된 탄소 원자).

하나 이상이 존재할 경우, 가장 반응성이 큰 자리를 파악하라.

- 알데하이드는 출발 물질 내 유일한 친전자체 자리이다.
- 사이안화 이온과 암모니아는 둘 다 친핵체이다.
- 사이안화 이온은 알데하이드와 가역적으로 반응하며, 이민(imine)을 만든다.

가장 반응성이 큰 작용기의 반응 특성을 떠올려라. 그리고 반응 조건을 고려하였을 때 어느 반응이 가장 적합한지를 정하라.

- 알데하이드는 특히 암모니아 같은 좋은 친핵체가 존재할 경우 **친핵성 첨가 반응**을 매우 잘 일으키며, 이민을 만든다.
- 이 반응 조건에서 사이안화 이온에 의한 첨가 반응이 더 일어날 수 있다.

중간 생성물로 이어질 메커니즘을 그려라.

- 알데하이드는 친핵성 암모니아로부터 공격받아 순차적으로 양성자를 이동시키고, 물을 이탈시킨다. 이때 생성되는 이미늄 이온은 친핵체인 사이안화 이온과 반응하여 **아미노나이트릴**(aminonitrile) 생성물을 만든다.

위 4단계를 반복하라.

- 염산은 매우 강한 산으로서 나이트릴을 양성자화하고, 물에 의한 공격이 일어나도록 활성화시킨다. 이때 반응은 양성자 이동과 토토머화를 거쳐 진행되며, **아마이드** 생성물을 만든다.
- 염산은 추가적인 반응을 통해 카보닐기를 양성자화함으로써 다시 물에 의한 공격을 활성화시킨다. 이때 반응은 양성자 이동과 제거 반응으로 진행되며, **산** 생성물을 만든다.

이것이 최종 생성물과 밀접하게 관련된 것인지를 확인하라.

- 이 단계 생략 가능.

최종 생성물의 구조를 그려라.

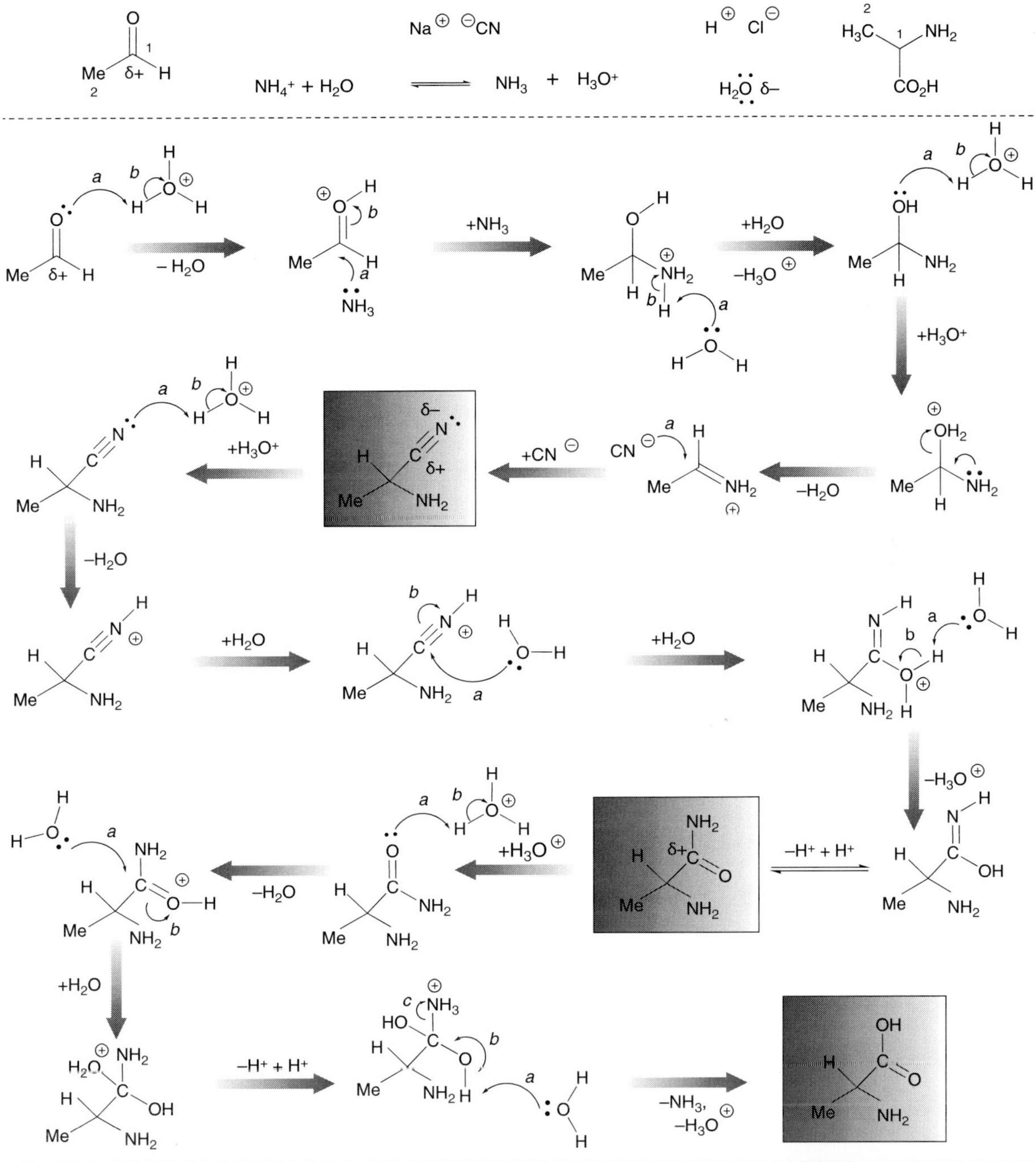

요약: 아미노산의 Strecker 합성의 한 예시이다.

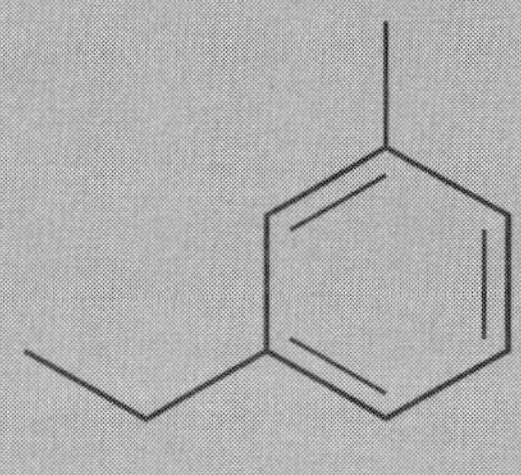

4장

엔올 반응

- 카보닐의 α-수소는 인접 카보닐 그룹의 전자-끄는 유발 효과 때문에 산성을 띤다. 즉, α-수소는 탄소와 약한 결합을 갖기 때문에 쉽게 떨어질 수 있고, 이때 생성된 엔올산 음이온(enolate)은 공명 안정화된다.

4.1 산 염기 촉매하에 엔올화 반응

- 엔올화는 산 또는 염기 촉매에 의해 촉진될 수 있다.
  - 염기 촉매

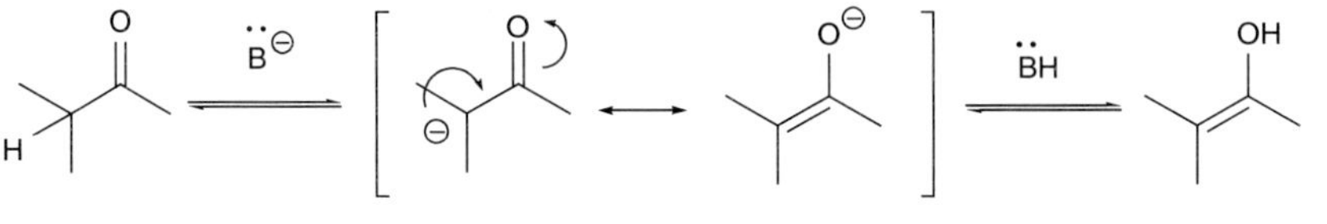

  - 산 촉매

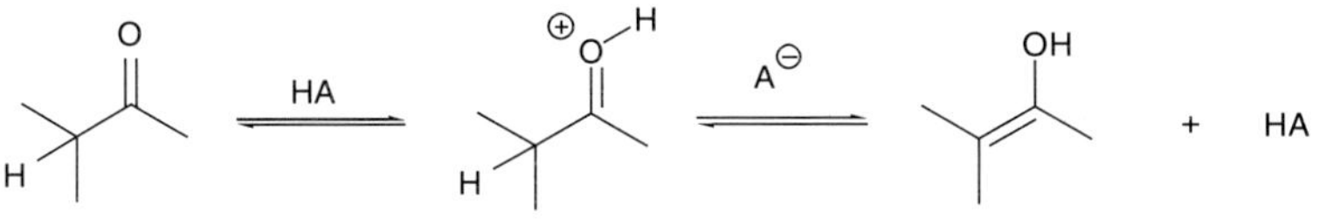

- 이와 같은 엔올 및 엔올산 음이온은 염기이면서도, 매우 좋은 친핵체이다. 그리고 이들은 다양한 반응에 참여한다.

4.1.1 할로젠화 반응

- 산성 또는 염기 촉매하에 아이오도폼 반응이 일어날 수 있다.
- Hell−Vallhardt−Zelinsky 반응은 α-haloacid halides 제조를 위해 쓰이곤 한다.

4.1.2 중수소화(Deuteriation)

- 이것은 α-deuteriocarbonyl 화합물을 생성한다.

4.2 알킬화 반응

- 몇 가지 중요한 측면은 염기와 친전자체에 따라 결정된다.
- RO^- 또는 LDA는 염기로서 작용한다. 그러나 RO^-는 경우에 따라 친핵체로 작용하기도 한다.
- 친전자체는 종종 3차 할로젠화 알킬과 반응하기에 적합하지 않다. 이럴 때, 루이스 산을 써줌으로써 알킬화 반응을 진행시킬 수 있다.
- O−알킬화인지 C−알킬화인지를 파악하는 것이 문제가 될 수 있다[엔올산 이온은 여러 자리성(ambident) 친핵체이다].
- 엔올의 알킬화를 이용한 두 가지 중요한 반응이 있다.

4.2.1 말론산 에스터 합성(Malonic ester synthesis)

- 알킬화는 가수분해와 탈카복실화로 이어지며, 결과적으로 치환된 아세트산을 만든다.

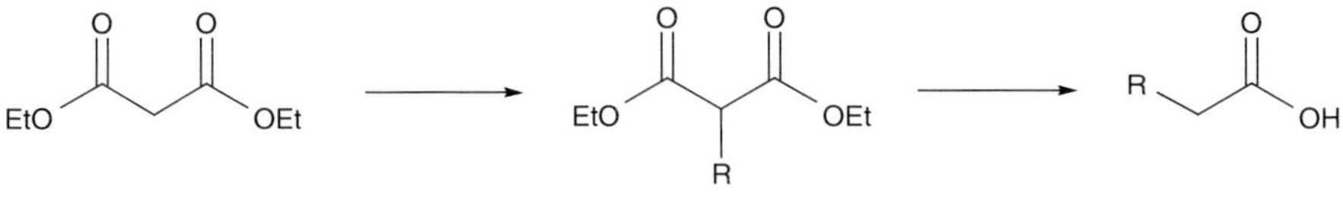

4.2.2 Acetoacetic ester 합성

- 알킬화는 가수분해와 탈카복실화로 이어지며, 결과적으로 치환된 아세톤을 만든다.

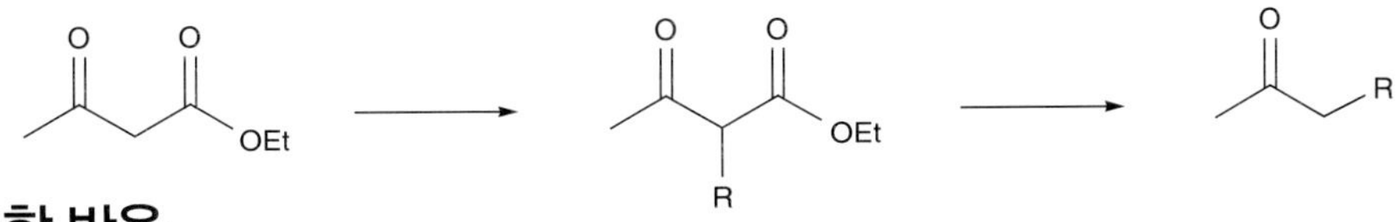

4.3 축합 반응

- 이 과정에 대한 많은 예시가 존재한다.

4.3.1 알돌 축합(Aldol condensation)

- 산-촉매화된, 염기-촉매화된 반응
- 혼합된, 분자 내 알돌 반응
- 탈수화는 α,β-불포화 카보닐 유도체를 만든다.

4.3.2 Knoevenagel 축합 반응

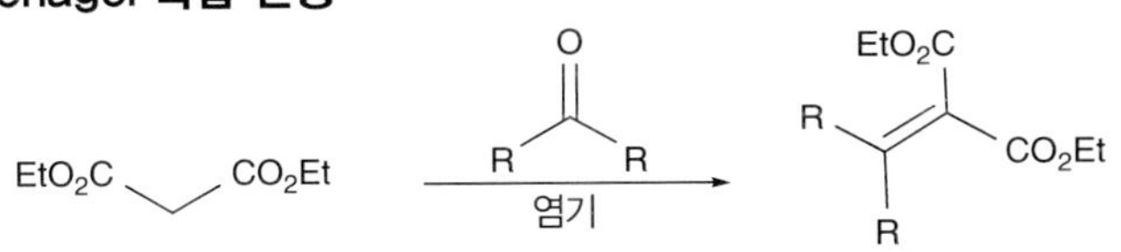

Knoevenagel

4.3.3 Michael 반응과 Robinson 고리화 반응(Ring annulation)

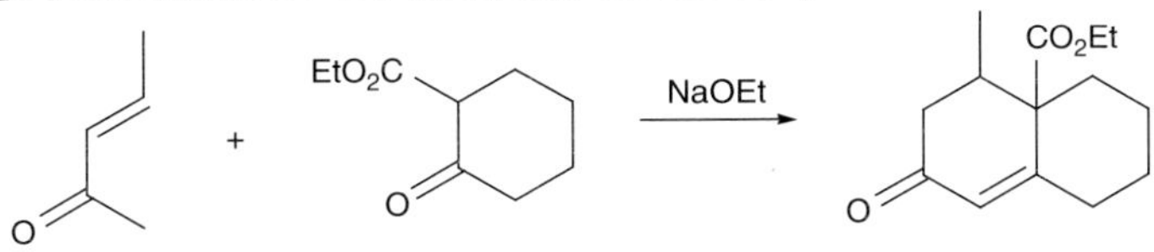

4.3.4 Claisen 에스터 축합 반응(그리고 Dieckmann 고리화 반응)

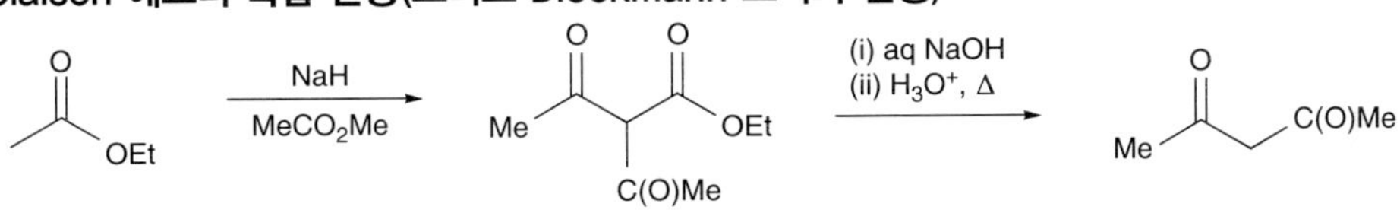

4.3.5 다른 축합 반응들: Perkin, Reformatsky, Stobbe, Darzens 반응들

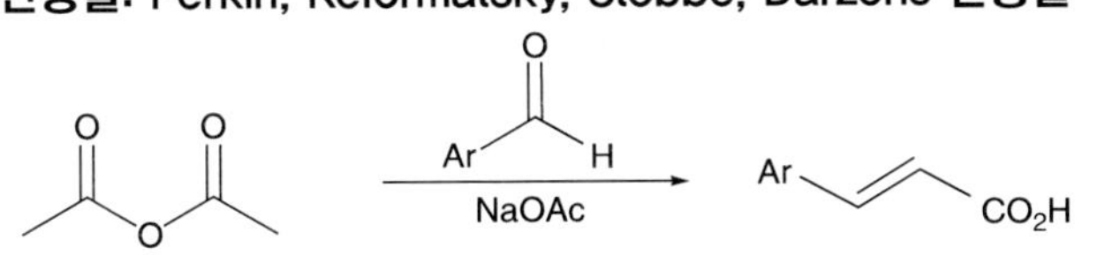

Perkin

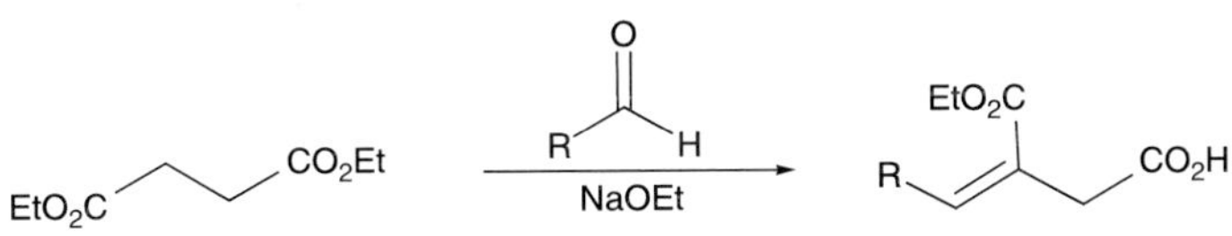

Stobbe

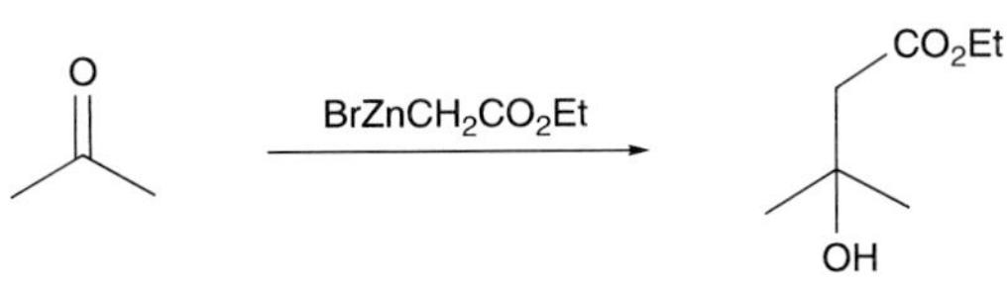

Reformatsky

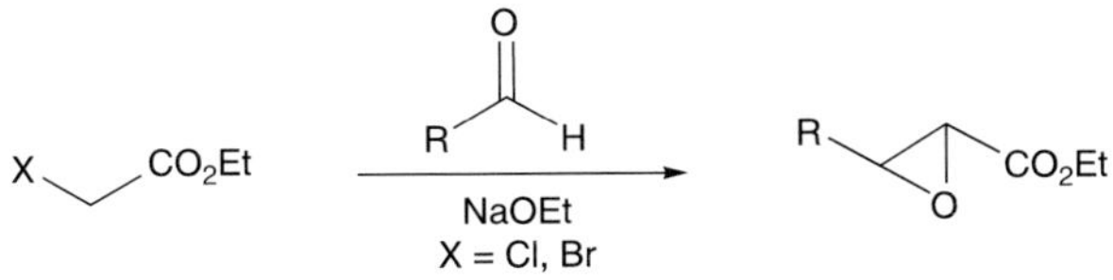

Darzens

4.1

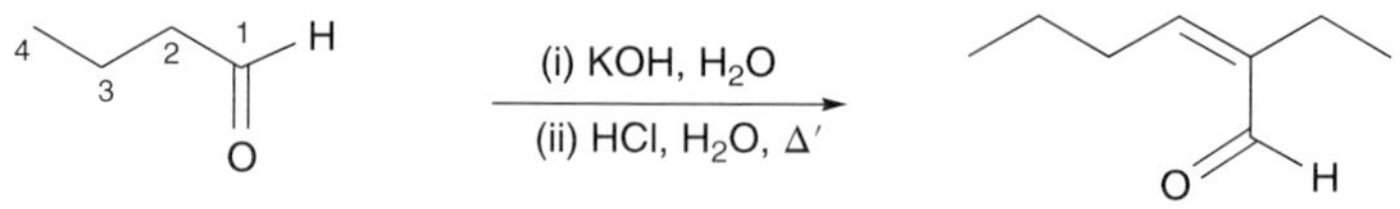

초기 제시된 모든 반응물이 친전자성/친핵성, 그리고 산성/염기성 부위를 갖는지 기록해 두자. 그리고 출발 물질과 생성물에서 동일한 원자를 열거하라.	• 카보닐 그룹은 탄소와 산소의 **전기 음성도** 차이에 의해 편극화되며, 탄소를 친전자성으로 만든다. • 카보닐 그룹의 α-수소는 **유발** 효과에 의해 산성을 띤다. 이때 생성되는 엔올산 이온은 공명 안정화되며 좋은 친핵체이다. • KOH는 강한 염기이다.
하나 이상이 존재할 경우, 가장 반응성이 큰 자리를 파악하라.	• 알데하이드기는 염기 조건하에서 엔올화할 수 있는 유일한 그룹이다. • 수산화 포타슘은 매우 강한 염기이다.
가장 반응성이 큰 작용기의 반응 특성을 떠올려라. 그리고 반응 조건을 고려하였을 때 어느 반응이 가장 적합한지를 정하라.	• 알데하이드의 **엔올화** 이후, 다른 출발 물질 카보닐 그룹으로 표준 **친핵성 첨가 반응**이 일어난다. 이것이 바로 **알돌 반응**의 예시이다.
중간 생성물로 이어질 메커니즘을 그려라.	• 분자간 **친핵성 첨가**는 알데하이드 두 분자의 축합 반응으로 이어지며, β-하이드록시알데하이드(β-hydroxyaldehyde)를 생성한다.
위 4단계를 반복하라.	• β-하이드록시알데하이드의 하이드록실 산소(hydroxyl oxygen)는 강한 산에 의해 양성자화되고, 이때 α, β-불포화 생성물이 만들어진다.
이것이 최종 생성물과 밀접하게 관련된 것인지를 확인하라.	• 이 단계 생략 가능.
최종 생성물의 구조를 그려라.	

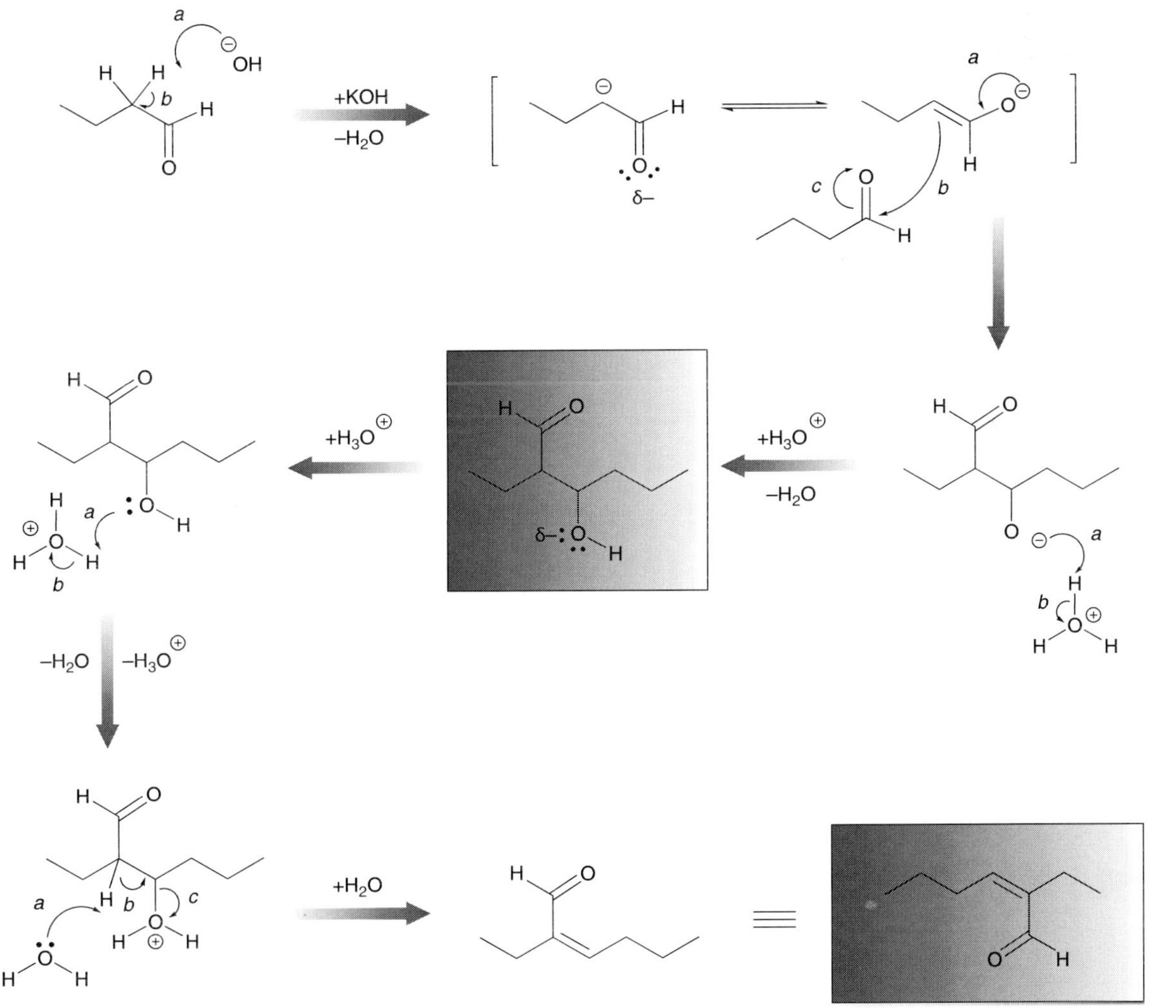

요약: 알돌 반응의 한 예시이다. 반응은 두 당량의 알데하이드의 축합 반응을 초래하며, 이때 β-하이드록시알데하이드가 생성된다. 이것은 쉽게 탈수된다.

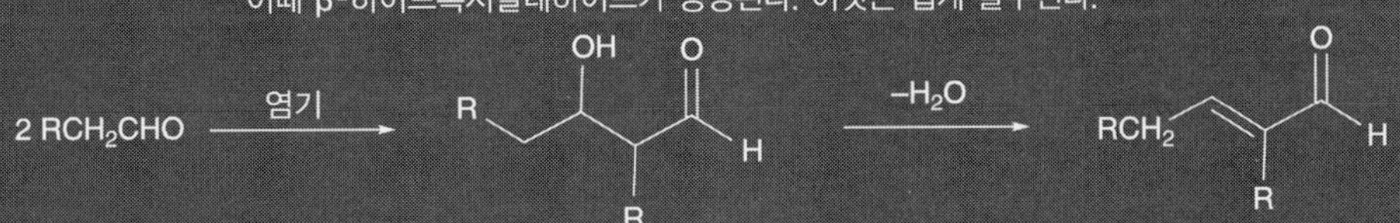

이제 문제 4.8과 4.9를 풀어보자.

4.2

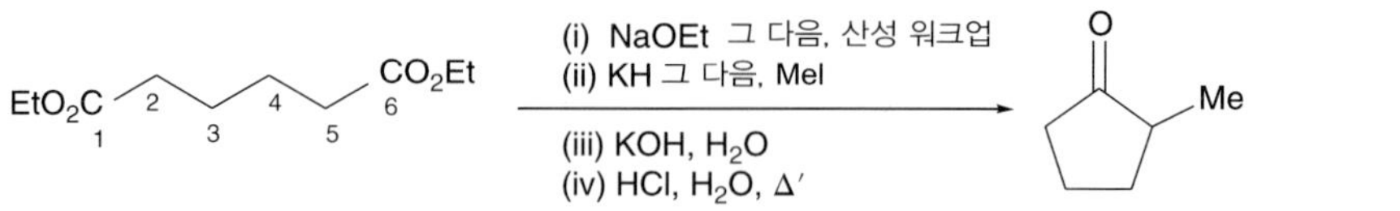

초기 제시된 모든 반응물이 친전자성/친핵성, 그리고 산성/염기성 부위를 갖는지 기록해 두자. 그리고 출발 물질과 생성물에서 동일한 원자를 열거하라.

- 카보닐 그룹은 탄소와 산소의 **전기 음성도** 차이에 의해 편극화되며, 탄소를 친전자성으로 만든다.
- 카보닐 그룹의 α-수소는 **유발** 효과에 의해 산성을 띤다. 이때 생성되는 엔올산 이온은 공명 안정화되며, 좋은 친핵체이다.
- 소듐 에톡사이드(NaOEt)는 강한 염기이다.

하나 이상이 존재할 경우, 가장 반응성이 큰 자리를 파악하라.

- C−2와 C−5는 유일한 산성 자리이다(pK_a=약 25).
- 소듐 에톡사이드는 가장 염기성을 갖는 기질이다.

가장 반응성이 큰 작용기의 반응 특성을 떠올려라. 그리고 반응 조건을 고려하였을 때 어느 반응이 가장 적합한지를 정하라.

- 에스터의 α-수소의 탈양성자화는 NaOEt에 의해 쉽게 이루어지며, 이때 엔올산 음이온이 만들어진다. 이것은 공명에 의해 안정화되며, 동시에 좋은 친핵체로서 작용한다.
- 에스터는 손쉽게 친핵성 **첨가-제거 반응**을 일으킨다.

중간 생성물로 이어질 메커니즘을 그려라.

- 엔올은 다른 카보닐을 분자 내 공격하여 케톤을 생성한다. 이때, 함께 생성된 에톡사이드는 좋은 염기이며, 다른 생성물의 산성-수소를 제거할 수 있는 능력을 갖는다. 따라서 **평형**은 오른쪽으로 이동한다.

위 4단계를 반복하라.

- MeI는 탄소와 아이오딘의 전기 음성도 차이 때문에 좋은 친전자체이다. 케톤 엔올산 음이온에 의한 **친핵성 치환 반응**은 메틸화된 생성물을 만든다.
- KOH는 좋은 친핵체이자 염기이다. **첨가-제거**에 의한 에스터의 가수분해는 카복실산 음이온을 만든다.
- 산성화와 가열 과정은 **탈카복실화**(decarboxylation)를 유도하며, 엔올 형태에서 최종 생성물을 만든다.

이것이 최종 생성물과 밀접하게 관련된 것인지를 확인하라.

- 최종 생성물은 엔올에서 케토 형태로의 토토머화를 통해 만들어진다.

최종 생성물의 구조를 그려라.

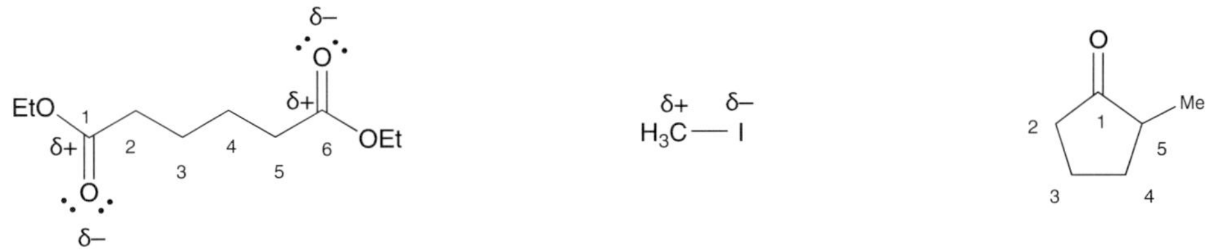

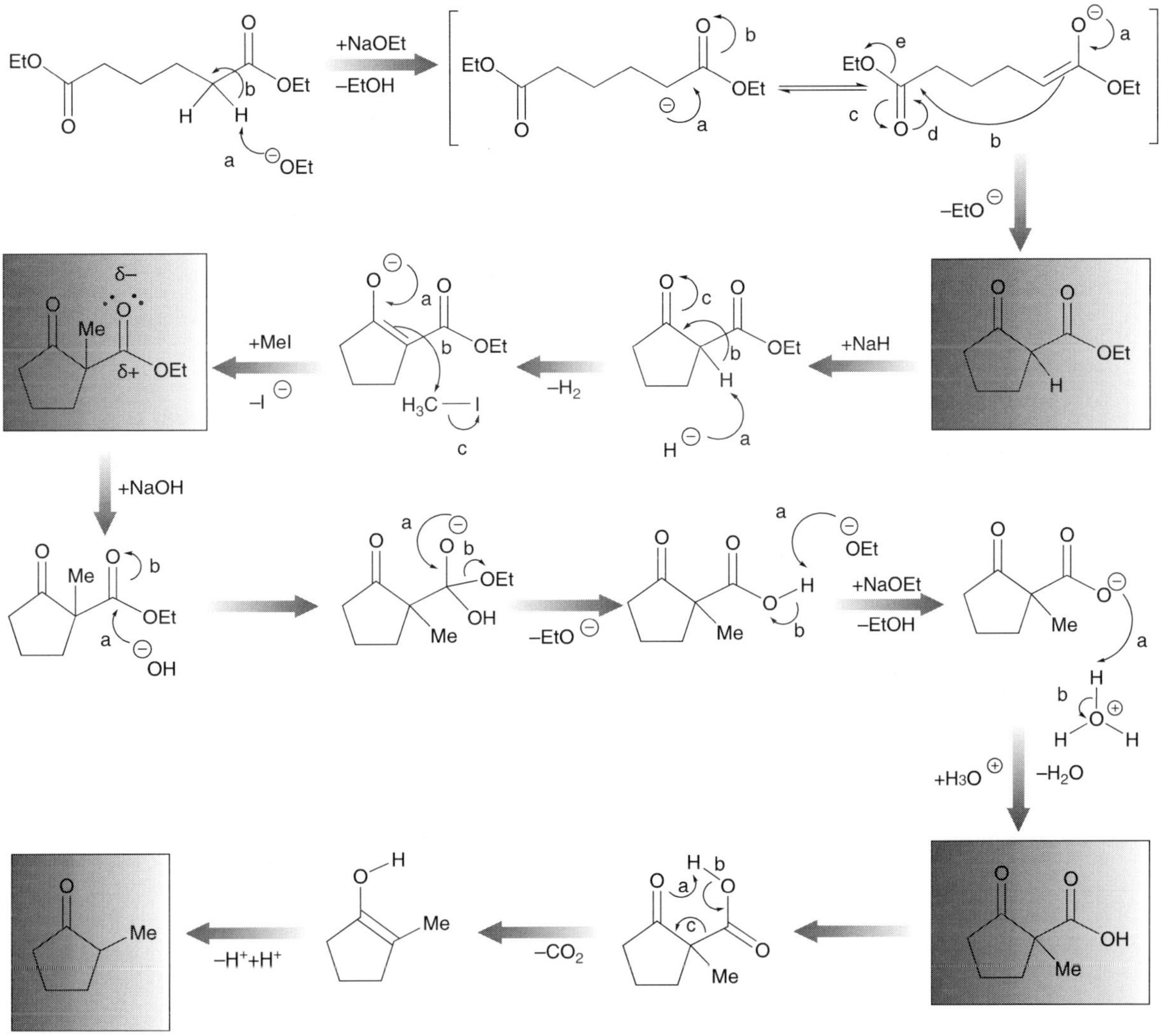

요약: Diekmann 고리화 반응의 한 예시이다. 탈수 반응과 탈카복실화 반응을 통해 고리형 케톤이 생성된다.

이제 문제 4.10을 풀어보자.

4.3

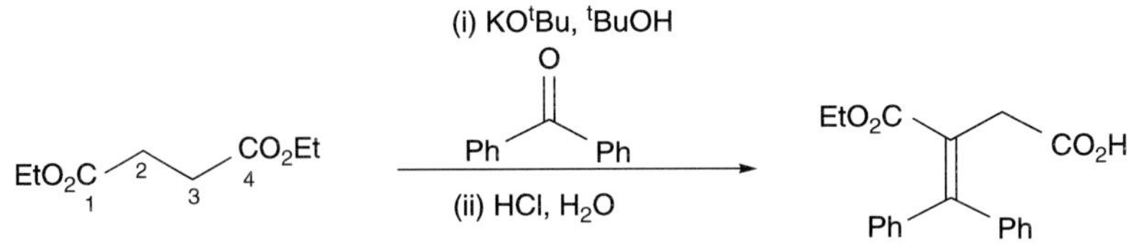

초기 제시된 모든 반응물이 친전자성/친핵성, 그리고 산성/염기성 부위를 갖는지 기록해 두자. 그리고 출발 물질과 생성물에서 동일한 원자를 열거하라.

- 카보닐 그룹은 탄소와 산소의 **전기 음성도** 차이에 의해 편극화되며, 탄소를 친전자성으로 만든다.
- 카보닐 그룹의 α-수소는 **유발** 효과에 의해 산성을 띤다. 이때 생성되는 엔올산 이온은 공명 안정화되며, 좋은 친핵체이다.
- KO^{t}Bu(potassium *t*-butoxide)는 매우 강한 염기이다. 그러나 가지 달린 알킬 그룹의 입체 방해(steric hindrance) 때문에 친핵체로서는 좋지 않다.

하나 이상이 존재할 경우, 가장 반응성이 큰 자리를 파악하라.

- C−2와 C−3는 출발 물질에서 유일한 산성 자리이다.
- KO^{t}Bu는 가장 강한 염기이다.
- 벤조페논(benzophenone)은 케톤의 카보닐 자리에서 친전자성을 갖는다.

가장 반응성이 큰 작용기의 반응 특성을 떠올려라. 그리고 반응 조건을 고려하였을 때 어느 반응이 가장 적합한지를 정하라.

- 에스터 엔올산 음이온(ester enolate)은 좋은 친핵체이다.
- 케톤은 좋은 친전자체이며, **친핵성 첨가 반응**을 일으키려는 경향성이 크다.

중간 생성물로 이어질 메커니즘을 그려라.

- 에스터 엔올산 음이온의 α-탄소는 케톤과 **친핵성 첨가 반응**을 하며, 알콕시화물을 생성한다. 알콕시화 이온은 말단 에스터와 친핵성 첨가 반응을 하여 열역학적으로 선호되는 오각형 고리 락톤(5-membered lactone)를 생성한다.

위 4단계를 반복하라.

- 강한 산은 락톤의 카보닐 산소를 양성자화시킴으로써 좋은 **이탈기**로 전환시킨다. 이때 카복실산 음이온이 제거되면서, 매우 안정한 **탄소 양이온** 중간체가 만들어진다. 이 중간체는 탈양성자화를 거쳐 알켄 생성물로 전환된다.

이것이 최종 생성물과 밀접하게 관련된 것인지를 확인하라.

- 최종 생성물은 카복실산 생성물로서, 산성 워크업을 통해 만들어진다.

최종 생성물의 구조를 그려라.

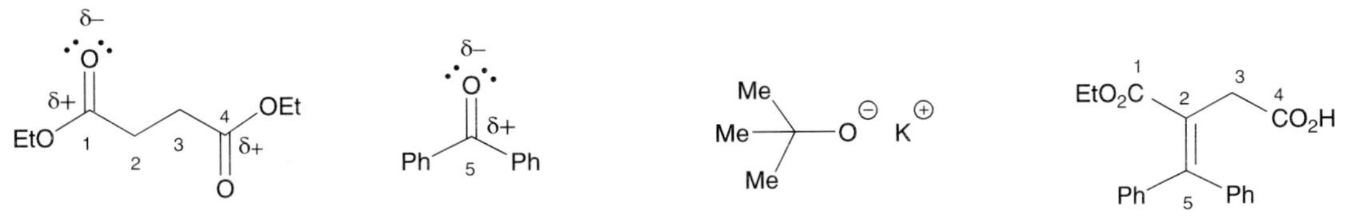

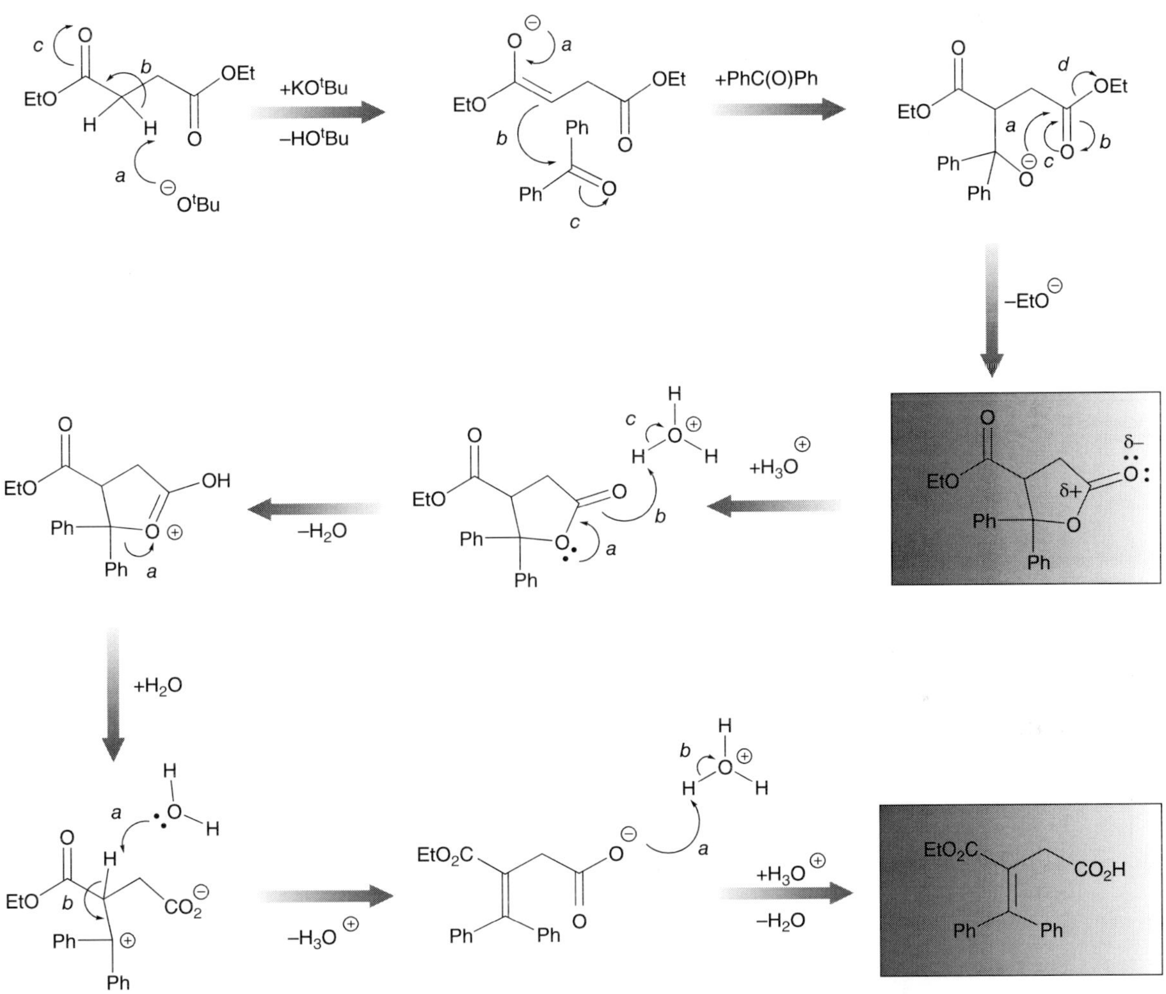

요약: Stobbe 반응의 한 예시이다. 반응에서 주목할만한 점은 수반되는 말단 에스터의 가수분해와 함께 축합 반응이 진행된다는 점이다.

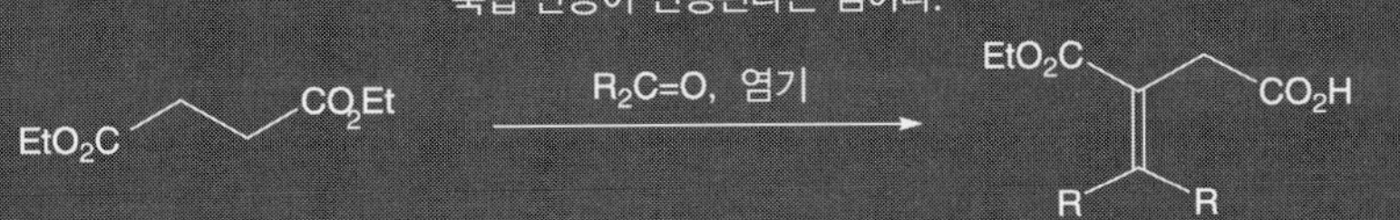

이제 문제 4.11을 풀어보자.

4.4

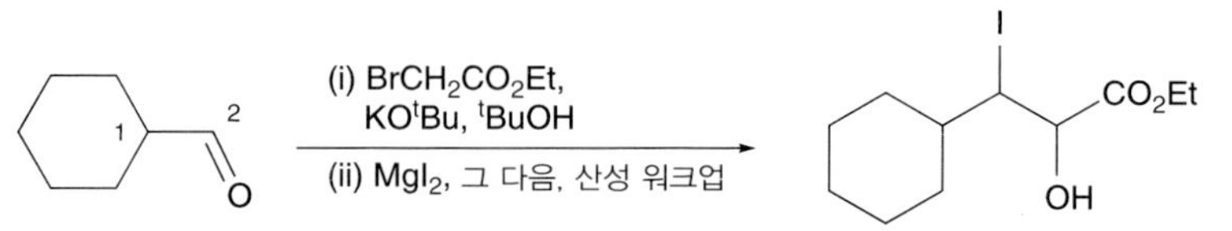

초기 제시된 모든 반응물이 친전자성/친핵성, 그리고 산성/염기성 부위를 갖는지 기록해 두자. 그리고 출발 물질과 생성물에서 동일한 원자를 열거하라.	• 카보닐 그룹은 탄소와 산소의 **전기 음성도** 차이에 의해 편극화되며, 탄소를 친전자성으로 만든다. • 브로모 에스터에서 카보닐 그룹의 α-수소는 카보닐기와 할로젠 원소의 **유발** 효과에 의해 산성을 띤다. 이때 생성되는 엔올산 이온은 공명 안정화되며, 좋은 친핵체이다. • KO^tBu(potassium *t*-butoxide)는 매우 강한 염기이다. 그러나 가지 달린 알킬 그룹의 입체 방해(steric hindrance) 때문에 친핵체로서는 좋지 않다.
하나 이상이 존재할 경우, 가장 반응성이 큰 자리를 파악하라.	• 알데하이드는 유일한 친전자성 자리이다. • 가장 산성을 띠는 수소는 카보닐과 할로젠 그룹 사이에 위치한다. • KO^tBu는 가장 강한 염기이다.
가장 반응성이 큰 작용기의 반응 특성을 떠올려라. 그리고 반응 조건을 고려하였을 때 어느 반응이 가장 적합한지를 정하라.	• 알데하이드는 쉽게 **친핵성 첨가 반응**을 한다. • 브로모에스터의 α-수소는 특히 산성을 띠며, 3차 뷰톡사이드(*t*-butoxide)에 의해 쉽게 제거되면서 엔올산 음이온을 만든다. 이때 엔올산 음이온은 친핵성을 갖는다.
중간 생성물로 이어질 메커니즘을 그려라.	• 알데하이드는 **친핵성 첨가 반응**에서 알콕시화물이 되며, 분자 내 인접 브로민과 손쉽게 **친핵성 치환 반응**을 한다. 그 결과 **에폭시화물**이 만들어진다.
위 4단계를 반복하라.	• MgI_2는 좋은 루이스 산이다. MgI_2는 전자가 풍부한 에폭시화물의 산소(epoxide oxygen)와 배위 결합을 함으로써 아이오딘이 손쉽게 에폭시화물을 **친핵성 치환**할 수 있도록 촉매로 작용할 것이다. 이때 위치 선택성(regioselectivity)은 이차 탄소 양이온 중간체를 안정화시키는 쪽으로 주어진다. 물론, 이것은 S_N1-유사 메커니즘이 가정될 때, 생성되는 물질이다.
이것이 최종 생성물과 밀접하게 관련된 것인지를 확인하라.	• 산성 워크업은 알콕시화 이온을 양성자화하여 최종 생성물을 만든다.
최종 생성물의 구조를 그려라.	

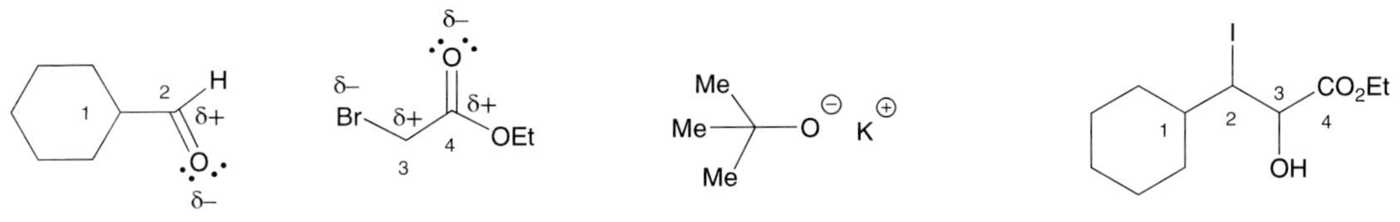

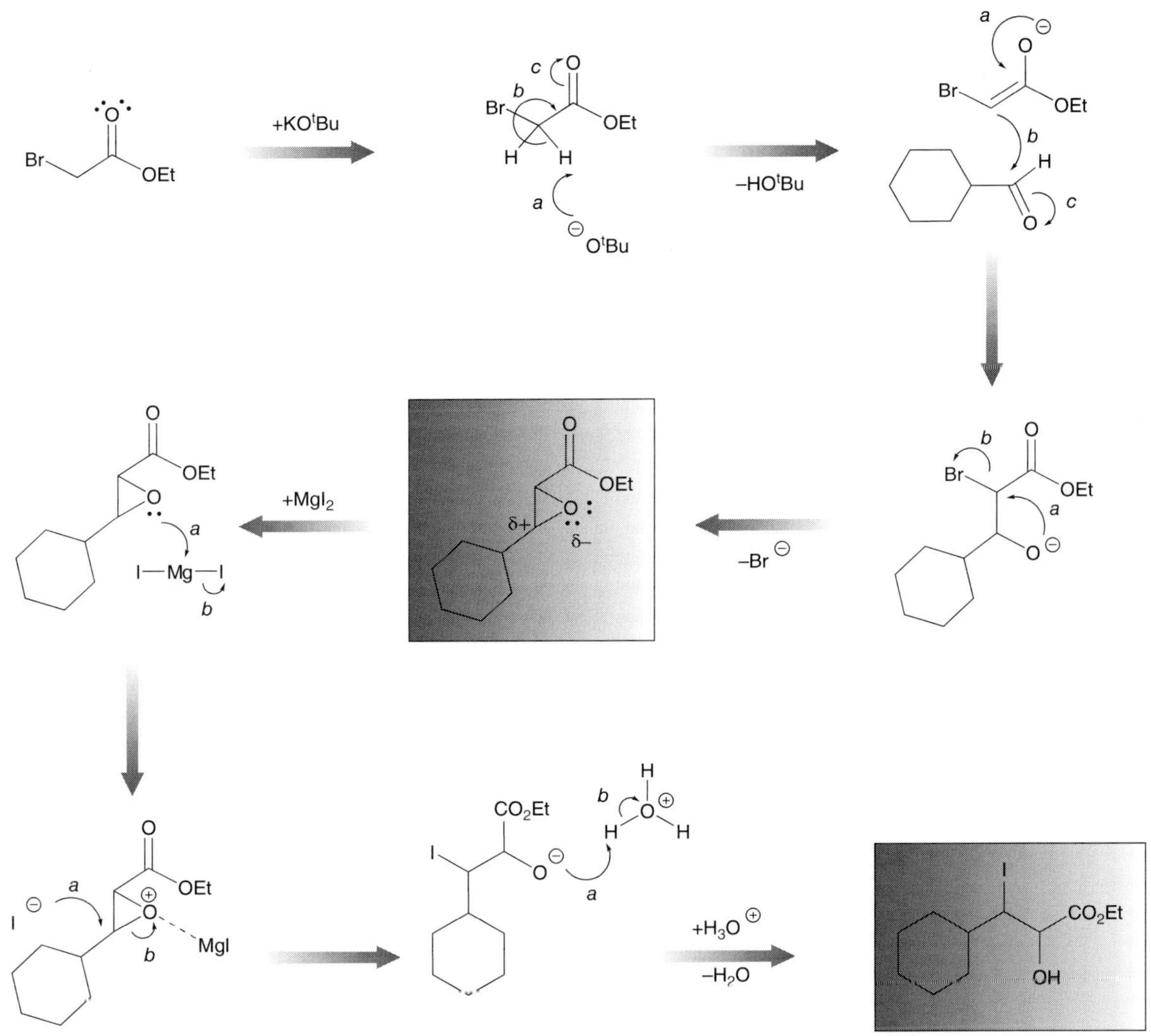

요약: Drazens 반응의 한 예시이다.

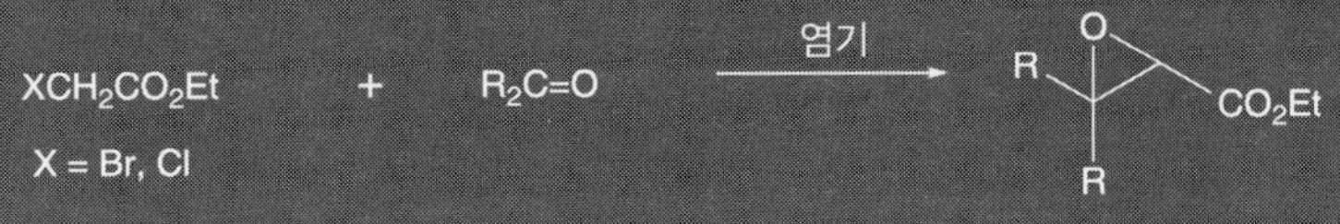

이제 문제 4.12를 풀어보자.

4.5

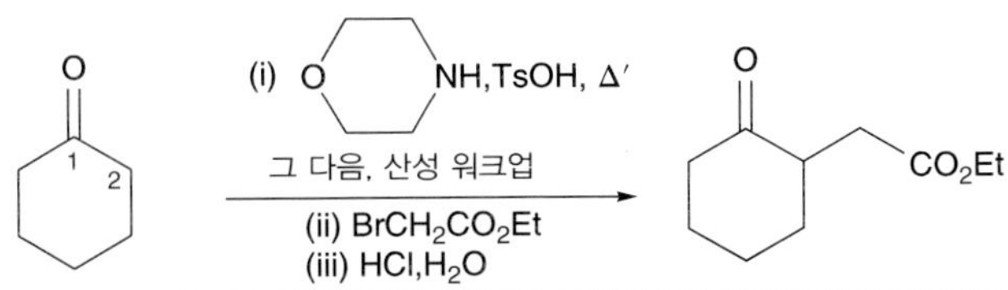

초기 제시된 모든 반응물이 친전자성/친핵성, 그리고 산성/염기성 부위를 갖는지 기록해 두자. 그리고 출발 물질과 생성물에서 동일한 원자를 열거하라.	• 카보닐 그룹은 탄소와 산소의 **전기 음성도** 차이에 의해 편극화되며, 탄소를 친전자성으로 만든다. • 카보닐 그룹의 α-수소는 **유발** 효과에 의해 산성을 띤다. 이때 생성되는 엔올산 이온은 공명 안정화되며, 좋은 친핵체이다. • 모르폴린(morpholine)은 좋은 친핵체이기는 하나, 케톤을 탈양성자화하기에는 불충분한 염기이다.
하나 이상이 존재할 경우, 가장 반응성이 큰 자리를 파악하라.	• 케톤은 유일한 친전자성 자리이다. • 모르폴린은 가장 친핵성을 갖는 시약이다.
가장 반응성이 큰 작용기의 반응 특성을 떠올려라. 그리고 반응 조건을 고려하였을 때 어느 반응이 가장 적합한지를 정하라.	• 케톤은 이차 아민과 손쉽게 반응하여 엔아민(enamine)을 형성한다.
중간 생성물로 이어질 메커니즘을 그려라.	• 케톤이 양성자화된 후, 케톤에 모르폴린이 **친핵성 첨가**된다. 이때는 **제거 반응**을 통한 **엔아민**의 형성만이 가능하다.
위 4단계를 반복하라.	• 엔아민은 강한 친핵성을 갖는 질소를 가지므로, 이것의 β-탄소는 엔올과 비교했을 때, 비교적 매우 강한 친핵성을 갖는다. • 에틸 브로모아세테이트(ethyl bromoacetate)는 브로민이 좋은 이탈기이므로, 좋은 친전자체로서 작용하며, **친핵성 치환 반응**을 일으킨다. • 이후, 산 촉매화된 이미늄 이온(iminium ion)의 가수분해가 일어난다(이 메커니즘을 아세탈의 가수분해와 비교해 보아라). 물론 이때 에스터의 가수분해는 이러한 중성 조건(mild condition)에서는 일어나지 않는다.
이것이 최종 생성물과 밀접하게 관련된 것인지를 확인하라.	• 이 단계 생략 가능.
최종 생성물의 구조를 그려라.	

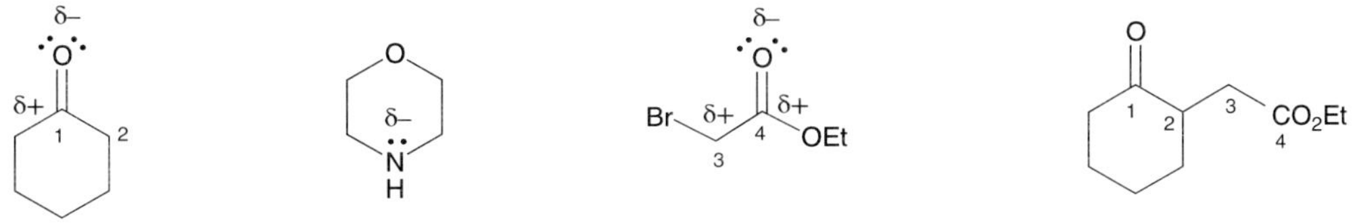

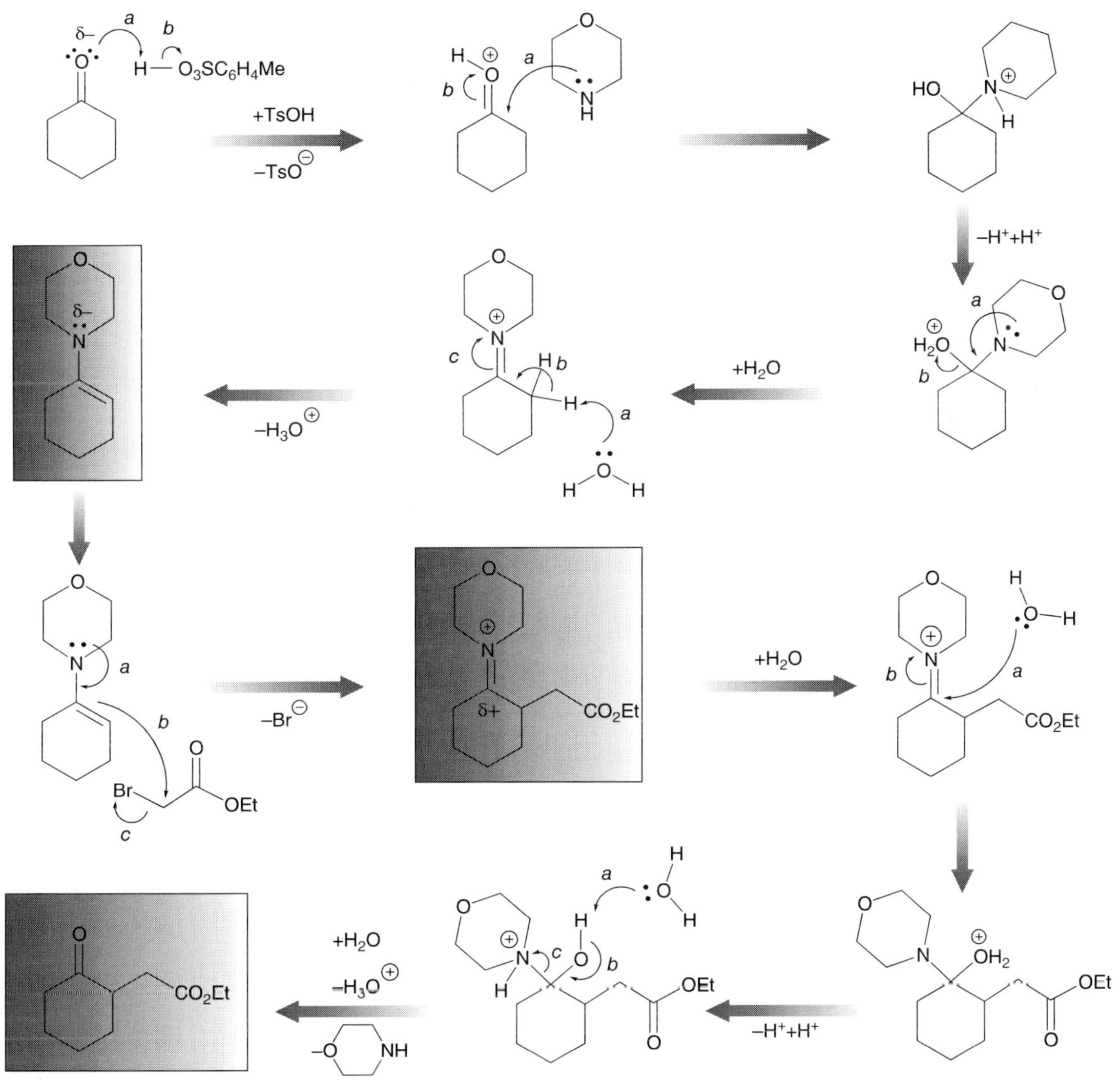

요약: Stork 엔아민 합성의 한 예시이다. 이 반응은 엔올산 이온의 알킬화와 동등한 반응이다.

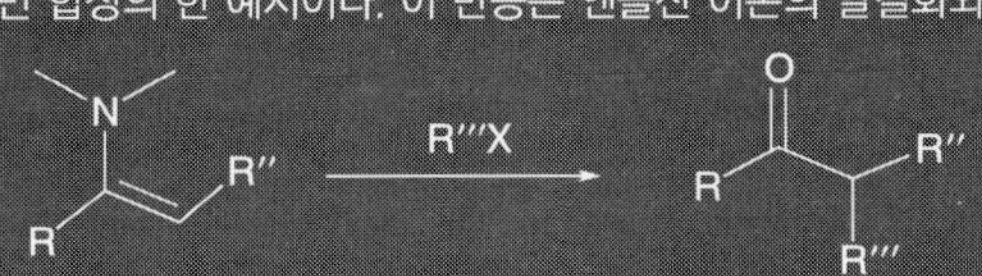

이제 문제 4.13을 풀어보자.

4.6

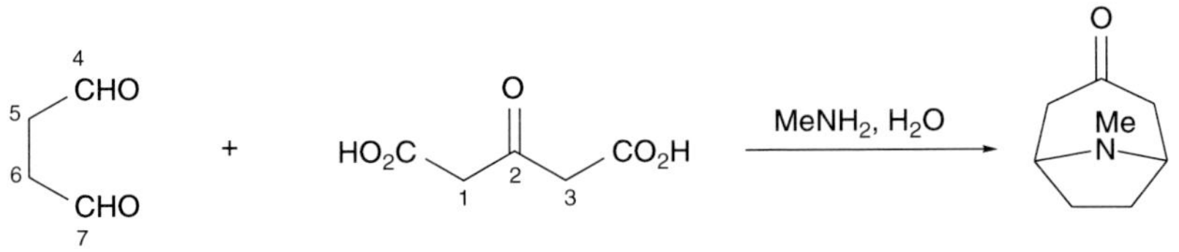

초기 제시된 모든 반응물이 친전자성/친핵성, 그리고 산성/염기성 부위를 갖는지 기록해 두자. 그리고 출발 물질과 생성물에서 동일한 원자를 열거하라.	• 알데하이드 그룹은 탄소와 산소의 전기 음성도 차이에 의해 편극화되며, 탄소가 친전자성을 띠기 때문에, 좋은 친전자체로서 작용한다. • 1,3-다이카보닐 화합물(1,3-dicarbonyl compound)의 α-자리는 매우 산성을 띠며(C−1과 C−3 탄소에 해당), 이후 발생하는 엔올 또는 엔올산 음이온은 좋은 친핵체이다. • 메틸아민(methylamine)은 좋은 염기이자 친핵체이다.
하나 이상이 존재할 경우, 가장 반응성이 큰 자리를 파악하라.	• 다이알데하이드(dialdehyde)는 매우 반응성이 큰 친전자체며, C−4와 C−7 자리 둘 다 **친핵성 치환 반응**을 하기에 적합한 자리이다. • 아세톤 다이카복실산(acetone dicarboxylic acid)은 엔올의 **토토머화**에 따라 평형을 이루며 존재하는데, 이때 C−3 자리가 좋은 친핵성을 가질 것으로 예상할 수 있다. • 다이메틸아민(dimethylamine)은 좋은 친핵체이자 동시에 염기에 해당한다.
가장 반응성이 큰 작용기의 반응 특성을 떠올려라. 그리고 반응 조건을 고려하였을 때 어느 반응이 가장 적합한지를 정하라.	• 알데하이드는 아민과 손쉽게 반응하여 **이민**(imine)을 형성한다.
중간 생성물로 이어질 메커니즘을 그려라.	• 아민의 **첨가-제거 반응**에서 **이미늄**(iminium) 양이온이 생성된다.
위 4단계를 반복하라.	• **이미늄** 양이온은 매우 친전자성이며, 엔올 친핵체에 의해 쉽게 공격받는다. 여기까지의 과정은 새롭게 첨가된 분자의 알데하이드 그룹과 분자 내 다른 곳의 엔올 사이에서 다시 반복된다. 그 결과 이고리 생성물(bicyclic product)이 형성된다.
이것이 최종 생성물과 밀접하게 관련된 것인지를 확인하라.	• 최종 생성물은 카복실산 음이온의 **탈카복실화**가 2번 일어난 이후에 만들어진다.
최종 생성물의 구조를 그려라.	

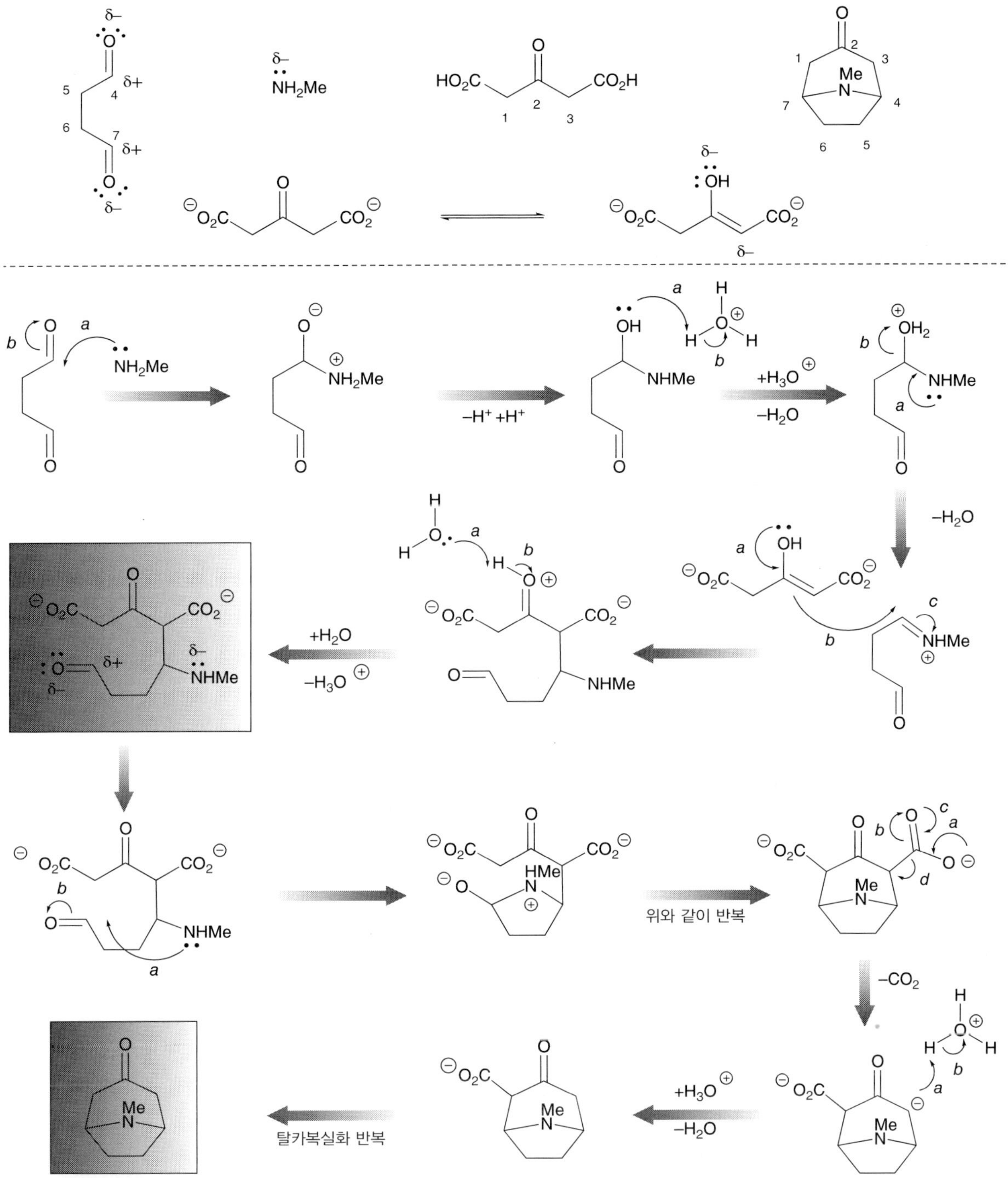

요약: Mannich 반응의 한 예시이다.

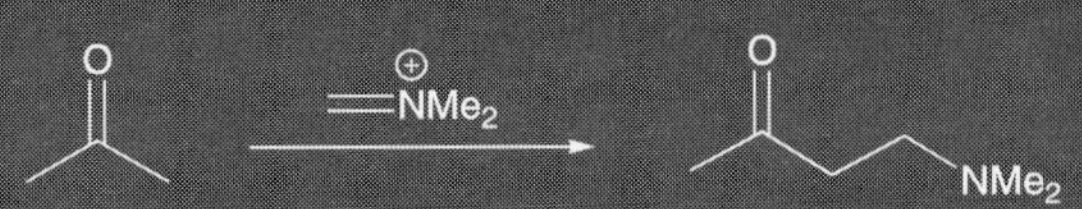

이제 문제 4.14를 풀어보자.

4.7

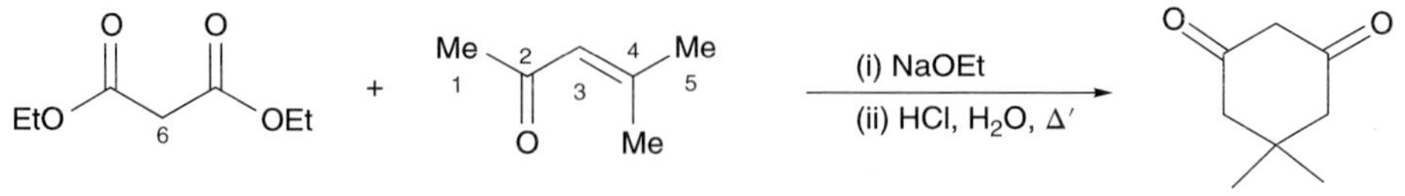

초기 제시된 모든 반응물이 친전자성/친핵성, 그리고 산성/염기성 부위를 갖는지 기록해 두자. 그리고 출발 물질과 생성물에서 동일한 원자를 열거하라.

- β-다이카보닐 화합물(β-dicarbonyl compound)의 α-수소는 매우 산성을 띠며(pK_a = 약 13), 이후 발생하는 엔올 또는 엔올산 음이온은 좋은 친핵체이다.
- α, β-불포화 케톤은 C−2 탄소에서는 친전자성을 가지며, C−4 탄소도 콘쥬게이션에 의해 친전자성을 가진다.
- 에톡사이드(EtO^-)는 강한 염기이다.

하나 이상이 존재할 경우, 가장 반응성이 큰 자리를 파악하라.

- α, β-불포화 케톤(α, β-unsaturated ketone)은 β-자리에서(여기서는 C−4) 친전자성을 갖는다.
- β-다이카보닐 화합물의 α-자리는 가장 강한 산성을 띠며, 엔올산 음이온 형태를 갖게 되면 가장 친핵성을 띤다(여기서는 C−6).
- 소듐 에톡사이드(sodium ethoxide)는 이용가능한 가장 강한 염기이다.

가장 반응성이 큰 작용기의 반응 특성을 떠올려라. 그리고 반응 조건을 고려하였을 때 어느 반응이 가장 적합한지를 정하라.

- α, β-불포화 카보닐 화합물은 엔올산 음이온 친핵체와 손쉽게 1,4-친핵성 첨가 반응을 일으킨다.

중간 생성물로 이어질 메커니즘을 그려라.

- 케톤 엔올산 음이온(ketone enolate)이 조금은 덜 안정한 다른 형태의 엔올과 **평형**을 이룰 때, 엔올산 음이온이 **Michael 받개**(Michael acceptor)[2]와 **콘쥬게이션 첨가 반응**을 일으킨다.
- 이때 에스터는 표준 **첨가-제거** 메커니즘을 통해 케톤을 형성한다. 전체적인 반응은 열역학적으로 조정되며, 고리 닫힘 단계가 비가역적이기 때문에 반응은 오른쪽으로 진행된다.

위 4단계를 반복하라.

- 산 촉매에 의한 에스터의 **가수분해**는 앞서 만들어진 분자 내 β-케토산을 **탈카복실화**시키고, 엔올 생성물을 형성한다.

이것이 최종 생성물과 밀접하게 관련된 것인지를 확인하라.

- 이 중간 생성물은 **토토머화**에 의해 최종 생성물로 전환될 수 있다. 이때 어떤 산 또는 염기라도 이 과정에 촉매 작용할 수 있다.

최종 생성물의 구조를 그려라.

---

2 Michael을 미쉘 또는 미카엘, 마이클이라 번역하기도 함.

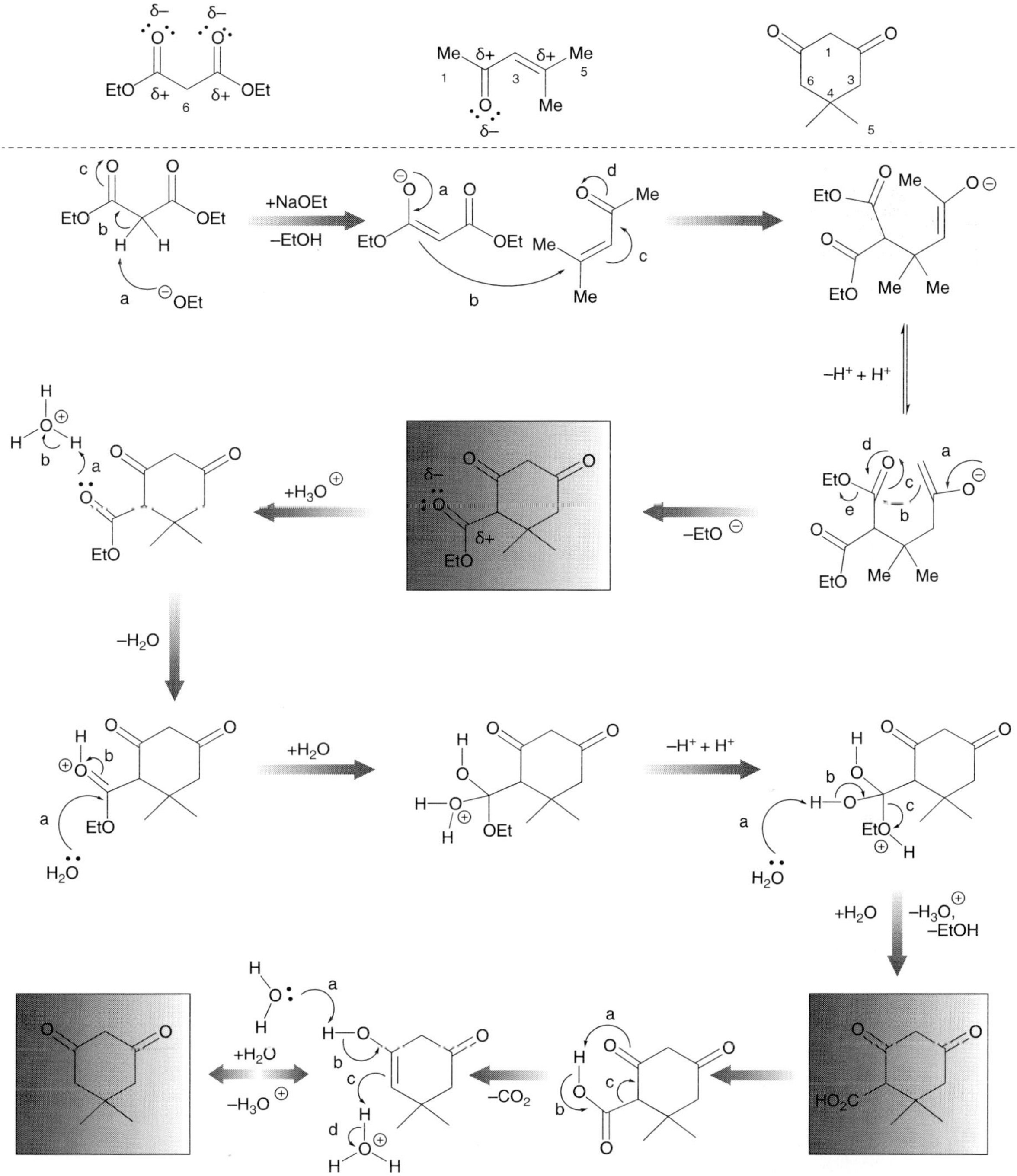

요약: 엔올산 이온의 콘쥬게이션 첨가(Michael 반응)의 한 예시이며, 분자 내 Claisen-유형 아실화 반응을 수반한다.

이제 문제 4.15를 풀어보자.

4.8

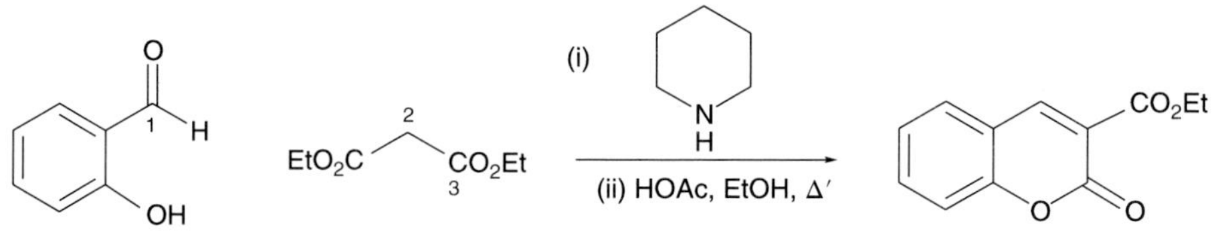

초기 제시된 모든 반응물이 친전자성/친핵성, 그리고 산성/염기성 부위를 갖는지 기록해 두자. 그리고 출발 물질과 생성물에서 동일한 원자를 열거하라.

- 카보닐 그룹은 탄소와 산소의 **전기 음성도** 차이에 의해 편극화되며, 탄소를 친전자성으로 만든다.
- 카보닐 그룹의 α-수소는 **유발** 효과에 의해 산성을 띤다. 이때 생성되는 엔올산 이온은 공명 안정화되며, 좋은 친핵체이다.
- 피페리딘(piperidine; pK_a = 11.2)은 매우 좋은 염기이며, 말로네이트(malonate)의 엔올 형성에 촉매 작용할 수 있다.

하나 이상이 존재할 경우, 가장 반응성이 큰 자리를 파악하라.

- 알데하이드는 가장 반응성이 큰 친전자체 자리이다.
- 다이에틸 말로네이트(diethyl malonate)는 가장 산성을 띠는 시약이다(pK_a=13)
- 피페리딘은 가장 염기성을 띠는 시약이다.

가장 반응성이 큰 작용기의 반응 특성을 떠올려라. 그리고 반응 조건을 고려하였을 때 어느 반응이 가장 적합한지를 정하라.

- 안정화된 엔올산 이온은 반응성을 가진 알데하이드 또는 케톤과 함께 알돌 반응에 참여한다.

중간 생성물로 이어질 메커니즘을 그려라.

- 알데하이드가 출발 물질의 카보닐 그룹과 표준 **친핵성 점가 반응**을 하면, 다이에스터(diester)의 **엔올화**로 이어진다. 이것은 물의 E_1CB 제거 반응을 거쳐 α, β-불포화 생성물을 만든다.

위 4단계를 반복하라.

- 에스터 카보닐 그룹에 산 처리를 하면, 인근 하이드록실 그룹과 첨가-제거 반응을 하도록 활성화된다. 반응 결과, 고리 닫힘과 고리화가 일어나며, 육각형 고리 락톤이 만들어진다.

이것이 최종 생성물과 밀접하게 관련된 것인지를 확인하라.

- 이 단계 생략 가능.

최종 생성물의 구조를 그려라.

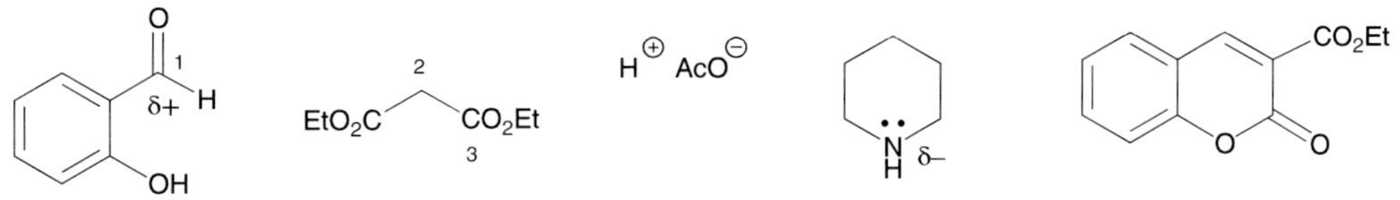

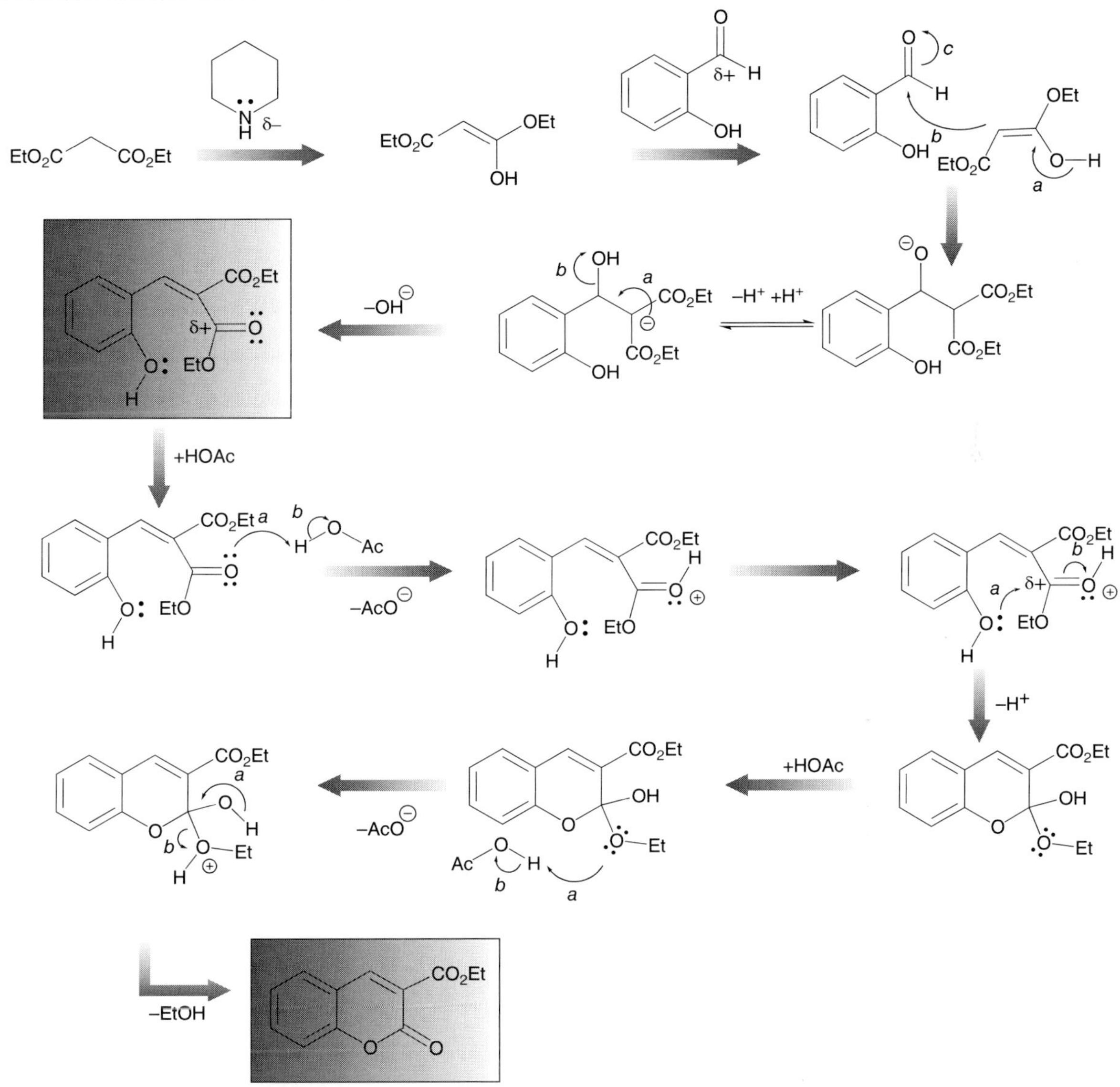

요약: 알돌 반응의 한 예시이며, 엔올화된 에스터와 알데하이드 간 축합 반응으로서 쉽게 탈수될 수 있는 β-하이드록실알데하이드를 생성한다.

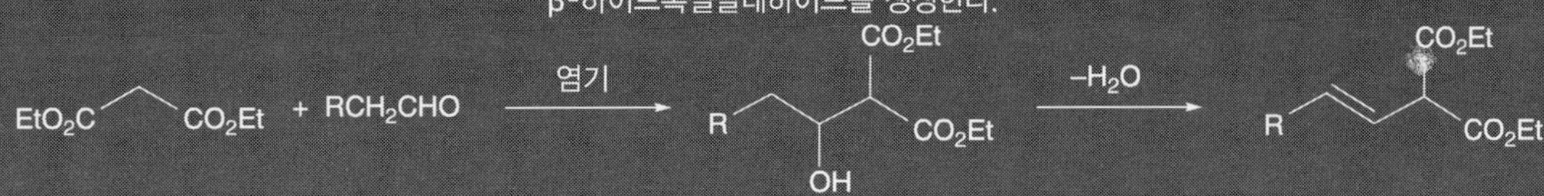

이제 문제 4.9를 풀어보자.

4.9

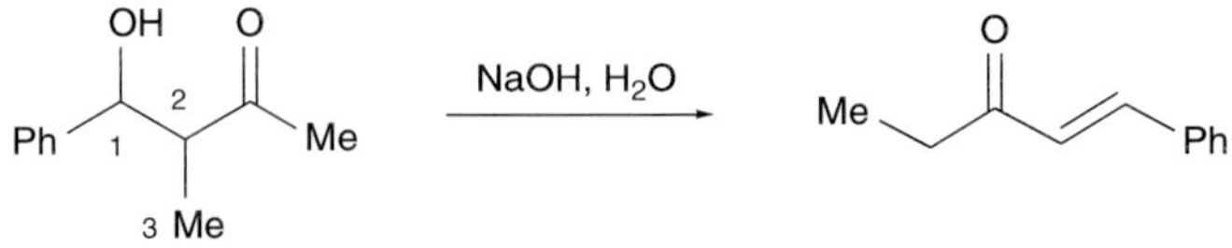

초기 제시된 모든 반응물이 친전자성/친핵성, 그리고 산성/염기성 부위를 갖는지 기록해 두자. 그리고 출발 물질과 생성물에서 동일한 원자를 열거하라.

- 카보닐 그룹은 탄소와 산소의 **전기 음성도** 차이에 의해 편극화되며, 탄소를 친전자성으로 만든다.
- 카보닐 그룹의 α-수소는 **유발** 효과에 의해 산성을 띤다. 이때 생성되는 엔올산 이온은 공명 안정화되며, 좋은 친핵체이다.
- 알코올은 산성을 띠는 수소를 가지고 있다.
- 수산화 음이온은 매우 좋은 염기이다.

하나 이상이 존재할 경우, 가장 반응성이 큰 자리를 파악하라.

- 알코올의 O−H 그룹은 매우 산성을 띠는 수소를 가지고 있다. 그리고 이것은 염기성 조건하에서 쉽게 탈양성자화된다.

가장 반응성이 큰 작용기의 반응 특성을 떠올려라. 그리고 반응 조건을 고려하였을 때 어느 반응이 가장 적합한지를 정하라.

- 안정화된 엔올산 이온은 반응성을 가진 알데하이드와 케톤과 함께 알돌 반응에 참여한다. 이 경우에는 반응이 가역적으로 진행된다.

중간 생성물로 이어질 메커니즘을 그려라.

위 4단계를 반복하라.

- 하이드록실 그룹(R−OH)은 탈양성자화되면서 알콕시화 이온(RO^-)을 생성한다. 이것은 가역적인 알돌 반응에서 역으로 깨지면서 벤즈알데하이드(benzaldehyde)와 엔올산 이온을 생성한다.
- 이 엔올산 이온은 덜 안정한 다른 형태의 엔올과 평형을 이룰 것이다. 이때 덜 안정한 엔올산 이온은 다시 벤즈알데하이드와 반응하여 새로운 알돌 부가 생성물을 만든다. 이때 물이 제거되면서, 새로운 α,β-불포화 케톤 생성물이 만들어진다.
- 전체 과정은 가장 안정한 생성물을 형성하는 쪽으로 진행된다(**열역학적 조절**).

이것이 최종 생성물과 밀접하게 관련된 것인지를 확인하라.

- 이 단계 생략 가능.

최종 생성물의 구조를 그려라.

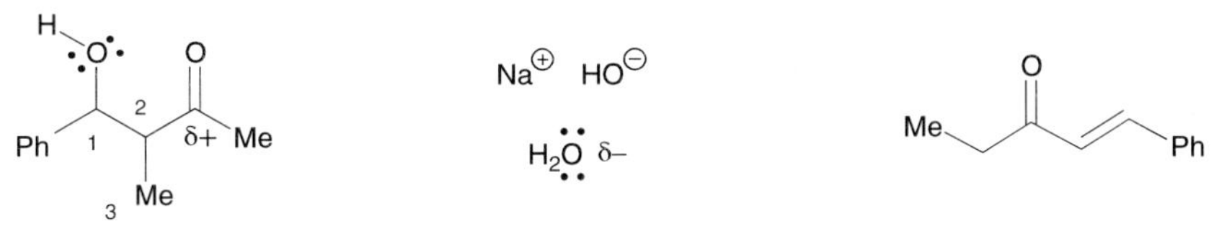

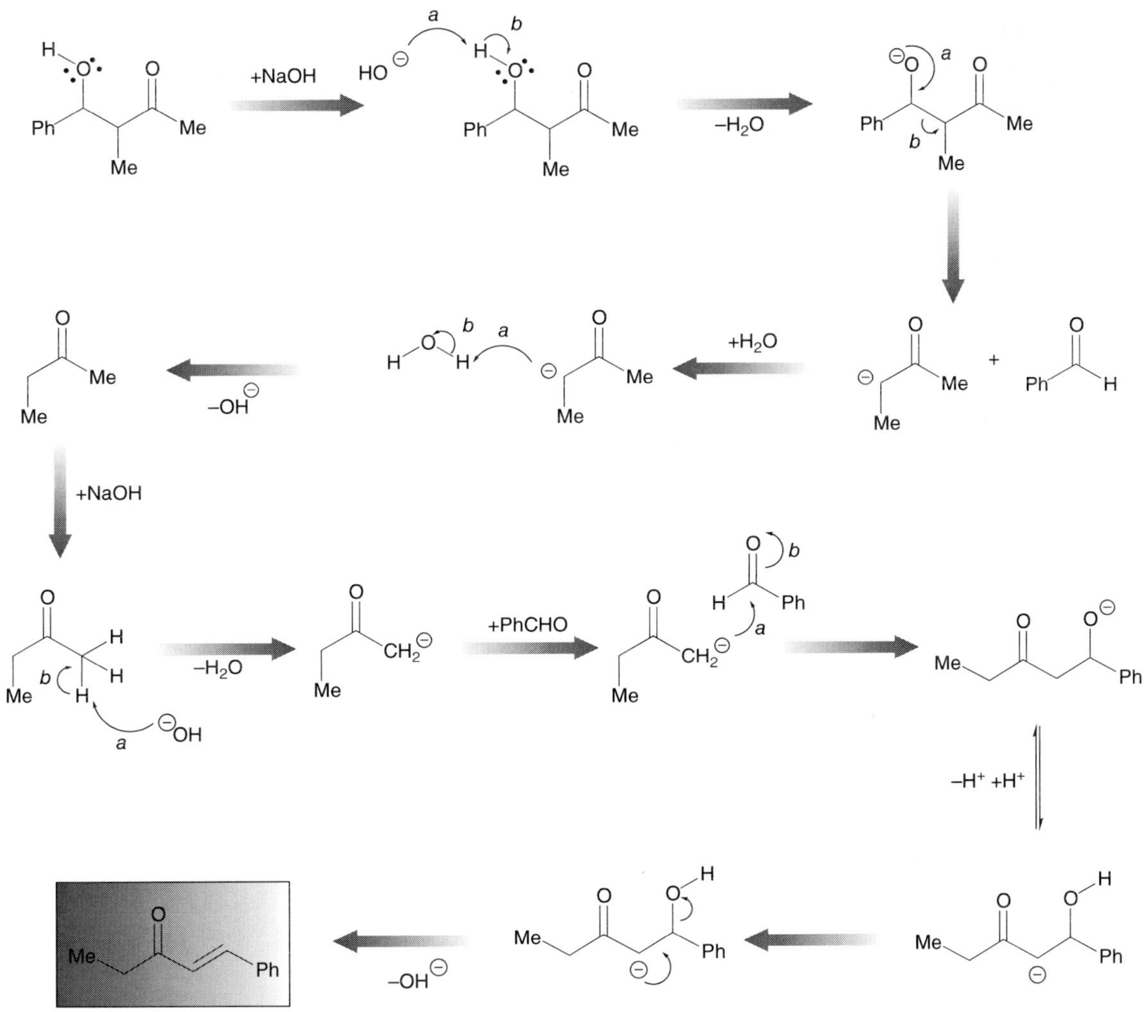

요약: 알돌 반응의 역반응의 예시이다. 이때 β-하이드록실알데하이드로부터 두 알데하이드 또는 두 케톤이 생성된다.

4.10

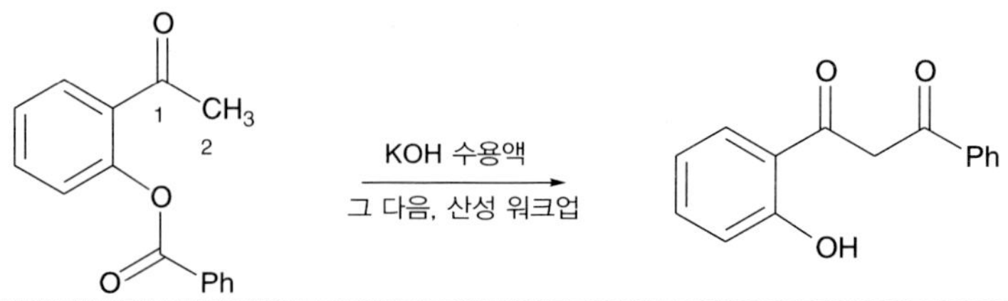

초기 제시된 모든 반응물이 친전자성/친핵성, 그리고 산성/염기성 부위를 갖는지 기록해 두자. 그리고 출발 물질과 생성물에서 동일한 원자를 열거하라.

- 카보닐 그룹은 탄소와 산소의 **전기 음성도** 차이에 의해 편극화되며, 탄소를 친전자성으로 만든다.
- 카보닐 그룹의 α-수소는 **유발** 효과에 의해 산성을 띤다. 이때 생성되는 엔올산 이온은 공명 안정화되며, 좋은 친핵체이다.
- KOH(potassium hydroxide)는 매우 좋은 염기이다.

하나 이상이 존재할 경우, 가장 반응성이 큰 자리를 파악하라.

- C−2 탄소는 유일한 산성 자리이다(pK_a=대략 25).
- 수산화물(hydroxide)은 유일하게 유효한 염기성 작용을 한다.
- 에스터의 카보닐 그룹은 친전자성이다.

가장 반응성이 큰 작용기의 반응 특성을 떠올려라. 그리고 반응 조건을 고려하였을 때 어느 반응이 가장 적합한지를 정하라.

- 케톤의 α-수소는 KOH에 의해 쉽게 떨어지며, 공명 안정화된 엔올산 이온을 생성한다. 엔올산 이온은 좋은 친핵체이다.
- 에스터는 엔올산 이온과 친핵성 **첨가-제거** 순서로 반응하는데, 이를 **Claisen 축합 반응**이라 지칭한다.

중간 생성물로 이어질 메커니즘을 그려라.

- 알콕시화 이온의 제거를 통해 엔올산 이온은 분자 내 다른 에스터를 공격하며, 하이드록시케톤(hydroxyketone) 생성물을 만든다.

위 4단계를 반복하라.

- 이 단계 생략 가능.

이것이 최종 생성물과 밀접하게 관련된 것인지를 확인하라.

- 워크업 과정에서 알콕시화 이온이 양성자화되면, 최종 생성물이 형성된다.

최종 생성물의 구조를 그려라.

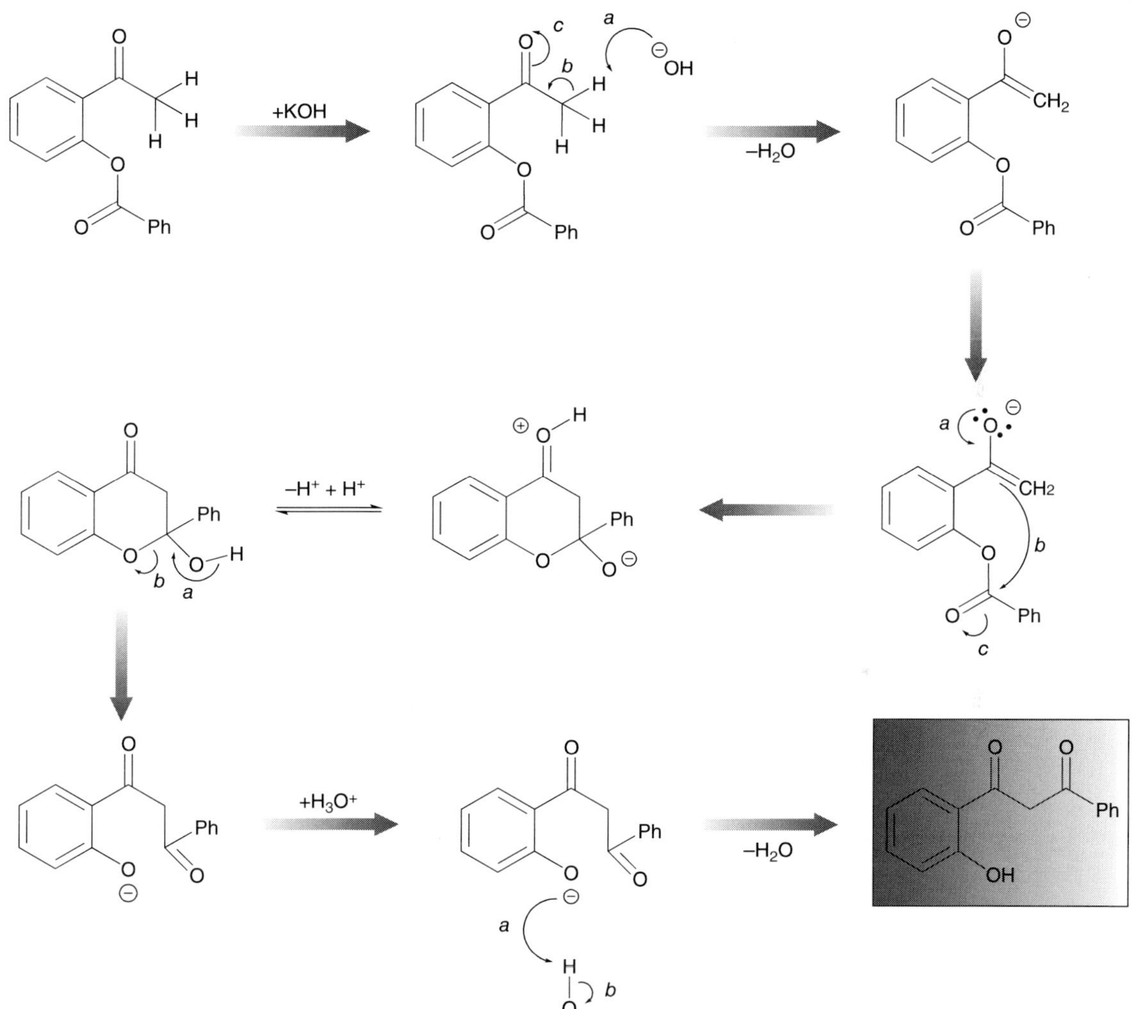

요약: Claisen 반응의 한 예시이다. 두 에스터가 축합 반응에 참여하면서 β–다이카보닐 생성물을 만든다.

$RCH_2CO_2Et + R'CH_2CO_2Et$ 

4.11

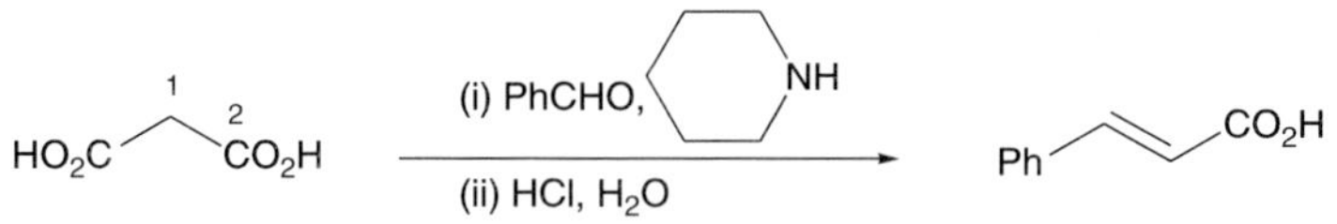

초기 제시된 모든 반응물이 친전자성/친핵성, 그리고 산성/염기성 부위를 갖는지 기록해 두자. 그리고 출발 물질과 생성물에서 동일한 원자를 열거하라.

- 카보닐 그룹은 탄소와 산소의 **전기 음성도** 차이에 의해 편극화되며, 탄소를 친전자성으로 만든다.
- 카보닐 그룹의 α-수소는 **유발** 효과에 의해 산성을 띤다. 이때 생성되는 엔올산 이온은 공명 안정화되며, 좋은 친핵체이다.
- 말론산(malonic acid)은 산으로 작용한다.
- 피페리딘(piperidine)은 약한 염기이기는 하지만, 좋은 친핵체이다.

하나 이상이 존재할 경우, 가장 반응성이 큰 자리를 파악하라.

- 알데하이드는 가장 친전자성을 띠는 자리이다.
- C−1 탄소와 카복실산 그룹은 둘 다 산성을 띤다.
- 피페리딘은 유일한 염기이며, 좋은 친핵체이다.

가장 반응성이 큰 작용기의 반응 특성을 떠올려라. 그리고 반응 조건을 고려하였을 때 어느 반응이 가장 적합한지를 정하라.

- β-다이카보닐(β-dicarbonyl) 그룹은 α-중심(α-centre)에서 다양한 친전자체와 손쉽게 반응한다.

중간 생성물로 이어질 메커니즘을 그려라.

위 4단계를 반복하라.

- 반응성이 큰 벤즈알데하이드는 피페리딘과 반응하여 특별히 반응성이 큰 친전자체인 이미늄을 형성한다.
- 초기 카복실산의 탈양성자화 과정에서 α-수소가 제거되면 공명 안정화된 말론 엔올산 이온(malonyl enolate)과 평형을 이룰 수 있다. 말론 엔올산 이온은 좋은 친핵체이다.
- 이미늄과 말론 엔올산 이온은 알돌과 유사한 반응(aldol-like reaction)을 하며, β-아미노산을 형성한다.
- 양성자 평형(쯔비터 이온이므로)은 좋은 이탈기(R_3NH^+)를 생성하는데, 이 이탈기는 CO_2의 이탈과 함께 떨어진다. 이러한 양성자 평형을 통해 최종 생성물이 만들어진다.

이것이 최종 생성물과 밀접하게 관련된 것인지를 확인하라.

- 이 단계 생략 가능.

최종 생성물의 구조를 그려라.

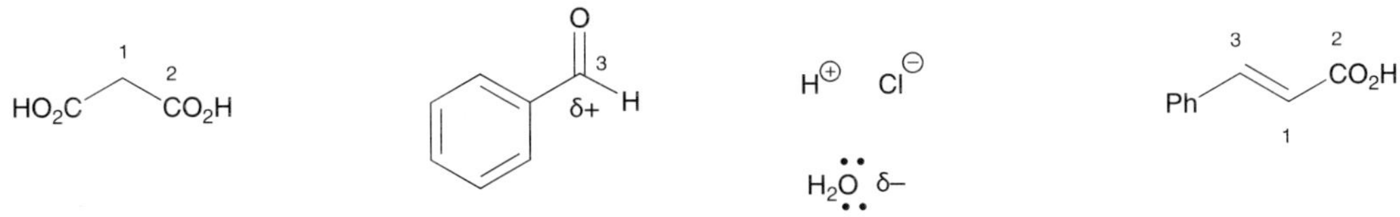

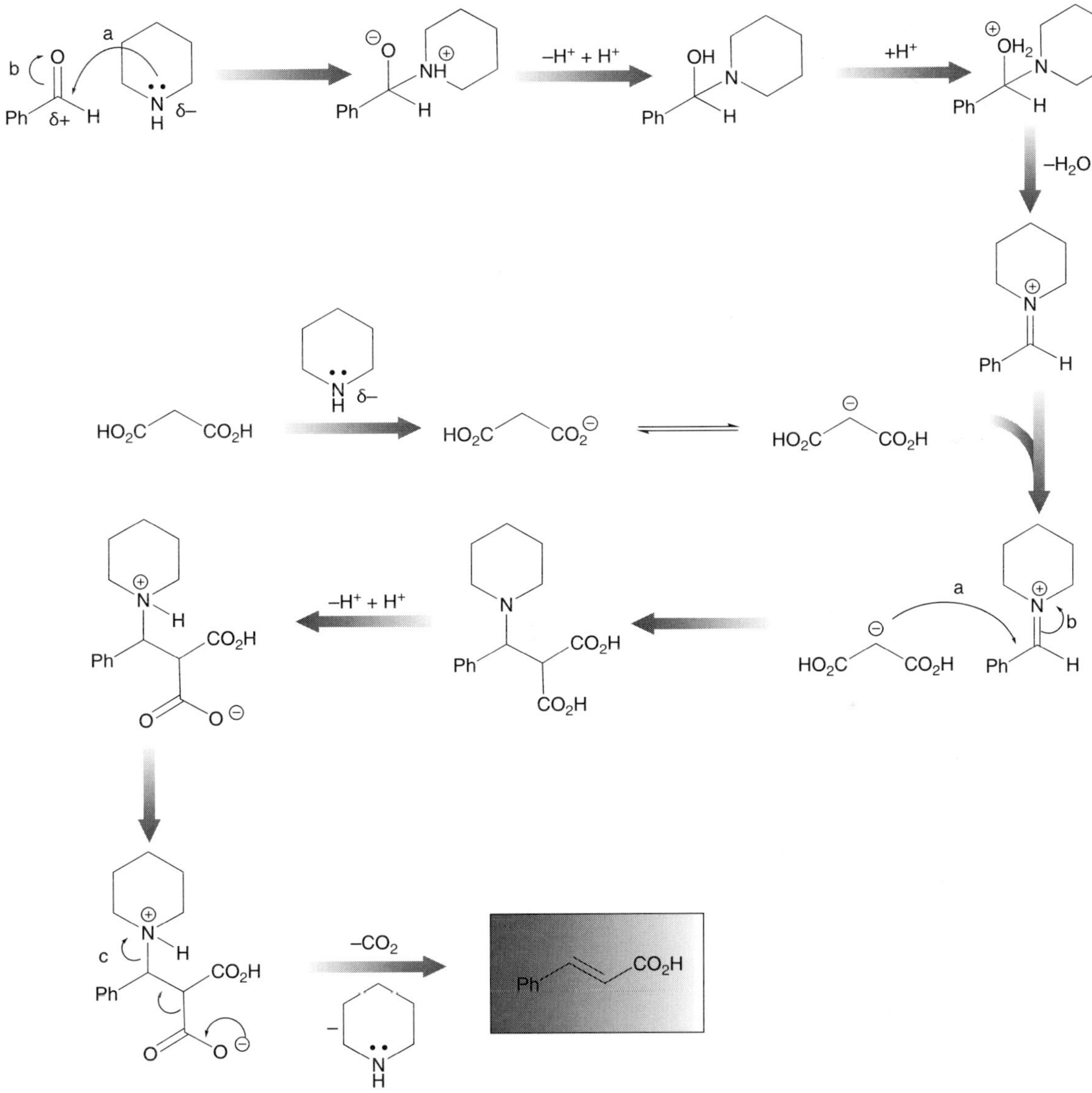

요약: Knoevengel 반응의 한 예시이다.

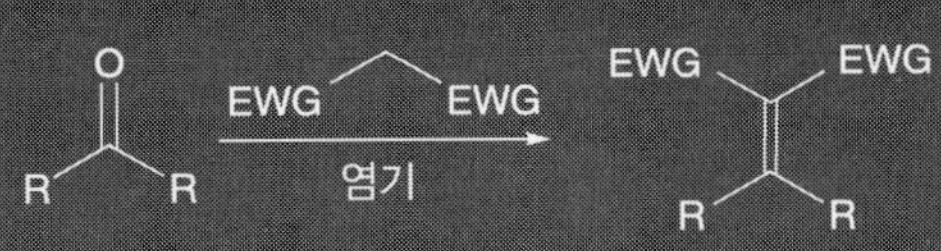

4.12

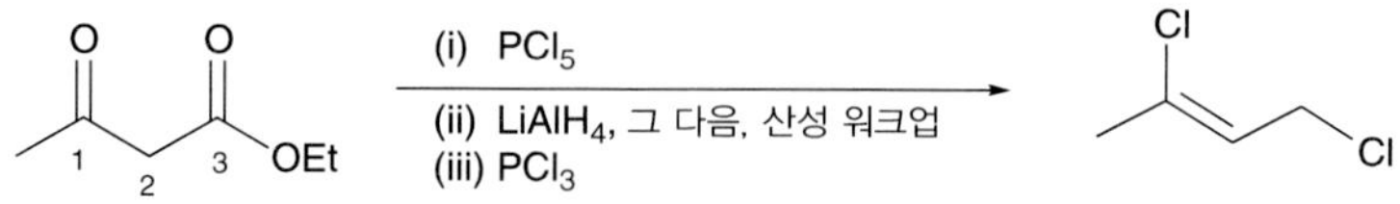

초기 제시된 모든 반응물이 친전자성/친핵성, 그리고 산성/염기성 부위를 갖는지 기록해 두자. 그리고 출발 물질과 생성물에서 동일한 원자를 열거하라.

- β-다이카보닐 화합물의 α-수소는 **유발** 효과에 의해 산성을 띤다. α-수소의 탈양성자화가 일어나면 공명 안정화된 엔올산 이온이 형성되는데, 이는 좋은 친핵체로서 작용한다.
- 5염화 인(phosphorus pentachloride; PCl_5)은 아주 좋은 친전자체이다.

하나 이상이 존재할 경우, 가장 반응성이 큰 자리를 파악하라.

- C−2 탄소는 유일한 산성 자리이다(pK_a=대략 25).
- 케토 형태는 엔올 형태와 평형을 이룬다.

가장 반응성이 큰 작용기의 반응 특성을 떠올려라. 그리고 반응 조건을 고려하였을 때 어느 반응이 가장 적합한지를 정하라.

- 엔올은 적합한 친전자체와 쉽게 반응하는데, 이 경우에는 PCl_5와 **친핵성 치환 반응**을 일으킨다.

중간 생성물로 이어질 메커니즘을 그려라.

- PCl_5의 인으로 엔올이 공격하면, 활성화된 엔올이 만들어지는데, 여기에 염화 이온이 다시 첨가되면 결합되었던 인은 P=O 결합을 형성하며 떨어져 나간다(친핵성 **첨가-제거** 과정).
- P=O 결합은 안정하므로($POCl_3$), 이것을 형성하려는 열역학적 경향이 반응의 추진력을 제공한다.

위 4단계를 반복하라.

- 에스터는 $LiAlH_4$로부터 발생하는 하이드라이드 이온(H^-)의 두 연속적인 첨가에 의해 알콕시화 이온으로 손쉽게 환원된다.
- 알코올과 3염화 인(phosphorus trichloride; PCl_3)의 반응은 활성화된 알코올 중간체를 생성한다. 이 중간체는 염소에 의해 치환되면서 최종 생성물인 염화 알릴(allyl chloride)로 전환된다.

이것이 최종 생성물과 밀접하게 관련된 것인지를 확인하라.

- 이 단계 생략 가능.

최종 생성물의 구조를 그려라.

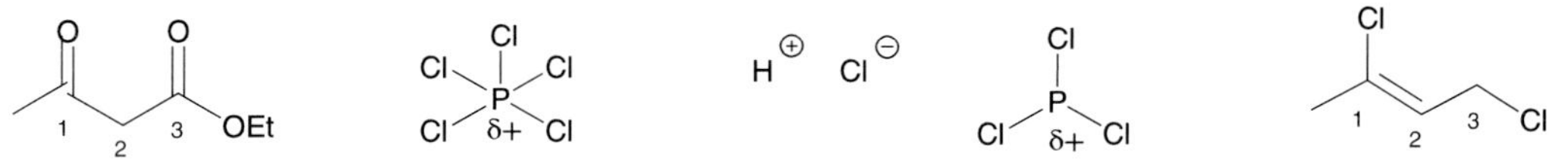

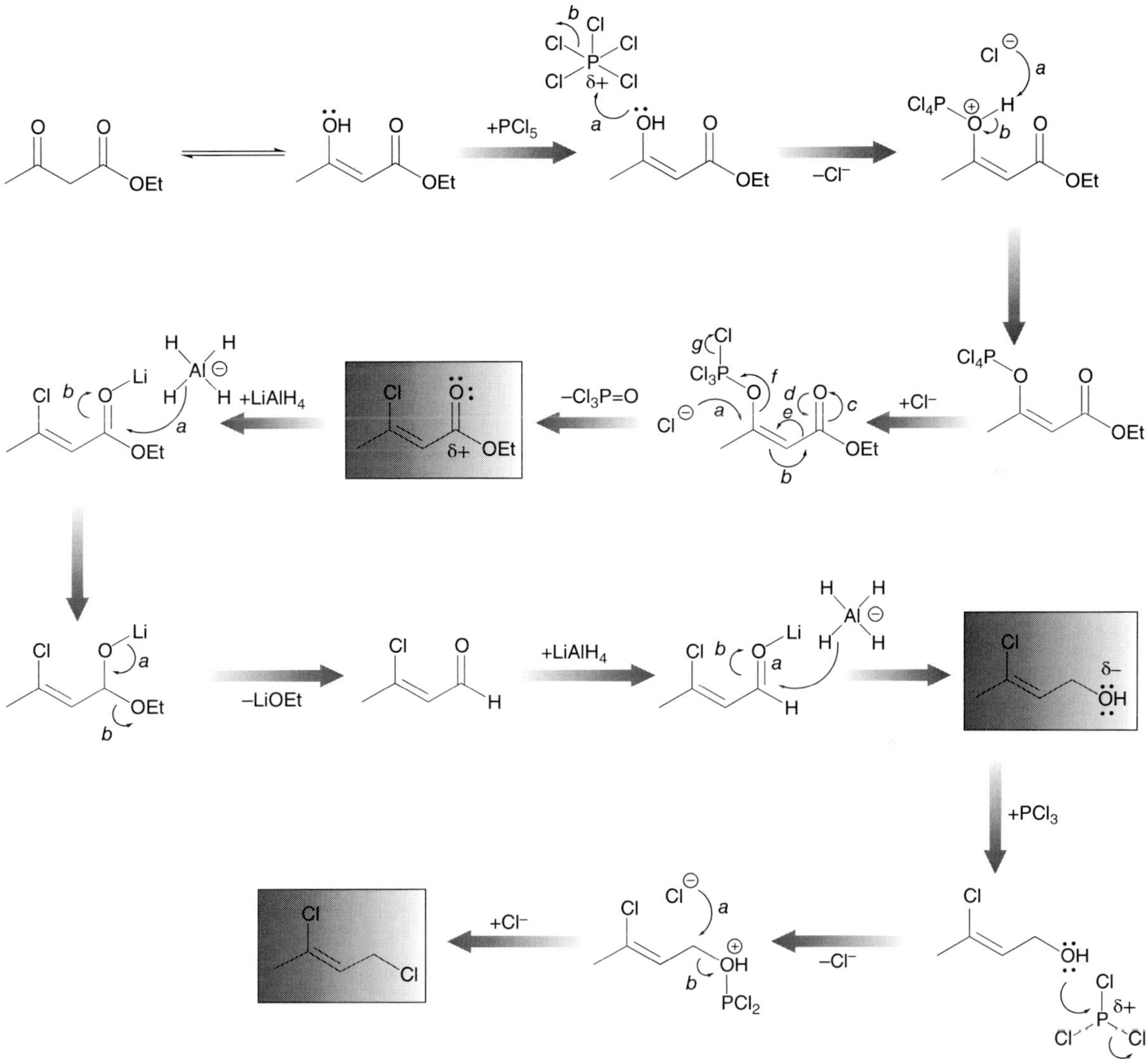

요약: β-다이카보닐 그룹의 친핵성을 보여 주는 한 예시이며, 엔올 형태 산소를 경유하여 반응에 참여한다.

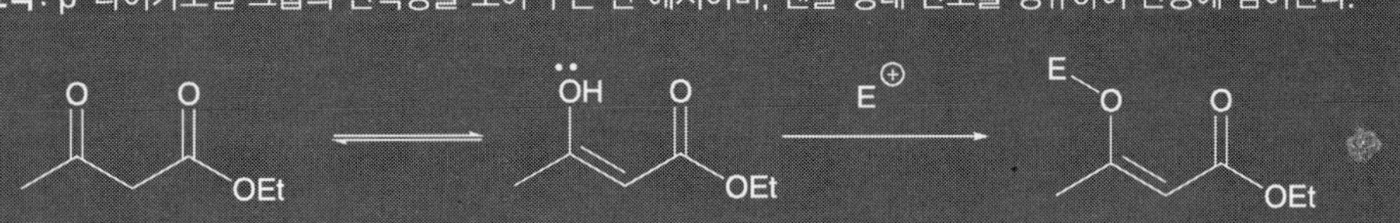

4.13

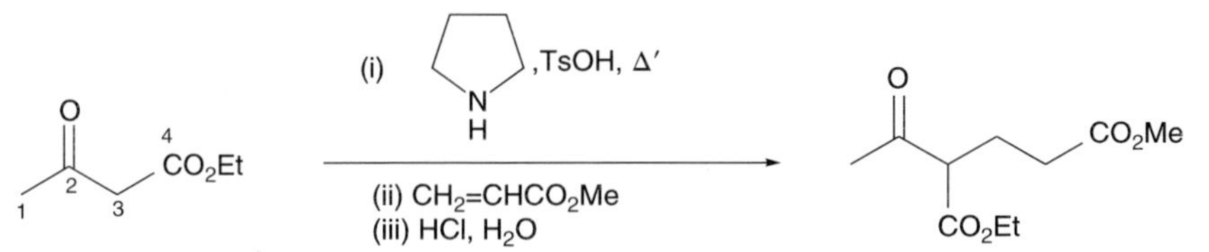

초기 제시된 모든 반응물이 친전자성/친핵성, 그리고 산성/염기성 부위를 갖는지 기록해 두자. 그리고 출발 물질과 생성물에서 동일한 원자를 열거하라.	• 카보닐 그룹은 탄소와 산소의 **전기 음성도** 차이에 의해 편극화되며, 탄소를 친전자성으로 만든다. • 카보닐 그룹의 α-수소는 **유발** 효과에 의해 산성을 띤다. 이때 생성되는 엔올산 이온은 공명 안정화되며, 좋은 친핵체이다. • 피롤리딘은 매우 좋은 친핵체이기는 하지만, 케톤을 탈양성자화 시키기에는 불충분한 염기이다.
하나 이상이 존재할 경우, 가장 반응성이 큰 자리를 파악하라.	• 케톤은 에스터보다 더 반응성이 큰 친전자성 자리이다. • 피롤리딘은 가장 친핵성을 갖는 시약이다.
가장 반응성이 큰 작용기의 반응 특성을 떠올려라. 그리고 반응 조건을 고려하였을 때 어느 반응이 가장 적합한지를 정하라.	• 케톤과 아민은 손쉽게 반응하며, 이민(imine)을 생성한다. 그러나 이차 아민의 경우, 가장 먼저 형성된 이미늄(iminium) 종이 엔아민(enamine)으로 전환된다.
중간 생성물로 이어질 메커니즘을 그려라.	• 케톤이 양성자화된 후 피롤리딘의 **친핵성 첨가 반응**이 일어난다. 이 경우, 먼저 형성된 이미늄은 인접 양성자가 **제거**됨에 따라 **엔아민**으로 전환된다.
위 4단계를 반복하라.	• 엔아민의 질소는 가장 친핵체이기 때문에 β-탄소에서 가장 좋은 친핵성을 갖는다(엔올과 비교하라). 아크릴산 메틸(methyl acrylate)은 좋은 친전자체이며, β-자리가 특히 좋은 반응성을 가진다. • 엔아민의 β-탄소와 아크릴산 메틸의 β-탄소가 **콘쥬게이션 또는 Michael 첨가 반응**을 일으키며, 이미늄 이온(iminium ion) 중간체를 생성한다. • 산 촉매 이미늄 가수분해는(아세탈의 가수분해와 비교하라) 케톤 생성물을 만든다. 이때 에스터의 가수분해는 이러한 중성 조건에서 일어나지 않는다.
이것이 최종 생성물과 밀접하게 관련된 것인지를 확인하라.	• 이 단계 생략 가능.
최종 생성물의 구조를 그려라.	

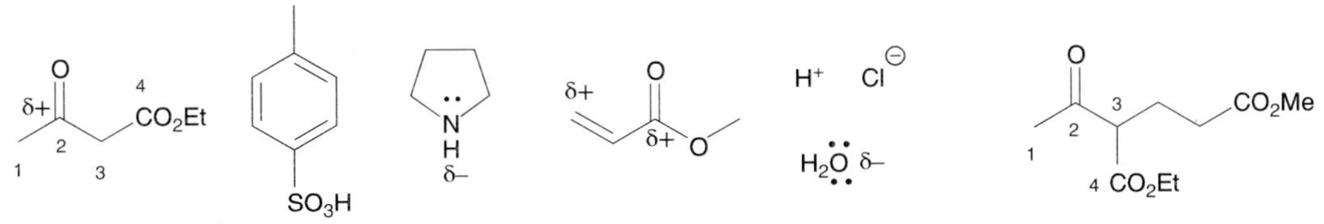

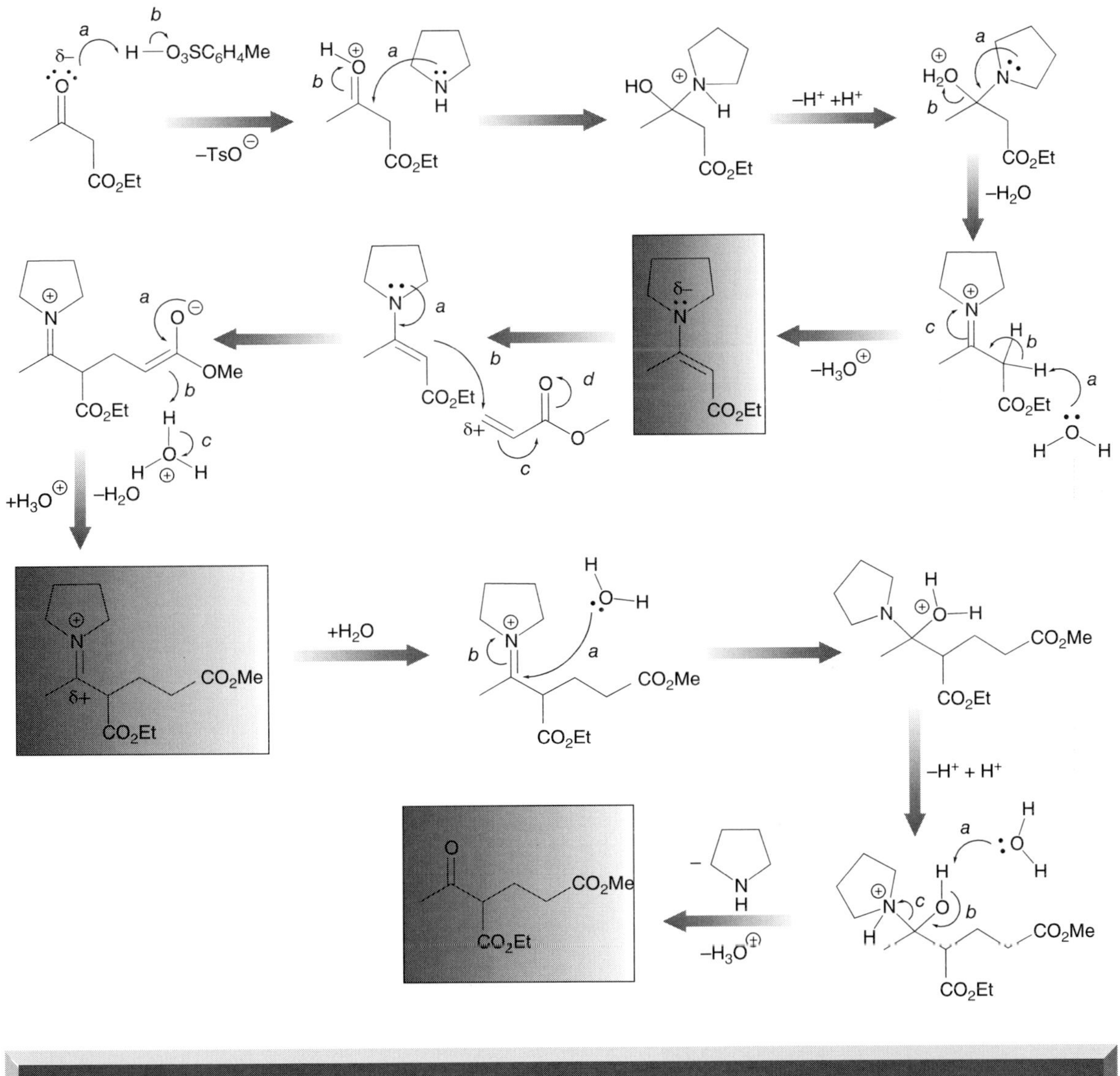

요약: 친전자체로서 Michael 받개(acceptor)를 이용한 엔아민의 알킬화 반응의 한 예시이다. 이것을 'Stork 엔아민 합성'이라고도 한다.

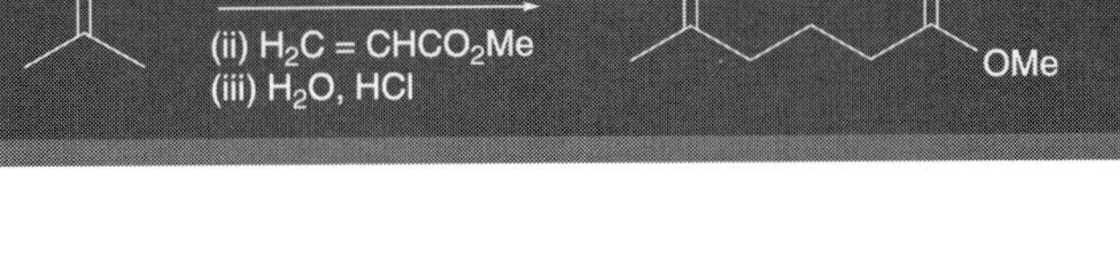

4.14

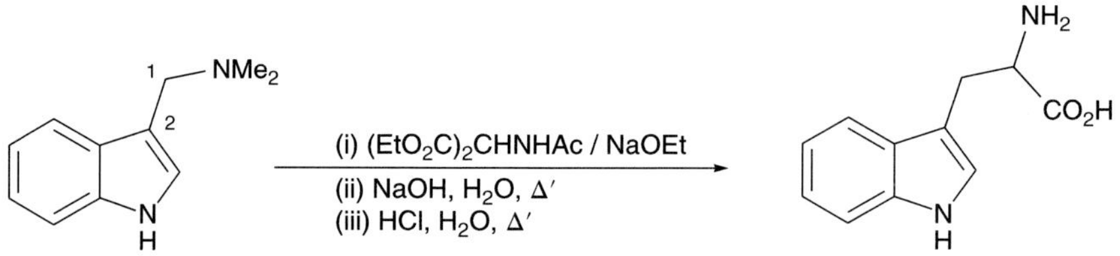

초기 제시된 모든 반응물이 친전자성/친핵성, 그리고 산성/염기성 부위를 갖는지 기록해 두자. 그리고 출발 물질과 생성물에서 동일한 원자를 열거하라.	• 카보닐 그룹은 탄소와 산소의 **전기 음성도** 차이에 의해 편극화되며, 탄소를 친전자성으로 만든다. • 카보닐 그룹의 α-수소는 **유발** 효과에 의해 산성을 띤다. 이때 생성되는 엔올산 이온은 공명 안정화되며, 좋은 친핵체이다. • 그라민(gramine)은 α, β-불포화 시스템의 전구체이며, 다이메틸아민을 제거하면 α, β-불포화 화합물로서, 좋은 친전자체로 작용한다. • 소듐 에톡사이드는 좋은 염기이다.
하나 이상이 존재할 경우, 가장 반응성이 큰 자리를 파악하라.	• β-다이카보닐 그룹은 가장 산성을 띠며, 본 반응 조건에서는 에톡사이드에 의해 쉽게 탈양성자화된다. • α, β-불포화 이민(α, β-unsaturated imine)은 가장 친전자성을 띤다.
가장 반응성이 큰 작용기의 반응 특성을 떠올려라. 그리고 반응 조건을 고려하였을 때 어느 반응이 가장 적합한지를 정하라.	• β-다이카보닐 그룹은 가장 산성을 띠며, 에톡사이드에 의해 쉽게 탈양성자화된다. 이때 가장 반응성이 있는 친핵성 엔올산 이온이 형성되며, 이후 적절한 친전자체인 α,β-불포화 이민과 반응할 것이다.
중간 생성물로 이어질 메커니즘을 그려라.	• β-다이카보닐 그룹은 가장 산성을 띠며, 출발 물질은 에톡사이드에 의해 쉽게 탈양성자화된다. 이것은 α, β-불포화 케톤과 **콘쥬게이션 첨가 반응**을 하여 다이카보닐 생성물을 형성한다(이때 워크업을 통한 양성자화를 해야 함).
위 4단계를 반복하라.	• 염기-촉매에 의한 에스터 가수분해는 β-옥소산(β-oxoacid)의 소듐 염을 생성한다. • 산 조건에서 카복실산 음이온은 양성자화되며, 곧 탈카복실화되면서 생성물의 엔올 형태를 형성한다.
이것이 최종 생성물과 밀접하게 관련된 것인지를 확인하라.	• 최종 생성물은 엔올 형태의 토토머화를 통해 만들어진다.
최종 생성물의 구조를 그려라.	

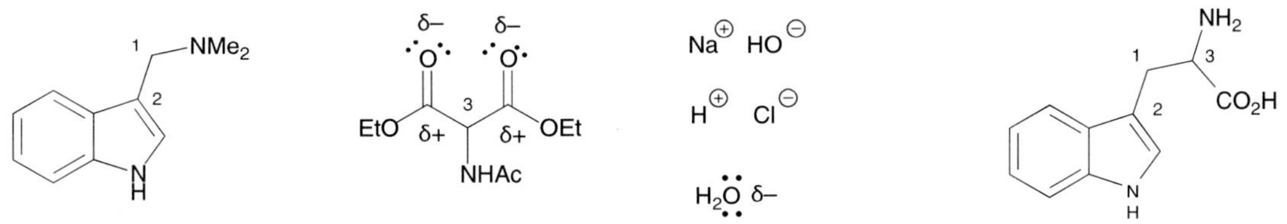

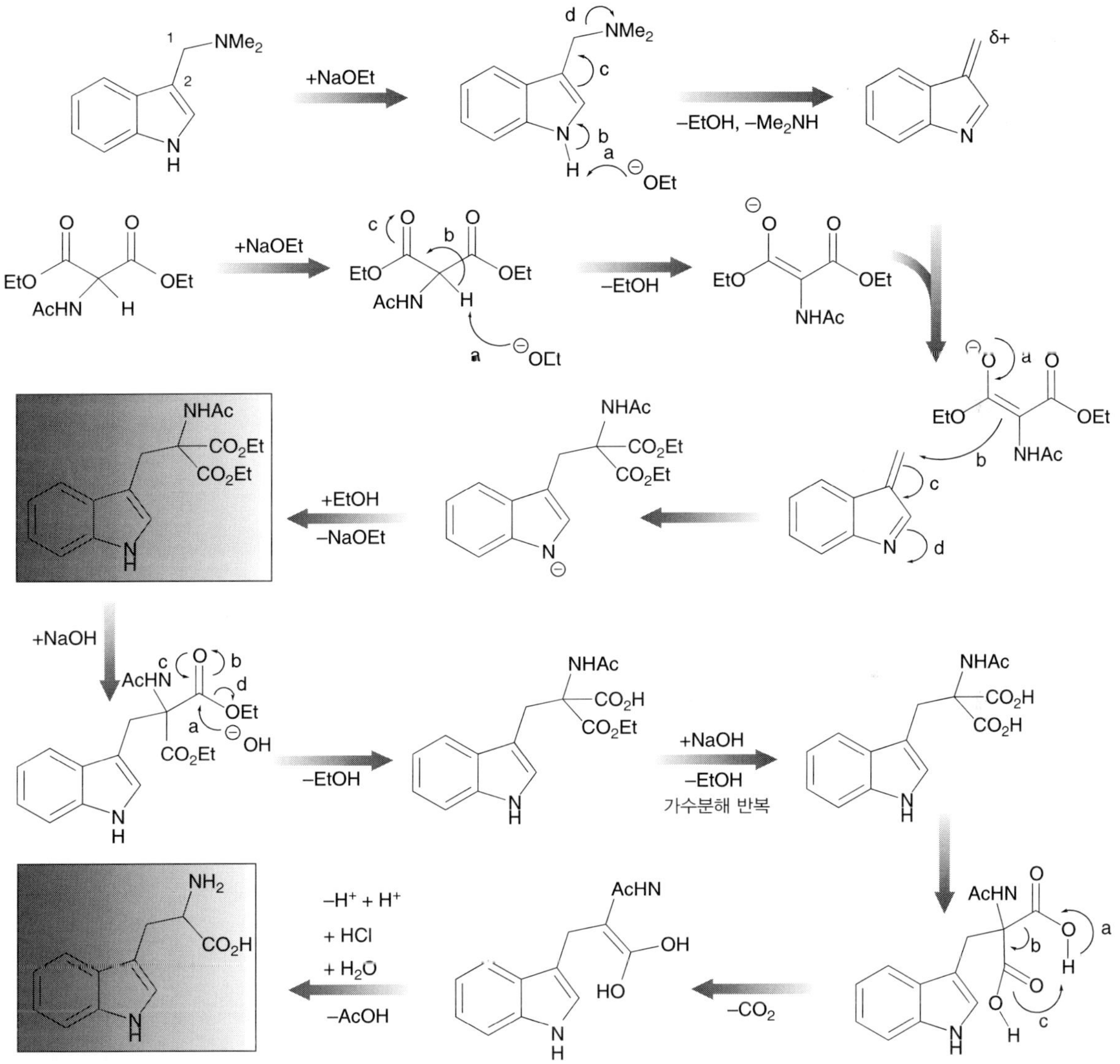

요약: 친전자체로서 Michael 받개를 이용한 엔올산 이온의 첨가 반응의 한 예시이다.

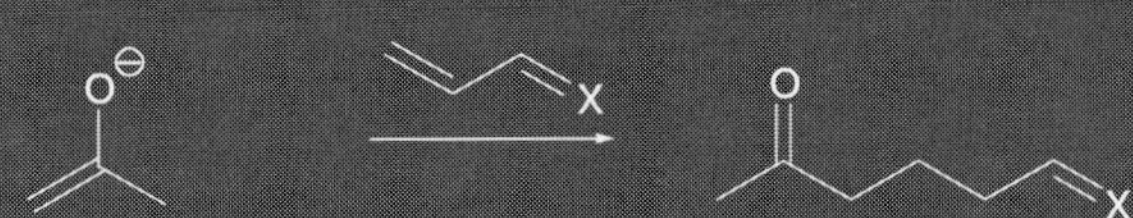

4.15

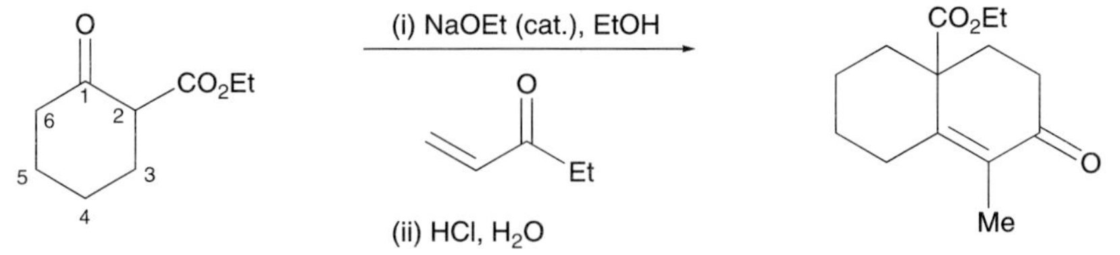

초기 제시된 모든 반응물이 친전자성/친핵성, 그리고 산성/염기성 부위를 갖는지 기록해 두자. 그리고 출발 물질과 생성물에서 동일한 원자를 열거하라.	• 카보닐 그룹은 탄소와 산소의 **전기 음성도** 차이에 의해 편극화되며, 탄소를 친전자성으로 만든다. • 카보닐 그룹의 α-수소는 **유발** 효과에 의해 산성을 띤다. 이때 생성되는 엔올산 이온은 공명 안정화되며, 좋은 친핵체이다. • 에틸 바이닐 케톤(ethyl vinyl ketone)은 좋은 친전자체이다. • 소듐 에톡사이드는 매우 좋은 염기이다.
하나 이상이 존재할 경우, 가장 반응성이 큰 자리를 파악하라.	• β-다이카보닐 그룹은 가장 산성을 띠며, 본 반응 조건에서는 에톡사이드에 의해 쉽게 탈양성자화된다. • α, β-불포화 케톤은 가장 친전자성을 띠는 시약이다.
가장 반응성이 큰 작용기의 반응 특성을 떠올려라. 그리고 반응 조건을 고려하였을 때 어느 반응이 가장 적합한지를 정하라.	• β-다이카보닐 그룹은 가장 산성을 띠며, 에톡사이드에 의해 쉽게 탈양성자화된다. 이때 가장 반응성이 있는 친핵성 엔올산 이온이 형성되며, 이후 적절한 친전자체인 α, β-불포화 케톤과 반응할 것이다.
중간 생성물로 이어질 메커니즘을 그려라.	• β-다이카보닐 그룹은 가장 산성을 띠며, 에톡사이드에 의해 쉽게 탈양성자화된다. 이것은 α,β-불포화 케톤과 **콘쥬게이션 첨가 반응**을 하며, 트라이카보닐(tricarbonyl) 생성물을 만든다(이때 양성자화는 워크업 과정에서 일어난다).
위 4단계를 반복하라.	• 지금까지 반응 조건에서 얻은 생성물은 엔올 중간체를 거쳐 추가적인 응축 반응을 하며, 열역학적 조절에 의해 고리 형성과 물 제거 반응을 순차적으로 일으킨다. 이것은 Robinson Ring Annulation의 예시에 해당한다. 산-촉매 기반 물 제거 이후, α, β-불포화 케톤 생성물이 만들어진다.
이것이 최종 생성물과 밀접하게 관련된 것인지를 확인하라.	• 이 단계 생략 가능.
최종 생성물의 구조를 그려라.	

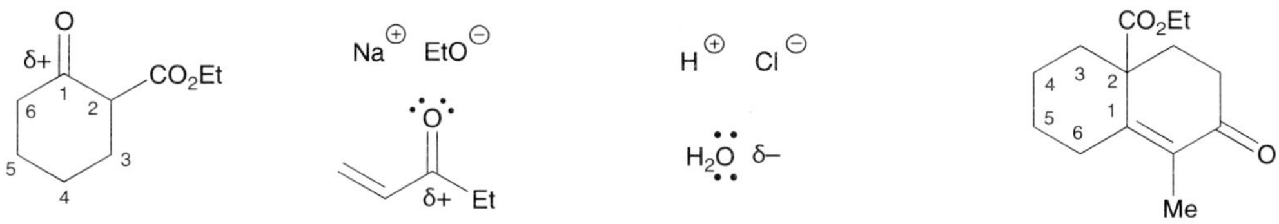

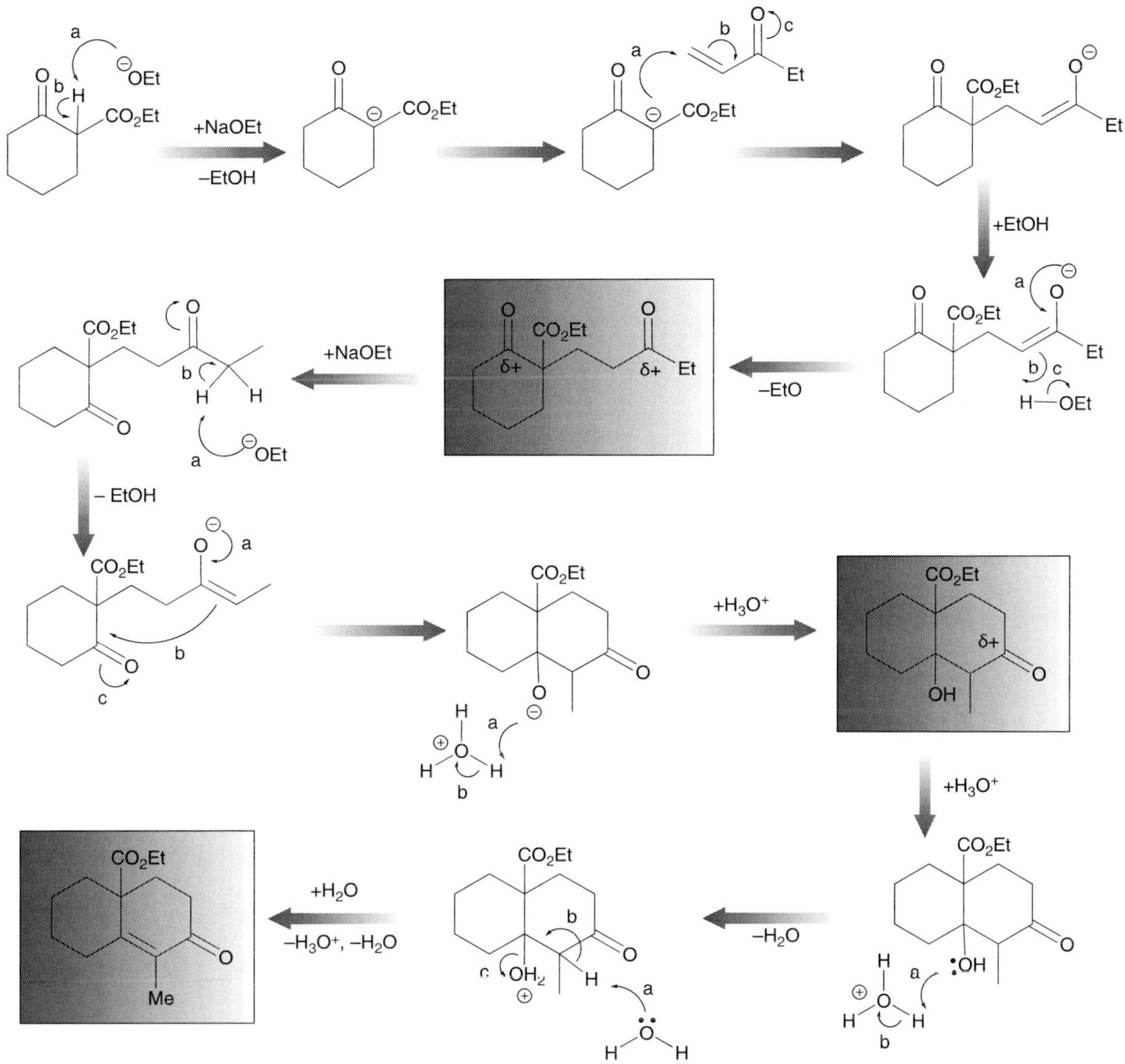

요약: 친전자체로서 Michael 받개를 이용한 엔올산 이온의 알킬화 반응의 한 예시이다.

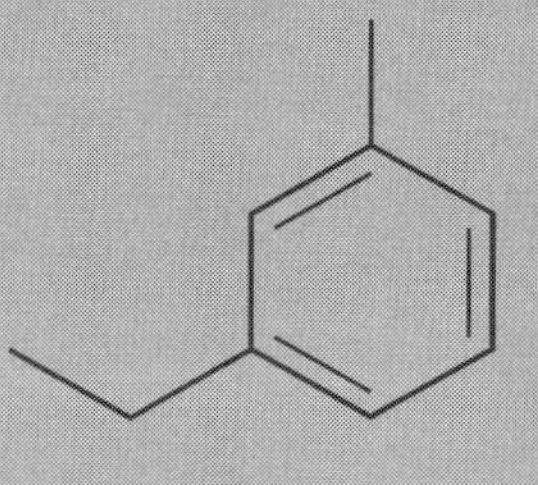

5장

방향족 화학 반응

5.1 방향족 화합물 내 결합

- 벤젠 유도체의 결합에 관한 분자 오비탈과 전자의 비편재화의 중요성
- 공명 안정화에 관한 개념과 $4n+2$ 규칙

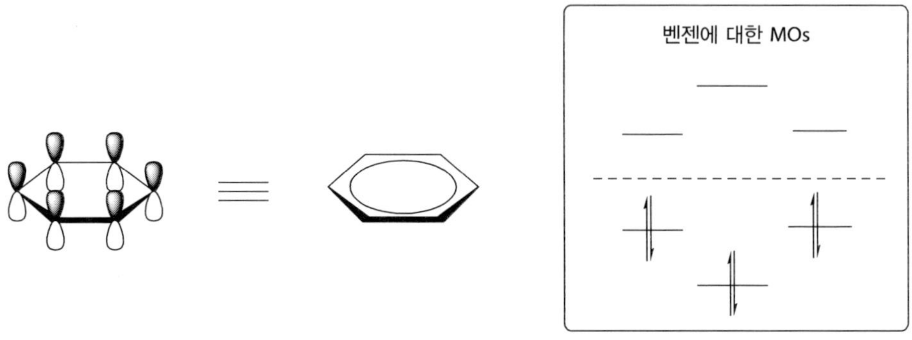

- 벤젠 유도체의 안정성과 반응성은 그들의 방향족성과 더불어, 치환체의 전자 효과가 공명에 의해 고리 주변으로 이동할 수 있다는 사실로부터 예상할 수 있다.

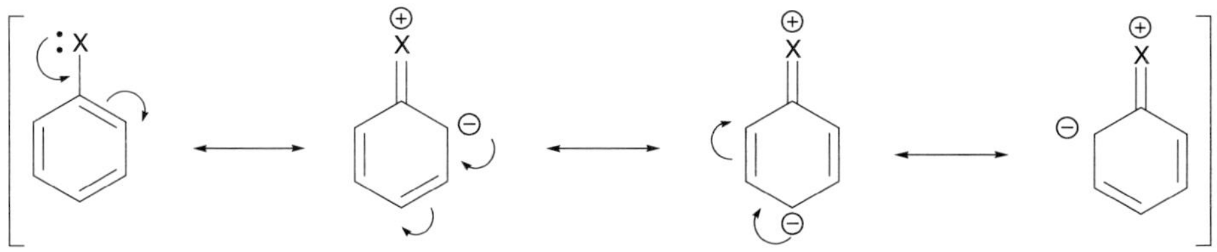

5.2 친전자성 방향족 치환 반응(S_EAr)

a. 일반화된 메커니즘: σ-착물, π-착물, 루이스 산의 역할, 치환 반응에 대한 추진력을 제공하는 방향족화

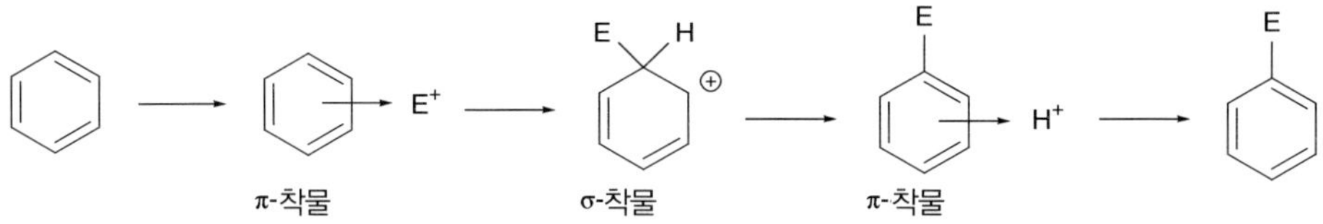

b. 단일 작용기가 붙은 벤젠 유도체의 치환 반응
- 지향성과 반응성 규칙은 고리 내 치환체의 성질에 의해 지배받는다(유발 효과와 공명 효과).
- 속도론적/열역학적 조절의 중요성

c. 특정 반응과 시약 예시
   i. 중수소화: D_2SO_4/D_2O
   ii. 나이트로화: HNO_3/H_2SO_4
   iii. 할로젠화: $Br_2/FeBr_3$
   iv. 설폰화: SO_3/H_2SO_4
   v. 다이아조 커플링: PhN_2^+

vi. Friedel-Crafts 알킬화와 아실화: RCl, $AlCl_3$와 RCOCl, $AlCl_3$

vii. Vilsmeier Formylation: $POCl_3$, Me_2NCHO

d. 특별한 경우: Reimer-Tiemann 반응

5.3 친핵성 방향족 치환 반응(S_NAr)

반응 조건과 치환체의 성질에 따라 다음과 같은 3가지 반응이 일어날 수 있다.

a. S_NAr: 전자-끄는 그룹(Z)에 의한 활성화가 필요하다. 종종 하나 이상이 필요할 수도 있다.

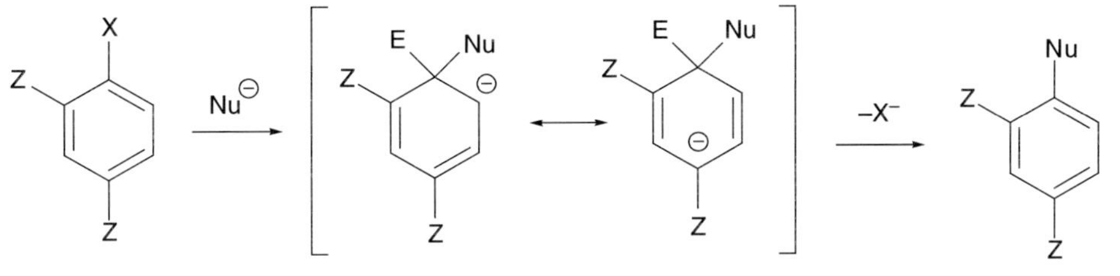

X = 이탈기 ;   Z = 전자 끄는 그룹(s)

b. S_N1: 다이아조늄 염은 친핵체와 반응한다–Sandmeyer 반응

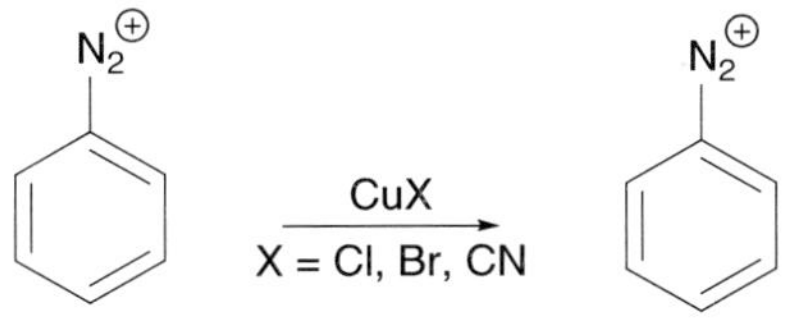

c. Benzyne 메커니즘: 할로젠화 아릴의 제거 반응에 의해 aryne 중간체가 형성된다.

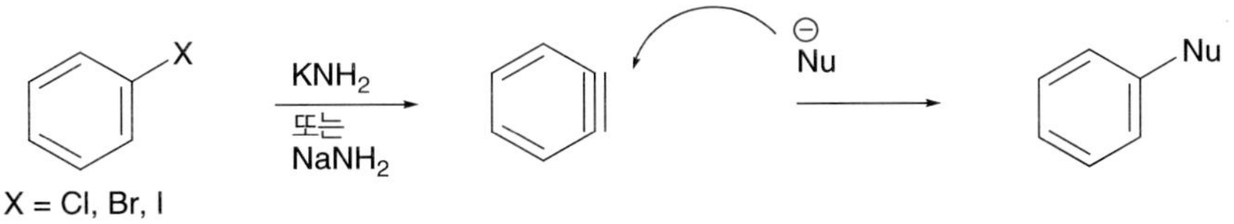

5.4 산화

알킬 벤젠을 $KMnO_4$로 처리하면, 알킬기의 길이에 상관없이 벤조산(benzoic acid)으로 산화될 수 있다.

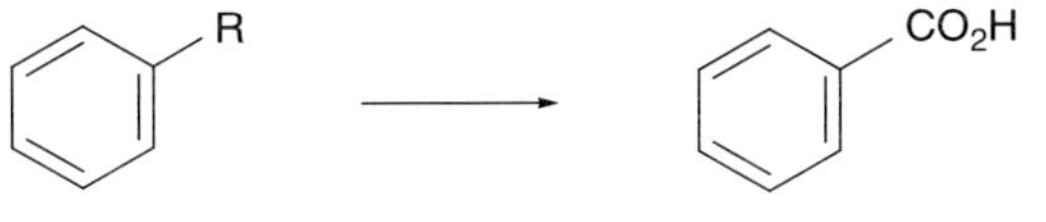

5.1

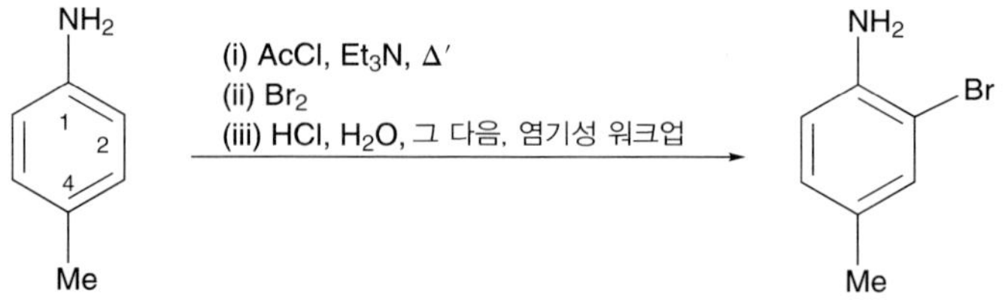

초기 제시된 모든 반응물이 친전자성/친핵성, 그리고 산성/염기성 부위를 갖는지 기록해 두자. 그리고 출발 물질과 생성물에서 동일한 원자를 열거하라.

- 아민은 질소의 비공유 전자쌍 덕분에 좋은 친핵체이다.
- 카복실산 염화물(carboxylic acid chloride)은 1) 염소의 전기 음성도 때문에 발생하는 카보닐 그룹의 편극화 및 2) 염화 이온이 좋은 이탈기로 작용하는 점 때문에 친전자성을 띤다.

하나 이상이 존재할 경우, 가장 반응성이 큰 자리를 파악하라.

- 비록 비공유 전자쌍이 방향족 고리 공명에 의해 δ−전하를 *ortho*나 *para* 위치(C−2 또는 C−4)에 둘 수 있더라도, 아닐린(aniline)의 질소가 가장 친핵성을 띤다.
- 산 염화물(acid chloride)은 유일한 반응성이 있는 친전자체이다.

가장 반응성이 큰 작용기의 반응 특성을 떠올려라. 그리고 반응 조건을 고려하였을 때 어느 반응이 가장 적합한지를 정하라.

- 산 염화물이 아민 친핵체와 반응하면, 염화 이온을 떼어내면서 아마이드 생성물을 만든다.

중간 생성물로 이어질 메커니즘을 그려라.

- 염화 아세틸(acetyl chloride)에 아닐린이 **첨가-제거**되는 반응은 염화 이온을 이탈시키면서 아마이드 생성물을 형성하는 쪽으로 진행된다.

위 4단계를 반복하라.

- 브로민(Br_2)은 좋은 친전자체이다. 그리고 아세트아닐리드(acetanilide)는 전자를 제공할 수 있는 아마이드의 질소가 존재하기 때문에 좋은 친핵체로서 작용한다. 브로민에 의한 **친전자성 방향족 치환 반응**(S_EAr)은 아릴브로민(arylbromide) 생성물을 형성하는데, 이 과정에서 *ortho* 위치에 Br^+의 치환이 일어난다.
- 산-촉매 아마이드의 **가수분해**는 아민을 다시 생성한다. 그러나 가수분해 반응 조건에서 아민은 양성자화되면서 아닐리늄 염(anilinium salt) 생성물을 형성한다.

이것이 최종 생성물과 밀접하게 관련된 것인지를 확인하라.

- 염기성 워크업을 통해 자유 아민을 분리할 수 있다.

최종 생성물의 구조를 그려라.

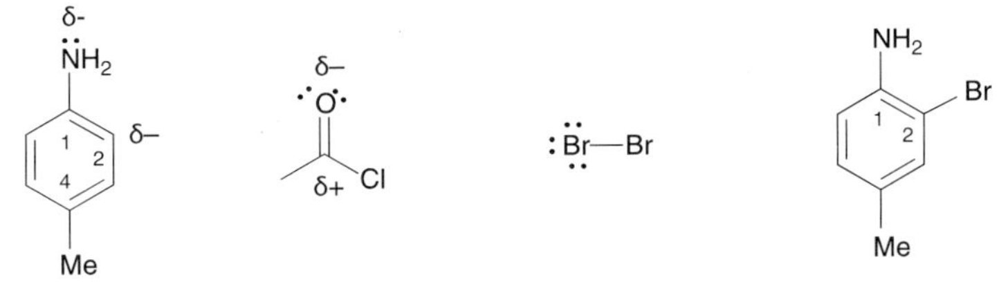

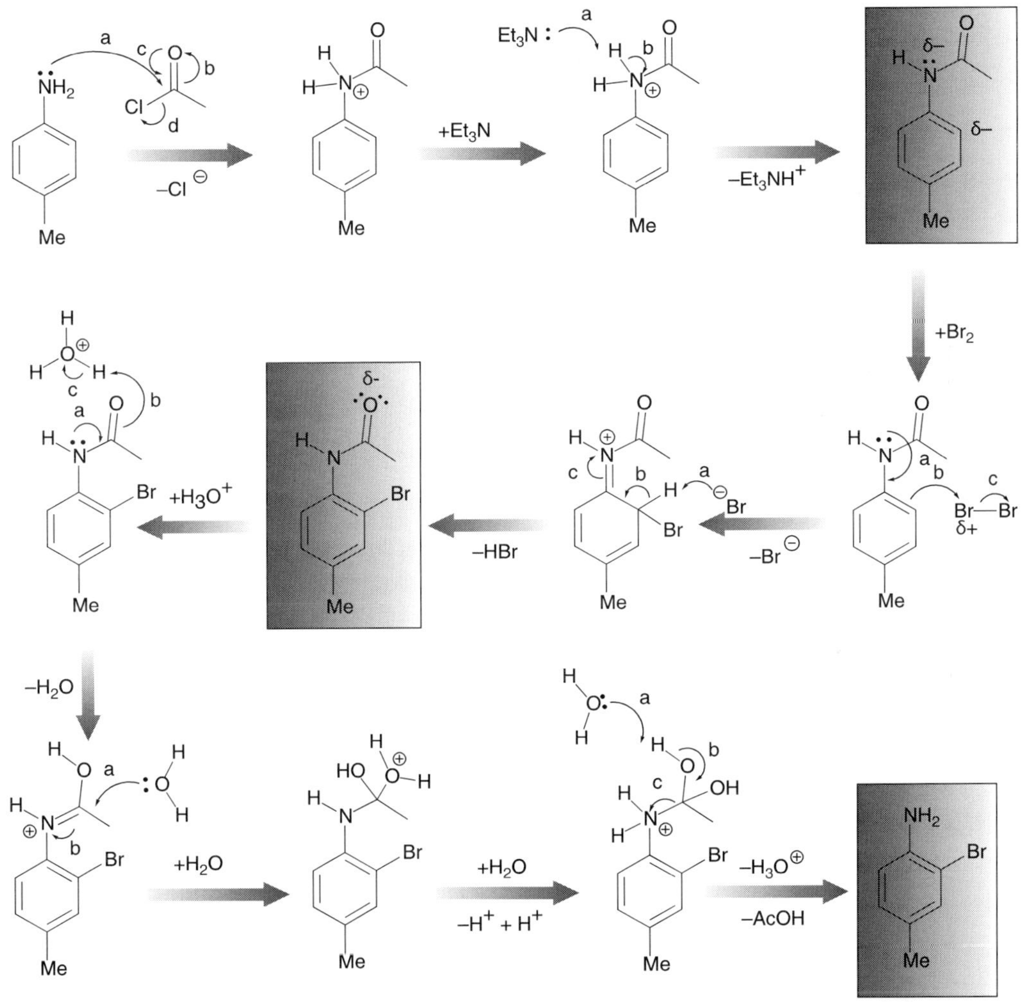

요약: 친전자성 방향족 치환 반응의 한 예시이다.

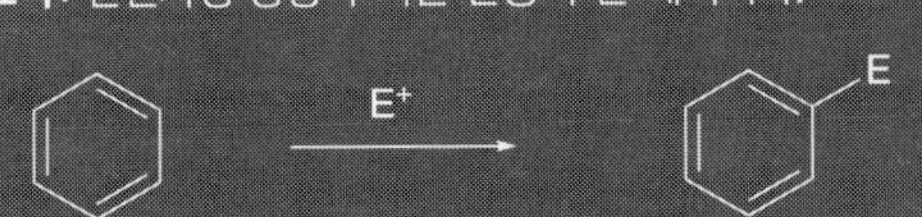

이제 문제 5.8과 5.9를 풀어보자.

5.2

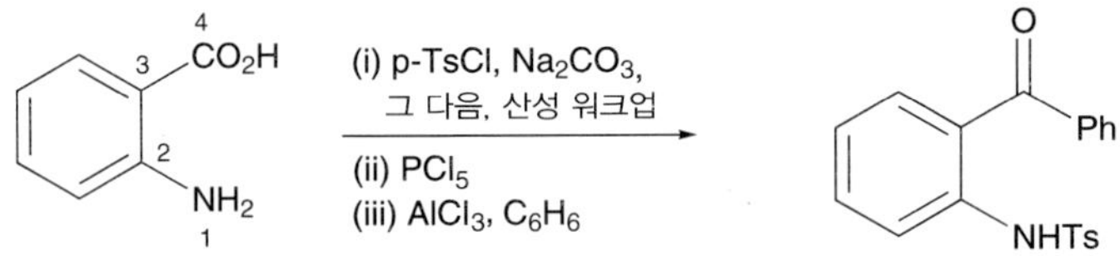

초기 제시된 모든 반응물이 친전자성/친핵성, 그리고 산성/염기성 부위를 갖는지 기록해 두자. 그리고 출발 물질과 생성물에서 동일한 원자를 열거하라.

- 카복실산과 아민은 좋은 친핵체이다(산소와 질소 둘 다 비공유 전자쌍을 가지고 있으므로).
- *p*-TsCl은 설폰산(sulfonic acid)으로부터 파생된 산 염화물이며, 황 원자에서 친전자성을 띤다.
- Na_2CO_3(sodium carbonate)는 약한(mild) 염기이다.

하나 이상이 존재할 경우, 가장 반응성이 큰 자리를 파악하라.

- 아민은 질소가 산소보다 덜 전기 음성적이기 때문에 가장 친핵성을 갖는다(이 경우, 심지어 카복실산이 염기 조건에서 탈양성자되더라도).
- *p*-TsCl은 현재 유일한 친전자체이다.
- Na_2CO_3는 현재 유일한 염기이다.

가장 반응성이 큰 작용기의 반응 특성을 떠올려라. 그리고 반응 조건을 고려하였을 때 어느 반응이 가장 적합한지를 정하라.

- 설포닐 산 염화물(sulfonyl acid chloride)과 아민 친핵체가 반응하면, 전형적으로 아마이드 생성물이 만들어진다. 이 경우에는 염화 이온이 떨어져 나가면서 설폰아마이드(sulfonamide)가 만들어진다.

중간 생성물로 이어질 메커니즘을 그려라.

- 방향족 아민은 설포닐 그룹에서 Cl^-를 잃으면서 **친핵성 첨가-제거 반응**을 한다. 그리고 설폰아마이드를 생성한다. 이 반응은 염기성 조건이므로, 카복실산 음이온 생성물이 만들어지는데, 이는 산성 워크업을 통해 재양성자화 시킬 수 있다.

위 4단계를 반복하라.

- PCl_5(phosphorus pentachloride)는 매우 좋은 염소 **이탈기** 그룹 덕분에 친전자체로 작용한다. 카복실산은 PCl_5와 반응하여 활성화된 포스포릴(phosphoryl) 중간체를 경유하여 산 염화물을 생성한다.
- 산 염화물은 강한 루이스 염기인 $AlCl_3$와 반응하여 공명 안정화된 **아실륨 양이온**(acylium cation)을 생성한다. 이는 매우 친전자성을 가지며, 좋은 친핵체인 벤젠과 **친전자성 치환 반응**을 할 수 있다.

이것이 최종 생성물과 밀접하게 관련된 것인지를 확인하라.

- 양성자가 제거되면, 방향족 시스템이 다시 만들어진다.

최종 생성물의 구조를 그려라.

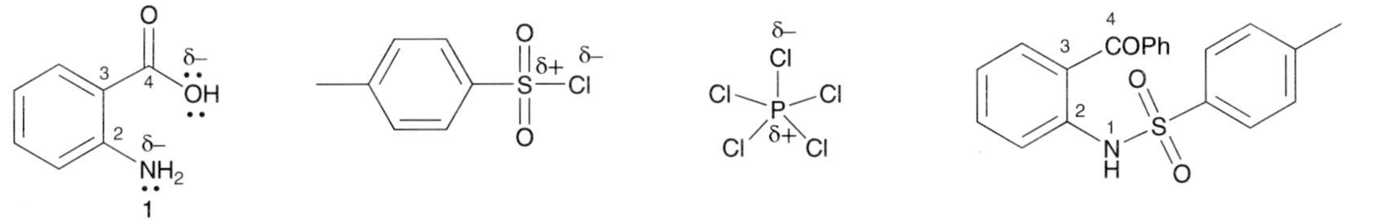

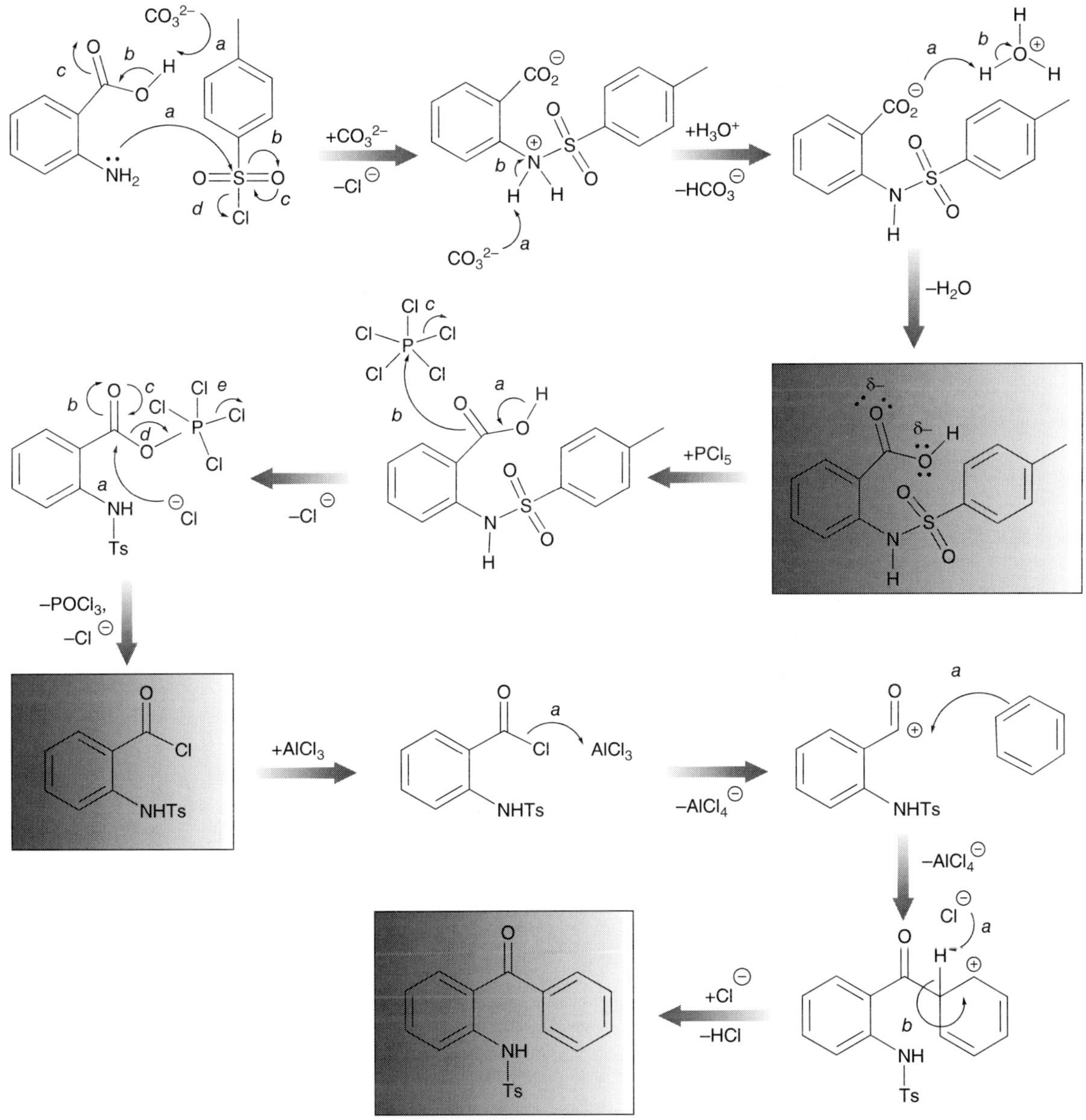

요약: Friedel-Crafts 아실화 반응의 한 예시이다.

이제 문제 5.10을 풀어보자.

5.3

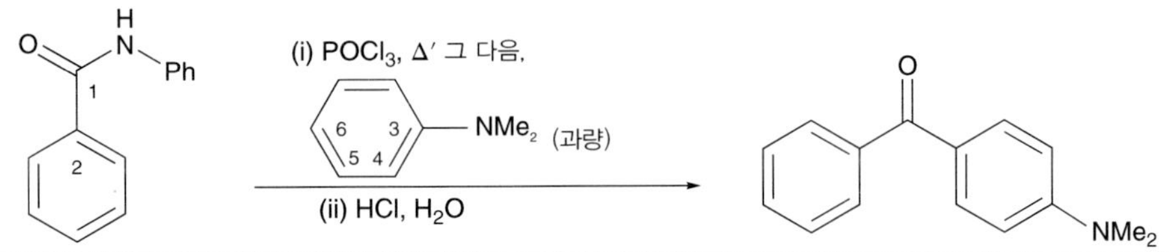

초기 제시된 모든 반응물이 친전자성/친핵성, 그리고 산성/염기성 부위를 갖는지 기록해 두자. 그리고 출발 물질과 생성물에서 동일한 원자를 열거하라.

- 아민은 질소의 비공유 전자쌍 때문에 좋은 친핵체이다.
- 아마이드는 산소와 질소에서 친핵성을 갖는다.
- $POCl_3$는 전자를 끄는(electron-withdrawing) 염소를 여러 개 가지며, 또한 이들 염소가 좋은 이탈기이므로 강력한 친전자체로서 작용한다.

하나 이상이 존재할 경우, 가장 반응성이 큰 자리를 파악하라.

- 아마이드는 산소에서 가장 친핵성을 갖는다(N 원자가 알킬화될 때보다 더 많은 공명구조를 가지므로).
- $POCl_3$는 유일한 친전자체이다.
- 아닐린(aniline)은 *ortho*와 *para* 위치에서 가장 친핵성을 띠긴 하나, 후자가 입체적 접근성이 더 높다.

가장 반응성이 큰 작용기의 반응 특성을 떠올려라. 그리고 반응 조건을 고려하였을 때 어느 반응이 가장 적합한지를 정하라.

- 아마이드는 $POCl_3$와 쉽게 반응하여 클로로메틸이미늄 염(chloromethyliminium salt)을 만든다. 이것은 그 자체로 강력한 친전자체이므로, 방향족 화합물과 친전자성 방향족 치환 반응(S_EAr)을 한다.

중간 생성물로 이어질 메커니즘을 그려라.

- 초기 아마이드의 산소 자리가 인산화되면서(*O*-phosphorylation; 이때 강한 P–O 결합을 형성함), 방출된 Cl^-의 **첨가-제거 반응**이 수반된다. 반응 결과, 클로로메틸이미늄 이온이 만들어진다.

위 4단계를 반복하라.

- 아닐린의 *para* 위치는 클로로메틸이미늄과 친전자성 방향족 치환반응을 하며, 이민(imine) 생성물을 만든다.
- 산-촉매 이민의 **가수분해**는 **첨가-제거** 메커니즘에 의해 일어나며, 이때 케톤 생성물이 만들어진다.

이것이 최종 생성물과 밀접하게 관련된 것인지를 확인하라.

- 최종 케톤 생성물은 **옥소늄** 양이온이 탈양성자화되면서 만들어진다.

최종 생성물의 구조를 그려라.

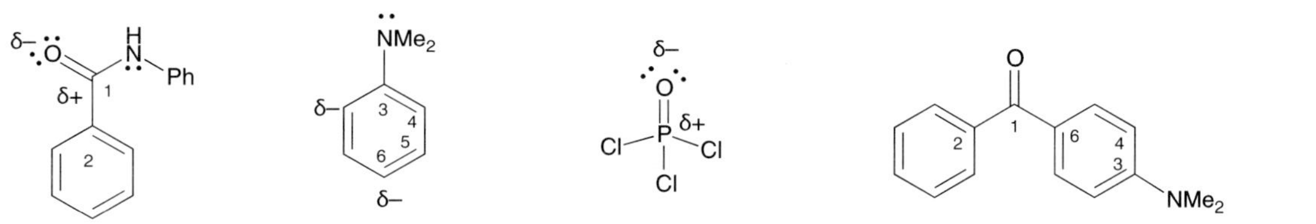

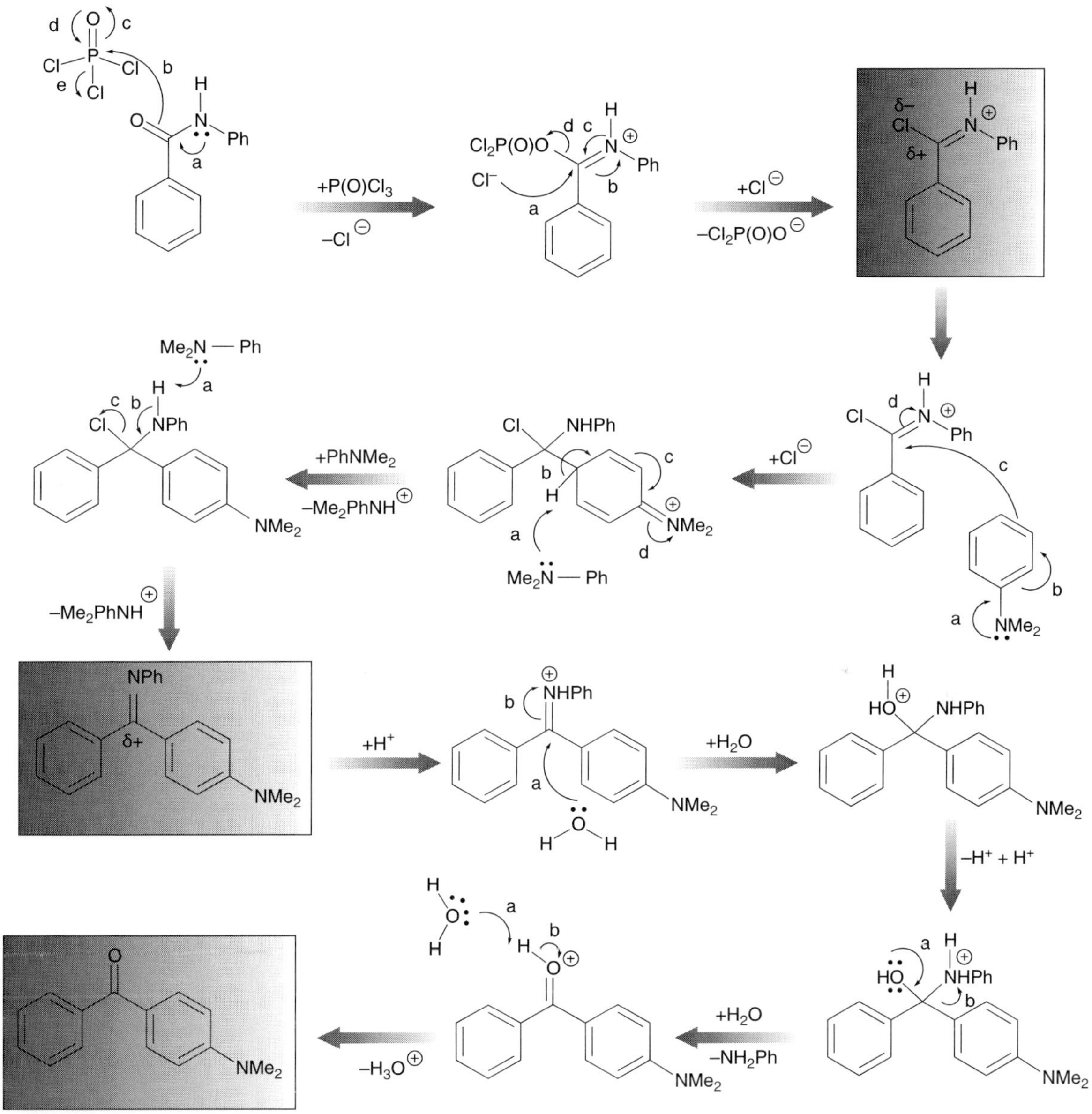

요약: Vilsmeier-Haack 반응의 한 예시이다.

이제 문제 5.11을 풀어보자.

5.4

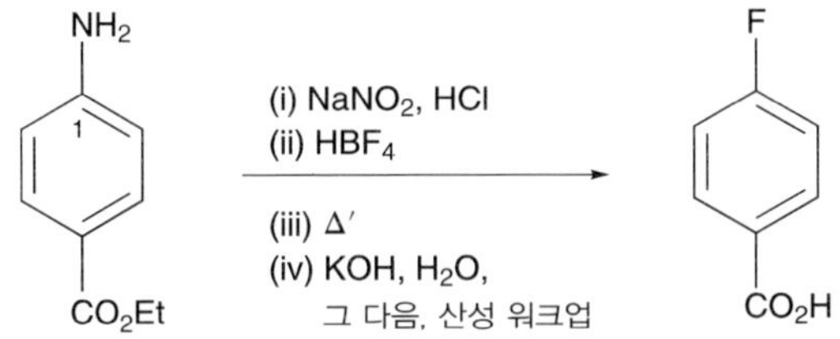

초기 제시된 모든 반응물이 친전자성/친핵성, 그리고 산성/염기성 부위를 갖는지 기록해 두자. 그리고 출발 물질과 생성물에서 동일한 원자를 열거하라.

- 출발 물질인 아민은 질소가 가진 비공유 전자쌍 때문에 친핵체로 작용한다.
- 산 조건에서 $NaNO_2$는 HONO를 만든다.
- HCl은 강한 산이다.

하나 이상이 존재할 경우, 가장 반응성이 큰 자리를 파악하라.

- 비록 *para* 위치의 에스터 치환기가 질소의 비공유 전자쌍을 공명 비편재화하면서 비활성화시키더라도, 여전히 아민은 가장 친핵성을 띤다.

가장 반응성이 큰 작용기의 반응 특성을 떠올려라. 그리고 반응 조건을 고려하였을 때 어느 반응이 가장 적합한지를 정하라.

- $NaNO_2$와 HCl의 조합은 아질산(HONO; nitrous acid)을 생성하는데, 이것은 N_2O_3와 **평형**을 이루며, $O{=}N^+$를 공급한다. 이러한 시약은 아민 작용기 그룹을 다이아조화 시키며 NH_2를 N_2^+로 전환시킨다.

중간 생성물로 이어질 메커니즘을 그려라.

- N_2O_3에 아민이 **친핵성 첨가**되면 **토토머화**가 수반되는데, 이때 물이 제거되며, 다이아조늄 염(diazonium salt) 생성물이 만들어진다. 이때 HBF_4(fluoroboric acid)을 넣어주면 BF_4^- 염으로 전환된다.

위 4단계를 반복하라.

- 다이아조 그룹은 가열하면 질소 기체를 잃고, 아릴 양이온(aryl cation)을 생성한다. 이 양이온 자리는 플루오린화 이온(fluoride ion)과 같은 친핵체가 접근하여 붙도록 허용한다.
- 수산화 이온(OH^-)은 강한 염기이며 친핵체이다. 여기에서 수산화 이온은 에스터 그룹의 알칼리 가수분해(alkyline hydrolysis)를 유발한다(**첨가-제거** 메커니즘).

이것이 최종 생성물과 밀접하게 관련된 것인지를 확인하라.

- 카복실산 생성물은 산 워크업을 거쳐 형성된다.

최종 생성물의 구조를 그려라.

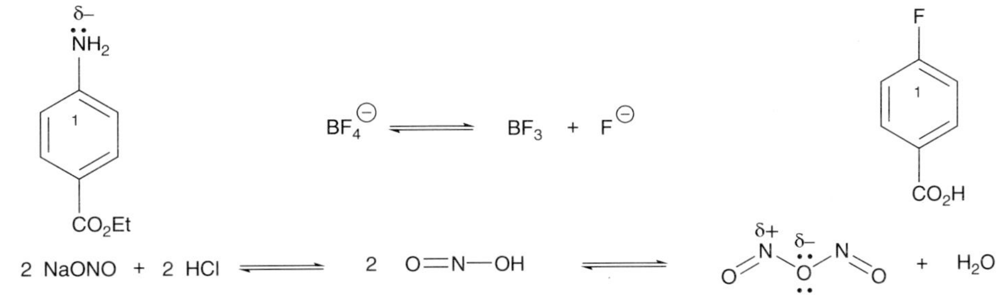

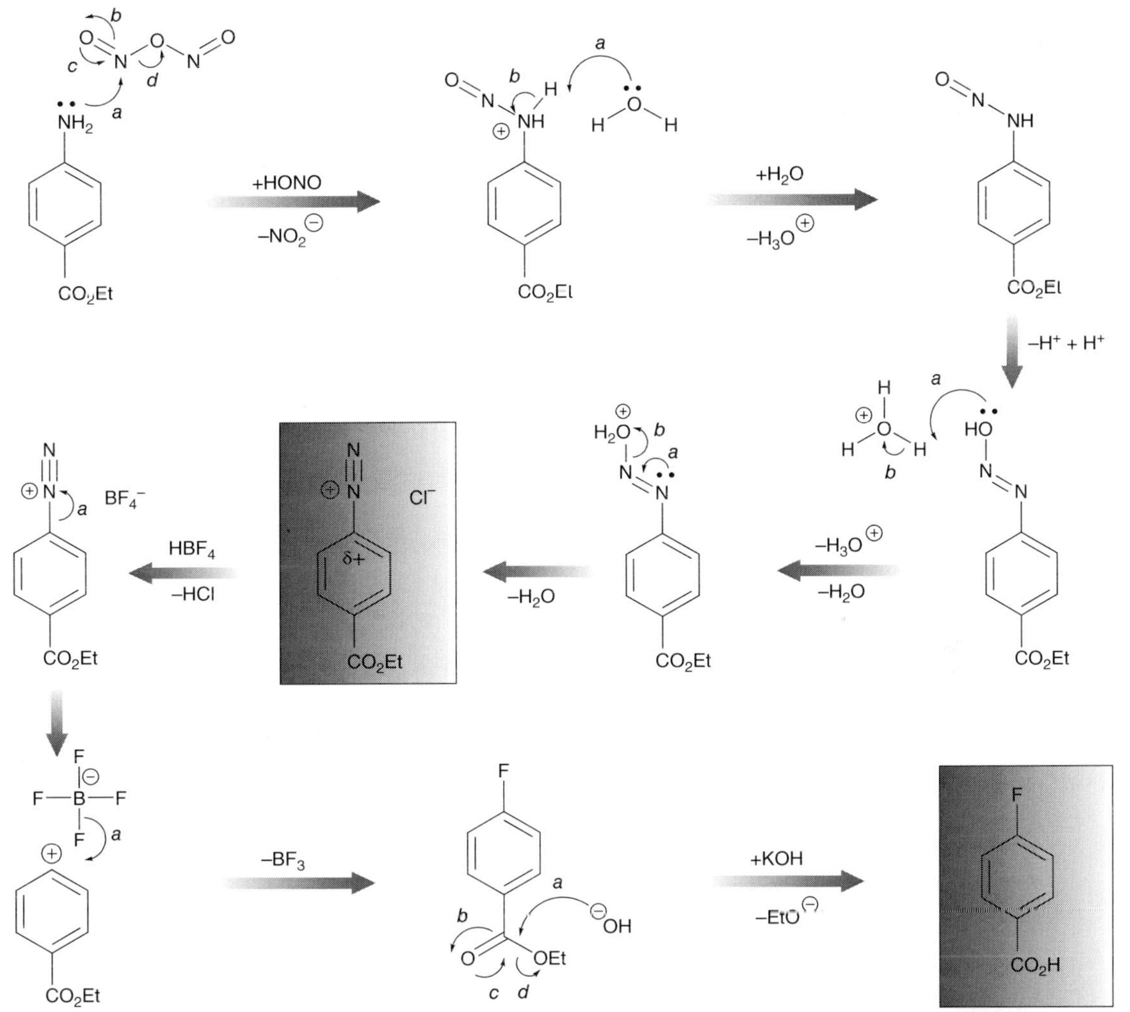

요약: Schiemann 반응의 한 예시로서, 먼저 발생한 다이아조늄 양이온이 F^-에 의해 공격받는 반응이다.

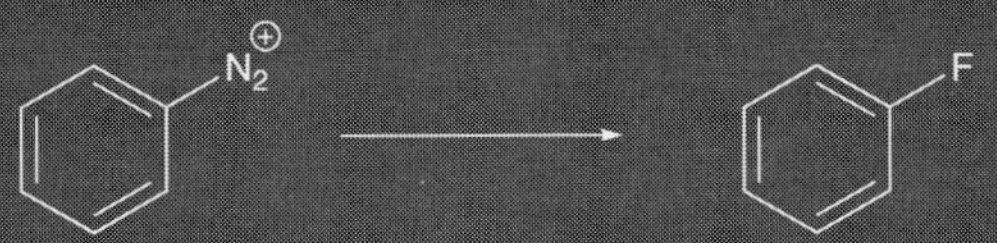

이제 문제 5.12를 풀어보자.

5.5

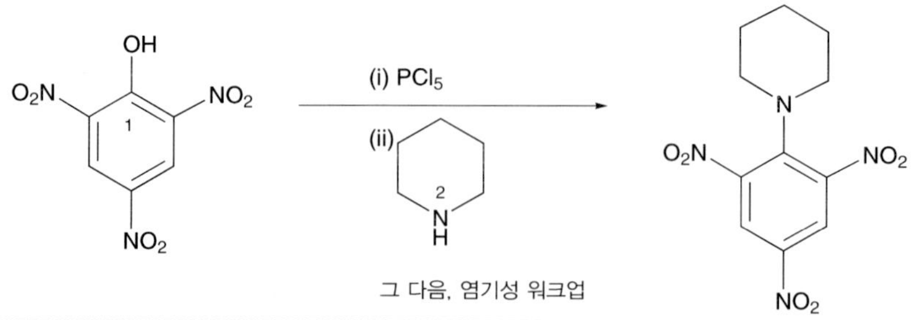

초기 제시된 모든 반응물이 친전자성/친핵성, 그리고 산성/염기성 부위를 갖는지 기록해 두자. 그리고 출발 물질과 생성물에서 동일한 원자를 열거하라.

- 페놀은 산소에서 친핵성을 띤다.
- PCl_5는 친전자성 염소-처리(chlorinating) 시약이다(이 시약은 5개의 염소가 전자를 끄는 그룹으로 작용하면서 동시에 좋은 이탈기로서 작용하므로).

↓

하나 이상이 존재할 경우, 가장 반응성이 큰 자리를 파악하라.

- 페놀의 산소는 가장 친핵성을 갖는 자리이다.
- PCl_5는 유일한 친전자성 시약이다.

↓

가장 반응성이 큰 작용기의 반응 특성을 떠올려라. 그리고 반응 조건을 고려하였을 때 어느 반응이 가장 적합한지를 정하라.

- 알코올은 할로젠화 인(phosphorus halide)과 반응하여 염화 알킬을 생성한다. 전자 끄는(electron withdrawing) 그룹에 의해 활성화된 방향족 고리는 친핵성 방향족 치환 반응(S_NAr)을 선호한다.

↓

중간 생성물로 이어질 메커니즘을 그려라.

- 인(phosphorus)에 대한 하이드록실 그룹(OH^-)의 초기 공격은 C−1에 있는 그룹을 좋은 이탈기로 만든다. 이때 염화 이온의 **첨가-제거** 단계가 일어나면서 중간 생성물이 만들어진다. 요컨대, 이 단계는 −OH가 −Cl로 치환되는 과정으로 볼 수 있다.
- 위 과정은 **친핵성 방향족 치환 반응**의 예시로서, 중간체 탄소 양이온을 안정화시킬 수 있는 전자 끄는 그룹이 존재할 때 촉진된다.

↓

위 4단계를 반복하라.

- 피페리딘은 질소에서 친핵성을 갖는다. 방향족 염소는 전자가 매우 결핍되어 있으며, 좋은 **이탈기**에 해당한다. C−1 위치는 친핵성 피페리딘(piperidine)의 공격을 받으며, 또 다른 **첨가-제거 반응**에 따른 생성물을 만든다. 이것은 또 다시 **친핵성 방향족 치환 반응**(S_NAr)의 예시로 볼 수 있다.

↓

이것이 최종 생성물과 밀접하게 관련된 것인지를 확인하라.

- 산성 조건에서는 암모늄이 만들어지기 때문에 생성물 또한 양성자된 형태에서 얻어진다. 최종 생성물은 수용액 워크업에 의한 탈양성자화를 통해 얻을 수 있다.

↓

최종 생성물의 구조를 그려라.

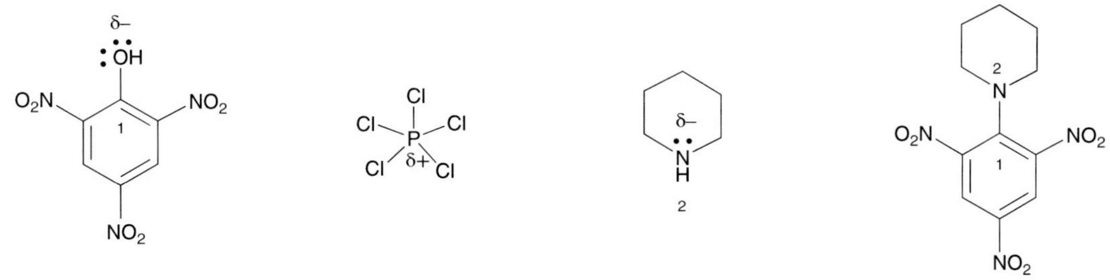

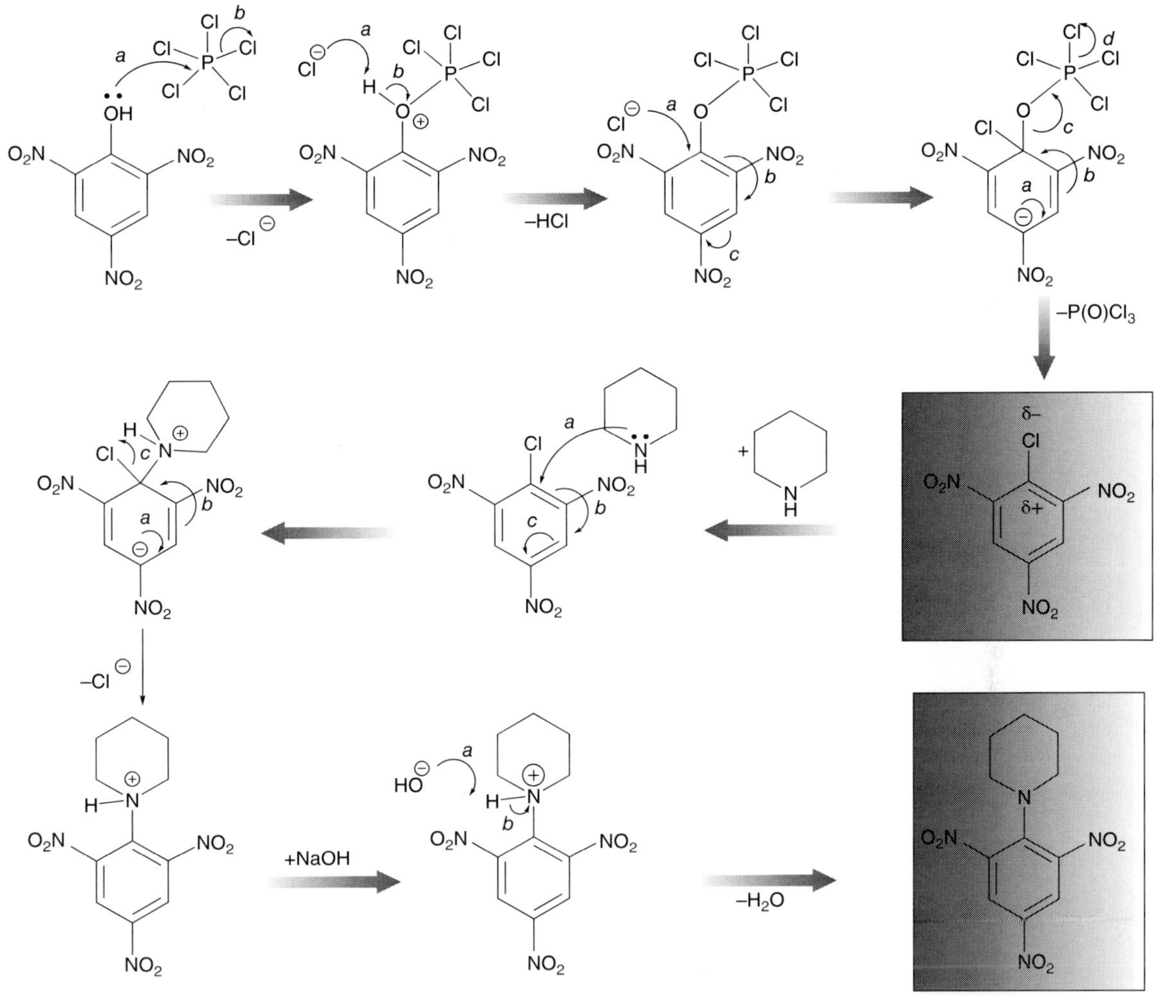

요약: 친핵성 방향족 치환 반응의 한 예시이다(S_NAr).

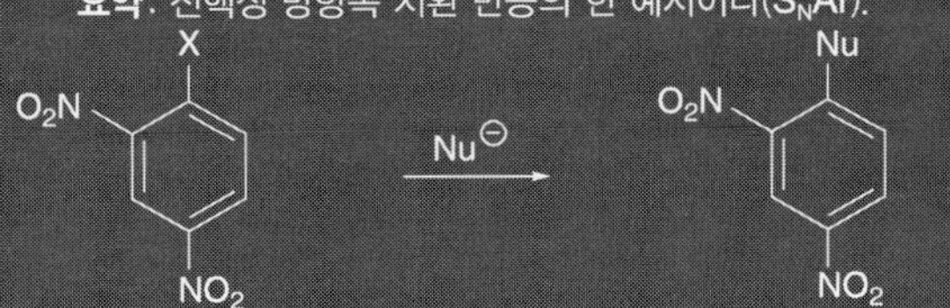

이제 문제 5.13을 풀어보자.

5.6

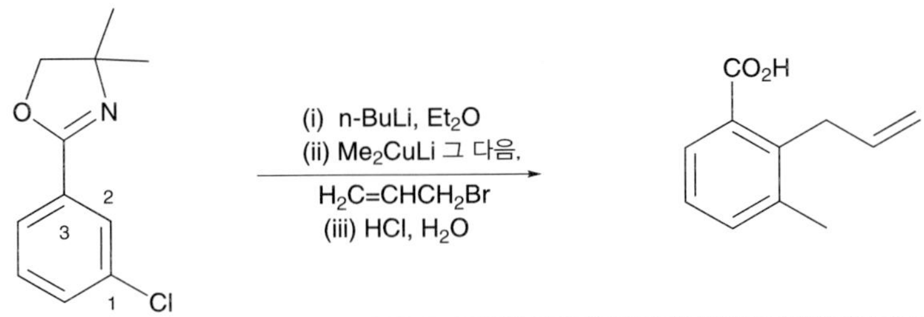

초기 제시된 모든 반응물이 친전자성/친핵성, 그리고 산성/염기성 부위를 갖는지 기록해 두자. 그리고 출발 물질과 생성물에서 동일한 원자를 열거하라.	• n−BuLi은 강한 염기이다(butane의 pK_a=50). • C−2자리에서 염소 치환된 자리로부터 α-방향족 수소는 약하게 산성을 띤다. • 다이메틸리튬 큐프레이트(dimethyllithium cuprate; Me_2CuLi)는 메틸 음이온(methyl anion)을 생성하는데, 이때 메틸 음이온은 매우 좋은 친핵성을 갖는다.
하나 이상이 존재할 경우, 가장 반응성이 큰 자리를 파악하라.	• n−Bu−Li가 해리될 때 Li^+는 인접한 질소 원자를 킬레이션에 의해 안정화시키기 때문에, n−Bu^-가 손쉽게 C−2 자리의 수소를 탈양성자화시킬 수 있다.
가장 반응성이 큰 작용기의 반응 특성을 떠올려라. 그리고 반응 조건을 고려하였을 때 어느 반응이 가장 적합한지를 정하라.	• 할로젠화 방향족은 특히 인접한 치환기가 이 음이온을 안정화시킬 수 있을 때, 강한 염기와 쉽게 반응하여 탄소 음이온을 생성한다. 이 탄소 음이온은 자발적으로 제거되며, **벤자인**(benzyne) 중간체를 생성한다.
중간 생성물로 이어질 메커니즘을 그려라.	• 초기 2번 탄소 자리(C−2) 수소가 제거되고 탄소 음이온이 만들어진다. 이후, 리튬이 인접 질소 원자와 킬레이션되면서 안정화될 때 염소의 β-제거 반응이 수반된다. 이 반응은 벤자인 중간체를 곧바로 만든다.
위 4단계를 반복하라.	• 벤자인은 매우 친전자성을 가지며, 친핵체에 의해 쉽게 공격받는다. 이 경우에는 다이메틸큐프레이트(Me_2CuLi)가 친핵체로서 벤자인을 잘 공격한다. 반응 결과 생기는 음이온은 친전자체로서 알릴성 브로민과 **친핵성 치환 반응**을 한다. • 옥사졸린(oxazoline) 중간체는 묽은 산(dilute acid)에 의해 가수분해되며, 일련의 첨가-제거 단계를 거친다. 반응 결과 카복실산 생성물이 만들어진다.
이것이 최종 생성물과 밀접하게 관련된 것인지를 확인하라.	• 이 단계 생략 가능.
최종 생성물의 구조를 그려라.	

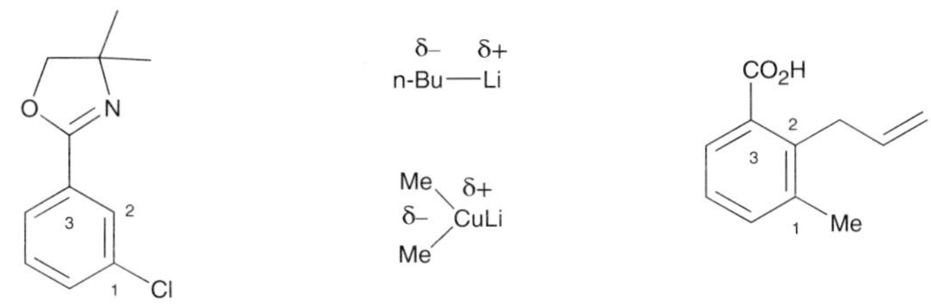

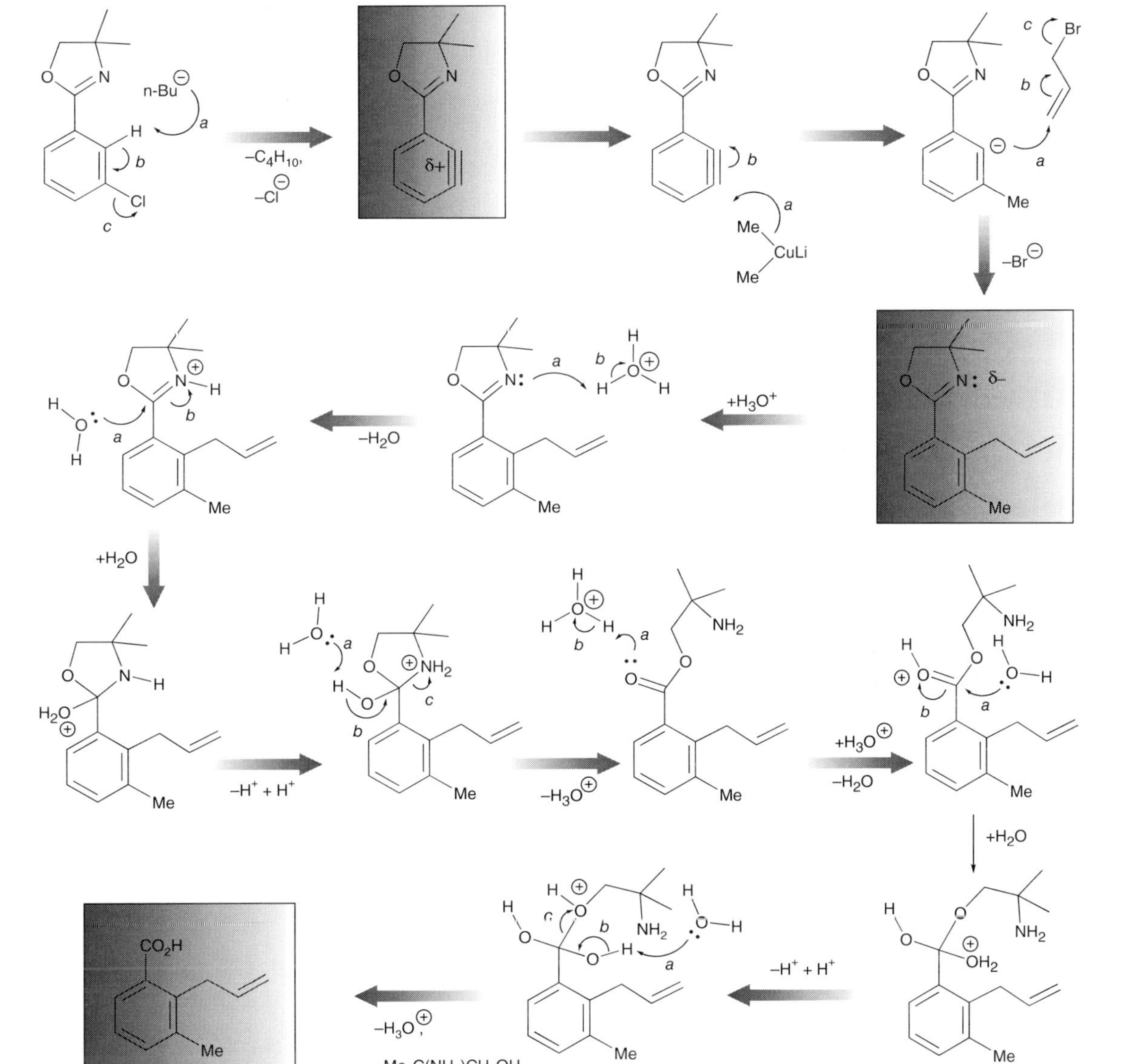

요약: 벤자인 중간체를 포함하는 방향족 치환 반응의 한 예시이다.

이제 문제 5.14를 풀어보자.

5.7

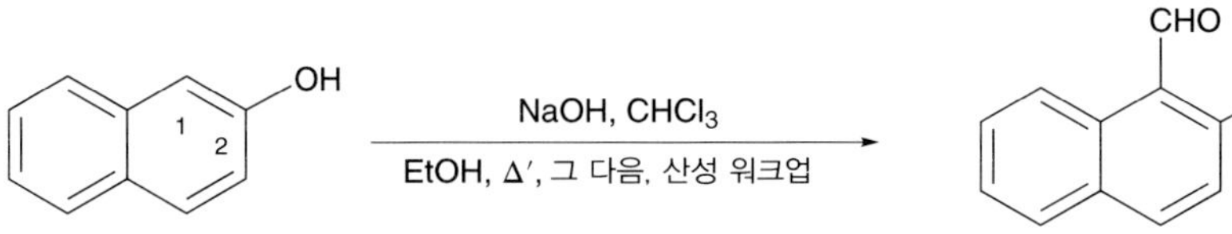

초기 제시된 모든 반응물이 친전자성/친핵성, 그리고 산성/염기성 부위를 갖는지 기록해 두자. 그리고 출발 물질과 생성물에서 동일한 원자를 열거하라.

- 2-나프톨(2-naphthol)은 매우 친핵성을 띠는 공명 화합물이다. 이 화합물은 페놀에 붙어 있는 산소로부터 방출된 공명에 의해 활성화된다.
- NaOH는 강한 염기이다.
- $CHCl_3$는 탄소 음이온이 인접한 염소 원자의 전자 끄는(electron withdrawing) 효과로 인해 안정화되므로, 산성 수소를 가진다.

하나 이상이 존재할 경우, 가장 반응성이 큰 자리를 파악하라.

- 2-나프톨의 C−1은 특별히 친전자성 공격에 활성화되어 있다(*ortho* 위치의 하이드록시 그룹으로 인해).
- NaOH는 유일한 염기이다.
- 나프톨과 $CHCl_3$는 둘 다 산성 수소를 가지고 있다.

가장 반응성이 큰 작용기의 반응 특성을 떠올려라. 그리고 반응 조건을 고려하였을 때 어느 반응이 가장 적합한지를 정하라.

- NaOH는 $CHCl_3$를 탈양성자화시키며, α-**제거 반응**에 의해 **다이클로로카벤**(dichlorocarbene)을 생성한다. 다이클로로카벤 중간체는 매우 친전자성을 띠며, 적합한 친핵체와 반응한다. 또한 이 반응 조건하에 나프톨은 탈양성자화를 통해 알콕시화물을 형성함으로써 **친전자성 방향족 치환 반응** 참여에 유리한 형태로 전환된다.

중간 생성물로 이어질 메커니즘을 그려라.

- 2-나프톨의 C−1 자리와 다이클로로카벤은 **친전자성 방향족 치환 반응**을 일으키며, 다이클로로메틸 생성물을 만든다. 염화 이온이 제거되면 엔온(enone)이 만들어지는데, 여기에 수산화 이온이 접근하여 붙음으로써 방향족 고리가 다시 형성된다. 이후, 나머지 염화 이온이 제거되면(중간체가 깨지면서) 알데하이드 생성물이 만들어진다.

위 4단계를 반복하라.

- 이 단계 생략 가능.

이것이 최종 생성물과 밀접하게 관련된 것인지를 확인하라.

- 최종 생성물은 산성 워크업을 통해 페녹사이드(phenoxide) 음이온을 양성자화시킴으로써 만들어진다.

최종 생성물의 구조를 그려라.

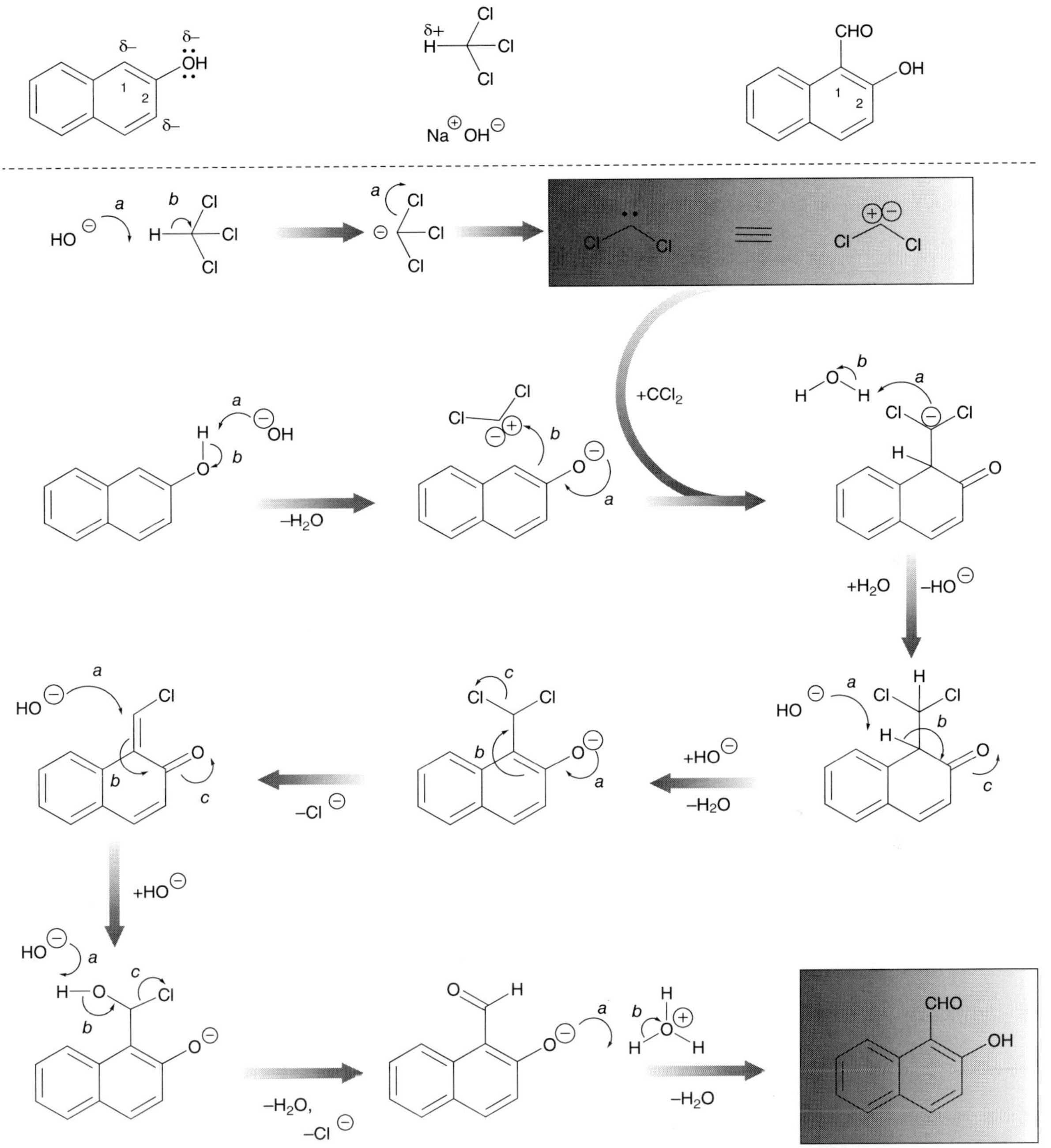

요약: Reimer-Tiemann 반응의 한 예시이다.

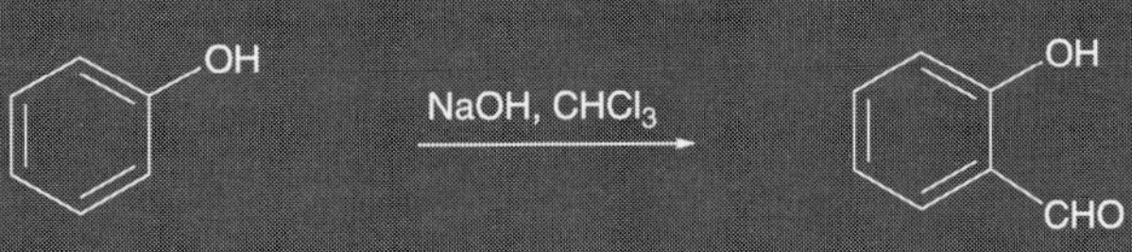

이제 문제 5.15를 풀어보자.

5.8

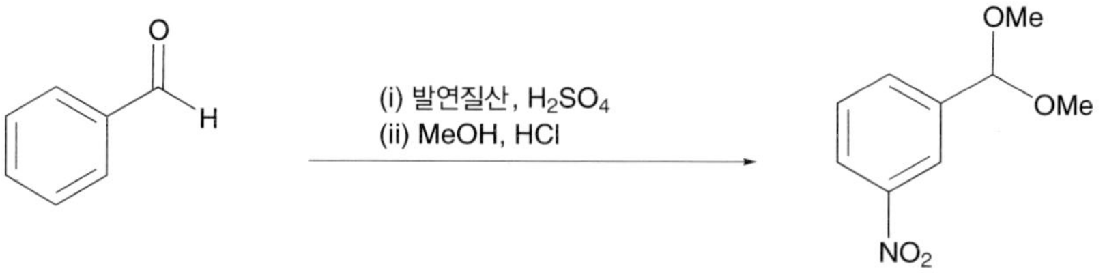

초기 제시된 모든 반응물이 친전자성/친핵성, 그리고 산성/염기성 부위를 갖는지 기록해 두자. 그리고 출발 물질과 생성물에서 동일한 원자를 열거하라.

- 카보닐 그룹은 탄소와 산소 사이의 **전기 음성도** 차이에 의해 편극화되며, 이로 인해 탄소는 친전자성을 갖는다.
- 방향족 고리는 친핵성을 띠긴 하나, 알데하이드 그룹이 존재함으로써 비활성화된다.
- 질산/황산은 매우 강한 산 혼합체이며, NO_2^+를 생성한다.

하나 이상이 존재할 경우, 가장 반응성이 큰 자리를 파악하라.

- 알데하이드는 유일한 친전자성 자리이다.
- 방향족 고리는 유일한 친핵체이다.
- 질산/황산 혼합물은 NO_2^+를 생성하며, 이는 강한 친전자체로서 작용한다.

가장 반응성이 큰 작용기의 반응 특성을 떠올려라. 그리고 반응 조건을 고려하였을 때 어느 반응이 가장 적합한지를 정하라.

- 이 경우처럼, 비록 알데하이드 그룹이 방향족 고리를 비활성시키더라도, 방향족 고리는 **친전자성 방향족 치환 반응**(S_EAr)을 선호하며 *meta*를 지향한다.

중간 생성물로 이어질 메커니즘을 그려라.

- 벤즈알데하이드(benzaldehyde)의 *meta* 위치는 NO_2^+와 친전자성 방향족 치환 반응을 일으키며, 이때 *m*-나이트로벤즈알데하이드(*m*-nitrobenzaldehyde) 생성물이 형성된다.

위 4단계를 반복하라.

- 알데하이드 작용기는 매우 친전자성을 띤다. 카보닐 그룹이 양성자화 되면, 메탄올이 첨가되며, 첨가-제거 순서로 이어진다. 반응 결과 아세탈(acetal) 생성물이 만들어진다. **옥소늄** 이온이 탈양성자화되면, 최종 케톤 생성물이 만들어진다.

이것이 최종 생성물과 밀접하게 관련된 것인지를 확인하라.

- 이 단계 생략 가능.

최종 생성물의 구조를 그려라.

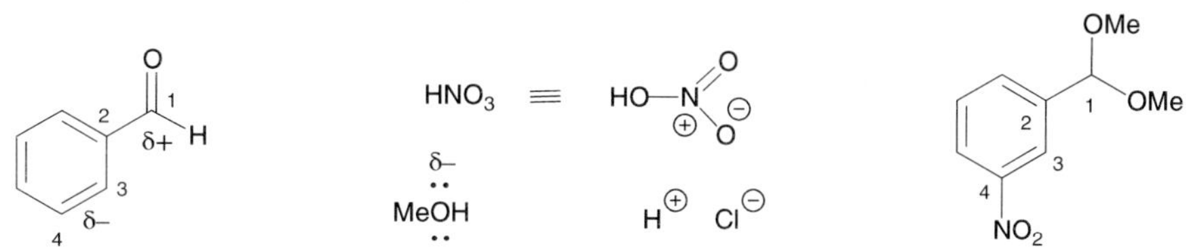

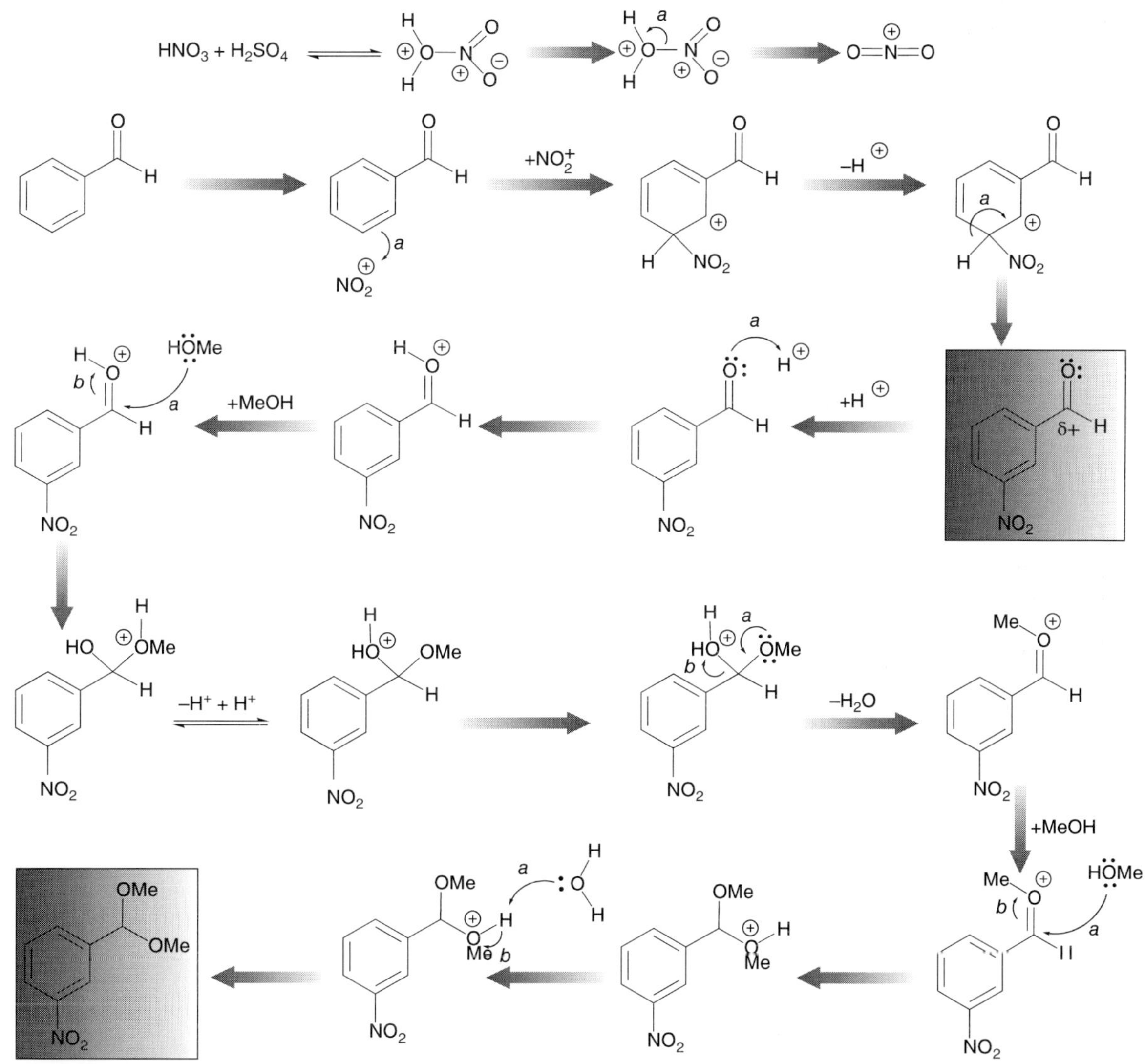

요약: 친전자성 방향족 치환 반응의 한 예시이다.

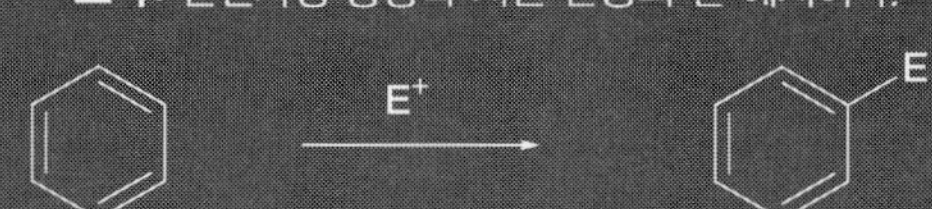

이제 문제 5.9를 풀어보자.

5.9

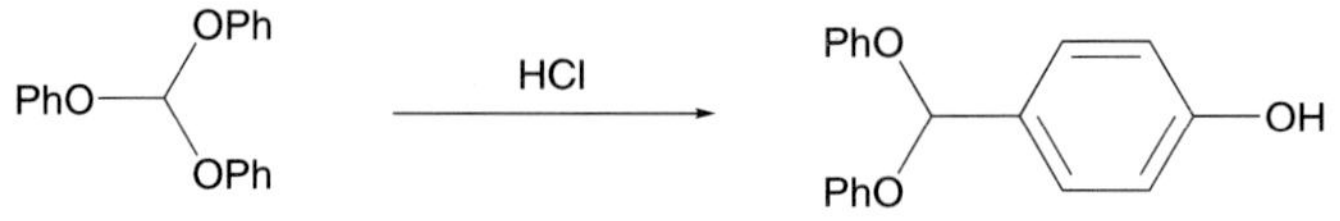

초기 제시된 모든 반응물이 친전자성/친핵성, 그리고 산성/염기성 부위를 갖는지 기록해 두자. 그리고 출발 물질과 생성물에서 동일한 원자를 열거하라.

- 오쏘에스터(orthoester)는 산소 원자가 양성자를 받을 수 있는 비공유 전자쌍을 가지고 있으므로, 염기로 작용한다.
- HCl은 강한 산이며, 완전히 이온화된다($pK_a = -7$)

하나 이상이 존재할 경우, 가장 반응성이 큰 자리를 파악하라.

- 오쏘에스터는 대칭적이며, 어떤 산소 원자라도 이들 중 하나는 강한 산인 HCl에 의해 양성자화될 수 있다.

가장 반응성이 큰 작용기의 반응 특성을 떠올려라. 그리고 반응 조건을 고려하였을 때 어느 반응이 가장 적합한지를 정하라.

- 오쏘에스터는 아세탈처럼 산성 조건에서 쉽게 깨진다.

중간 생성물로 이어질 메커니즘을 그려라.

- 오쏘에스터는 어떤 산소 원자라도 이들 중 하나의 양성자화가 이탈기 그룹을 만든다는 점에서 아세탈과 같다. 이들의 이탈은 인접 비공유 전자쌍의 도움을 받는다. 본 반응에서는 **옥소늄** 이온과 페놀이 생성된다.

위 4단계를 반복하라.

- 방향족 고리는 **친전자성 방향족 치환 반응**(S_EAr)을 잘 일으킨다. 여기서 하이드록시그룹은 방향족 고리를 활성화시키고, *ortho*, *para*를 지향하게 만든다. 페놀의 덜 가려진 *para* 위치는 앞서 생성된 친전자체인 옥소늄 이온과 친전자성 방향족 치환반응을 한다. 그 결과, 최종 생성물이 만들어진다.

이것이 최종 생성물과 밀접하게 관련된 것인지를 확인하라.

- 이 단계 생략 가능.

최종 생성물의 구조를 그려라.

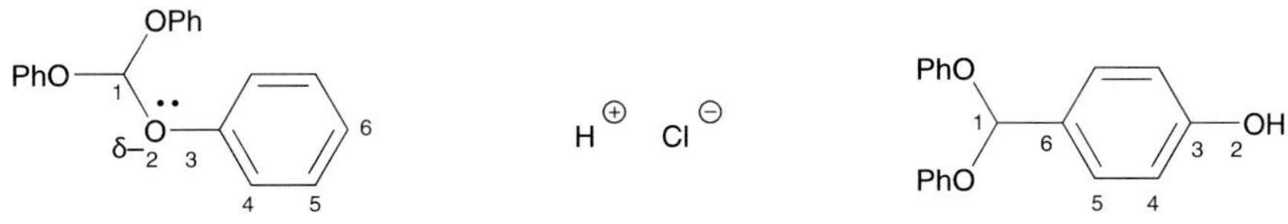

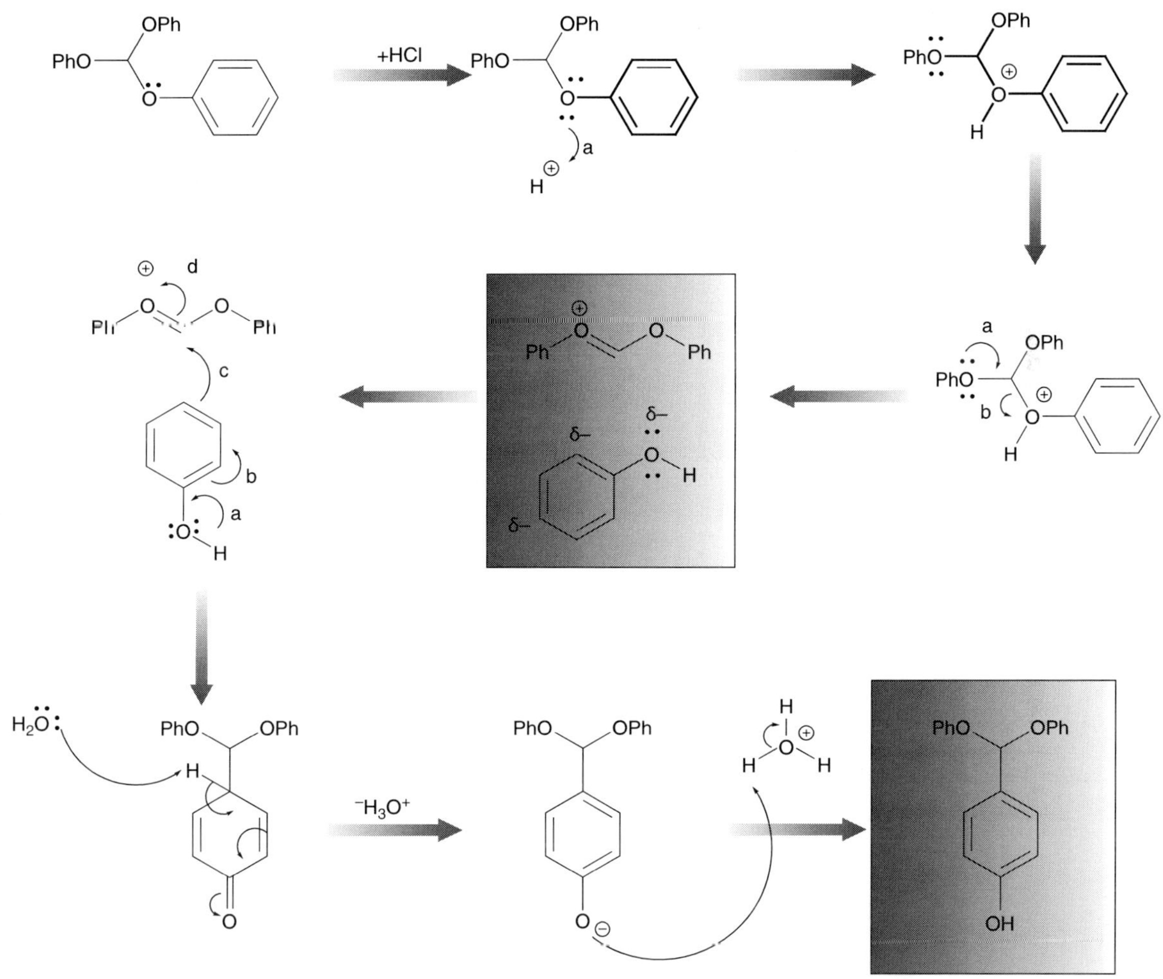

요약: 친전자성 방향족 치환 반응의 한 예시이다.

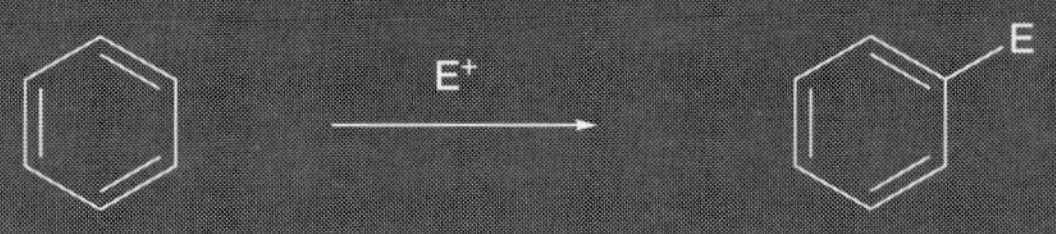

5.10

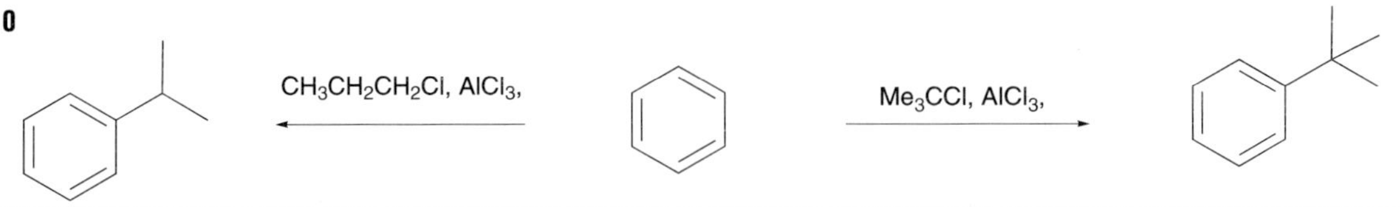

초기 제시된 모든 반응물이 친전자성/친핵성, 그리고 산성/염기성 부위를 갖는지 기록해 두자. 그리고 출발 물질과 생성물에서 동일한 원자를 열거하라.

- 벤젠은 π 전자 밀도 덕분에 좋은 친핵체이다.
- 염화 알킬은 강한 루이스 산인 염화 알루미늄(aluminium chloride; $AlCl_3$)에 의해 활성화된다. 이때 염화 이온이 손쉽게 이탈하고 나면, 탄소 양이온 중간체가 만들어진다.

하나 이상이 존재할 경우, 가장 반응성이 큰 자리를 파악하라.

- $AlCl_3$와 할로젠화 알킬은 둘 다 친전자체이다.
- 방향족 고리는 유일한 친핵체이다.

가장 반응성이 큰 작용기의 반응 특성을 떠올려라. 그리고 반응 조건을 고려하였을 때 어느 반응이 가장 적합한지를 정하라.

- 방향족 고리(여기에서는 벤젠)는 **친전자성 방향족 치환 반응**(S_EAr)을 선호한다.

중간 생성물로 이어질 메커니즘을 그려라.

- $AlCl_3$는 출발 물질의 염화 알킬로부터 염화 이온 이탈기를 받아 $AlCl_4^-$와 탄소 양이온을 각각 형성한다. 삼차 뷰틸(*t*-butyl) 탄소 양이온은 삼차 양이온이므로 안정하며, 추후 벤젠과 반응한다.
- *n*-propyl 탄소 양이온의 경우, 초기에 형성된 탄소 양이온은 1,2-수소 자리옮김에 의해 손쉽게 재배열하며, 따라서 이때 더욱 안정한 이차 아이소프로필(isopropyl) 탄소 양이온을 형성한다. 이것이 다시 벤젠과 반응한다.
- 벤젠의 친전자성 방향족 치환 반응은 각각의 두 생성물을 만든다.

위 4단계를 반복하라.

이것이 최종 생성물과 밀접하게 관련된 것인지를 확인하라.

- 이 단계 생략 가능.

최종 생성물의 구조를 그려라.

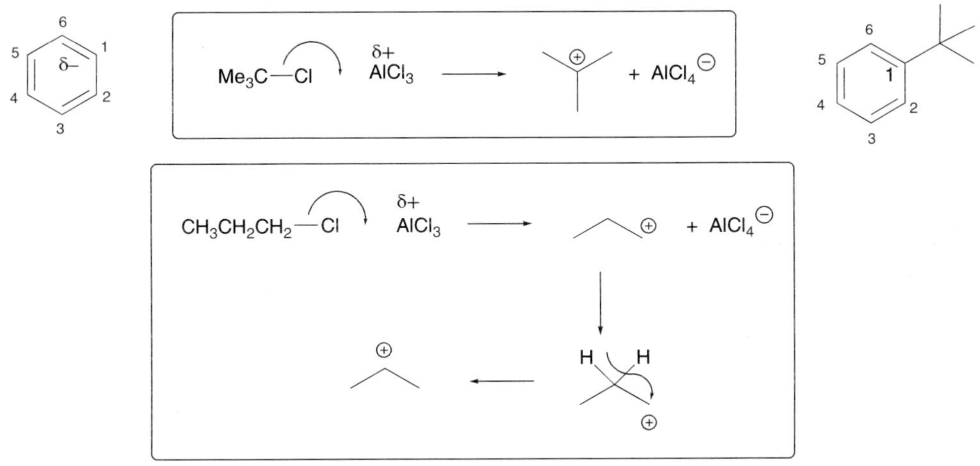

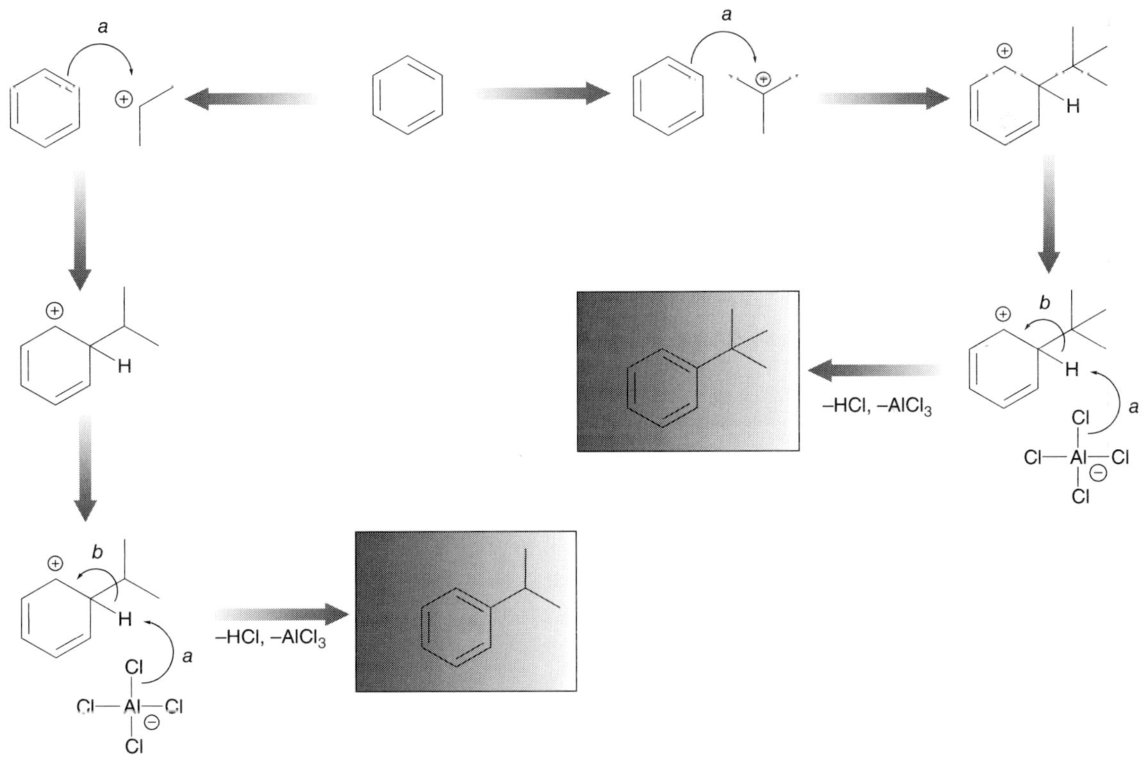

요약: 친전자성 방향족 치환 반응의 한 예시이다.

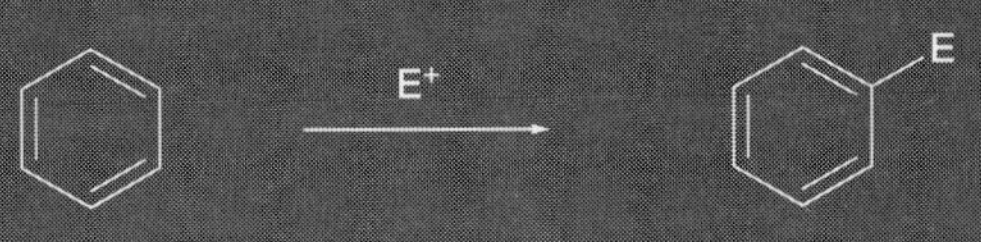

5.11

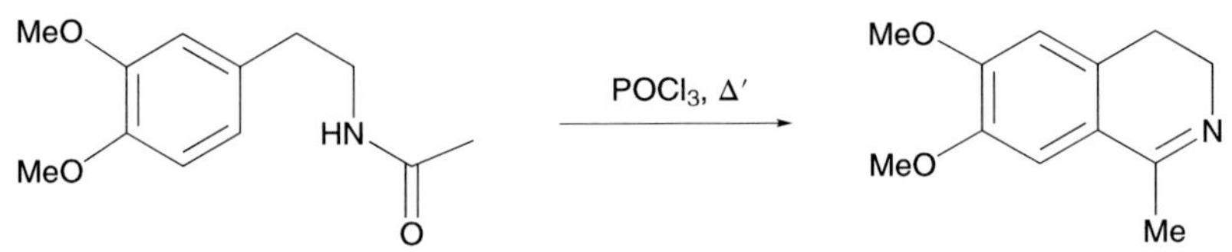

초기 제시된 모든 반응물이 친전자성/친핵성, 그리고 산성/염기성 부위를 갖는지 기록해 두자. 그리고 출발 물질과 생성물에서 동일한 원자를 열거하라.

- 아마이드는 산소와 질소에서 친핵성을 갖는다.
- 메톡시(−OCH_3)와 같이 전자를 방출하는 그룹을 가진 방향족 고리는 친핵성을 띤다.
- $POCl_3$는 전자를 끄는(electron-withdrawing) 염소를 여러 개 가지며, 또한 이들 염소가 좋은 이탈기이므로 강력한 친전자체로서 작용한다.

하나 이상이 존재할 경우, 가장 반응성이 큰 자리를 파악하라.

- 아마이드는 산소에서 가장 친핵성을 갖는다(예컨대, N 원자가 알킬화될 때보다 더 많은 공명 구조를 가지므로).
- $POCl_3$는 유일한 친전자체이다.
- 방향족 고리의 메톡시 그룹은 *ortho*와 *para* 자리에서의 친전자성 방향족 치환 반응을 활성화한다. 그러나 이 경우, *para* 위치는 접근이 불가능하다.

가장 반응성이 큰 작용기의 반응 특성을 떠올려라. 그리고 반응 조건을 고려하였을 때 어느 반응이 가장 적합한지를 정하라.

- 아마이드는 $POCl_3$와 쉽게 반응하여 클로로메틸이미늄 염을 만든다. 클로로메틸이미늄 염은 그 자체가 강력한 친전자체이므로, 방향족 화합물과 친전자성 방향족 치환 반응(S_EAr)을 한다.

중간 생성물로 이어질 메커니즘을 그려라.

- 초기 아마이드의 산소 자리가 인산화되면서(O-phosphorylation; 이때 강한 P−O 결합을 형성함), 방출된 Cl^-의 **첨가-제거 반응**이 수반된다. 반응 결과, 클로로메틸이미늄 이온이 만들어진다. 이때 이 반응은 여기서 멈추지 않고 앞으로 더 진행된다.

위 4단계를 반복하라.

- 메톡시 그룹 중 하나가 *ortho* 위치에서 클로로메틸이미늄 친전자체와의 친전자성 방향족 치환 반응을 활성화시킴으로써 이민 생성물이 만들어진다. 이때 6각 고리(6-membered ring)가 형성된다. 최종 이민 생성물은 이미늄 양이온의 탈양성자화 과정을 통해 만들어진다.

이것이 최종 생성물과 밀접하게 관련된 것인지를 확인하라.

- 이 단계 생략 가능.

최종 생성물의 구조를 그려라.

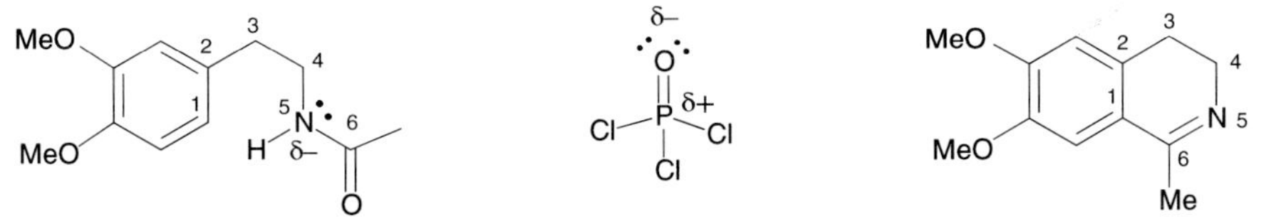

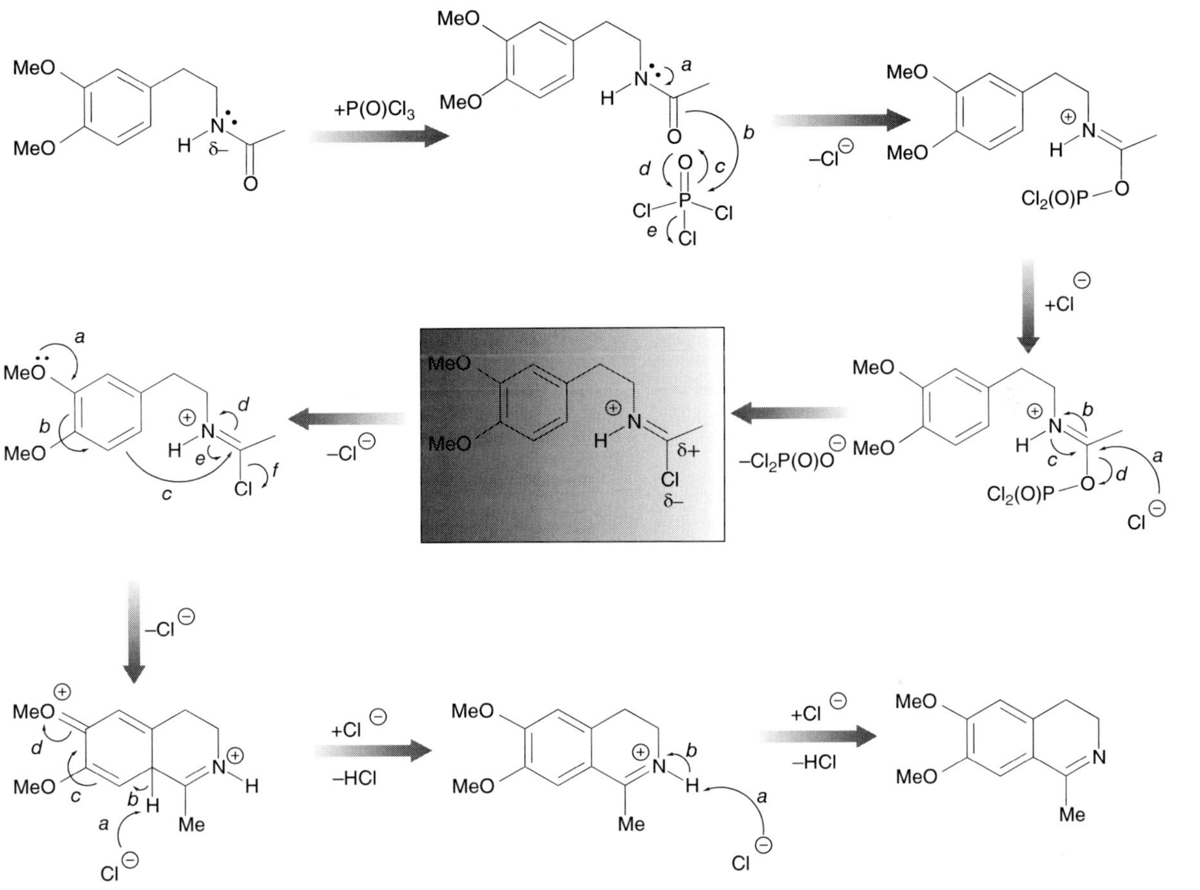

요약: Viismeier 시약을 이용한 친전자성 방향족 치환 반응의 한 예시이다.

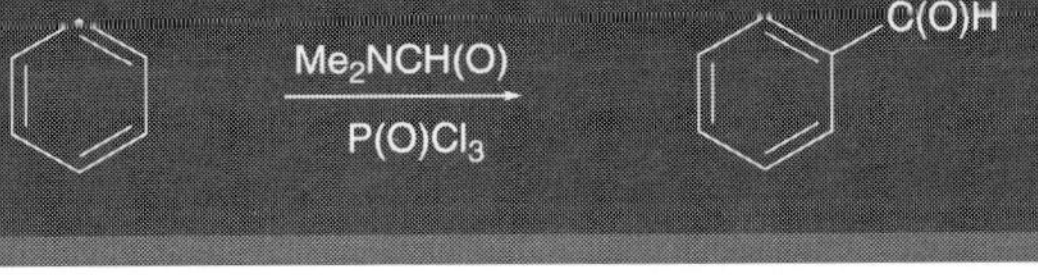

5.12

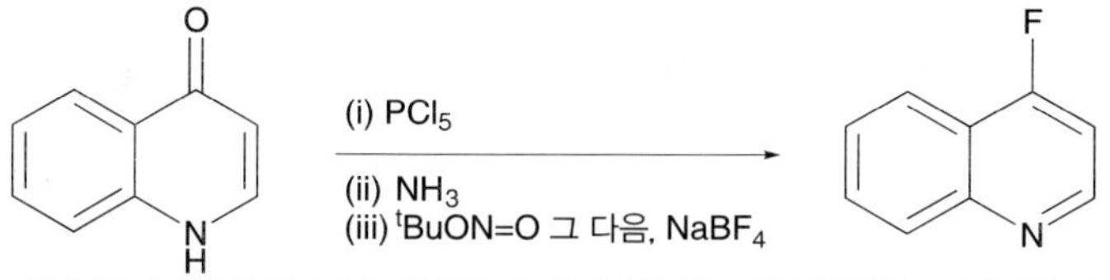

초기 제시된 모든 반응물이 친전자성/친핵성, 그리고 산성/염기성 부위를 갖는지 기록해 두자. 그리고 출발 물질과 생성물에서 동일한 원자를 열거하라.

- 아민은 질소가 비공유 전자쌍을 가지고 있으므로 좋은 친핵체이다. 여기서 아민은 케톤과 공명 구조로 연결되어 있으며, 이를 피리돈(pyridone)이라고 한다.
- PCl_5는 친전자성 염소-처리(chlorinating) 시약이다(이 시약은 5개의 염소가 전자를 끄는 그룹으로 작용하면서 동시에 좋은 이탈기로서 작용하므로).

하나 이상이 존재할 경우, 가장 반응성이 큰 자리를 파악하라.

- 아민은 가장 친핵성을 띠긴 하나, 여기에서는 질소의 비공유 전자쌍이 공명 비편재화됨으로써 산소 또한 친핵성을 갖는다.
- PCl_5는 친전자성을 가지며, 좋은 염소 **이탈기**를 가지고 있다.

가장 반응성이 큰 작용기의 반응 특성을 떠올려라. 그리고 반응 조건을 고려하였을 때 어느 반응이 가장 적합한지를 정하라.

- 케톤은 할로젠화 인(phosphorus halide)과 반응하여 염화 알킬을 생성한다. 전자 끄는(electron-withdrawing) 그룹에 의해 활성화된 방향족 고리는 방향족 친핵성 첨가 반응(S_NAr)을 선호한다.

중간 생성물로 이어질 메커니즘을 그려라.

- 피리돈은 PCl_5와 반응하여 활성화된 포스포릴(phosphoryl) 중간체를 생성한다. 여기에 염소가 공격함으로써 첨가-제거 반응이 일어나며, 결국 염소-치환된 생성물이 만들어진다.

위 4단계를 반복하라.

이것이 최종 생성물과 밀접하게 관련된 것인지를 확인하라.

- 염화 이온은 좋은 이탈기이다. 염화 이온 자리에 친핵체로서 암모니아가 들어오면, 첨가–제거반응에 따라 S_NAr 반응이 선호된다.
- *t*-BuONO는 $O{=}N^+$의 공급원으로서 아민과 친핵성 첨가–제거반응을 한다. 이 시약은 아민 작용기 그룹을 **다이아조화**하는데, 이때 *t*-BuO^-를 이탈시키며 NH_2를 N_2^+로 전환시킨다. 연달아 **자동화**(automerization)가 일어나면서 물이 **제거**되고, 다이아조늄 염(diazonium salt)이 만들어진다.
- 다이아조 그룹은 가열을 통해 질소 기체를 잃으며, 아릴 양이온을 생성한다. 이는 강한 친전자체이며, 여기에 친핵체인 플루오린화 이온(fluoride ion)이 접근하여 결합한다.

최종 생성물의 구조를 그려라.

- 이 단계 생략 가능.

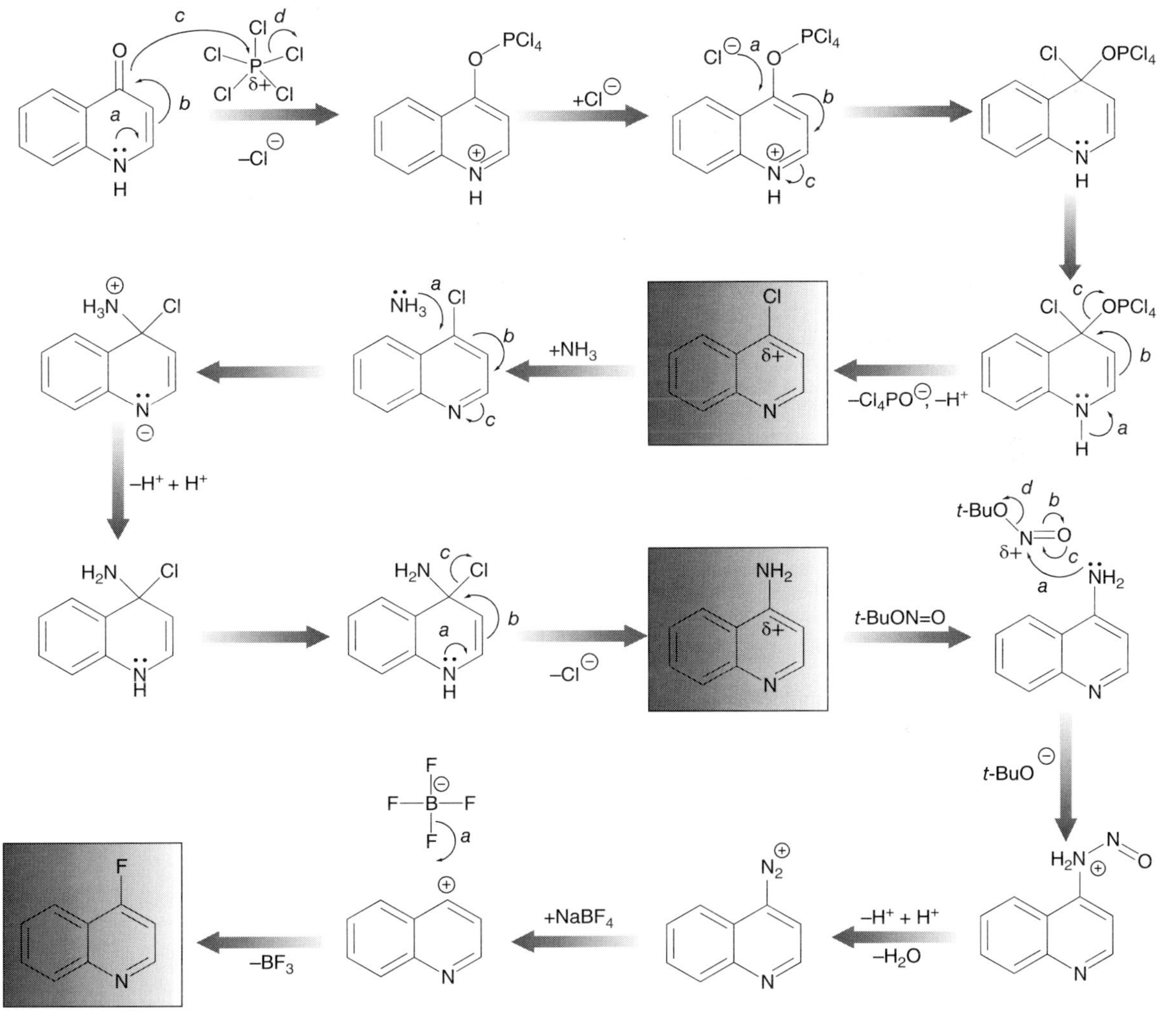

요약: 친핵성 방향족 치환 반응의 한 예시이다.

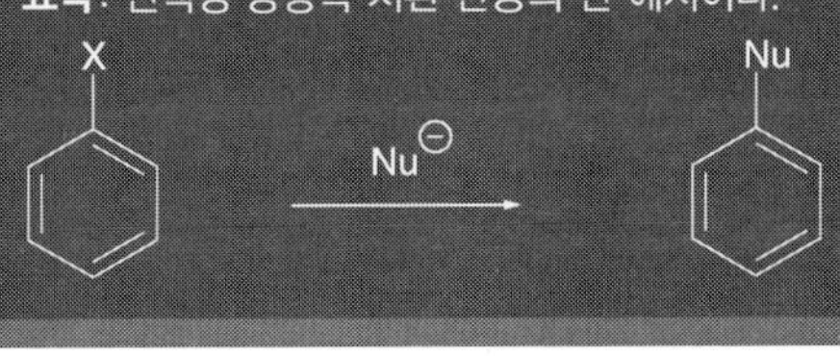

5.13

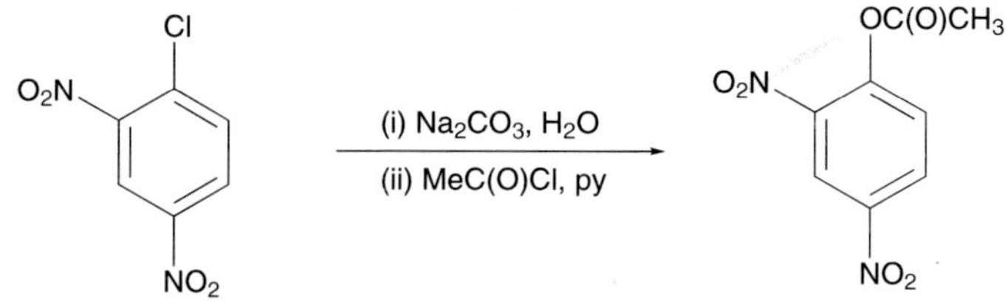

초기 제시된 모든 반응물이 친전자성/친핵성, 그리고 산성/염기성 부위를 갖는지 기록해 두자. 그리고 출발 물질과 생성물에서 동일한 원자를 열거하라.

- 강한 전자 끄는 그룹으로 치환된 염화 아릴은 염소가 전기 음성적이고, 좋은 이탈기이므로 친전자성을 갖는다.
- Na_2CO_3는 약한 염기이기는 하지만 좋은 친핵체이다.

하나 이상이 존재할 경우, 가장 반응성이 큰 자리를 파악하라.

- 염화 아릴은 유일한 친전자체 자리이다.
- CO_3^{2-}는 유일한 친핵체이다.

가장 반응성이 큰 작용기의 반응 특성을 떠올려라. 그리고 반응 조건을 고려하였을 때 어느 반응이 가장 적합한지를 정하라.

- 방향족 염소는 매우 전자 결핍 상태에 있으며, 좋은 **이탈기**로서 작용한다. 이것은 **친핵성 방향족 치환 반응**(S_NAr)을 손쉽게 일으킨다.

중간 생성물로 이어질 메커니즘을 그려라.

- 친핵성을 가진 CO_3^{2-}의 공격은 **첨가-제거 반응**에 의한 생성물을 만드는데, 이는 전반적인 방향족 친핵성 치환 반응으로 이어진다. 이후, 자발적으로 CO_2를 떼어내며, 페놀레이트(phenolate)가 생성된다. 페놀레이트는 워크업을 통해 양성자화 된다.

위 4단계를 반복하라.

- 염화 아세틸과 페놀의 반응은 카보닐 그룹의 첨가-제거 메커니즘에 의해 진행된다. 그 결과, 염소가 이탈하면서 에스터화 반응으로 이어진다.

이것이 최종 생성물과 밀접하게 관련된 것인지를 확인하라.

- 이 단계 생략 가능.

최종 생성물의 구조를 그려라.

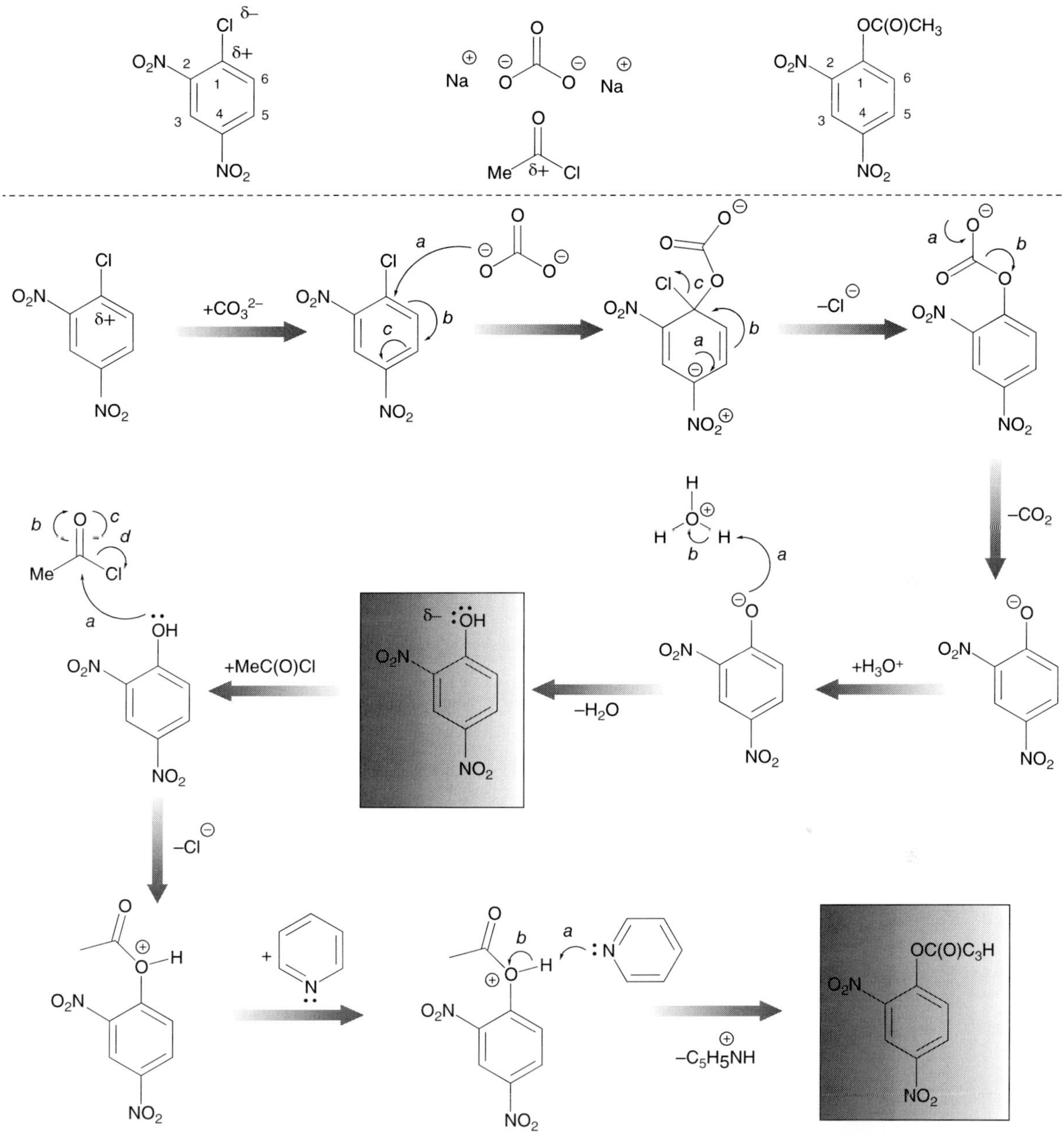

요약: 친핵성 방향족 치환 반응의 한 예시이다(S_NAr).

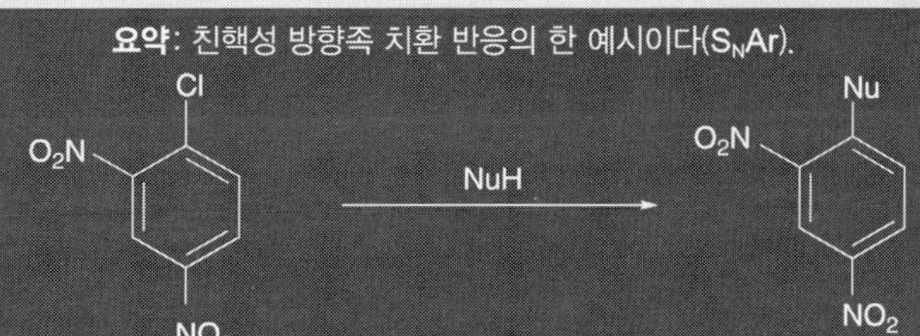

5.14

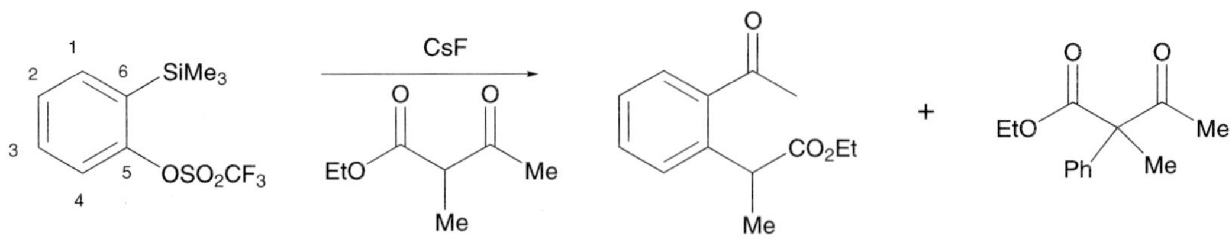

초기 제시된 모든 반응물이 친전자성/친핵성, 그리고 산성/염기성 부위를 갖는지 기록해 두자. 그리고 출발 물질과 생성물에서 동일한 원자를 열거하라.

- 카보닐 그룹은 탄소와 산소의 **전기 음성도** 차이에 의해 편극화되며, 탄소를 친전자성으로 만든다.
- 카보닐 그룹의 α-수소는 **유발** 효과에 의해 산성을 띤다. 이때 생성되는 엔올산 이온은 공명 안정화되며, 좋은 친핵체이다.
- Triflate[1]는 매우 좋은 이탈기가 된다.
- 플루오린화 이온(fluoride)은 강한 친핵체이면서 약한 염기이다.

하나 이상이 존재할 경우, 가장 반응성이 큰 자리를 파악하라.

- 실릴(silyl) 그룹은 매우 친전자성을 가지며, 실리콘(silicon)은 플루오린화 이온과 매우 강한 결합을 형성한다.
- β-다이카보닐(β-dicarbonyl)은 매우 산성을 갖는 시약이다 (pK_a=13).
- 플루오린화 이온은 약한 염기이다. 이것은 엔올 형태와 평형을 유지하면서 존재한다.

가장 반응성이 큰 작용기의 반응 특성을 떠올려라. 그리고 반응 조건을 고려하였을 때 어느 반응이 가장 적합한지를 정하라.

- 좋은 이탈기를 가진 방향족 화합물은 이탈기를 제거하면서 **벤자인**(benzyne) 중간체를 형성한다. 이것은 친핵체와 매우 잘 반응한다.

중간 생성물로 이어질 메커니즘을 그려라.

- 실리콘 자리에 플루오린화 이온이 공격하면, Triflate가 떨어지면서 벤자인이 형성된다. 여기에 엔올이 접근하여 붙음으로써, 탄소 음이온이 생성된다. 이 탄소 음이온은 자발적으로 양성자화되며, 관측 가능한 생성물 중 하나를 만들거나, 아실 그룹 이동과 함께 자리옮김 반응을 할 것이다. 반응 결과, 엔올산 이온이 형성되며 양성자화를 통해 생성물로 전환된다.

위 4단계를 반복하라.

이것이 최종 생성물과 밀접하게 관련된 것인지를 확인하라.

- 이 단계 생략 가능.

최종 생성물의 구조를 그려라.

1 Trifluoromethanesulfonate의 약어

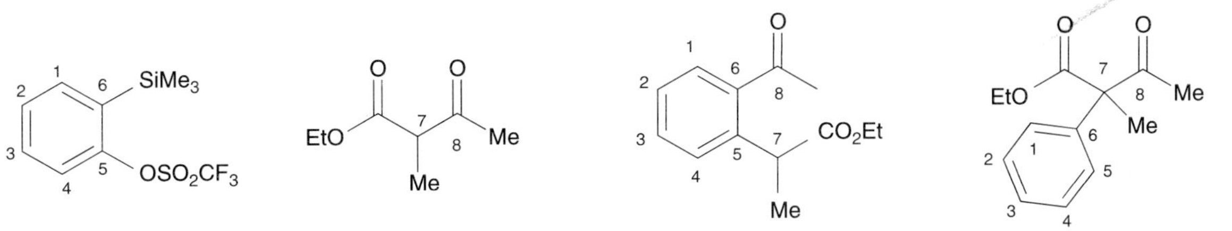

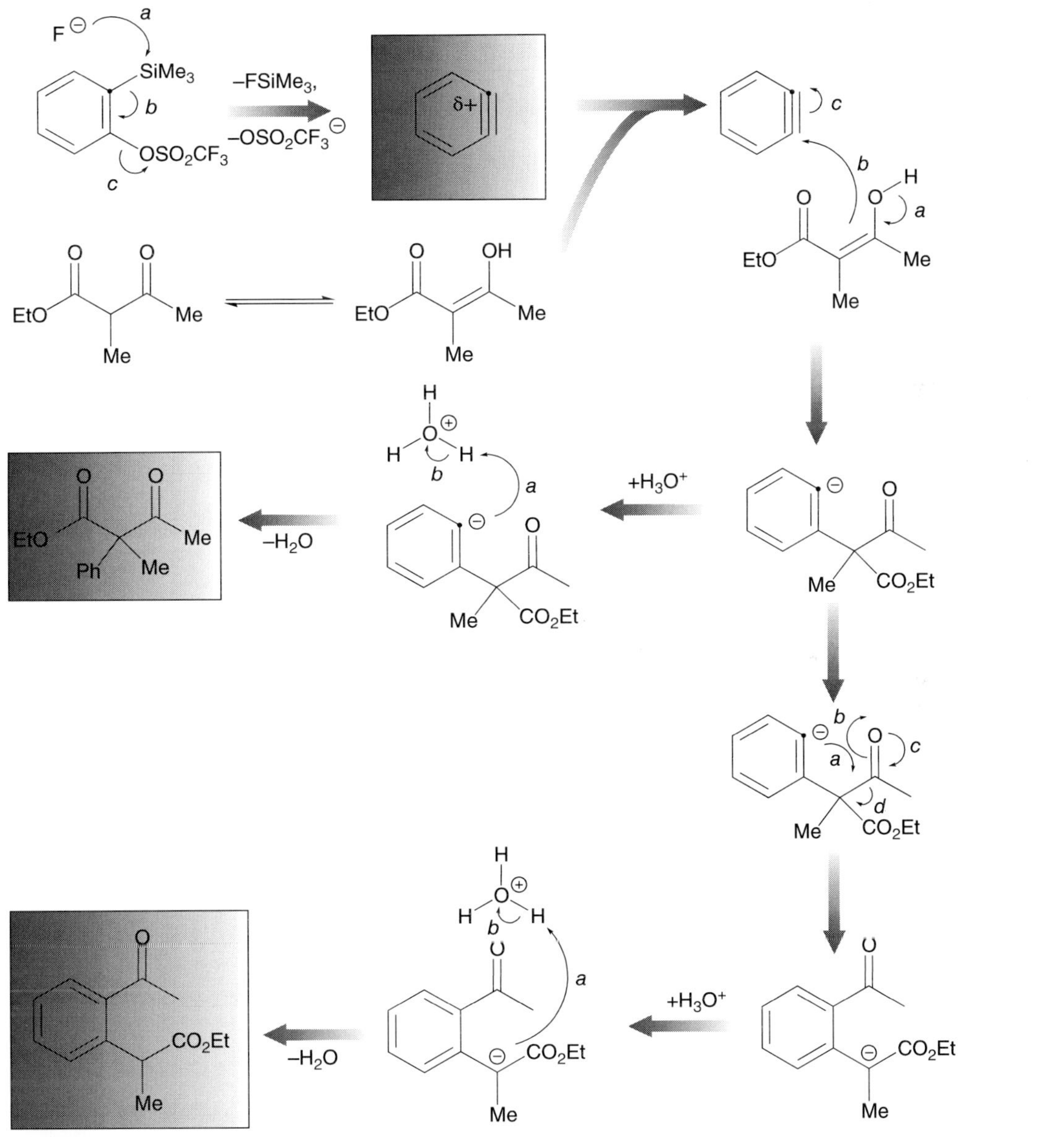

요약: 벤자인 중간체를 포함하는 방향족 치환 반응의 한 예시이다.

5.15

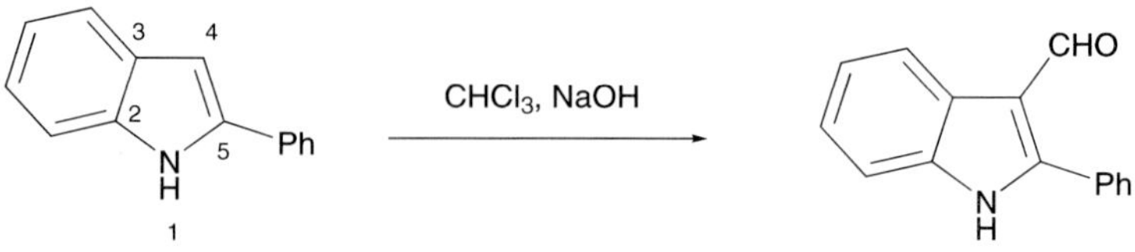

초기 제시된 모든 반응물이 친전자성/친핵성, 그리고 산성/염기성 부위를 갖는지 기록해 두자. 그리고 출발 물질과 생성물에서 동일한 원자를 열거하라.

- 인돌(indole)은 매우 친핵성을 갖는 방향족 화합물이며, 질소에 의해 활성화된다.
- NaOH는 강한 염기이다.
- $CHCl_3$는 수소가 산성을 띠는데, 이는 인접 염소 원자의 전자 끄는 효과에 의해 탄소 음이온이 안정화되기 때문이다.

하나 이상이 존재할 경우, 가장 반응성이 큰 자리를 파악하라.

- 아민 그룹의 베타 위치에 해당하는 4번 탄소(C–4)는 활성화되어 친전자성 공격을 한다.
- NaOH는 유일한 염기이다.
- $CHCl_3$는 산성 수소를 가지고 있다.

가장 반응성이 큰 작용기의 반응 특성을 떠올려라. 그리고 반응 조건을 고려하였을 때 어느 반응이 가장 적합한지를 정하라.

- NaOH는 $CHCl_3$를 탈양성자화하며, α-**제거 반응**에 의해 **다이클로로카벤**(dichlorocarbene)을 만든다. 이러한 중간체는 매우 친전자성을 가지며, 적합한 친핵체와 매우 잘 반응한다. 이러한 조건하에 인돌은 **친전자성 방향족 치환 반응**을 선호한다.

중간 생성물로 이어질 메커니즘을 그려라.

- 다이클로로카벤과 인놀의 4번 탄소(C–4)가 **친선자성 방향족 치환 반응**을 하면 다이클로로메틸 생성물이 만들어진다. 이후, 수산화 이온이 공격하면 중간체가 깨지면서 알데하이드 생성물이 만들어진다.

위 4단계를 반복하라.

- 이 단계 생략 가능.

이것이 최종 생성물과 밀접하게 관련된 것인지를 확인하라.

- 이 단계 생략 가능.

최종 생성물의 구조를 그려라.

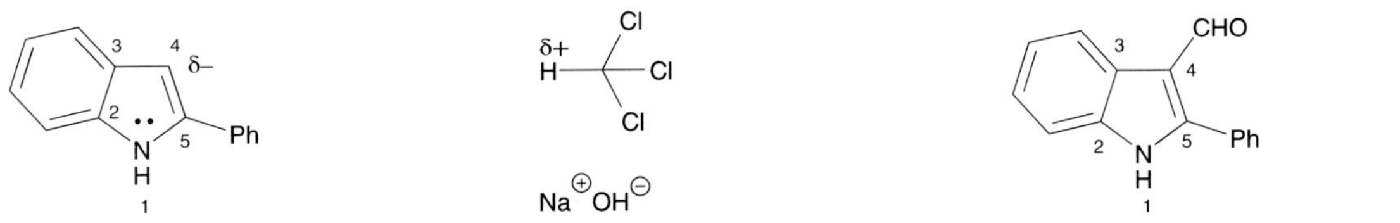

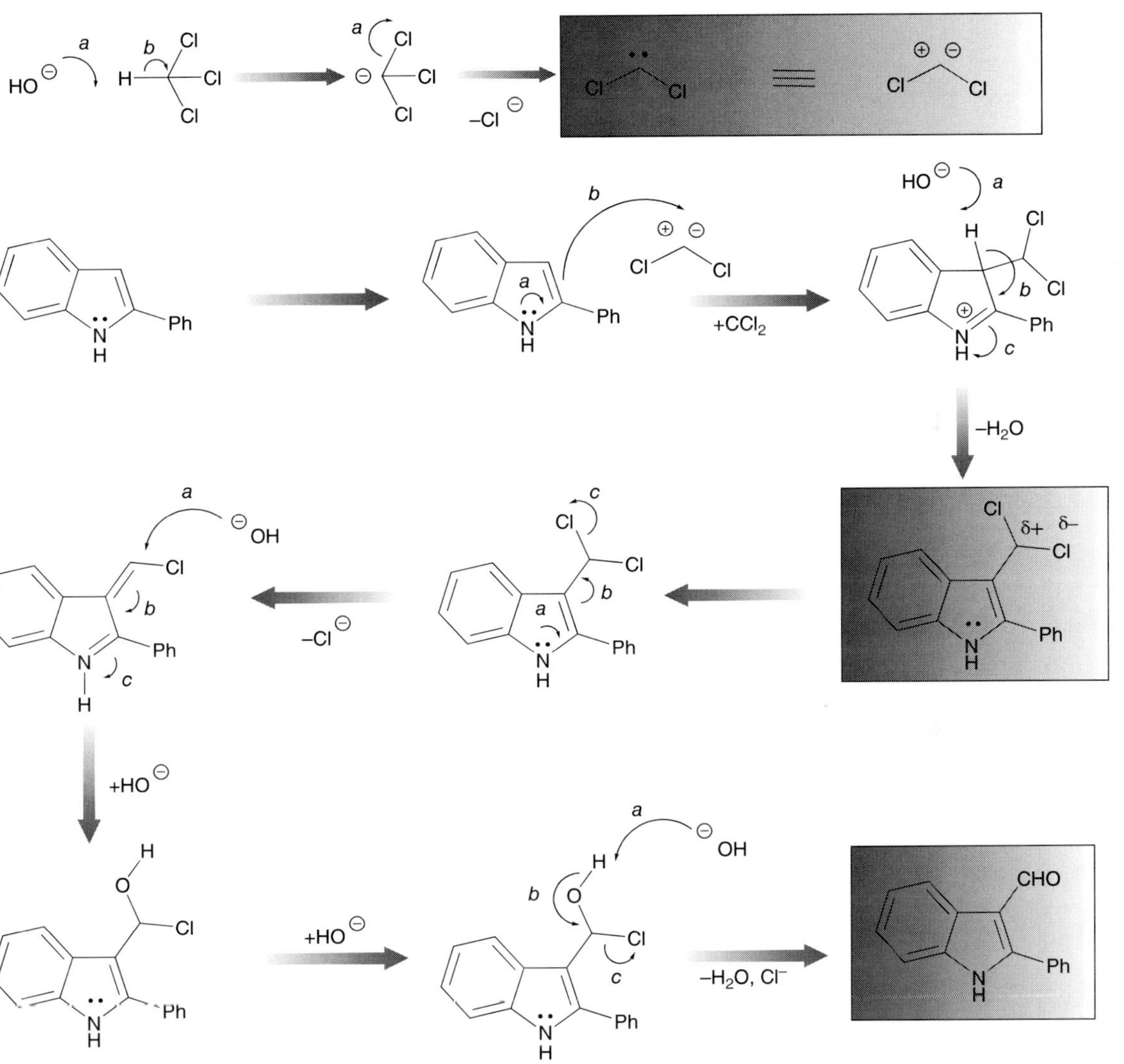

요약: 피롤(pyrrole) 의 친전자성 방향족 치환 반응의 한 예시이다.

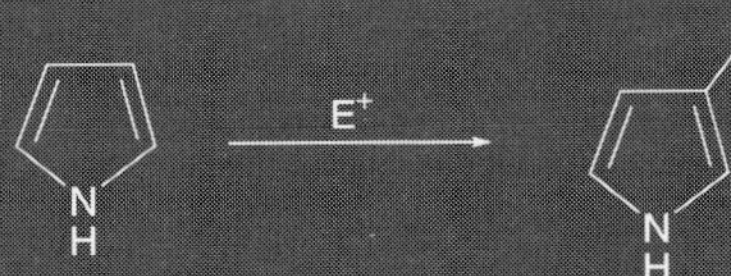

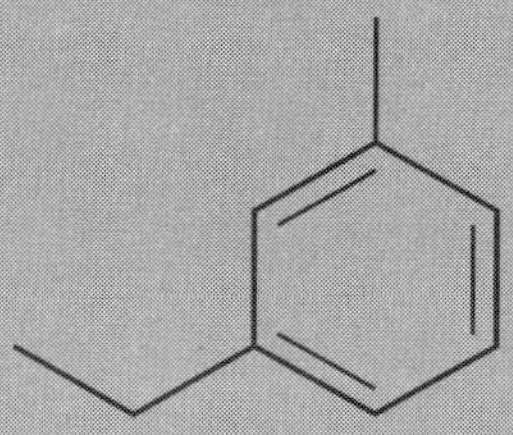

6장

자리옮김 반응

- 자리옮김 반응은 1) 전자 방출 그룹(X), 2) 이동하는 그룹(R), 3) 이탈하는 그룹(L)을 가진 화합물에서 대부분 일어난다.
- 오비탈이 정확하게 오버랩될 수 있는지 여부는 반응 경로 및 반응 가능성에 크게 영향을 준다.
- 이동하는 그룹과 이탈하는 그룹 간에는 *anti*-관계를 가지려는 명백한 경향성이 존재한다.
- 이동의 선호도: (상대적 선호) 아릴 이동〉 알킬 이동〉 수소 이동 (상대적 비선호)
- 반응을 다음과 같이 나타낼 수 있다.

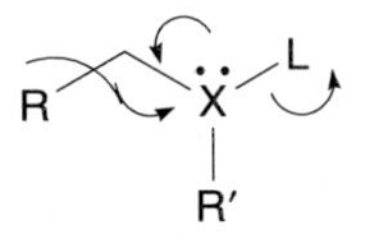

6.1 탄소에 대한 1,2-알킬 또는 아릴 이동

- 적절히 이탈기가 떨어짐으로써 일어나는 경우가 많다.
- Wagner-Meerwein 자리옮김: 수소, 알킬 또는 아릴 그룹의 1,2-이동에 의해 탄소 양이온 자리가 이동한다.
- Pinacol-pinacolone

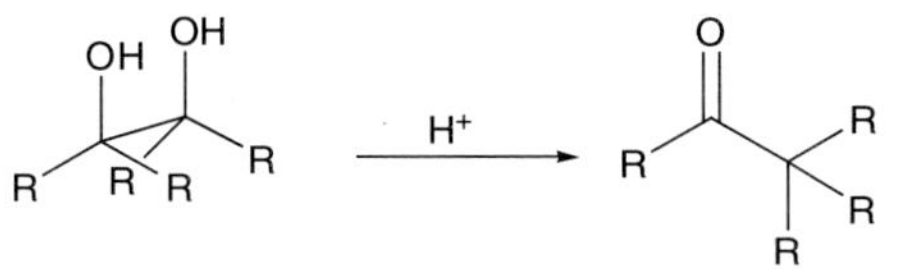

- Benzil-benzilic acid

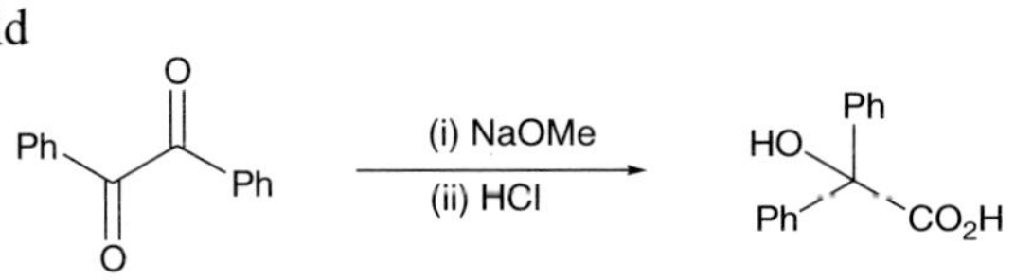

- Favorskii

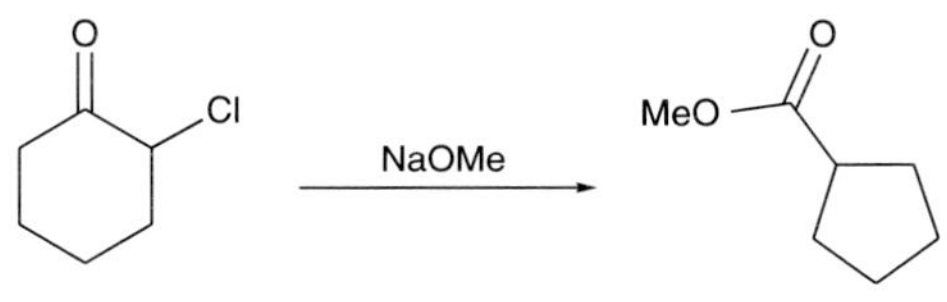

- Tiffeneau-Demyanov

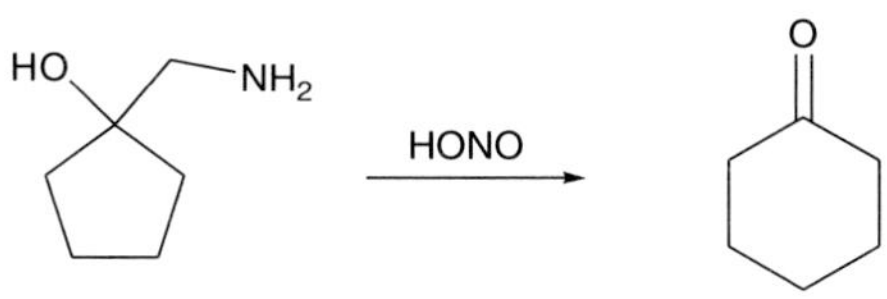

- Dienone-phenol

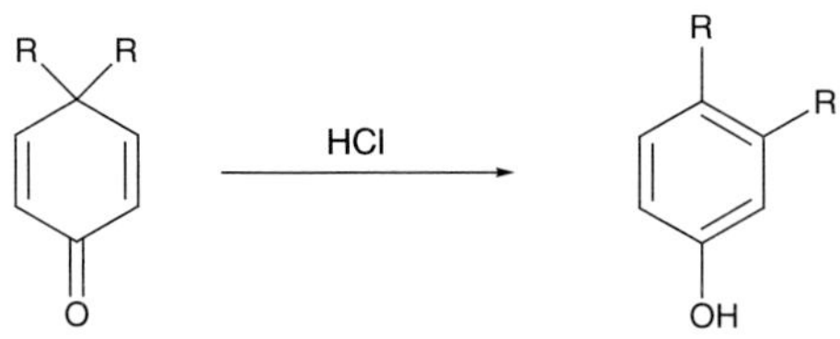

- Wolff(Arndt-Eistert 반응)

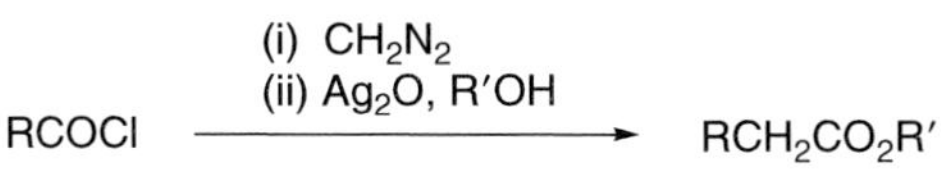

6.2 질소 또는 산소에 대한 1,2-알킬 또는 아릴 이동

- Beckmann: oxime과 PCl_5(또는 강한 산)과의 반응

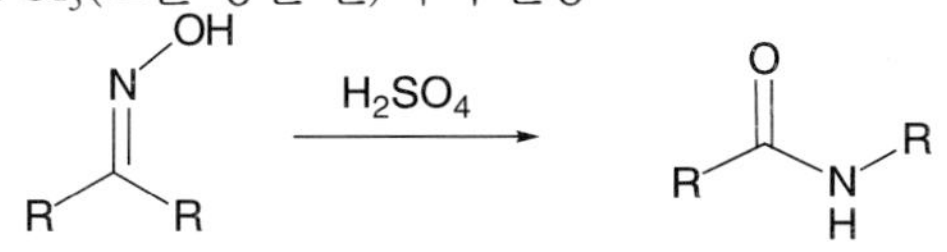

- Hofmann: 1차 아마이드와 알칼리성 브로민 수용액과의 반응

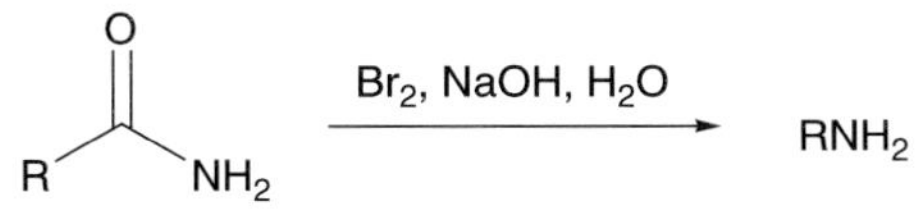

- Schmidt: 카복실산과 HN_3와의 반응

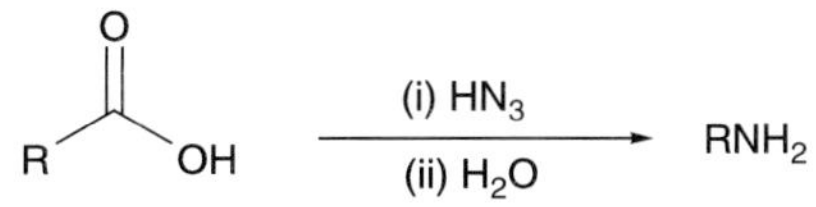

- Lossen: O-acyl hydroxamic acid가 O-이탈기를 형성하는 반응

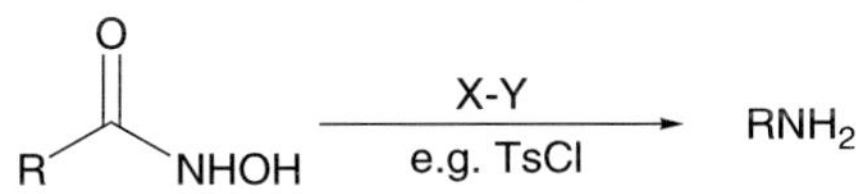

- Curtius: acyl azides의 열분해 반응

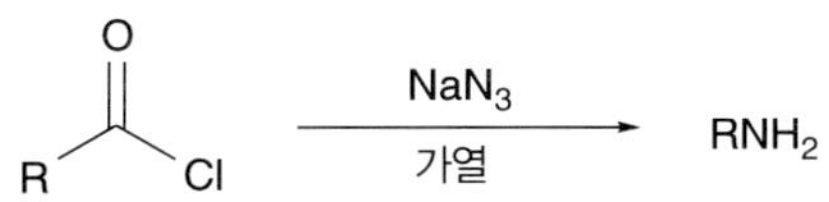

- Baeyer-Villiger: 케톤과 과산의 반응

$$RCOR' \xrightarrow{R''CO_3H} RCO_2R'$$

- Hydroperoxide: 산 조건하에서 hydroperoxide의 반응

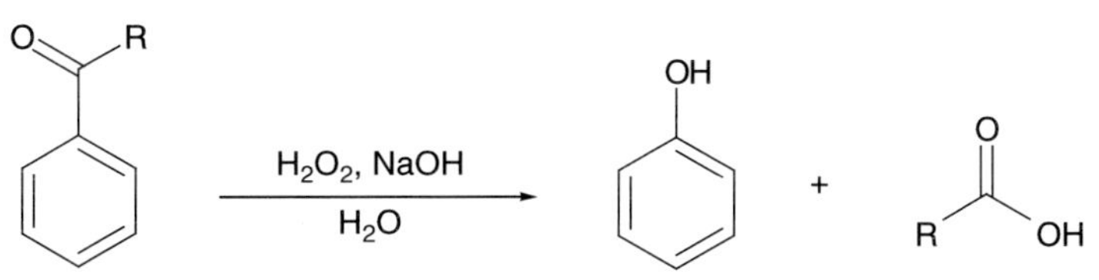

6.3 하이드라이드 이동 반응

- Cannizzaro: 알칼리성 조건하에 방향족 알데하이드의 반응

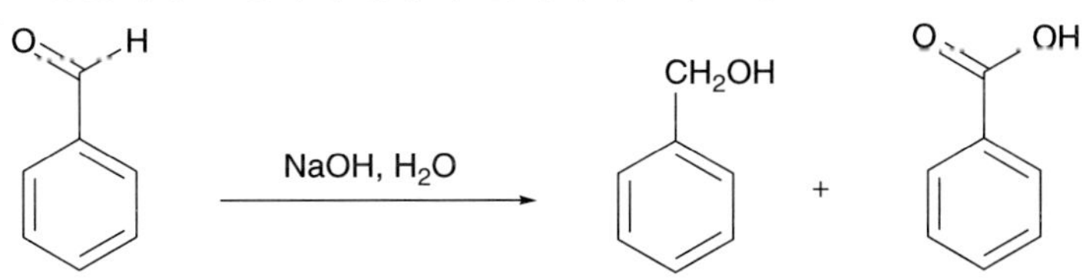

- Meerwein-Ponndorf-Verley 환원: Al(i-PrO)$_3$하에 케톤과 아이소프로필 알코올 혼합물 간 반응
- Oppenauer 산화: Al(i-PrO)$_3$하에 알코올과 아세톤 혼합물 간 반응

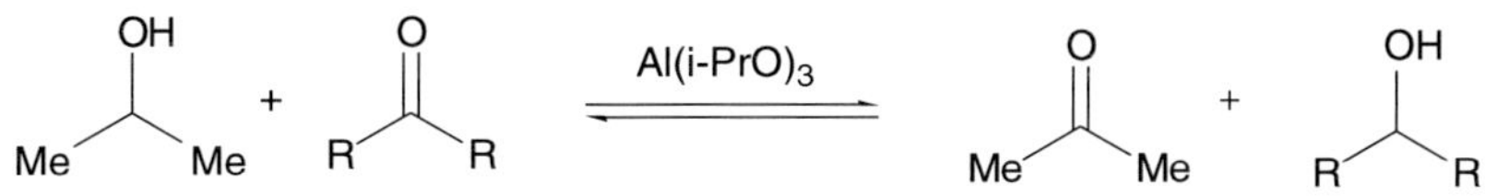

6.1

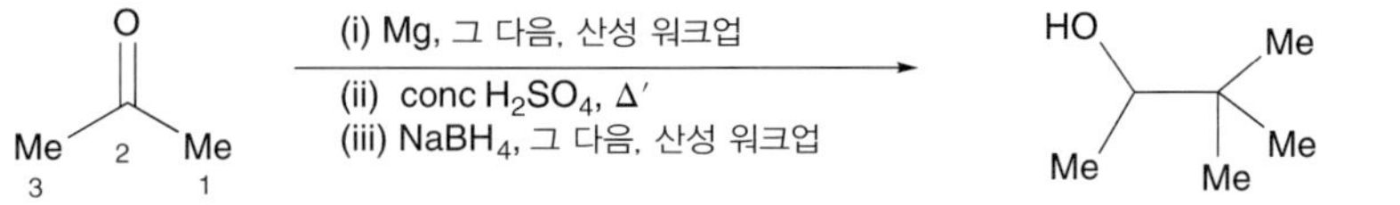

초기 제시된 모든 반응물이 친전자성/친핵성, 그리고 산성/염기성 부위를 갖는지 기록해 두자. 그리고 출발 물질과 생성물에서 동일한 원자를 열거하라.

- 카보닐 그룹은 탄소와 산소의 **전기 음성도** 차이에 의해 편극화되며, 탄소를 친전자성으로 만든다.
- 마그네슘은 환원제로 작용하는 금속이며, 분리된 단일 전자를 두 개 가지고 있기 때문에, 두 개의 전자를 제공할 수 있다.

하나 이상이 존재할 경우, 가장 반응성이 큰 자리를 파악하라.

- 케톤은 유일한 반응성 있는 친전자성 자리이다.
- 마그네슘은 유일한 환원제 금속이다.

가장 반응성이 큰 작용기의 반응 특성을 떠올려라. 그리고 반응 조건을 고려하였을 때 어느 반응이 가장 적합한지를 정하라.

- 마그네슘과 같은 환원제 금속은 케톤과 커플링할 수 있으며, 1,2-다이올을 만든다. 이를 Pinacol 반응이라고 한다.

중간 생성물로 이어질 메커니즘을 그려라.

- 마그네슘은 단일 전자를 C=O의 산소에 제공하며, 안정한 O–Mg 결합과 **라디칼** 중심의 탄소를 형성한다. 이 반응은 2번 반복하여 일어나며, magnesium bis(alkoxide)를 형성한다. 그 다음, 라디칼(radical)이 **이합체화**(dimerization)되고, bisalkoxide 생성물이 워크업에 의해 양성자화됨으로써 다이올이 만들어진다.

위 4단계를 반복하라.

- 알코올은 염기성이며, 친핵체이다. 강한 산(H_2SO_4)을 처리하면 하이드록시 그룹 중 하나가 양성자화되고, **자리옮김** 반응이 일어난다. H_2O가 **이탈기**로서 떨어지고 나면, 다른 하이드록시 그룹의 고립 전자쌍이 끼어들며, 떨어진 이탈기의 **반대편**으로 메틸 그룹의 1,2-이동(1,2-migration)을 촉진시킨다.
- $NaBH_4$는 친핵성 하이드라이드(H^-)를 발생시킨다. 카보닐 그룹은 탄소와 산소의 **전기 음성도** 차이에 의해 편극화되며, 탄소를 친전자성으로 만든다. 하이드라이드의 **친핵성 첨가 반응**에서 알콕시화 음이온이 만들어진다.

이것이 최종 생성물과 밀접하게 관련된 것인지를 확인하라.

- 워크업 과정에서 양성자화가 일어나며, 이때 최종 알코올 생성물이 만들어진다.

최종 생성물의 구조를 그려라.

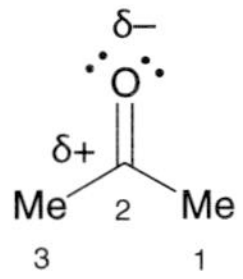

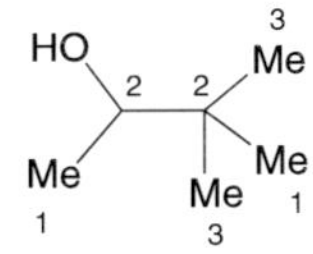

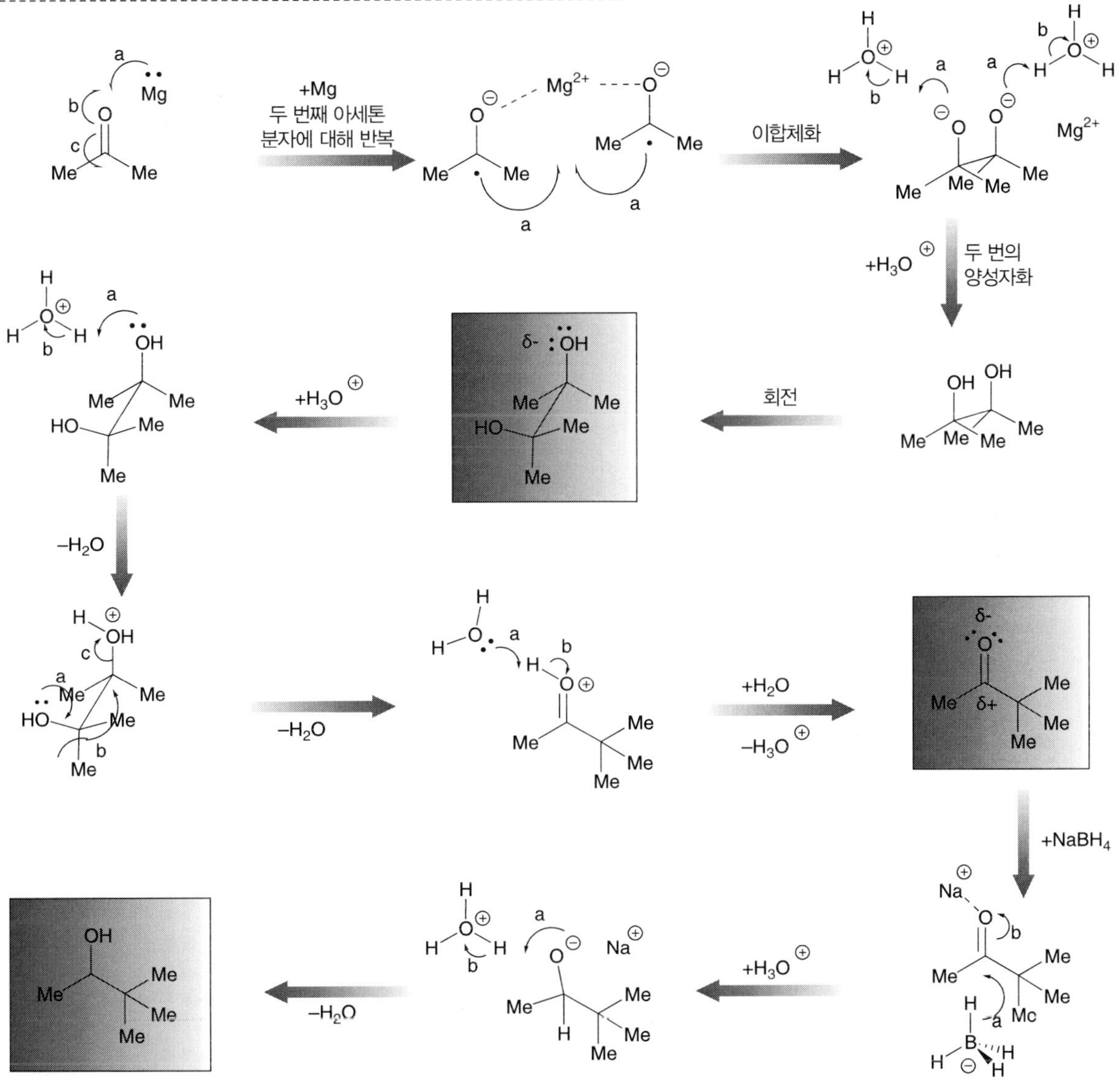

요약: Pinacol-Pinacolone 자리옮김 반응의 한 예시이다.

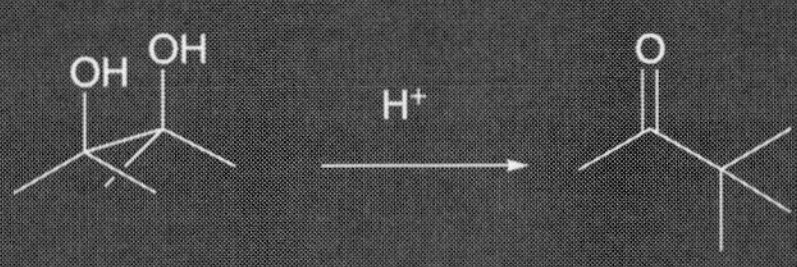

이제 문제 6.8과 6.9를 풀어보자.

6.2

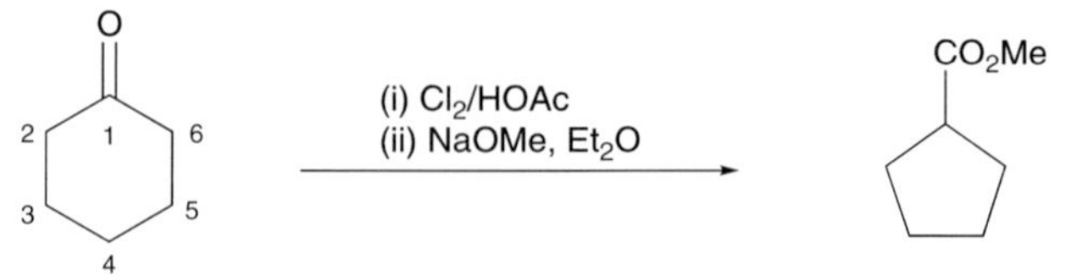

초기 제시된 모든 반응물이 친전자성/친핵성, 그리고 산성/염기성 부위를 갖는지 기록해 두자. 그리고 출발 물질과 생성물에서 동일한 원자를 열거하라.	• 카보닐 그룹은 탄소와 산소의 **전기 음성도** 차이에 의해 편극화되며, 탄소를 친전자성으로 만든다. • 염소는 약한 Cl−Cl 결합으로 인해 친전자성을 띤다. • HOAc(acetic acid)는 약한 산이다.
하나 이상이 존재할 경우, 가장 반응성이 큰 자리를 파악하라.	• 케톤은 유일한 반응성을 가진 그룹이며, 산 촉매 토토머화에 의해 엔올 형태와 평형을 이룬다. • 염소는 유일한 반응성을 가진 친전자체이다.
가장 반응성이 큰 작용기의 반응 특성을 떠올려라. 그리고 반응 조건을 고려하였을 때 어느 반응이 가장 적합한지를 정하라.	• 케톤의 α-자리는 엔올의 반응에 의해 손쉽게 할로젠화된다(산조건에서 **토토머화**에 의해 쉽게 생성된다).
중간 생성물로 이어질 메커니즘을 그려라.	• 사이클로헥산온(cyclohexanone)의 엔올 α-자리(여기서 C−6)는 염소를 공격하여, α-클로로케톤(α-chloroketone)을 생성한다.
위 4단계를 반복하라.	• $NaOCH_3$(sodium methoxide)는 강한 염기이다. C−2 자리의 탈양성자화는 엔올산 이온을 만든다. 이것은 염소를 가진 탄소(C−6)와 분자 내 **친핵성 치환 반응**을 하며, 사이클로프로판온(cyclopropanone)을 생성한다. • 사이클로프로판온은 특히 **고리 긴장**(ring strain) 때문에 **친핵성 첨가 반응**을 선호한다. CH_3O^-(methoxide)는 좋은 염기이며, 친핵체이다. CH_3O^-는 고리 열림을 동반하면서, 카보닐기에서 **첨가-제거 반응**을 한다.
이것이 최종 생성물과 밀접하게 관련된 것인지를 확인하라.	• 최종 생성물은 메탄올에 의한 알킬 음이온의 양성자화를 거쳐 생성된다.
최종 생성물의 구조를 그려라.	

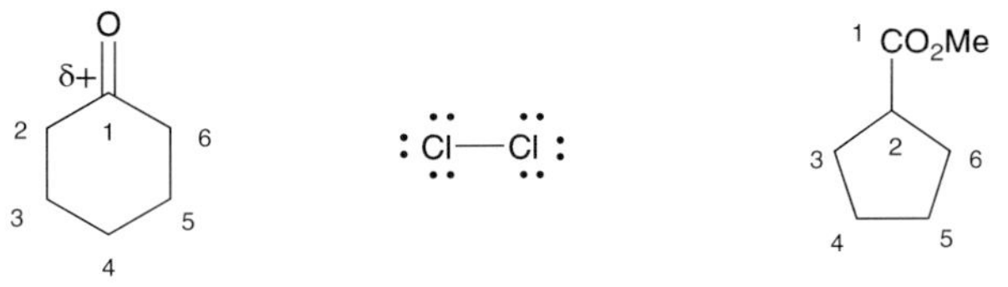

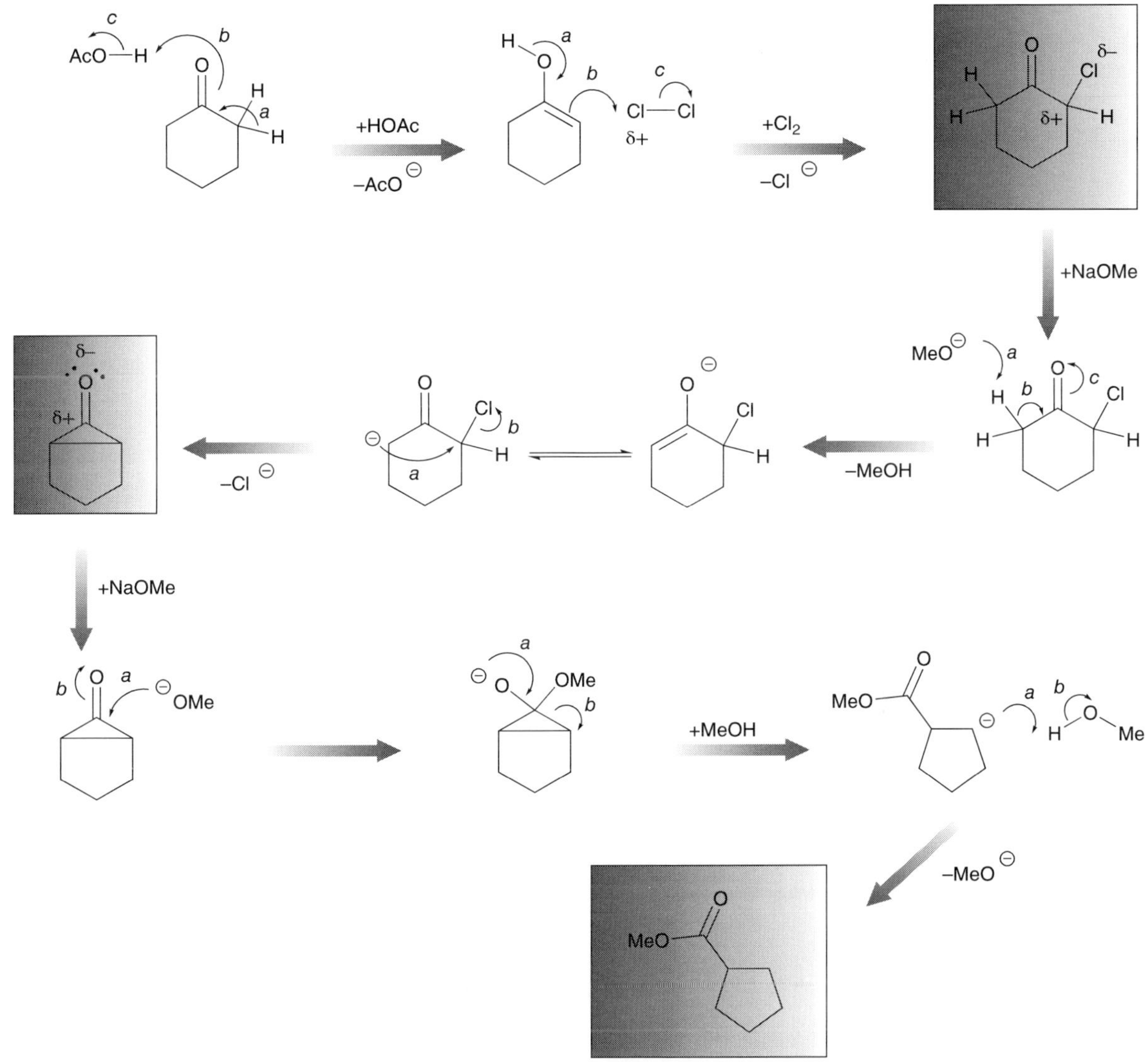

요약: Favorskii 자리옮김 반응의 한 예시이다.

이제 문제 6.10을 풀어보자.

6.3

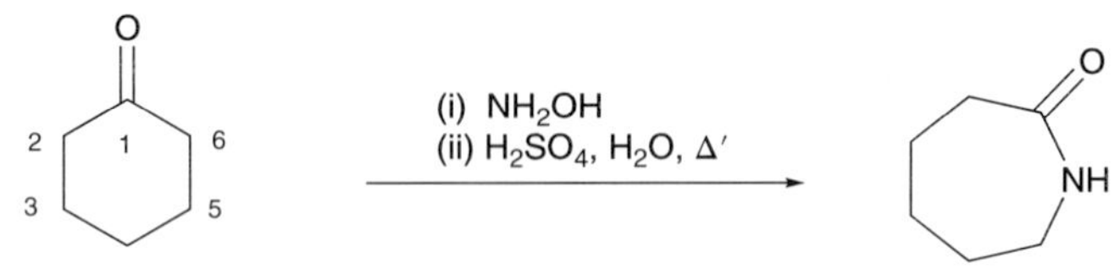

초기 제시된 모든 반응물이 친전자성/친핵성, 그리고 산성/염기성 부위를 갖는지 기록해 두자. 그리고 출발 물질과 생성물에서 동일한 원자를 열거하라.

- 카보닐 그룹은 탄소와 산소의 **전기 음성도** 차이에 의해 편극화되며, 탄소를 친전자성으로 만든다.
- 하이드록실아민(NH_2OH; hydroxylamine)은 2개의 인접한 원자가 가지고 있는 비공유 전자쌍 때문에 매우 좋은 친핵체이다.

하나 이상이 존재할 경우, 가장 반응성이 큰 자리를 파악하라.

- 케톤은 유일한 반응성을 가진 친전자성 그룹이다.
- 하이드록실아민은 유일한 친핵체이다.

가장 반응성이 큰 작용기의 반응 특성을 떠올려라. 그리고 반응 조건을 고려하였을 때 어느 반응이 가장 적합한지를 정하라.

- 하이드록실아민과 케톤 간의 반응은 물을 떼어내면서 **옥심**을 생성한다.

중간 생성물로 이어질 메커니즘을 그려라.

- 물의 이탈과 함께 케톤에 하이드록실아민이 **첨가-제거**되면 옥심 생성물이 만들어진다.

위 4단계를 반복하라.

- H_2SO_4는 강한 산이며, 완전히 이온화된다(pK_a = −9). 옥심(oxime)은 산소에서 염기성을 갖는다. **옥심**이 양성자화되면 좋은 **이탈기**가 된다. 이탈기가 떨어질 때 인접 알킬 그룹은 이동하면서 바이닐 **탄소 양이온**을 만든다. 이 탄소 양이온에 물이 접근하여 결합하면, 엔올 형태를 거쳐 아마이드 생성물이 된다.

이것이 최종 생성물과 밀접하게 관련된 것인지를 확인하라.

- 아마이드 생성물은 케토 형태로의 **토토머화**를 통해 만들어진다.

최종 생성물의 구조를 그려라.

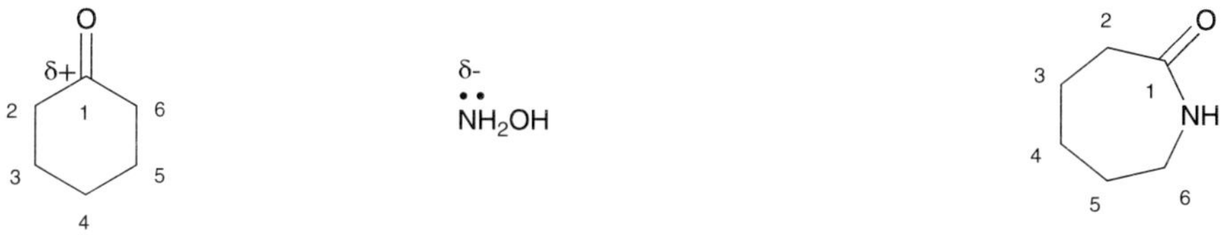

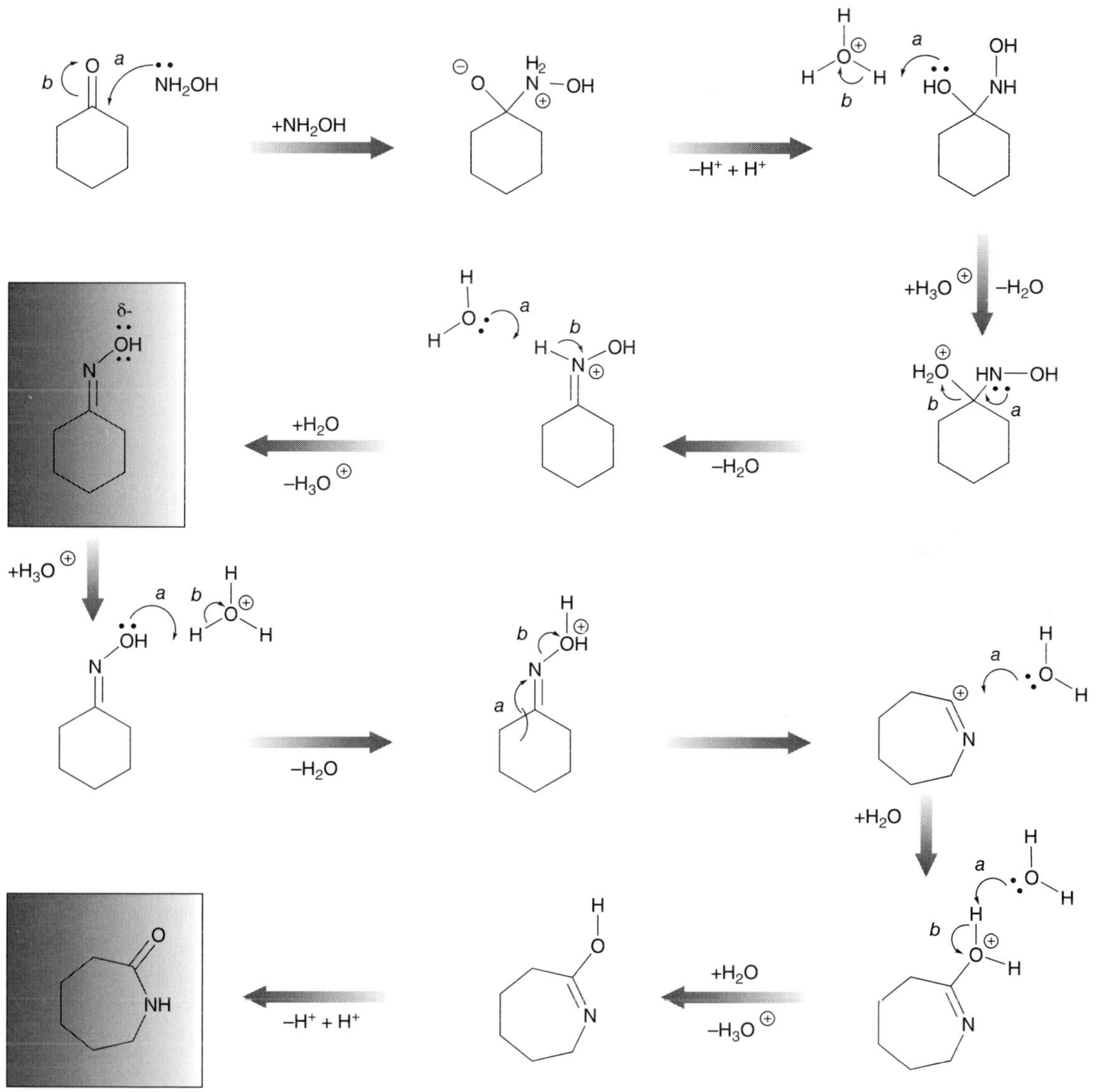

요약: Beckmann 자리옮김 반응의 한 예시이다.

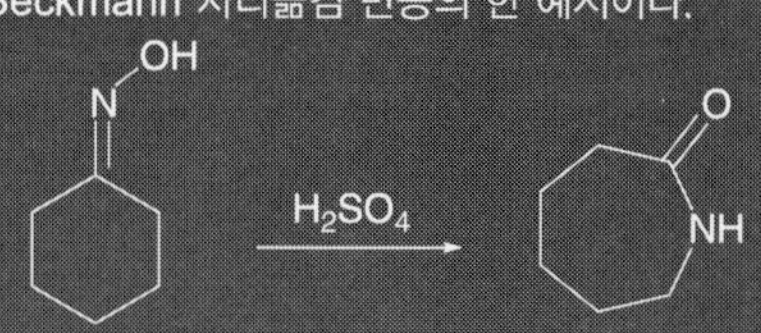

이제 문제 6.11을 풀어보자.

6.4

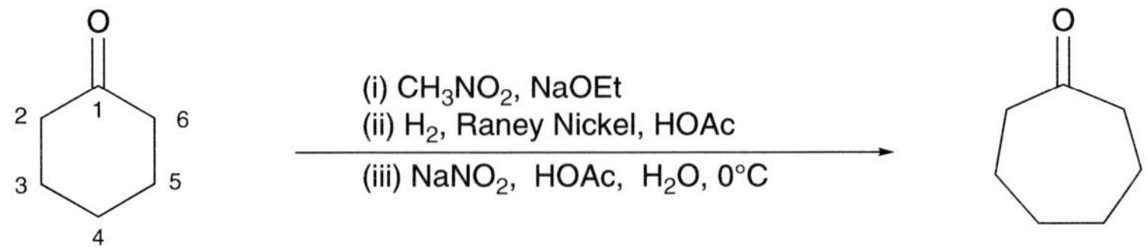

초기 제시된 모든 반응물이 친전자성/친핵성, 그리고 산성/염기성 부위를 갖는지 기록해 두자. 그리고 출발 물질과 생성물에서 동일한 원자를 열거하라.

- 카보닐 그룹은 탄소와 산소의 **전기 음성도** 차이에 의해 편극화되며, 탄소를 친전자성으로 만든다.
- CH_3NO_2(nitromethane)은 강한 산성이다(pK_a = 10). CH_3NO_2는 NaOEt(sodium ethoxide)에 의해 탈양성자화되며, $CH_2NO_2^-$(nitronate anion)이 된다.

하나 이상이 존재할 경우, 가장 반응성이 큰 자리를 파악하라.

- 케톤은 유일한 반응성을 갖는 친전자성 그룹이다.
- CH_3NO_2는 탈양성자화 후, $CH_2NO_2^-$을 만드는데, 이것은 친핵체이다.

가장 반응성이 큰 작용기의 반응 특성을 떠올려라. 그리고 반응 조건을 고려하였을 때 어느 반응이 가장 적합한지를 정하라.

- 케톤의 탄소는 **친핵성 첨가 반응**을 선호한다.

중간 생성물로 이어질 메커니즘을 그려라.

- 카보닐 그룹으로 $CH_2NO_2^-$의 **친핵성 첨가 반응**은 알콕시화물을 만든다. 워크업을 통한 양성자화가 일어나면 알코올 생성물이 만들어진다.

위 4단계를 반복하라.

- Raney Nickel은 좋은 환원제이며, 나이트로 그룹($-NO_2$)을 아민 그룹($-NH_2$)으로 전환시킬 수 있다(이것의 메커니즘은 확립되지 않았으나, 수소의 첨가로 이어진다).
- HNO_2(nitrous acid; 아질산)와의 **다이아조화 반응**은 매우 좋은 이탈기(질소 기체)를 생성한다. 이때 산소의 비공유 전자쌍은 끼어들어가면서 **1,2-알킬 이동**을 촉진하고, 동시에 질소 기체를 이탈시킨다. 그 결과 중간 생성물이 만들어지는데, 이것은 사이클로헵탄온(cycloheptanone)의 양성자화된 형태이다.

이것이 최종 생성물과 밀접하게 관련된 것인지를 확인하라.

- 최종 생성물인 사이클로헵탄온은 케토 형태로의 탈양성자화 반응을 통해 만들어진다.

최종 생성물의 구조를 그려라.

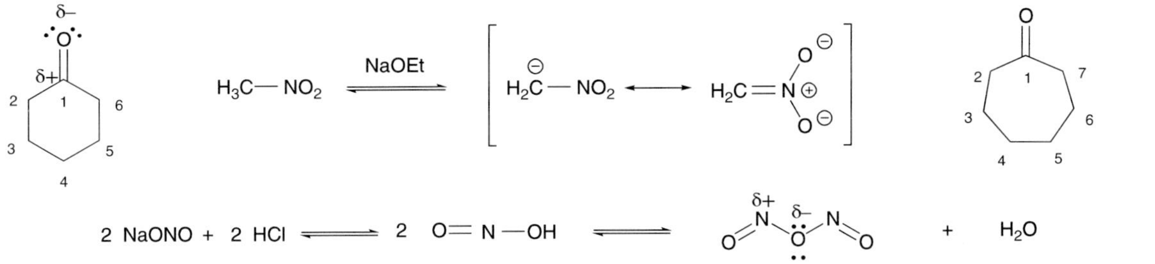

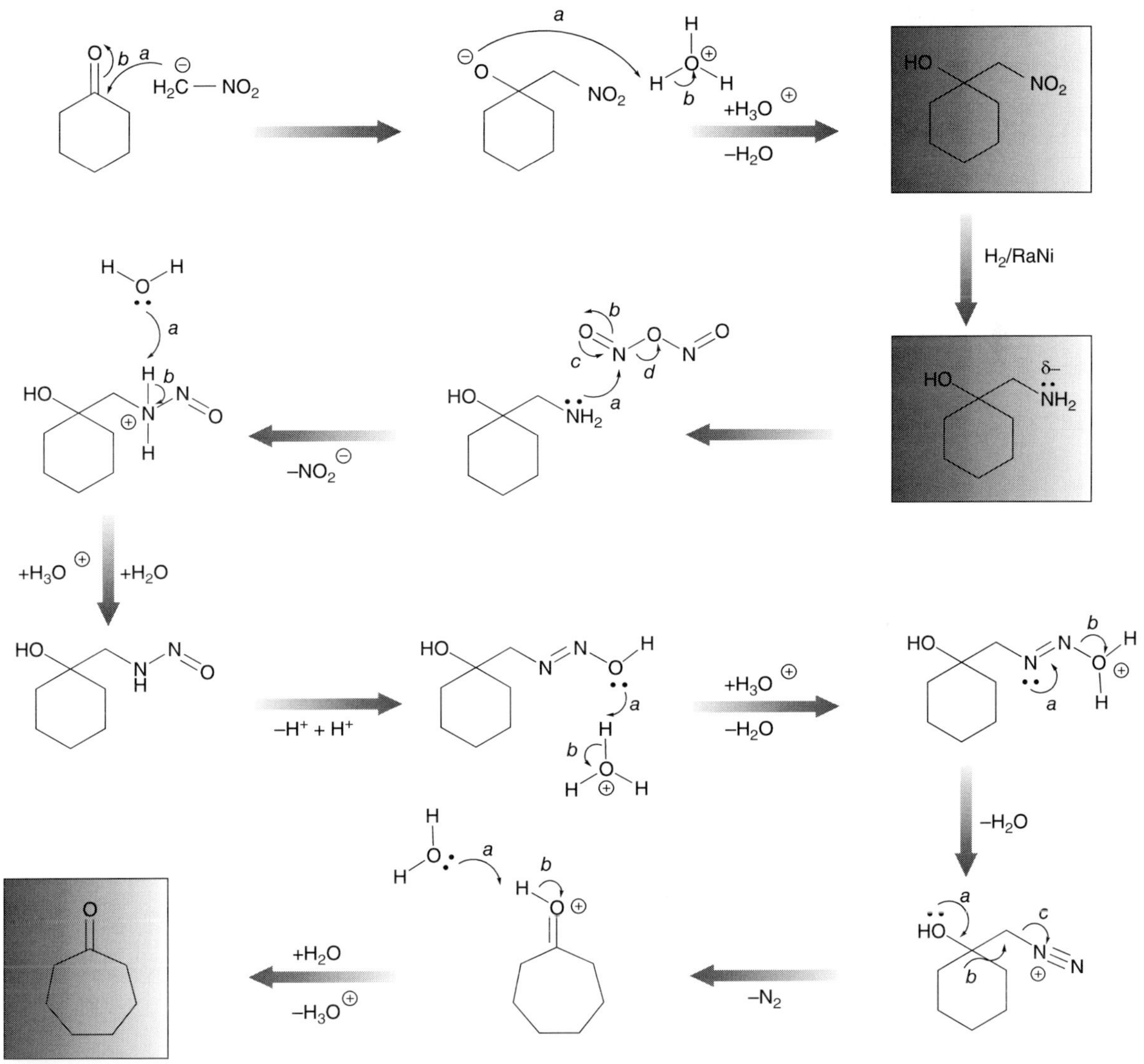

요약: Tiffenau-Demjanov 자리옮김 반응의 한 예시이다.

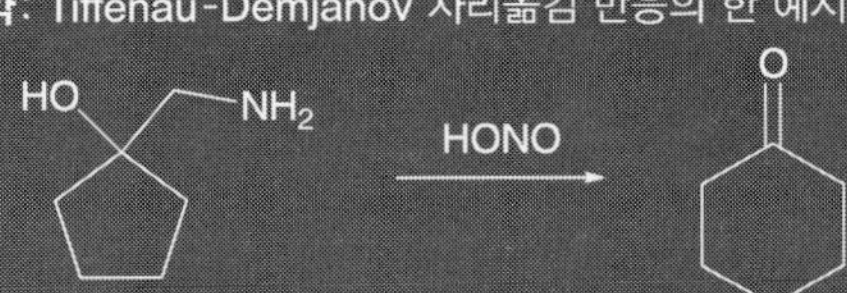

이제 문제 6.12를 풀어보자.

6.5

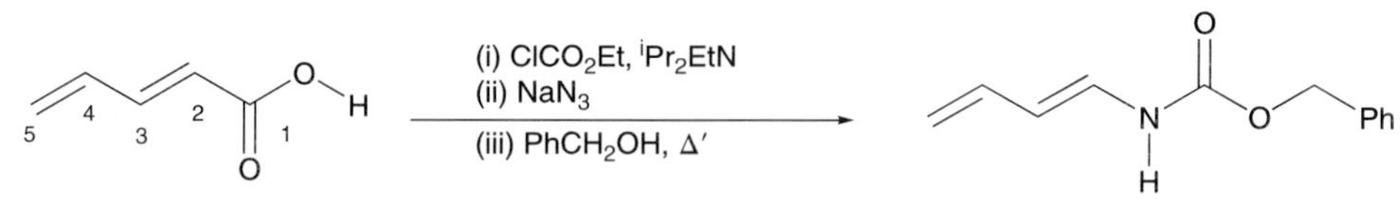

초기 제시된 모든 반응물이 친전자성/친핵성, 그리고 산성/염기성 부위를 갖는지 기록해 두자. 그리고 출발 물질과 생성물에서 동일한 원자를 열거하라.

- 카보닐 그룹은 탄소와 산소의 전기 음성도 차이에 의해 편극화되며, 탄소를 친전자성으로 만든다.
- $ClCO_2Et$(chloroformate)는 카보닐 탄소에서 친전자성을 갖는다. 또한 두 이탈기를 갖는데, 염화 이온이 더 좋은 이탈기이다.
- $^iPr_2EtN$은 좋은 비-친핵성 염기이다.

하나 이상이 존재할 경우, 가장 반응성이 큰 자리를 파악하라.

- $ClCO_2Et$는 전자를 잘 끌어가는 염화 이온이 존재하기 때문에 반응성이 큰 친전자체에 해당한다.
- 카복실산은 친핵체로서 거동한다.
- $^iPr_2EtN$은 유일한 염기이다.

가장 반응성이 큰 작용기의 반응 특성을 떠올려라. 그리고 반응 조건을 고려하였을 때 어느 반응이 가장 적합한지를 정하라.

- $ClCO_2Et$는 친핵성 첨가-제거 반응을 매우 선호한다.

중간 생성물로 이어질 메커니즘을 그려라.

- $ClCO_2Et$에 친핵성 카복실산이 **첨가-제거**되면, 염소를 이탈시키면서, 혼합된 무수물(mixed anhydride)을 만든다.

위 4단계를 반복하라.

- **혼합된 무수물**은 친핵성 공격에 취약하다. 아자이드는 매우 좋은 친핵체이며, 첨가될 때 CO_2와 EtO^-(ethoxide)를 이탈시킨다.
- 아실 아자이드는 자리옮김을 할 수 있다. 질소는 비공유 전자쌍을 밀어주면서 **1,2-알킬 이동**과 질소 기체의 이탈을 촉진한다. 그 결과 매우 반응성이 큰 **아이소사이안산염**(isocyanate)이 만들어진다. 이후, 벤질 알코올(benzyl alcohol)이 카보닐에 첨가된다.

이것이 최종 생성물과 밀접하게 관련된 것인지를 확인하라.

- benzyloxy carbamate 생성물은 양성자 이동(proton shift) 이후 생성된다.

최종 생성물의 구조를 그려라.

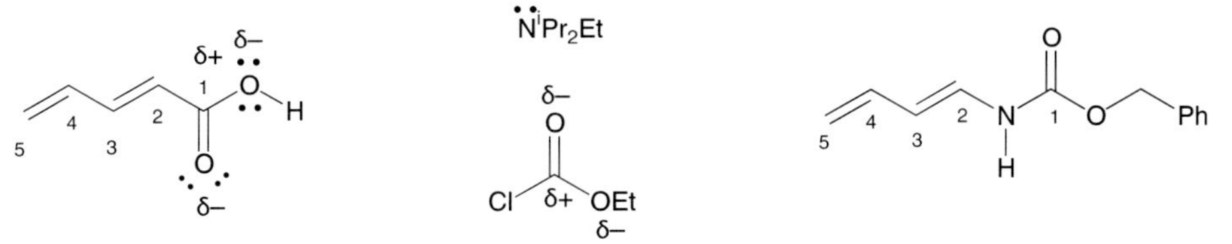

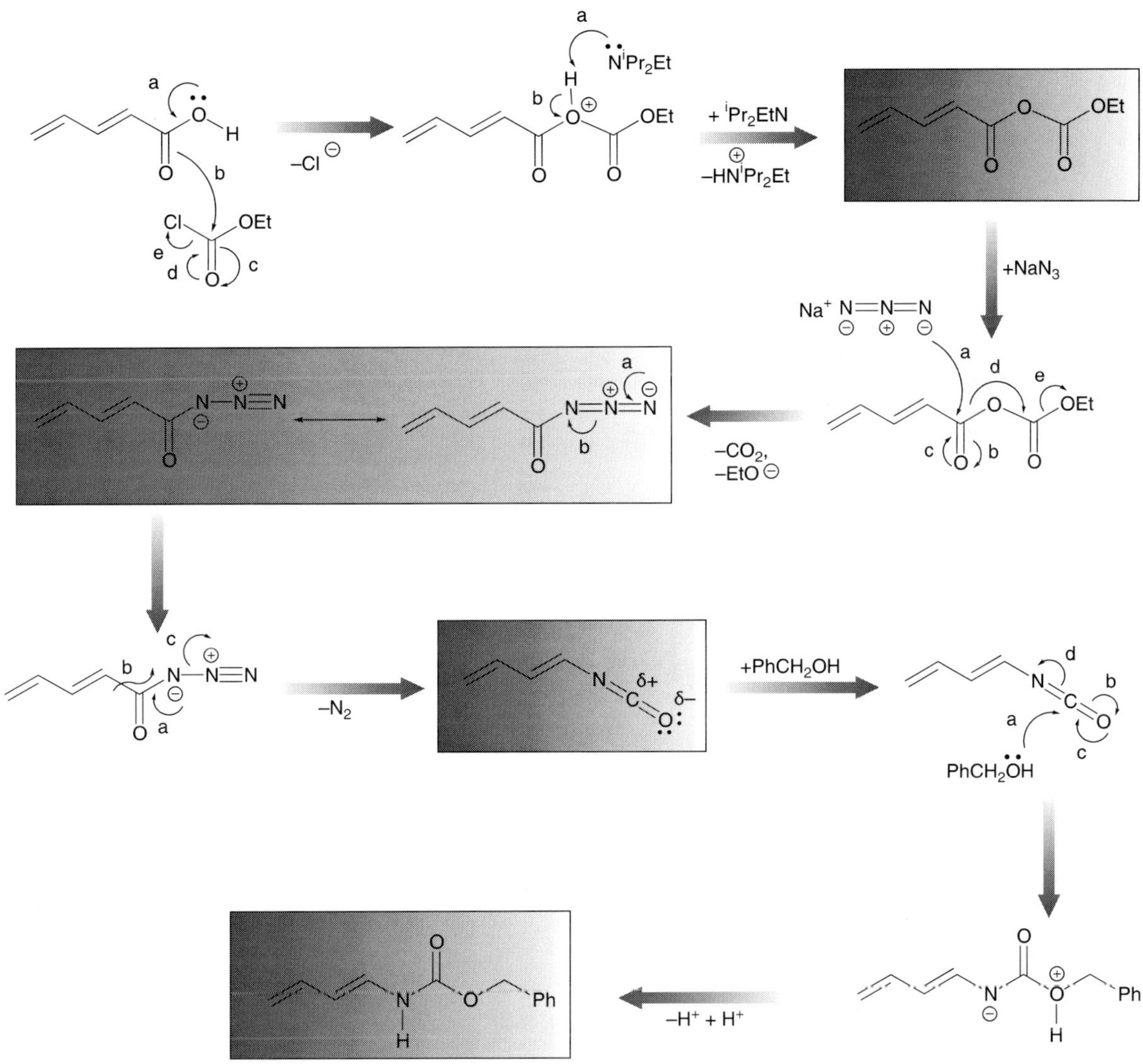

요약: Curtius 자리옮김 반응의 한 예시이다.

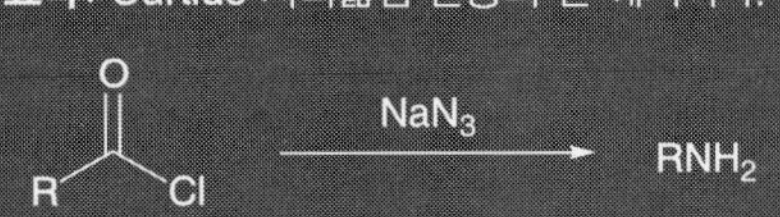

이제 문제 6.13을 풀어보자.

6.6

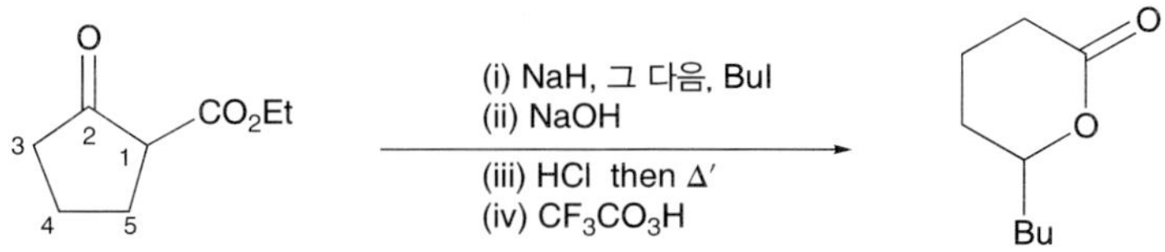

초기 제시된 모든 반응물이 친전자성/친핵성, 그리고 산성/염기성 부위를 갖는지 기록해 두자. 그리고 출발 물질과 생성물에서 동일한 원자를 열거하라.	• β-다이카보닐 화합물(β-dicarbonyl compound)의 α-수소는 매우 산성을 띤다(pK_a=약 13). • NaH(sodium hydride)는 강한 염기를 띤다. • BuI(iodobutane)은 아이오딘의 전기 음성도로 인해 탄소-아이오딘 결합이 편극화되고, 또한 아이오딘은 좋은 이탈기에 해당하므로, 꽤 친전자성을 띤다.
하나 이상이 존재할 경우, 가장 반응성이 큰 자리를 파악하라.	• β-다이카보닐 엔올산 이온(β-dicarbonyl enolate)의 α-자리(C−1자리)는 가장 친핵성을 갖는다. • BuI(iodobutane)는 유일한 친핵체이다.
가장 반응성이 큰 작용기의 반응 특성을 떠올려라. 그리고 반응 조건을 고려하였을 때 어느 반응이 가장 적합한지를 정하라.	• β-다이카보닐 화합물이 강한 염기와 반응하면, 손쉽게 탈양성자화되며 친핵성 엔올산 이온으로 전환된다. 여기서 엔올산 이온은 할로젠화 알킬을 알킬화시킬 수 있다.
중간 생성물로 이어질 메커니즘을 그려라.	• BuI의 **친핵성 첨가 반응** 이후, β-카보닐 화합물은 탈양성자화된다.
위 4단계를 반복하라.	• NaOH(sodium hydroxide)에 의한 에스터의 **가수분해 반응**은 카복실산 중간체를 만든다. • 이 중간체는 산 조건에서 탈카복실화되면서 다음 엔올 중간체를 만드는데, **토토머화**에 의해 케톤 생성물로 전환된다. • 케톤에 CF_3CO_3H(trifluoroperacetic acid)를 가하면, CF_3CO_3H의 하이드록시기가 첨가되면서 4면체(tetrahedral) 중간체가 만들어진다. 반대편 H−O 결합에서 전자가 제공되고, 알킬 그룹이 **1,2-이동**하면서, 동시에 카복실산 음이온이 이탈하면, 락톤(lactone) 생성물이 만들어진다.
이것이 최종 생성물과 밀접하게 관련된 것인지를 확인하라.	• 이 단계 생략 가능.
최종 생성물의 구조를 그려라.	

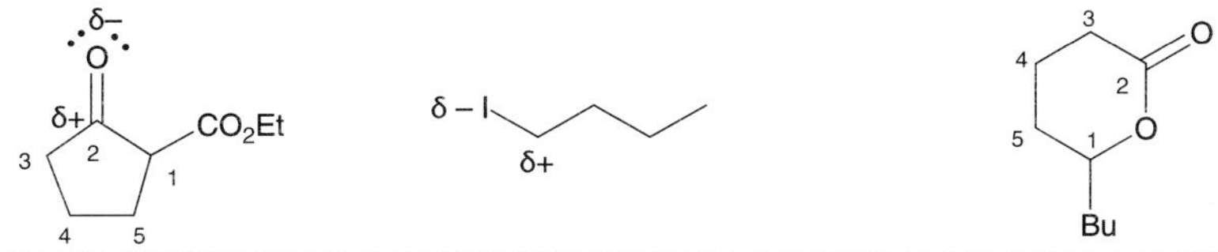

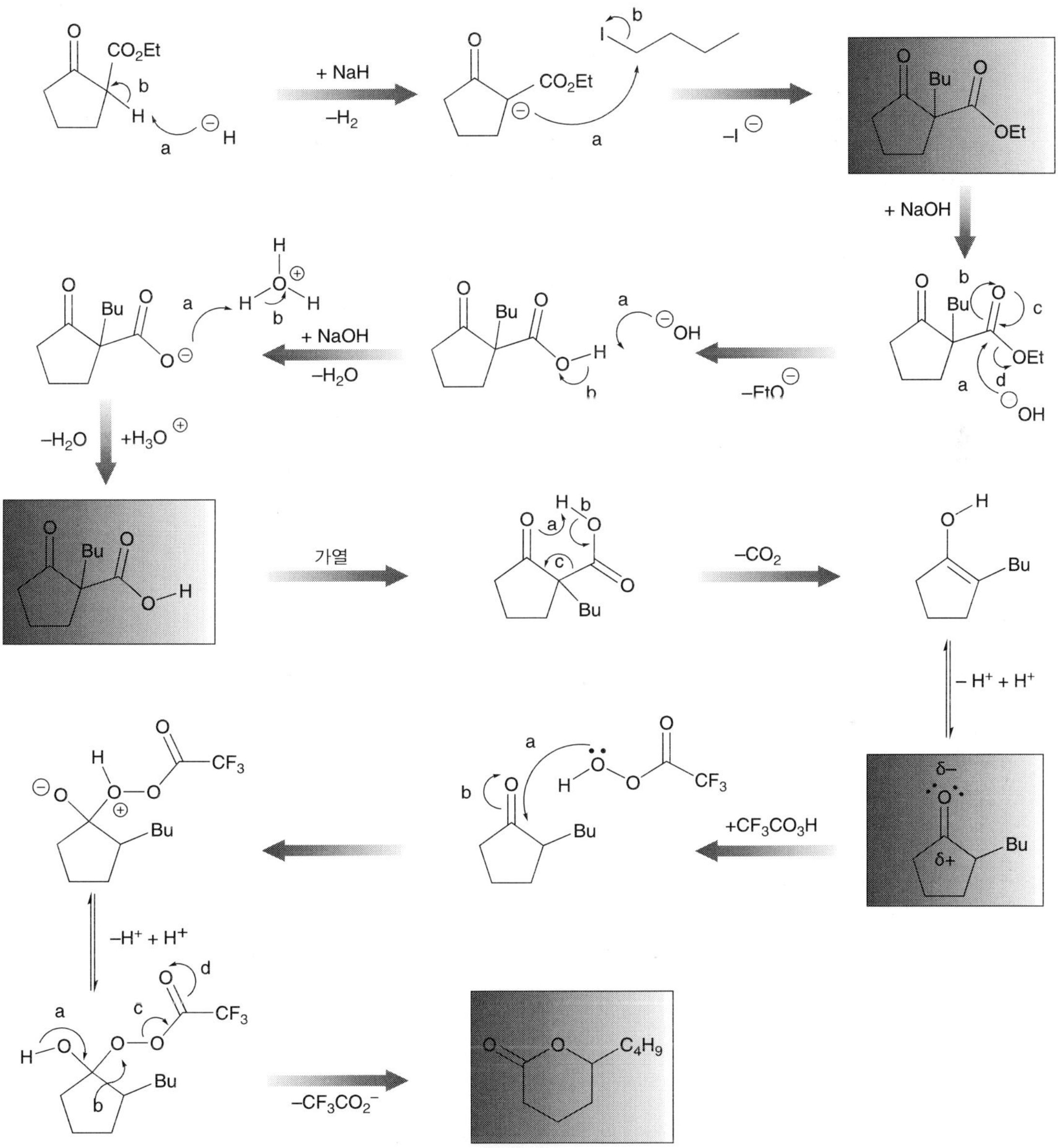

요약: Baeyer-Villiger 반응의 한 예시이다.

$$RCOR' \xrightarrow{R''CO_3H} RCO_2R'$$

이제 문제 6.14를 풀어보자.

6.7

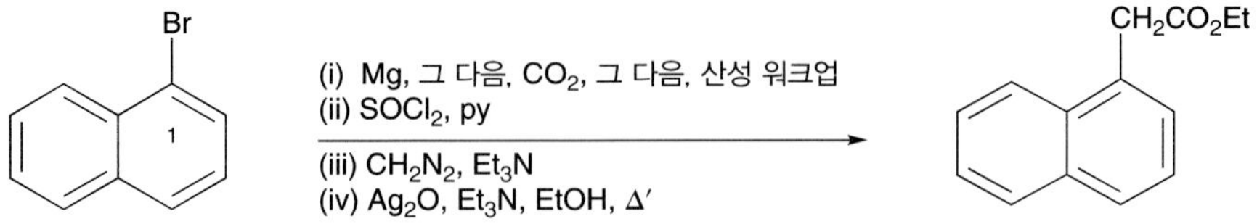

초기 제시된 모든 반응물이 친전자성/친핵성, 그리고 산성/염기성 부위를 갖는지 기록해 두자. 그리고 출발 물질과 생성물에서 동일한 원자를 열거하라.

- 할로젠화 알킬(출발 물질)은 마그네슘과 반응하여 Grignard 시약을 형성하는데, 이는 좋은 탄소 친핵체이다.
- 이산화탄소의 탄소는 전기 음성적인 산소 원자가 붙어 있기 때문에 매우 친전자성을 갖는다.
- 마그네슘은 환원제 금속이며, 2개의 전자를 제공할 수 있다.

하나 이상이 존재할 경우, 가장 반응성이 큰 자리를 파악하라.

- 탄소-브로민(C−Br) 결합은 이 조건에서 유일하게 반응성을 띤다.
- 마그네슘은 환원제 시약이다.
- 이산화탄소는 유일한 이용 가능한 친전자체이다.

가장 반응성이 큰 작용기의 반응 특성을 떠올려라. 그리고 반응 조건을 고려하였을 때 어느 반응이 가장 적합한지를 정하라.

- 마그네슘과 아릴 브로민(aryl bromide)이 반응하여 **Grignard** 시약을 형성한다. 이때 형성된 시약은 탄소가 친핵성을 가지며, 카보닐과 **친핵성 첨가 반응**을 한다.

중간 생성물로 이어질 메커니즘을 그려라.

- CO_2와 Grignard 시약이 **친핵성 첨가반응** 하면, 카복실산 이온이 생성된다. 이것을 산성 워크업 해주면 카복실산이 된다.

위 4단계를 반복하라.

- $SOCl_2$(thionyl chloride)는 친전자성이며, **첨가-제거 반응**을 통해 카복실산을 산 염화물로 전환시킨다.
- 다이아조메테인(diazomethane)은 좋은 친핵체이며, 산 염화물과 **첨가-제거 반응**을 한다. 중간체는 자리옮김을 하는데, 이 경우, 먼저 질소가 **이탈**하면서 카벤(carbene)을 만든다. 이는 곧 자발적으로 **1,2-알킬 이동**하여 케텐(ketene)이 된다. 케텐은 중심 탄소가 매우 친전자성을 띠기 때문에, 에탄올(ethanol)로부터 공격받아 에스터 생성물을 만든다.

이것이 최종 생성물과 밀접하게 관련된 것인지를 확인하라.

- 토토머화는 에스터 생성물을 만든다.

최종 생성물의 구조를 그려라.

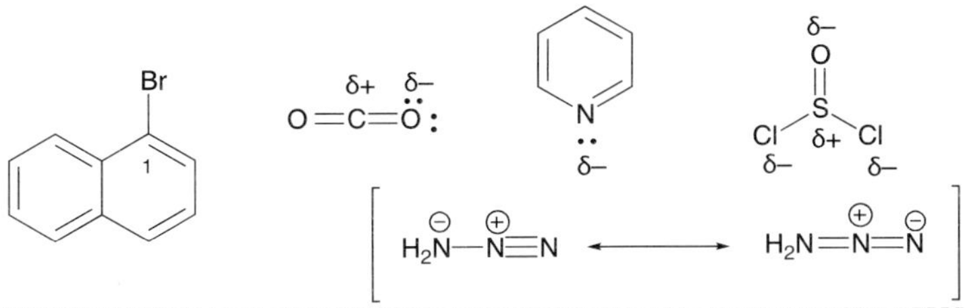

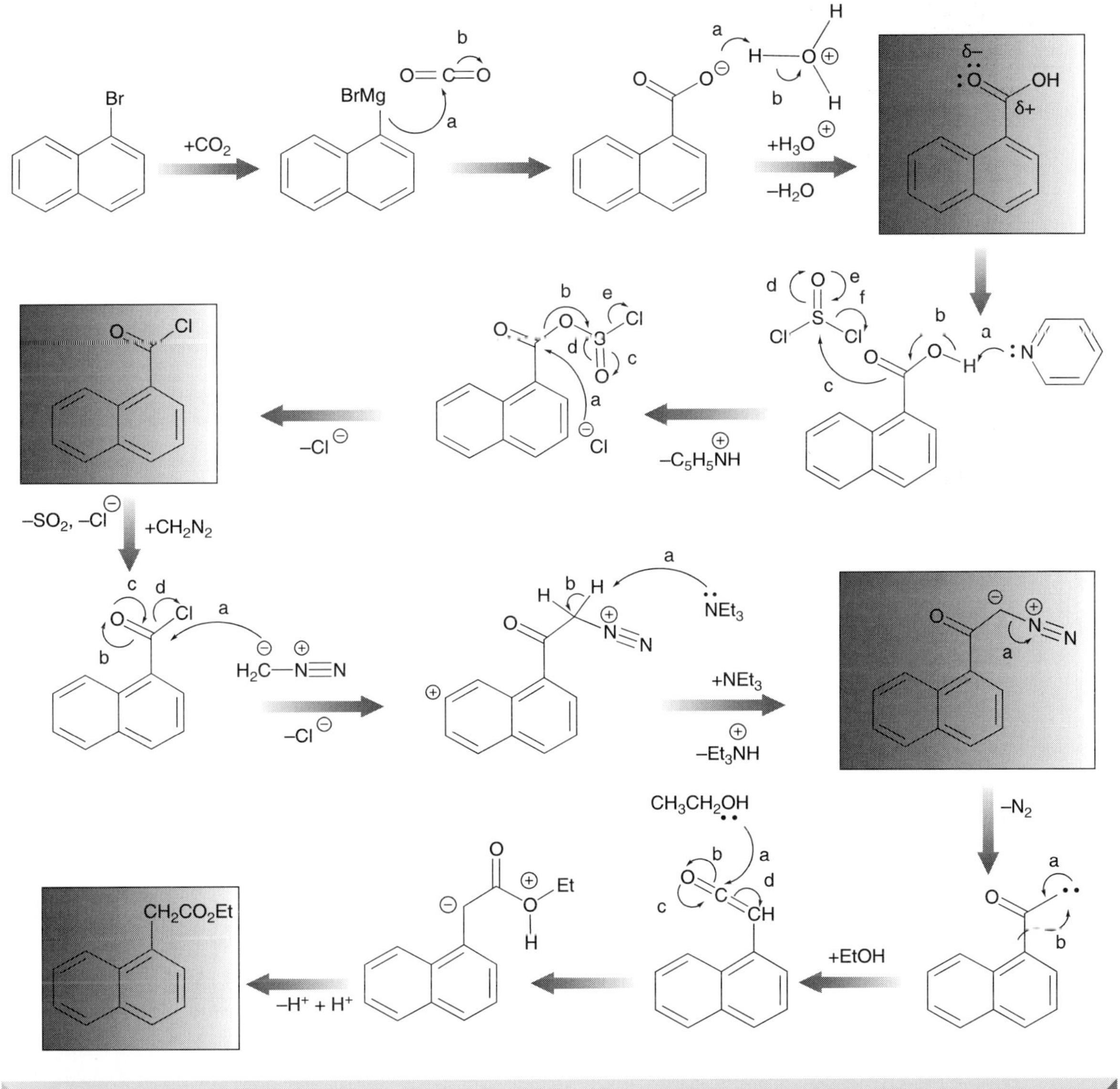

요약: Arndt-Eistert 반응의 한 예시이다.

$$RCOCl \xrightarrow[\text{(ii) } Ag_2O,\ R'OH]{\text{(i) } CH_2N_2} RCH_2CO_2R'$$

이제 문제 6.15를 풀어보자.

6.8

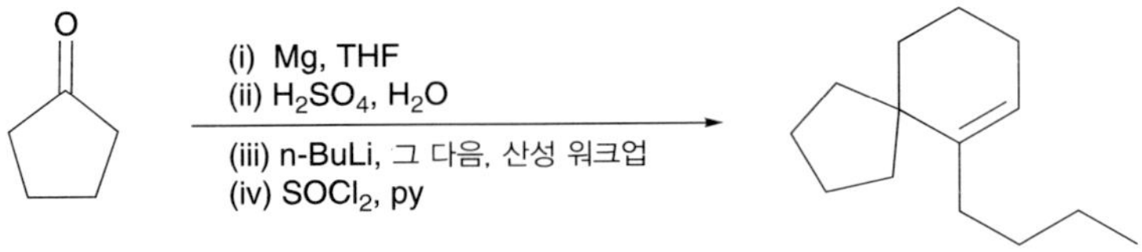

초기 제시된 모든 반응물이 친전자성/친핵성, 그리고 산성/염기성 부위를 갖는지 기록해 두자. 그리고 출발 물질과 생성물에서 동일한 원자를 열거하라.

- 카보닐 그룹은 탄소와 산소의 **전기 음성도** 차이에 의해 편극화되며, 탄소를 친전자성으로 만든다.
- 마그네슘은 환원제로 작용하는 금속이며, 분리된 단일 전자를 두 개 가지고 있기 때문에, 두 개의 전자를 제공할 수 있다.

하나 이상이 존재할 경우, 가장 반응성이 큰 자리를 파악하라.

- 케톤은 유일한 반응성 있는 친전자성 자리이다.
- 마그네슘은 유일한 환원제 금속이다.

가장 반응성이 큰 작용기의 반응 특성을 떠올려라. 그리고 반응 조건을 고려하였을 때 어느 반응이 가장 적합한지를 정하라.

- 마그네슘과 같은 환원제 금속은 케톤과 커플링할 수 있으며, 1,2-다이올을 만든다. 이를 Pinacol 반응이라고 한다.

중간 생성물로 이어질 메커니즘을 그려라.

- 마그네슘은 단일 전자를 C=O의 산소에 제공하며, 안정한 O–Mg 결합과 **라디칼** 중심의 탄소를 형성한다. 이 반응은 2번 반복하여 일어나며, magnesium bis(alkoxide)를 형성한다. 그 다음, 라디칼이 **이합체화**(dimerization)되고, bisalkoxide 생성물이 워크업에 의해 양성자화됨으로써 다이올이 만들어진다.

위 4단계를 반복하라.

- 알코올은 염기성이며, 친핵체이다. 강한 산(H_2SO_4)을 처리하면 하이드록시 그룹 중 하나가 양성자화되고, **자리옮김** 반응이 일어난다. H_2O가 **이탈기**로서 떨어지고 나면, 다른 하이드록시그룹의 고립 전자쌍이 끼어들며, 떨어진 이탈기의 반대편으로 메틸 그룹의 1,2-메틸 그룹을 이동시킨다.
- n-BuLi(butyl lithium)은 탄소 음이온을 발생시킨다. 카보닐 그룹은 탄소와 산소의 **전기 음성도** 차이에 의해 편극화되며, 탄소를 친전자성으로 만든다. 카보닐 그룹에 탄소 음이온이 **친핵성 첨가**되면, 알콕시화 음이온이 만들어진다.
- $SOCl_2$(thionyl chloride)는 매우 친전자성을 띠며, 알코올을 **첨가-제거**하는 과정에서 염화 이온을 치환시킨다. 이후, 염화 이온이 제거되면 알켄이 생성된다.

이것이 최종 생성물과 밀접하게 관련된 것인지를 확인하라.

최종 생성물의 구조를 그려라.

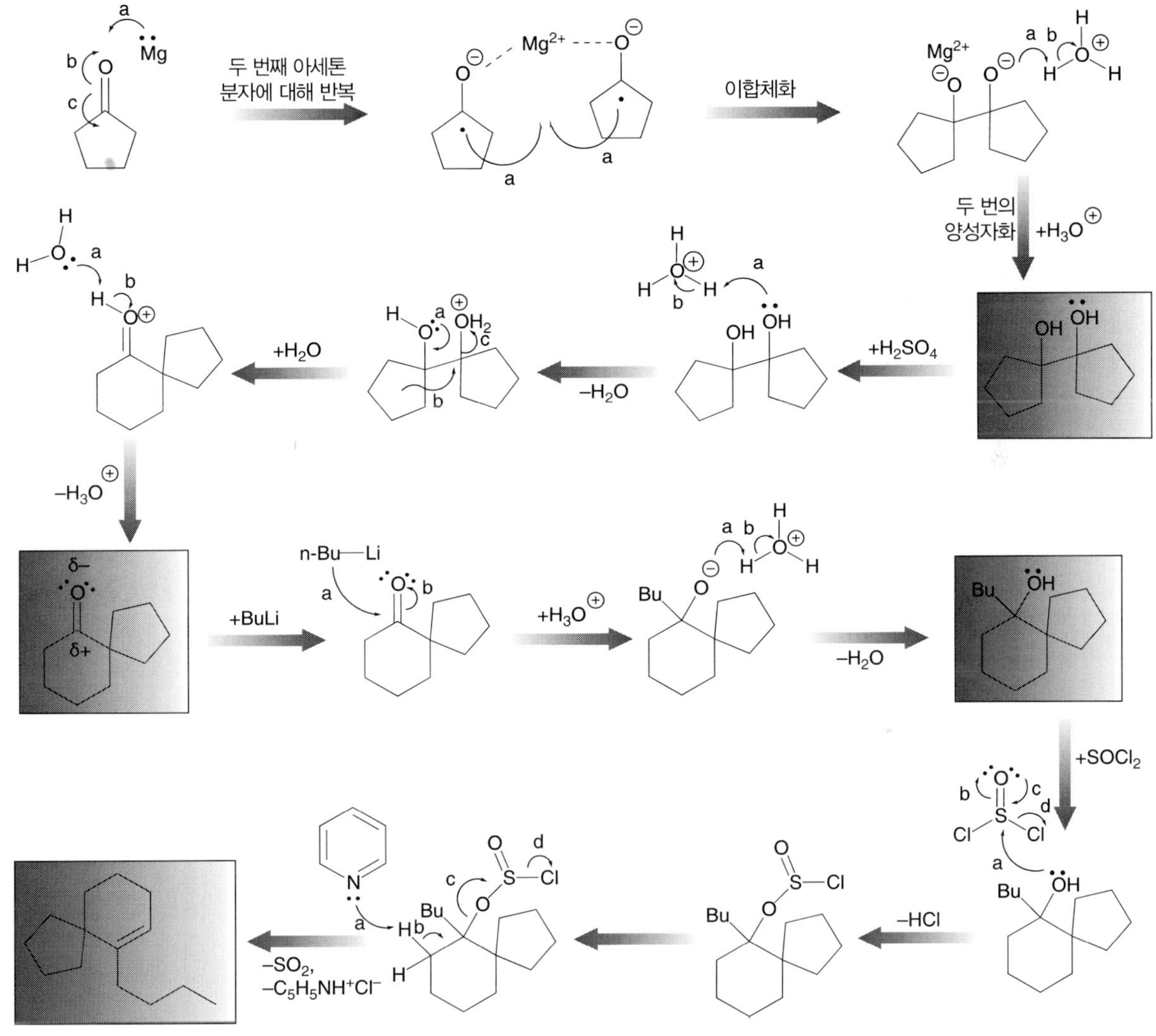

요약: Pinacol–Pinacolone 자리옮김 반응의 한 예시이다.

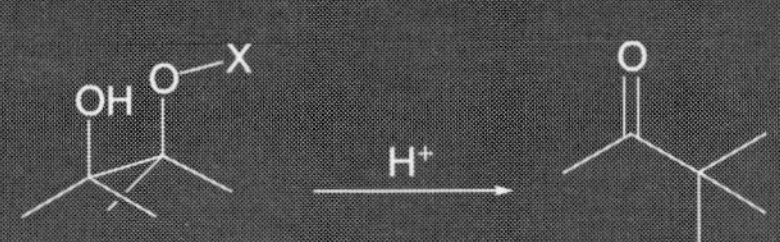

6.9

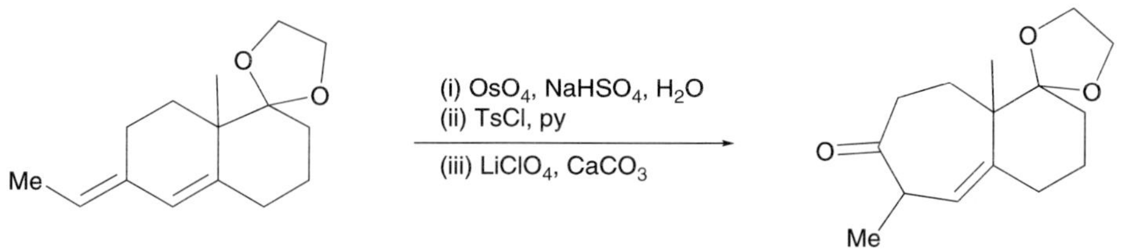

초기 제시된 모든 반응물이 친전자성/친핵성, 그리고 산성/염기성 부위를 갖는지 기록해 두자. 그리고 출발 물질과 생성물에서 동일한 원자를 열거하라.	• 알켄은 π-전자 밀도 덕분에 친핵체이다. • OsO_4(osmium tetroxide)는 좋은 산화제이며, 여기서 Os(osmium)은 매우 친전자성을 갖는다.
하나 이상이 존재할 경우, 가장 반응성이 큰 자리를 파악하라.	• 알켄은 유일한 친핵체이며, 내부보다 입체적으로 덜 가려진 말단 알켄에서 더 친핵성을 갖는다. • OsO_4는 친전자성을 갖는다.
가장 반응성이 큰 작용기의 반응 특성을 떠올려라. 그리고 반응 조건을 고려하였을 때 어느 반응이 가장 적합한지를 정하라.	• 알켄은 **친전자성 첨가 반응**을 선호하는데, OsO_4와 반응하면, 1,2-다이하이드록시화(dihydroxylation)가 일어난다.
중간 생성물로 이어질 메커니즘을 그려라.	• 알켄과 OsO_4와의 반응에서 고리형 오스뮴 에스터(cyclic osmate ester)가 생성되는데, 이때 산소는 반드시 *cis*-로 배열된다. 고리형 오스뮴 에스터는 약한 산 조건에서 가수분해되며, 1,2-다이올을 생성한다.
위 4단계를 반복하라.	• 덜 가려진 이차 알코올은 염소를 소모하면서, TsCl의 설폰일 염소 위치에서 **친핵성 첨가-제거 반응**을 일으킨다. 그 결과 설폰산 에스터(sulfonate ester)가 만들어진다. • 리튬 양이온은 루이스 산이며, 산소와 배위한다. 이것은 토실(tosyl) 그룹이 떨어지도록 활성화한다. 이때 H–O 결합에서의 동시적인 전자 제공과 바이닐 그룹의 **1,2-이동**, 그리고 토실 이온의 이탈 결과 생성물이 만들어진다.
이것이 최종 생성물과 밀접하게 관련된 것인지를 확인하라.	• 이 단계 생략 가능.
최종 생성물의 구조를 그려라.	

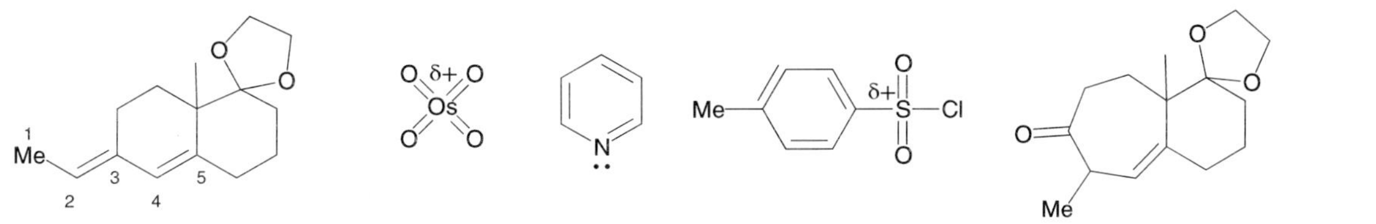

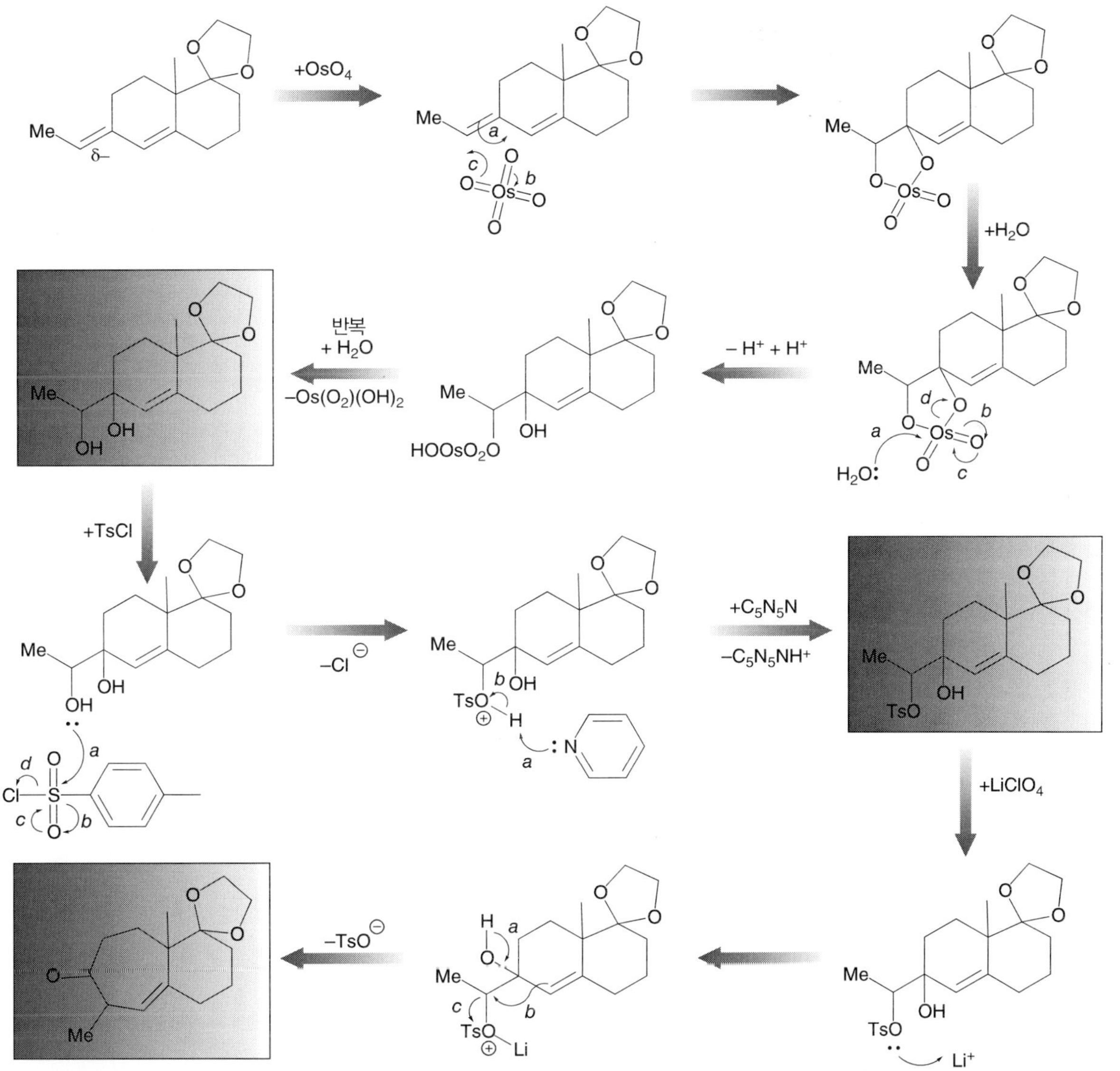

요약: 다이올이 자리옮김 반응을 하는 예시이다.

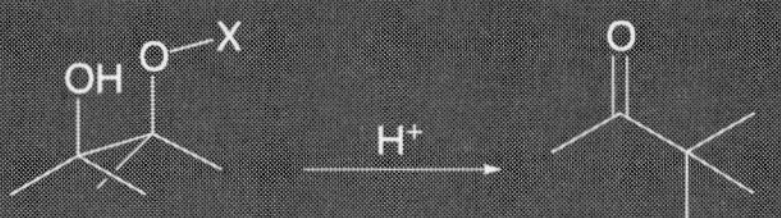

6.10

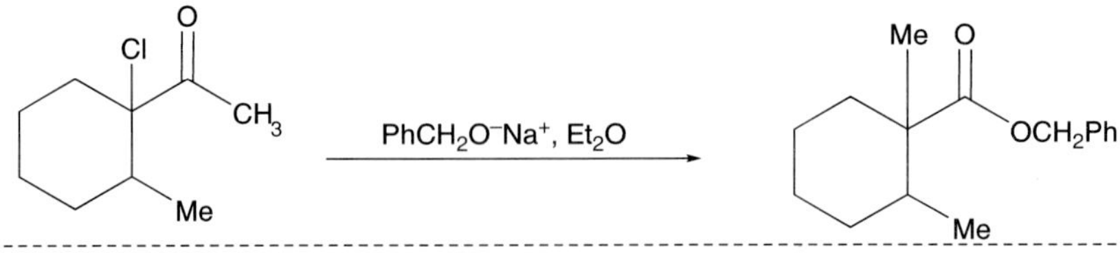

초기 제시된 모든 반응물이 친전자성/친핵성, 그리고 산성/염기성 부위를 갖는지 기록해 두자. 그리고 출발 물질과 생성물에서 동일한 원자를 열거하라.

- 카보닐 그룹은 탄소와 산소의 **전기 음성도** 차이에 의해 편극화되며, 탄소를 친전자성으로 만든다. 카보닐 그룹의 α-수소는 유발 효과에 의해 산성을 띤다.
- $PhCH_2O^-Na^+$(sodium benzyloxide)는 강한 염기이다.
- 염화 이온은 좋은 이탈기이다.

하나 이상이 존재할 경우, 가장 반응성이 큰 자리를 파악하라.

- 염기성 조건에서 케톤의 α-수소는 산성을 띤다.
- $PhCH_2O^-Na^+$(sodium benzyloxide)는 α-수소를 쉽게 제거하기에 충분한 염기이다.
- 염화 이온은 좋은 이탈기이며, 적절한 친핵체에 의해 쉽게 공격받는다.

가장 반응성이 큰 작용기의 반응 특성을 떠올려라. 그리고 반응 조건을 고려하였을 때 어느 반응이 가장 적합한지를 정하라.

- 케톤은 α-자리에서 쉽게 탈양성자화가 일어난다. 그리고 만약 케톤의 다른 쪽 면이 적절하게 활성화된다면, Favorskii 자리옮김 반응을 할 수 있다.

중간 생성물로 이어질 메커니즘을 그려라.

- 엔올산 이온의 α-자리가 다른 면을 공격하면 염화 이온이 이탈기로서 떨어져 나가고, 그 결과 사이클로프로판온(cyclopropanone)이 만들어진다.

위 4단계를 반복하라.

- 사이클로프로판온은 특히 **고리 긴장**(ring strain) 때문에 **친핵성 첨가 반응**을 선호한다. Sodium benzyloxide는 좋은 친핵체이며, 동시적으로 고리 열림과 함께 카보닐기에서 **첨가-제거 반응**을 한다. 이것은 두 가지 방향으로 진행이 가능하나, 덜 불안정한 탄소 음이온(1차)을 생성하는 쪽으로 진행될 것이다.

이것이 최종 생성물과 밀접하게 관련된 것인지를 확인하라.

- 워크업을 통한 양성자화는 최종 생성물을 만든다.

최종 생성물의 구조를 그려라.

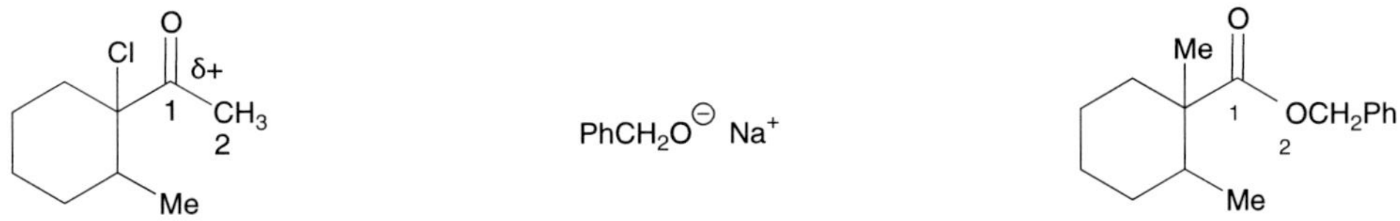

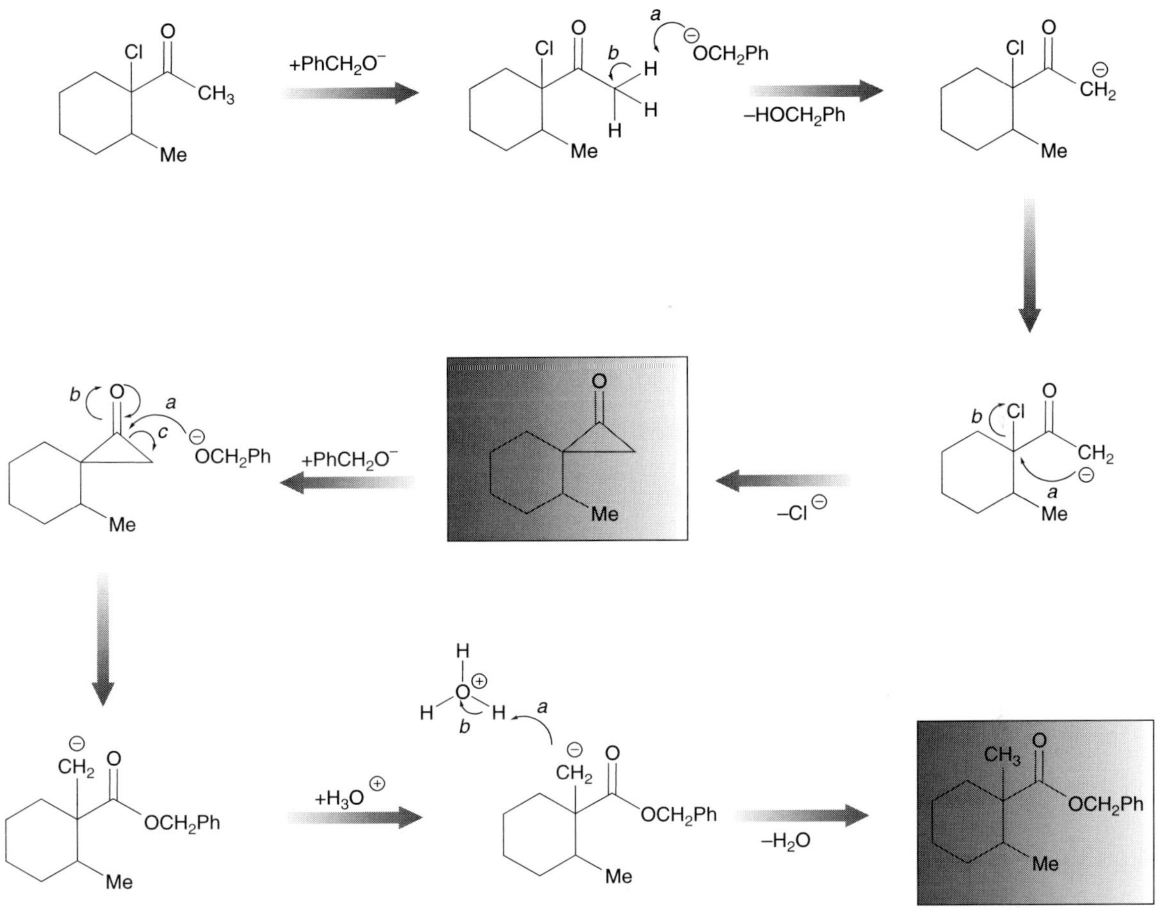

요약: Favorskii 자리옮김 반응의 한 예시이다.

6.11

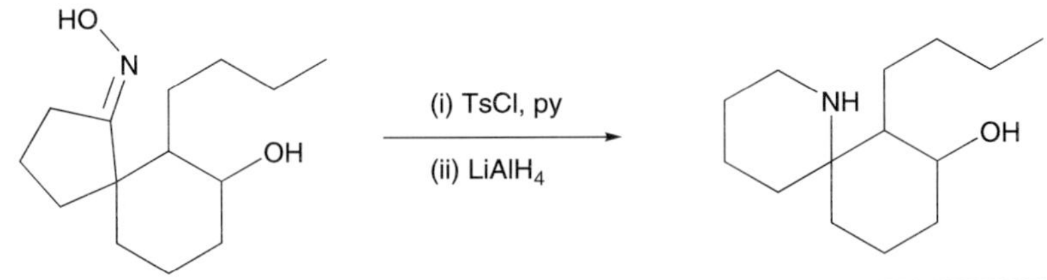

초기 제시된 모든 반응물이 친전자성/친핵성, 그리고 산성/염기성 부위를 갖는지 기록해 두자. 그리고 출발 물질과 생성물에서 동일한 원자를 열거하라.

- 옥심(oxime)은 좋은 친핵체이다(산소가 비공유 전자쌍을 가지기 때문)
- *p*-TsCl은 설폰산(sulfonic acid)으로부터 파생된 산 염화물이며, 황 원자에서 친전자성을 띤다.
- 피리딘(pyridine)은 약한 염기이다.

하나 이상이 존재할 경우, 가장 반응성이 큰 자리를 파악하라.

- 알코올 작용기는 가장 친핵성을 띤다.
- 염화 설폰일(sulfonyl chloride)은 가장 친전자성을 띤다.

가장 반응성이 큰 작용기의 반응 특성을 떠올려라. 그리고 반응 조건을 고려하였을 때 어느 반응이 가장 적합한지를 정하라.

- 설폰일 산 염화물(sulfonyl acid chloride)과 알코올 친핵체가 반응하면, 염화 이온이 떨어지면서 설폰산 에스터 생성물이 만들어진다.

중간 생성물로 이어질 메커니즘을 그려라.

- 알코올은 설폰일 그룹에서 염화 이온을 떼어내면서 **친핵성 첨가 제거 반응**을 한다. 반응 결과 설폰산 에스터(sulfonate ester)가 생성된다.

위 4단계를 반복하라.

- 본 반응 조건에서 토실 이온(tosylate)은 자리옮김을 하면서 탄소 양이온 중간체를 생성한다. 이 양이온에는 물이 접근하여 결합을 이루게 되는데, 이때 엔올이 생성된다. 토토머화는 아마이드를 형성하는 쪽으로 진행된다.
- 아마이드 생성물은 $LiAlH_4$의 하이드라이드(H^-)의 친핵성 첨가 반응에 의해 쉽게 환원되며, 아민 생성물을 만든다. 하이드라이드 첨가 이후, LiOH(lithium hydroxide)의 제거와 또 다른 하이드라이드 첨가가 진행된다.

이것이 최종 생성물과 밀접하게 관련된 것인지를 확인하라.

- 아민 생성물은 워크업을 통한 양성자화에 의해 만들어진다.

최종 생성물의 구조를 그려라.

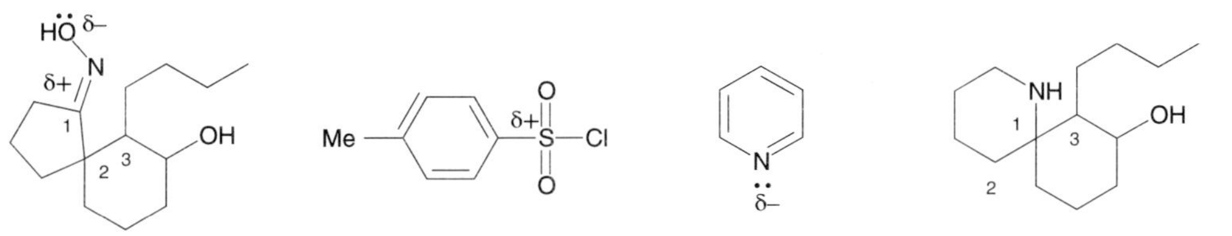

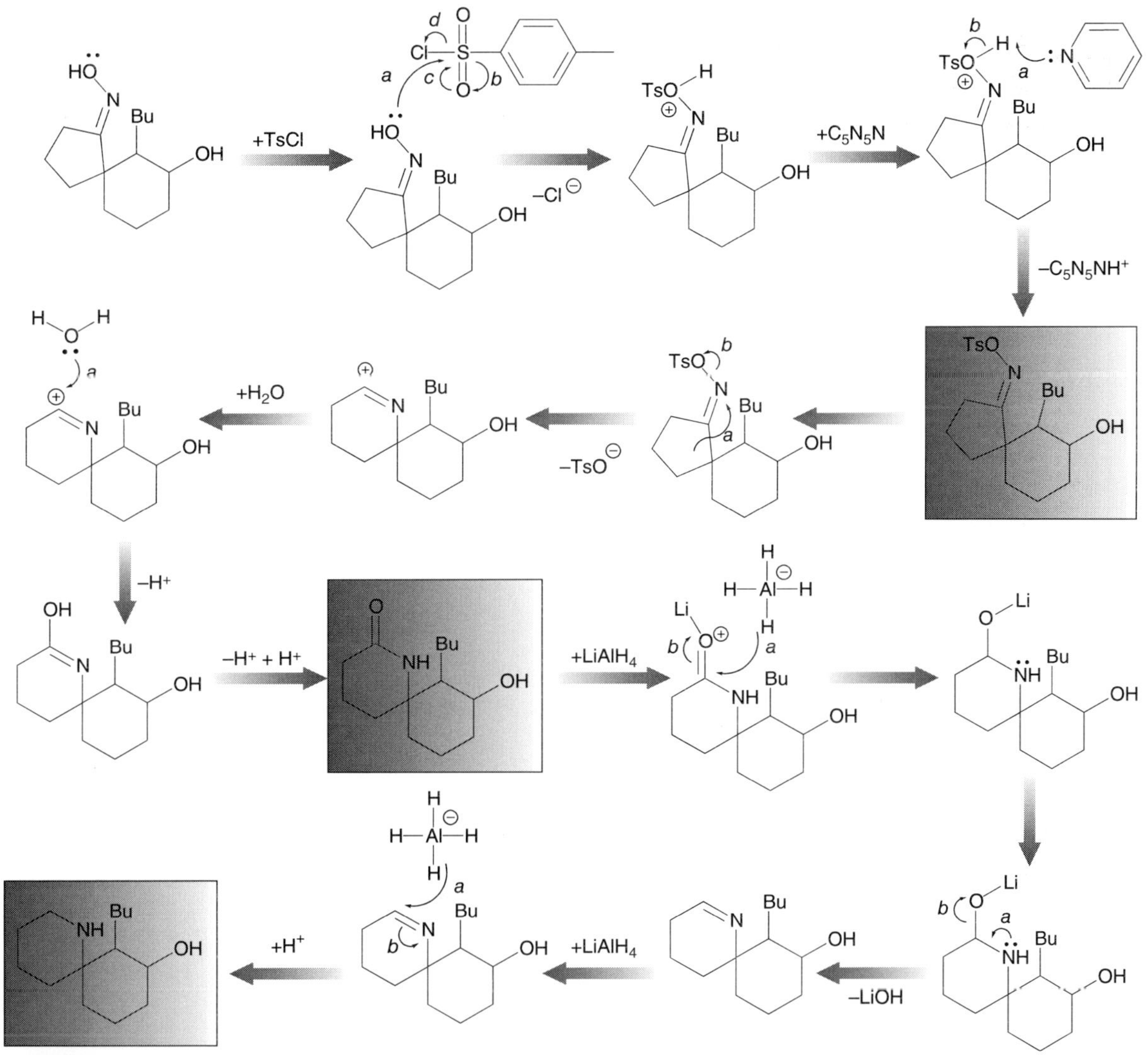

요약: Beckmann 자리옮김 반응의 한 예시이다.

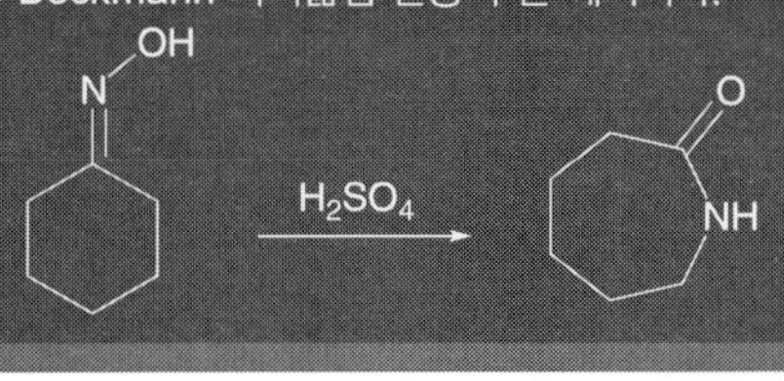

6.12

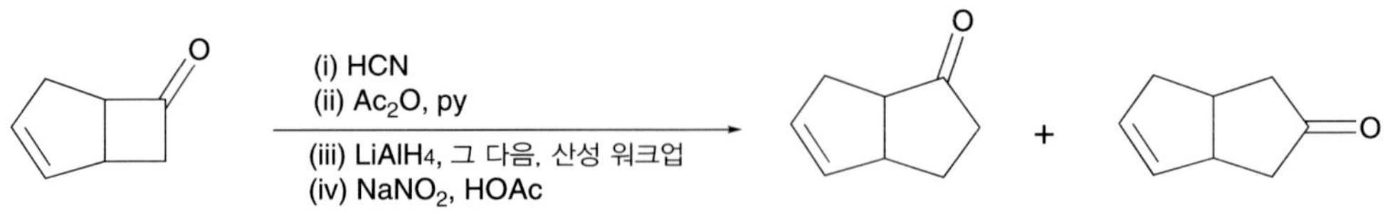

초기 제시된 모든 반응물이 친전자성/친핵성, 그리고 산성/염기성 부위를 갖는지 기록해 두자. 그리고 출발 물질과 생성물에서 동일한 원자를 열거하라.	• 카보닐 그룹은 탄소와 산소의 **전기 음성도** 차이에 의해 편극화되며, 탄소를 친전자성으로 만든다. • 사이안화물(cyanide)은 약한 산이며(pK_a=9) 이것이 이온화되면서 친핵체로 작용할 수 있는 **사이안화** 음이온(CN^-)을 생성한다.
하나 이상이 존재할 경우, 가장 반응성이 큰 자리를 파악하라.	• 케톤은 유일한 친전자성을 띠는 위치이다. • 사이안화 이온은 유일한 친핵체이다.
가장 반응성이 큰 작용기의 반응 특성을 떠올려라. 그리고 반응 조건을 고려하였을 때 어느 반응이 가장 적합한지를 정하라.	• 케톤의 탄소 위치에서 사이안화 이온의 **친핵성 첨가**가 쉽게 일어나며, 이때 사이아노하이드린(cyanohydrin)이 형성된다.
중간 생성물로 이어질 메커니즘을 그려라.	• 사이안화 이온과 카보닐 그룹 간의 **친핵성 첨가 반응**은 알콕시화물을 생성한다. 알코올 생성물은 워크업을 통한 양성자화에 의해 만들어진다.
위 4단계를 반복하라.	• 아세트산 무수물(acetic anhydride)과 알코올의 에스터화 반응은 **첨가-제거 반응**을 거쳐 에스터 생성물을 만든다. • 나이트릴(nitrile) 그룹의 환원은 두 번의 하이드라이드(H^-)의 **친핵성 첨가**를 통해 아민 생성물을 만든다. • 아질산(nitrous acid)과 아민 그룹 사이에서 일어나는 **나이트로화** 반응은 다이아조 그룹을 만드는데, 이는 매우 좋은 이탈기에 해당한다. 이 그룹이 이탈하면, 인접 결합 중 하나가 동시적으로 이동하는데, 이를 통해 2가지 생성물이 만들어진다.
이것이 최종 생성물과 밀접하게 관련된 것인지를 확인하라.	• 이 단계 생략 가능.
최종 생성물의 구조를 그려라.	

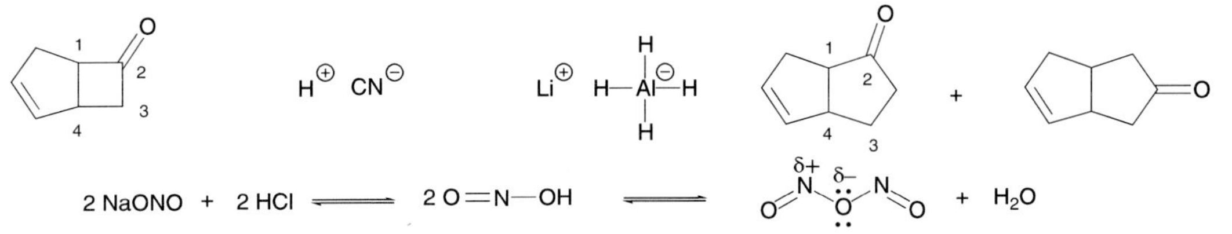

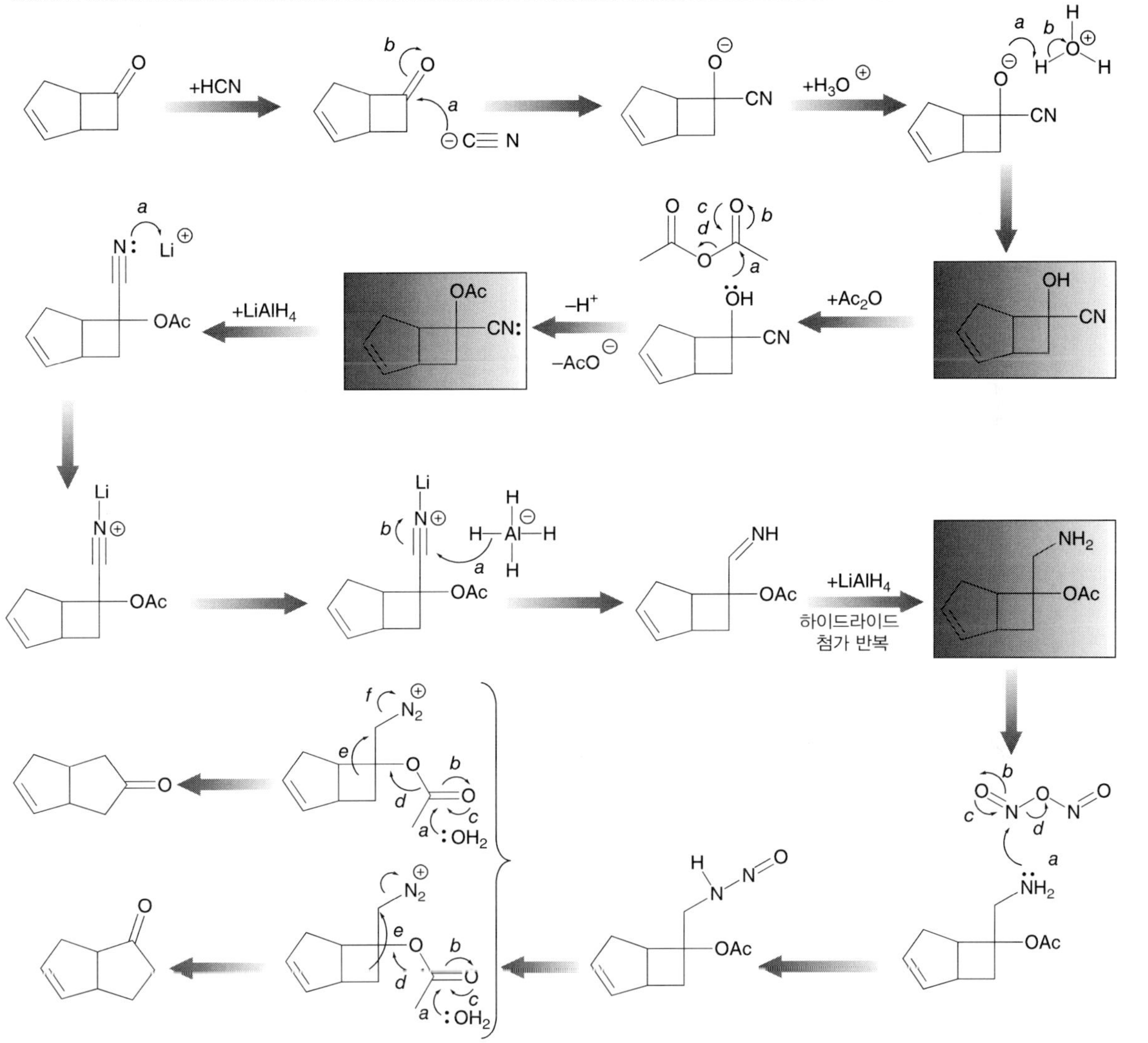

요약: Tiffenau-Demjanov 자리옮김 반응의 한 예시이다.

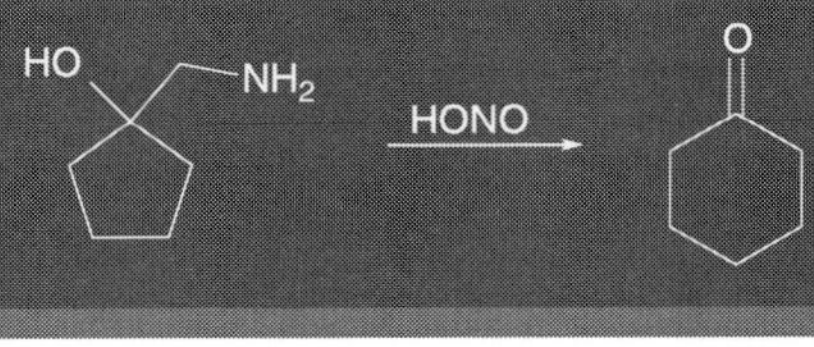

6.13

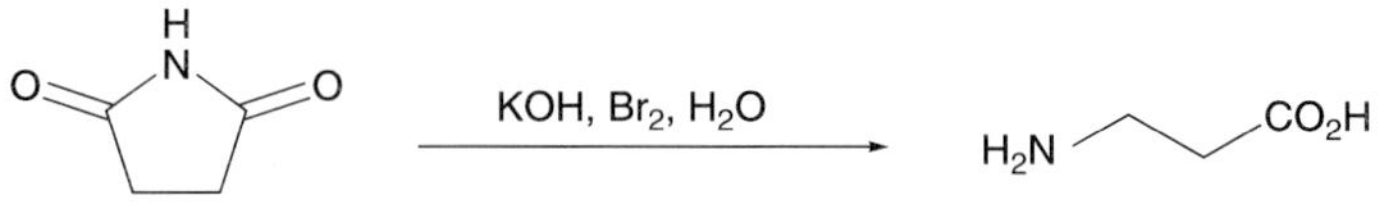

초기 제시된 모든 반응물이 친전자성/친핵성, 그리고 산성/염기성 부위를 갖는지 기록해 두자. 그리고 출발 물질과 생성물에서 동일한 원자를 열거하라.	• 석신이미드(succinimide)는 짝염기(conjugate base)가 공명 안정화되기 때문에 산성을 띤다. • 브로민은 친전자성을 가지는데, 이는 브로민이 전기 음성적이면서 좋은 이탈기이기 때문이다. • KOH(potassium hydroxide)는 좋은 염기이다.
하나 이상이 존재할 경우, 가장 반응성이 큰 자리를 파악하라.	• 석신이미드(succinimide) 그룹은 가장 산성을 띤다. • 수산화기는 가장 염기성을 띠는 자리이다. • 브로민은 유일한 친전자체이다.
가장 반응성이 큰 작용기의 반응 특성을 떠올려라. 그리고 반응 조건을 고려하였을 때 어느 반응이 가장 적합한지를 정하라.	• 아마이드는 염기성 조건에서 할로젠과 반응하며, *N*-브로모아마이드(*N*-bromoamide) 생성물을 만든다. 이것은 염기성 조건 하에서 손쉽게 자리옮김(rearrange)한다.
중간 생성물로 이어질 메커니즘을 그려라.	• 석신이미드는 수산화기에 의해 손쉽게 탈양성자화되며, 이것의 음이온을 생성한다. 석신이미드 음이온은 브로민과 반응하여 *N*-브로모석신이미드(*N*-bromosuccinimide; NBS) 생성물을 만든다.
위 4단계를 반복하라.	• 이러한 반응 조건하에서 *N*-브로모석신이미드는 브로민화 이온을 잃으며, 자리옮김반응을 한다. 이때 1,2-탄소 이동이 일어나며, 아이소사이안산염(isocyanate)이 생성된다. 여기에 물이 접근하여 붙으면서, 카밤산(carbamic acid)이 생성되는데, 염기성 조건에서 자발적으로 탈카복실화(decarboxylate)된다. • 염기성 조건하에서 아마이드는 가수분해되는데, 이때 **첨가-제거** 과정을 통해 고리가 열리며, 아미노산(amino acid) 생성물이 만들어진다.
이것이 최종 생성물과 밀접하게 관련된 것인지를 확인하라.	• 이 단계 생략 가능.
최종 생성물의 구조를 그려라.	

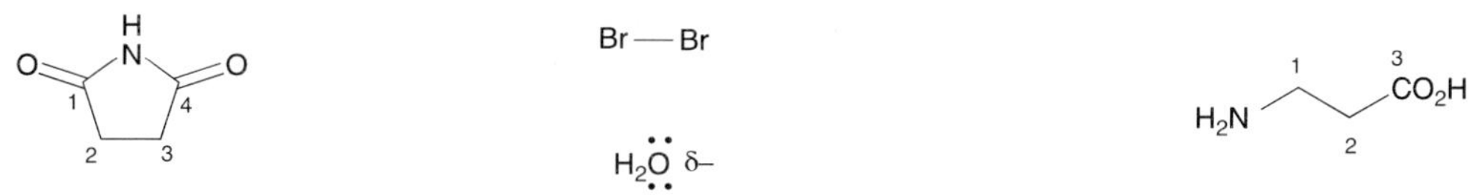

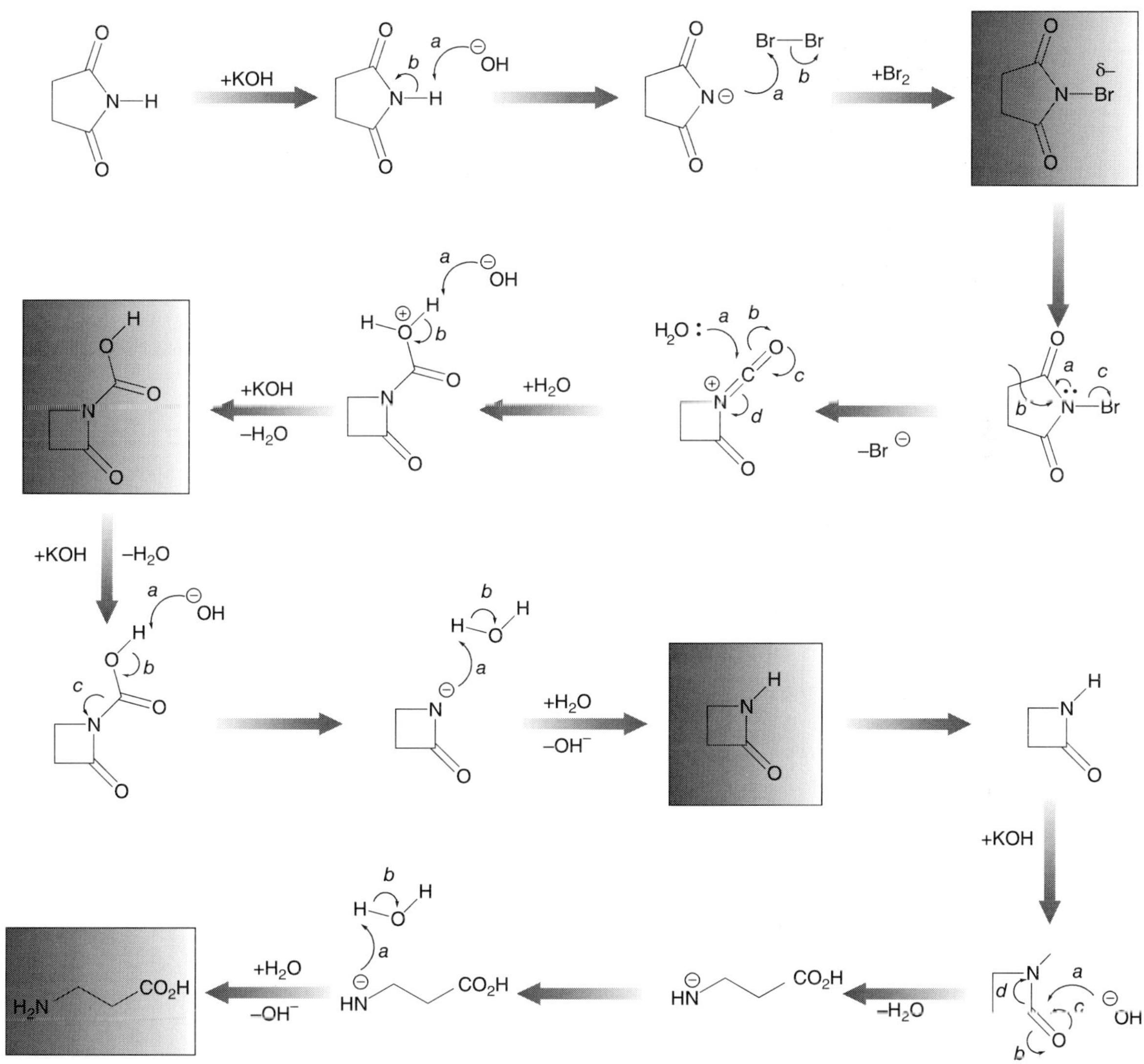

요약: Hofmann 자리옮김 반응의 한 예시이다.

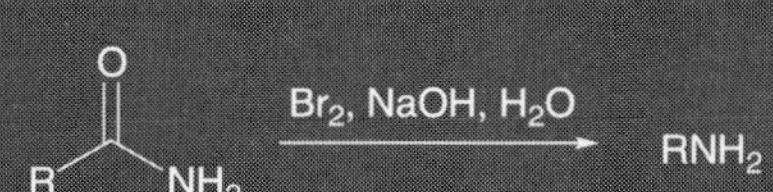

6.14

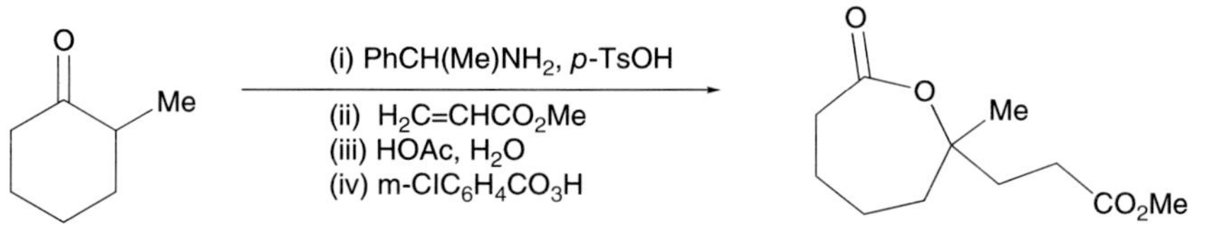

초기 제시된 모든 반응물이 친전자성/친핵성, 그리고 산성/염기성 부위를 갖는지 기록해 두자. 그리고 출발 물질과 생성물에서 동일한 원자를 열거하라.	• 카보닐 그룹은 탄소와 산소의 **전기 음성도** 차이에 의해 편극화되며, 탄소를 친전자성으로 만든다. • 카보닐 그룹의 α-수소는 **유발 효과**에 의해 산성을 띤다. 이때 생성되는 엔올산 이온은 공명 안정화되며, 좋은 친핵체이다. • 아민은 좋은 친핵체이긴 하지만, 케톤을 탈양성자화하는 데 있어서 충분한 염기는 아니다. • *p*-TsOH(*p*-톨루엔설폰산; *p*-Toluenesulfonic acid)은 좋은 산이다.
하나 이상이 존재할 경우, 가장 반응성이 큰 자리를 파악하라.	• 케톤은 유일한 친전자성 자리이다. • 아민은 가장 친핵성을 띠는 시약이다. • *p*-TsOH는 강한 산이다.
가장 반응성이 큰 작용기의 반응 특성을 떠올려라. 그리고 반응 조건을 고려하였을 때 어느 반응이 가장 적합한지를 정하라.	• 케톤과 일차 아민은 손쉽게 반응하며 산성 촉매 조건하에 엔아민(enamine)을 만든다.
중간 생성물로 이어질 메커니즘을 그려라.	• 케톤이 양성자화되면 아민과 **친핵성 첨가 반응**을 한다. 이어서 **제거 반응**이 일어나면서 **엔아민**이 생성된다.
위 4단계를 반복하라.	• 엔아민은 질소가 강한 친핵성을 갖기 때문에, β-탄소를 매우 좋은 친핵성을 갖도록 만든다(엔올과 비교하라). • 아크릴산 메틸(methyl acrylate)은 좋은 친전자체이며, **친핵성 첨가 반응**을 일으킨다. 산 촉매 기반 이미늄(iminium)의 **가수분해**는 케톤 생성물을 만든다. • *m*-$ClC_6H_4CO_3H$ 내 하이드록시 그룹이 케톤 그룹에 첨가되면, 4면체 중간체가 생성된다. 이때 H−O 결합에서 전자의 제공은 알킬 그룹 중 하나를 **1,2-이동**시키고, 카복실산 이온을 떼어내면서 락톤 생성물이 만들어지게 한다.
이것이 최종 생성물과 밀접하게 관련된 것인지를 확인하라.	• 이 단계 생략 가능.
최종 생성물의 구조를 그려라.	

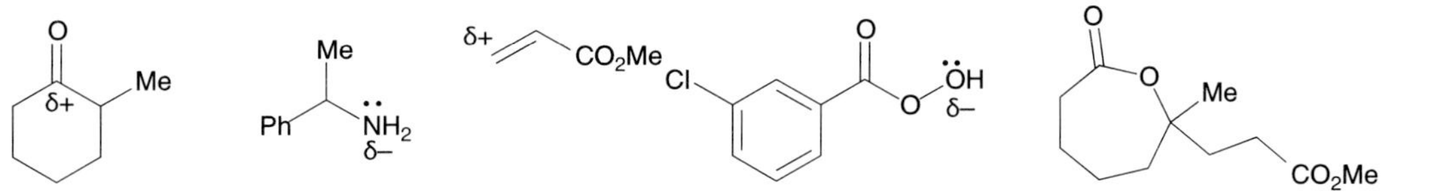

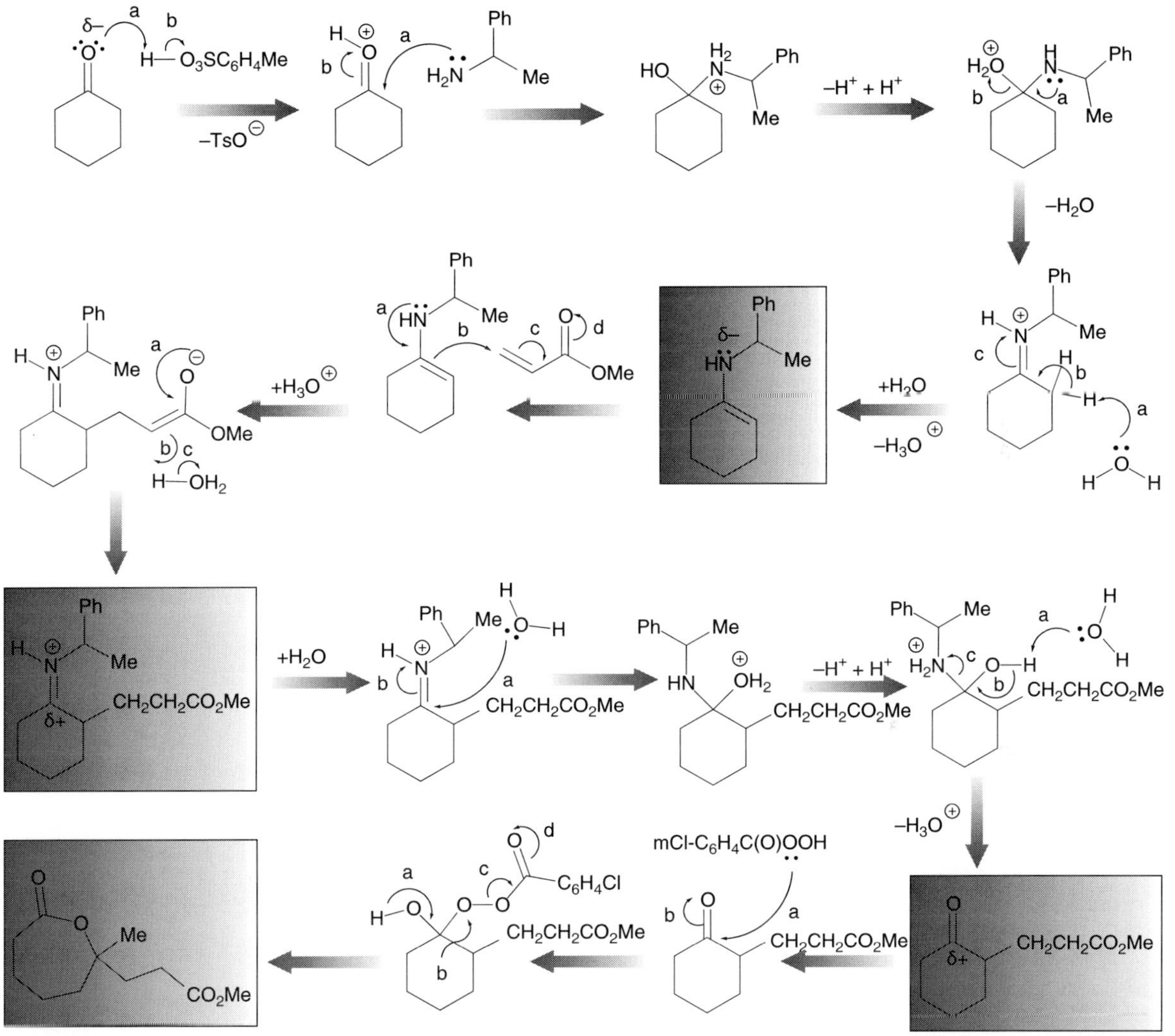

요약: Baeyer-Villiger 반응의 한 예시이다.

$$RCOR' \xrightarrow{R''CO_3H} RCO_2R'$$

6.15

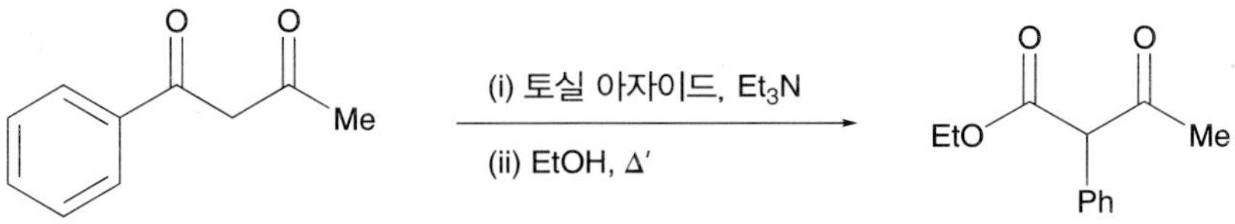

초기 제시된 모든 반응물이 친전자성/친핵성, 그리고 산성/염기성 부위를 갖는지 기록해 두자. 그리고 출발 물질과 생성물에서 동일한 원자를 열거하라.	• β-다이카보닐 화합물의 α-자리는 매우 산성을 띠며(pK_a=약 13), 엔올산 이온을 형성한다. 이때 엔올산 이온은 좋은 친핵체로 작용한다. • 토실 아자이드(tosyl azide)는 매우 좋은 친전자체이다. • 트라이에틸아민(triethylamine)은 염기성이다.
하나 이상이 존재할 경우, 가장 반응성이 큰 자리를 파악하라.	• β-다이카보닐 화합물의 α-자리는 가장 산성을 띠며, 이것의 엔올산 이온 형태는 친핵성 시약이다. • 아자이드의 말단 질소는 가장 좋은 친전자체 자리이다.
가장 반응성이 큰 작용기의 반응 특성을 떠올려라. 그리고 반응 조건을 고려하였을 때 어느 반응이 가장 적합한지를 정하라.	• 엔올산 이온은 친전자체와 반응할 것이다. 여기에서 친전자체는 그 자신이 이탈기로서 떨어질 수 있는 특이한 아자이드이다.
중간 생성물로 이어질 메커니즘을 그려라.	• 아자이드 받개(acceptor)로 엔올산 이온이 **첨가**될 때 토실아마이드(tosylamide)의 제거가 수반되며, 다이아조 생성물이 만들어진다.
위 4단계를 반복하라.	• 열역학적으로 질소 기체가 떨어지면서 카벤(carbene)이 만들어지는데 이는 자리옮김을 통해 케텐(ketene)으로 전환된다. 케텐은 중심 탄소 원자가 친전자성을 띤다. 케텐과 에탄올이 반응하면 에스터 생성물이 만들어진다.
이것이 최종 생성물과 밀접하게 관련된 것인지를 확인하라.	• 이 단계 생략 가능.
최종 생성물의 구조를 그려라.	

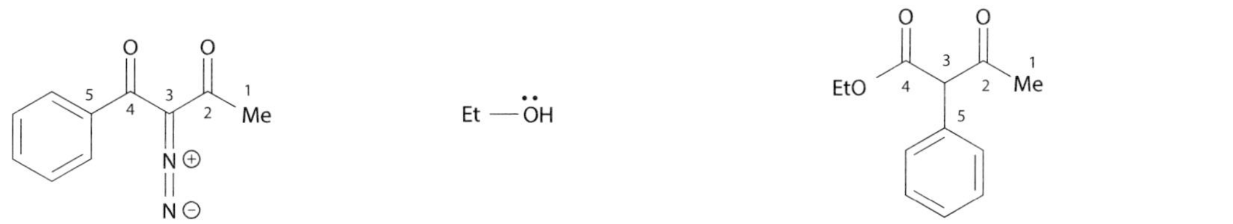

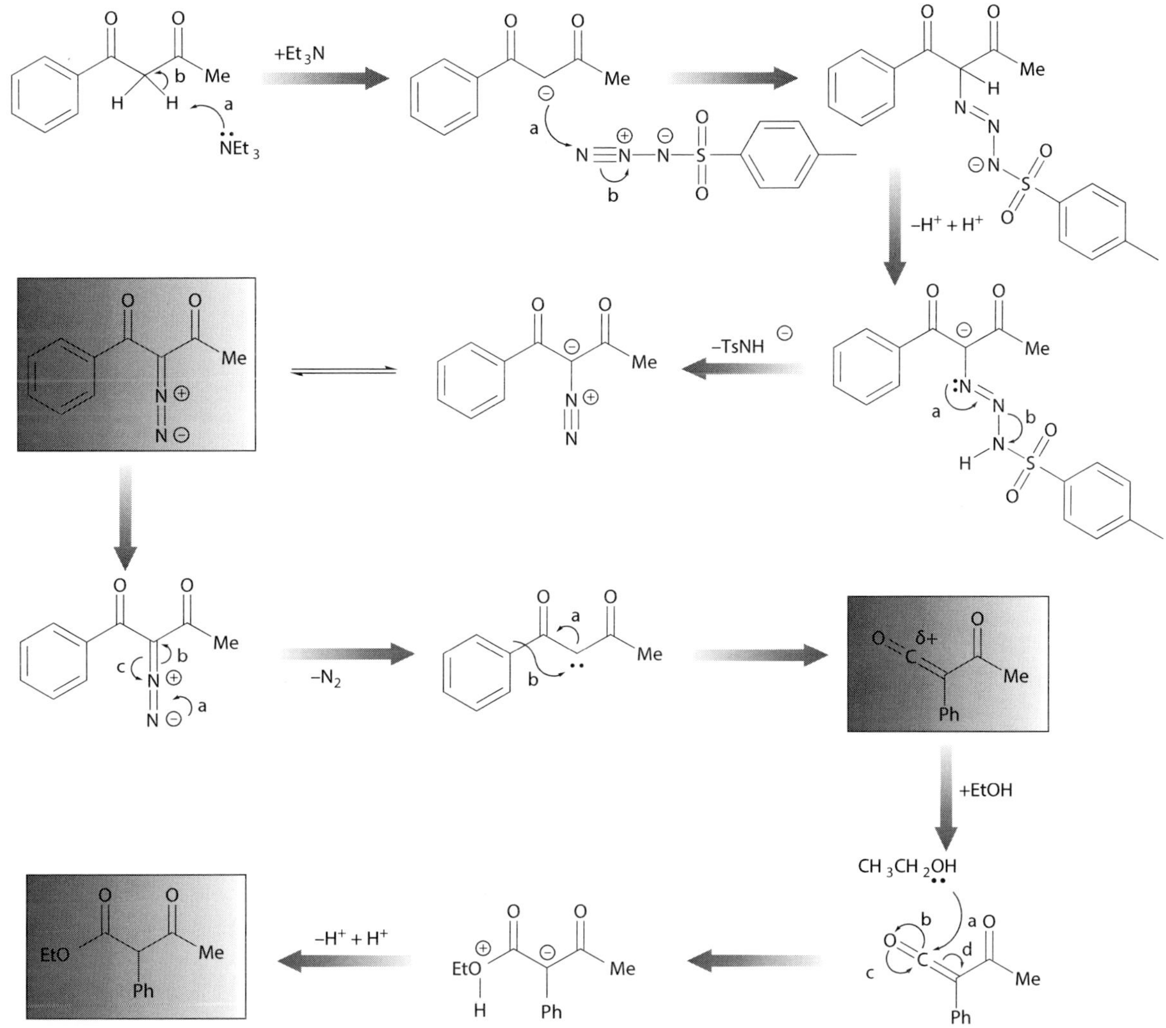

요약: Wolff 자리옮김 반응의 한 예시이다.

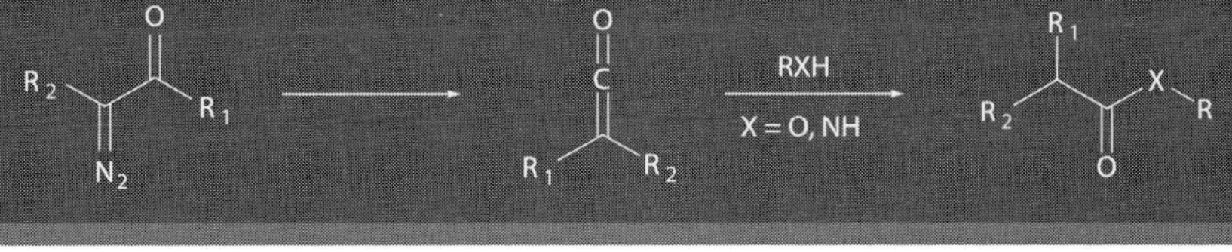

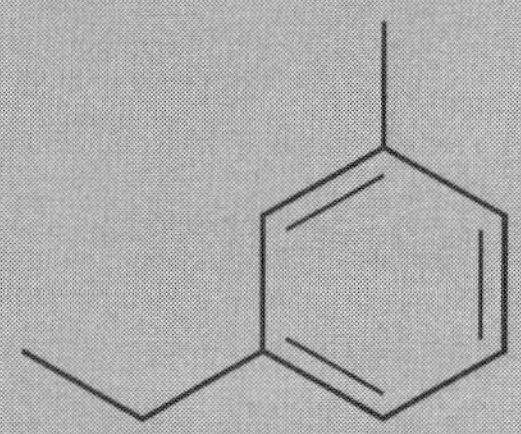

7장

리간드 커플링 프로세스

- 전이 금속 촉매를 이용한 유기 할라이드(R−X)와 유기금속(R′M), 두 유기 화합물 간 커플링은 R−R′과 같은 생성물을 만드는데, 이는 합성 방법론에서 매우 강력한 방법론이다. 이것은 연구와 산업에서 널리 응용되고 있는 방법이다.

$$\mathrm{R{-}X} \quad + \quad \mathrm{R'{-}M} \xrightarrow{\text{촉매}} \mathrm{R{-}R'} \quad + \quad \mathrm{M{-}X}$$

R과 R′가 보통은 sp^2–혼성이기는 하지만, R′의 경우는 sp^3 또는 sp 혼성일 수도 있다.
M = Sn, B, Zn, Mg, Si, Zr
X = I, Br, Cl, OSO_2CF_3
촉매=Pd(0)과 적절한 리간드

- 이 반응은 금속 중심 산화-환원 과정에 의해 진행된다. 이때 할라이드 기질이 금속으로 산화적으로 첨가되게 만들며, 리간드 교환이 일어난다. 그런 다음, 환원적으로 제거되며 아래 그림과 같은 생성물의 형성을 이끈다.

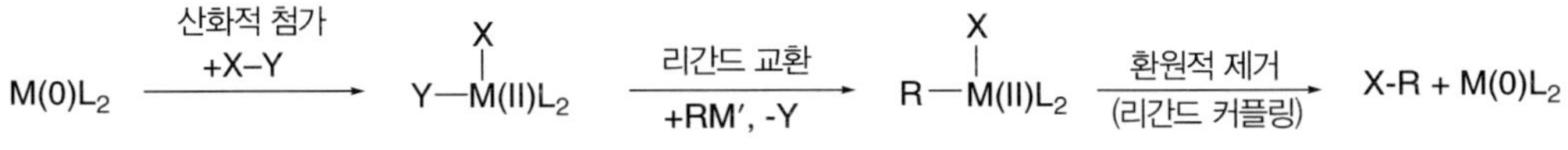

- 팔라듐(0) 촉매는 이 과정의 예시로서 널리 알려져 왔다. 많은 이름 붙은 반응들이 개발되었고, 다양화되었다. 여기서 유기금속 커플링 파트너는 다음 예시를 포함한다.
  - 유기스탄난(organostannane)을 이용한 Stille 커플링
  - 유기실레인(organosilane)을 이용한 Hiyama 커플링
  - 유기붕소(organoboron)를 이용한 Suzuki 커플링
  - 커플링 파트너로서 알킬붕소를 이용한 Suzuki−Miyaura B-alkyl variant는 $C(sp^3)-C(sp^2)$ 커플링을 허용함.
  - 유기플루오린화붕소산(organofluoroboronate)을 이용한 Molander 커플링
  - 유기아연을 이용한 Negishi 커플링
  - 유기마그네슘(Grignards)을 이용한 Kumada 커플링
- 1) 출발 물질이 일반적으로 손쉽게 이용 가능하다는 사실과, 2) 파트너 물질과 반응하는 R과 R′의 작용기가 반응에 크게 영향을 주지 않는다는 점(CO_2R, CN, OH, CHO, NO_2), 3) 반응이 마이크로파를 조사함으로써 가속화될 수 있다는 점이 이 프로세스의 장점으로 작용한다.
- 메커니즘적으로 봤을 때, 이러한 과정은 이 책 초기에 우리가 봤었던 것과는 꽤 다르다. 그리고 금속종이 재생되는 사이클[산화적 첨가 → 금속 교환 반응(transmetallation) → 환원적 제거 단계 순서]을 가진 점 또한 마찬가지로 다르다(이러한 점에서 '촉매적'이라고 표현한다). 팔라듐 촉매의 R−X 결합으로의 산화적 첨가는 초기에 *cis*-복합체를 만들어내는데, 이는 빠르게 *trans*-isomer로 이성질체화된다. 중요한 것은 산화적 첨가와 환원적 제거 단계 둘 다 배열을 유지하면서 발생한다는 점이다.

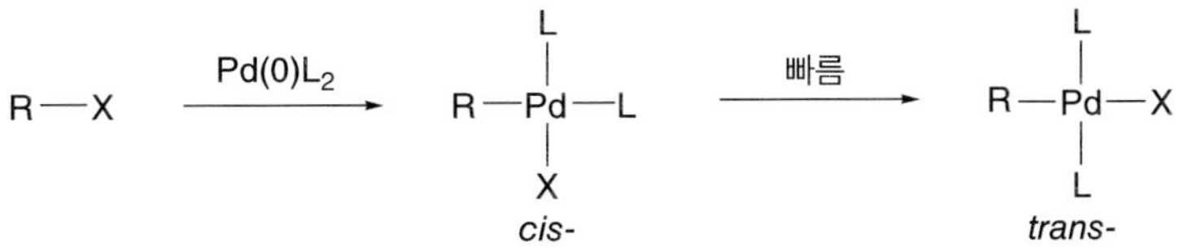

- Trialkylphosphine이 *N*-heterocyclic carbene과 같은 σ-주개 리간드는 금속에 전자 밀도를 증가시킨다. 이 성질은 산화적 첨가 단계를 가속화시킨다. 산화적 첨가 단계가 속도 결정 단계이기 때문에, 리간드는 커플링 반응 코스에 지대한 영향을 줄 수 있다. 하지만, 이것은 매우 전문적인 토픽이기 때문에 세부적인 내용을 여기에서 다루지는 않는다.
- 이 종은 금속 교환 반응(transmetallation) 과정에서 유기금속 유도체와 반응한다. 이때 유기스탄난으로부터 리간드 이동의 상대적 순서는 다음과 같다:

  유기(organo) = alkynyl 〉 alkenyl 〉 aryl 〉 allyl = benzyl 〉 α−alkoxyalkyl 〉 alkyl

- 그 다음 일어나는 환원적 제거는 R−R′ 커플링된 생성물을 만든다. 그리고 환원된 금속 Pd(0)를 방출하게 되는데, 이때 환원된 Pd(0)는 다시 다음 사이클에 대해 촉매로서 작용한다.
- 이 프로세스에서 두 가지 중요한 변이체는 유기금속 파트너를 알카인 또는 알켄 친핵체로 치환한다. 이러한 두 반응 또한 산화-환원에 의해 촉진되는 반응 사이클에서 Pd(0)의 촉매 작용을 받으나, 반응 사이클의 중요한 세부 내용에서 차이점이 있다.
- 아세틸렌과 유기할라이드의 Sonogashira 커플링은 copper(I) 촉매가 존재할 때 일반적으로 촉진되며, 그 자리에 copper(I) acetylide가 생성된다. 이것은 일시적인 유기금속 유도체를 만들어내며, 이 유도체는 R 그룹을 운반하는 역할을 담당한다.

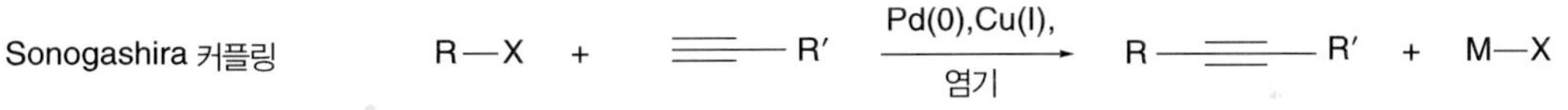

- 알켄과 유기할라이드의 Heck 커플링은 팔라듐-촉매화된 커플링과는 다른 경로를 따른다. 이는 본 경우에 유기팔라듐 중간체가 카보팔라듐 프로세스를 겪으며, 열역학적으로 조절되는 조건하에 β-하이드라이드 제거를 초래한다. 그리고 반응 결과, (*E*)-알켄 생성물을 형성한다.

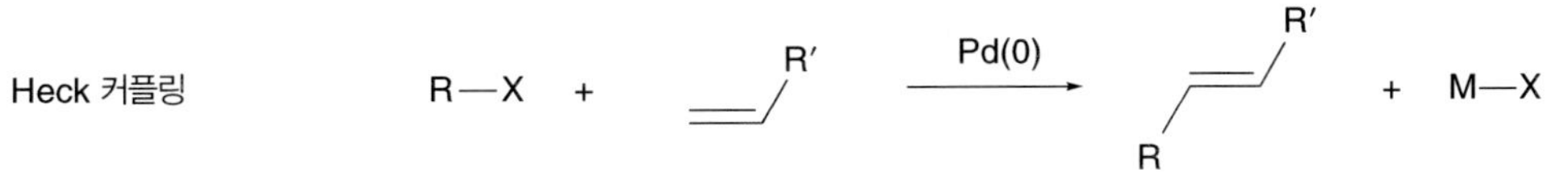

7.1

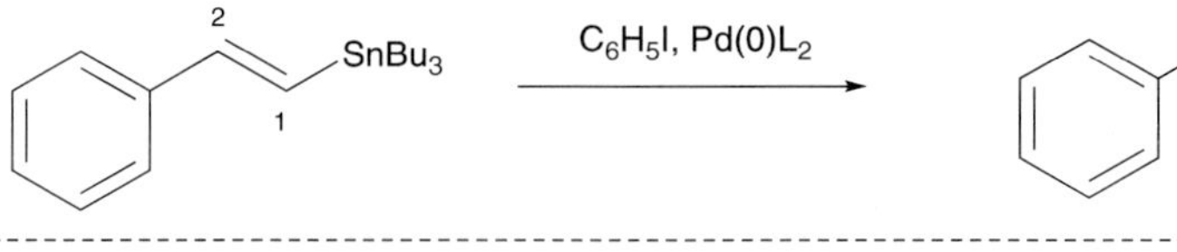

초기 제시된 모든 반응물이 친전자성/친핵성, 그리고 산성/염기성 부위를 갖는지 기록해 두자. 그리고 출발 물질과 생성물에서 동일한 원자를 열거하라.

- Pd(0)은 쉽게 산화되며 Pd(II)가 된다.
- 편극화된 C−I 결합은 방출된 전자를 받아들이는 능력을 가지고 있으며, 이를 통해 Pd−C 결합을 형성할 수 있다.

하나 이상이 존재할 경우, 가장 반응성이 큰 자리를 파악하라.

- 이 경우, 유일하게 반응성을 가진 것은 C−I 결합과 Pd(0) 금속 종이다.

가장 반응성이 큰 작용기의 반응 특성을 떠올려라. 그리고 반응 조건을 고려하였을 때 어느 반응이 가장 적합한지를 정하라.

- 팔라듐(0)은 Stille 반응에서 유기스타난(organostannane)과 유기아이오딘(organoiodide)의 커플링을 매개한다.

중간 생성물로 이어질 메커니즘을 그려라.

위 4단계를 반복하라.

- 유기할라이드(organohalide, 보통 Csp^2−X 결합을 가진)와 Pd(0)은 쉽게 리간드 커플링 과정에 참여한다.
- Pd(0)은 쉽게 산화되며 Pd(II)가 되는데, 이때 C−I 결합에 동시적 산화 첨가가 일어나며, *cis*-유기팔라듐(*cis*-organopalladium) 착물이 형성된다. 이것은 빠르게 *trans* 시스템과 평형을 이룬다.
- 이 *trans*-착물은 바이닐 스타난(vinyl stannane)과 금속 교환 반응(transmetallation)을 이루며, *trans*-배열에서 두 개의 주된 리간드와 함께 또 다른 팔라듐 착물을 만든다.
- *cis*-시스템으로의 평형은 환원성 제거 반응을 허용하면서 리간드 커플링에 의해 생성물을 만든다. 이때 $Pd(0)L_2$가 방출되는데, 이는 다음 반응에서 촉매 작용한다.

이것이 최종 생성물과 밀접하게 관련된 것인지를 확인하라.

- 이 단계 생략 가능.

최종 생성물의 구조를 그려라.

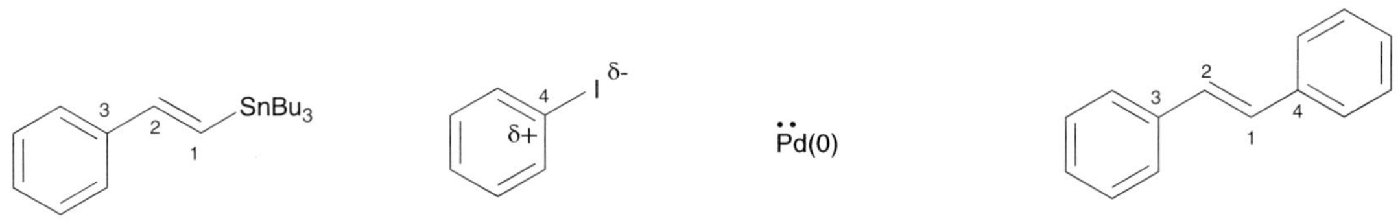

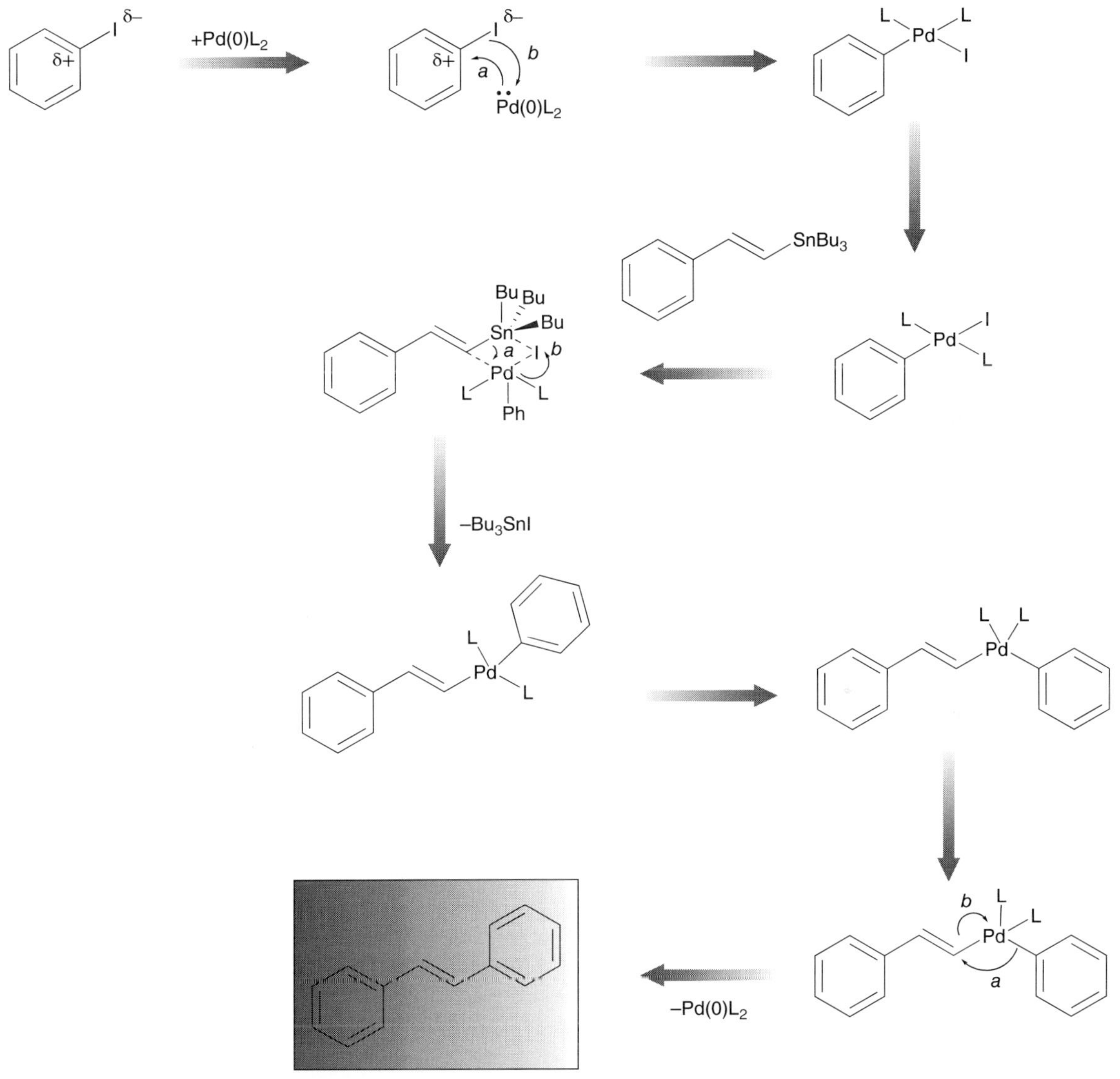

요약: Stille 반응의 한 예시이며, 이때 팔라듐 촉매 조건하에 유기주석이 유기할라이드와 서로 커플링한다.

$$R'\text{-}I + RSnBu_3 \xrightarrow{Pd(0)} R'\text{-}R$$

이제 문제 7.8과 7.9를 풀어보자.

7.2

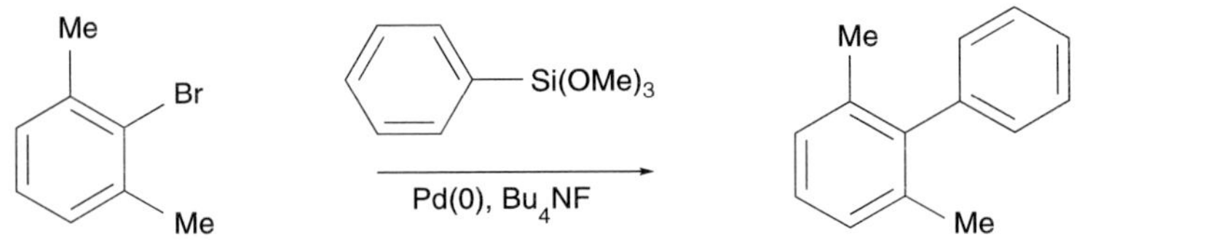

초기 제시된 모든 반응물이 친전자성/친핵성, 그리고 산성/염기성 부위를 갖는지 기록해 두자. 그리고 출발 물질과 생성물에서 동일한 원자를 열거하라.

- Pd(0)은 쉽게 산화되며 Pd(II)가 된다.
- 편극화된 C−Br 결합은 방출된 전자를 받아들이는 능력을 가지고 있으며, 이를 통해 Pd−C 결합을 형성할 수 있다.
- 플루오린화 이온은 강한 Si−F 결합을 형성하며, Si 중심 첨가는 유기 리간드를 금속 교환 반응에 의해 이동하도록 활성화시킨다.

하나 이상이 존재할 경우, 가장 반응성이 큰 자리를 파악하라.

- 이 경우, 유일하게 반응성을 가진 것은 C−Br 결합과 Pd(0) 금속 종이다.

가장 반응성이 큰 작용기의 반응 특성을 떠올려라. 그리고 반응 조건을 고려하였을 때 어느 반응이 가장 적합한지를 정하라.

- 팔라듐(0)은 Hiyama 반응에서 유기실레인(organosilane)과 유기아이오딘의 커플링을 매개한다.

중간 생성물로 이어질 메커니즘을 그려라.

위 4단계를 반복하라.

- 유기할라이드(보통 Csp^2−X 결합을 가진)와 Pd(0)은 쉽게 리간드 커플링 과정에 참여한다.
- Pd(0)은 쉽게 산화되며 Pd(II)가 되는데, 이때 C−Br 결합에 동시적 산화 첨가가 일어나며, *cis*-유기팔라듐 착물이 형성된다. 이것은 빠르게 *trans* 시스템과 평형을 이룬다.
- 이 *trans*-착물은 바이닐 스타난과 금속 교환 반응을 이루며, *trans*-배열에서 두 개의 주된 리간드와 함께 또 다른 팔라듐 착물을 만든다.
- *cis*-시스템으로의 평형은 환원성 제거 반응을 허용하면서 리간드 커플링에 의해 생성물을 만든다. 이때 Pd(0)L_2가 방출되는데, 이는 다음 반응에서 촉매 작용한다.

이것이 최종 생성물과 밀접하게 관련된 것인지를 확인하라.

- 이 단계 생략 가능.

최종 생성물의 구조를 그려라.

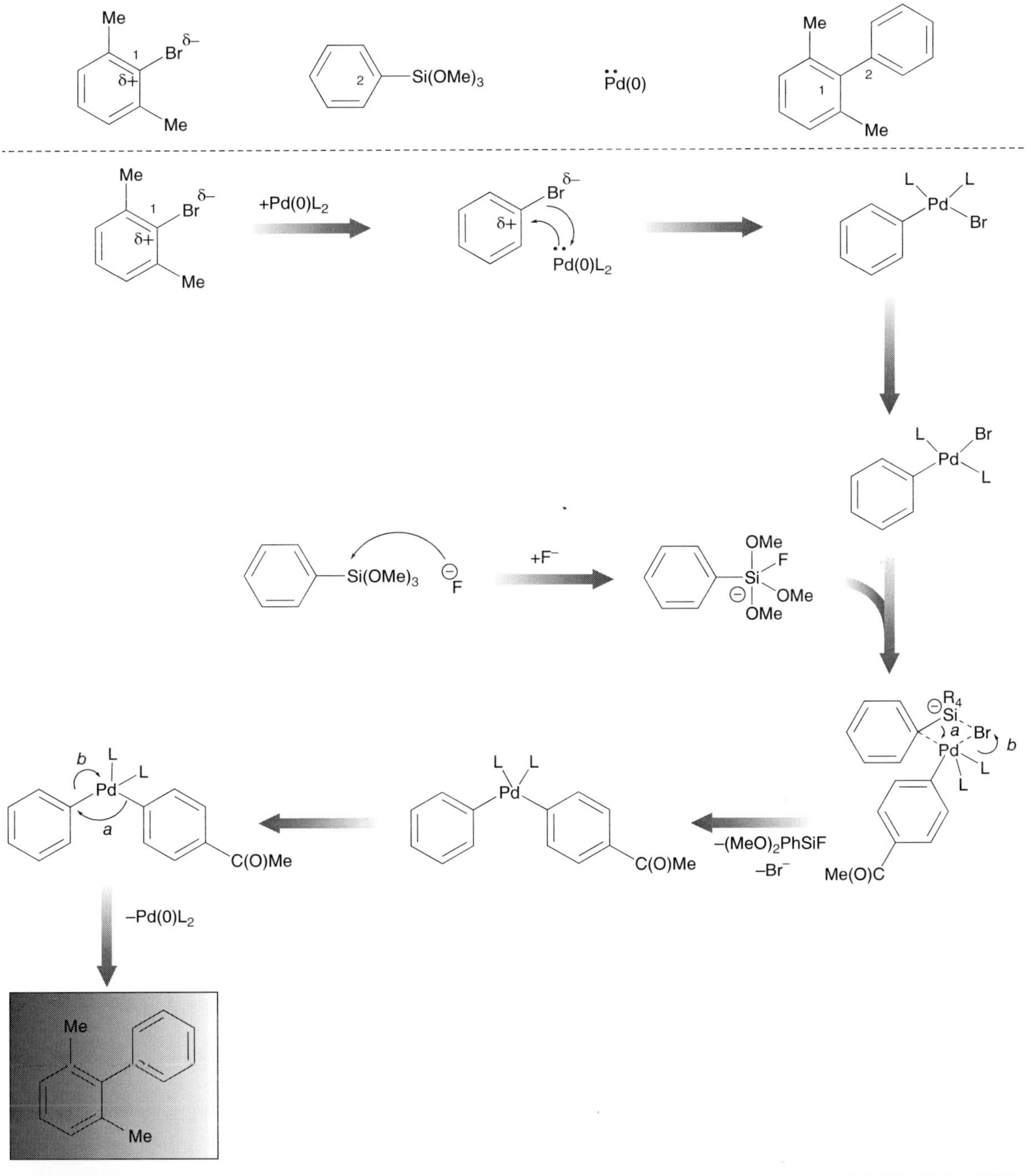

요약: Hiyama 반응의 한 예시이며, 이때 팔라듐 촉매 조건하에 유기실레인이 유기할라이드와 서로 커플링한다.

$$R'\text{–}I + RSiX_3 \xrightarrow{\text{Pd(0), }Bu_4NF} R'\text{–}R$$

이제 문제 7.10을 풀어보자.

7.3

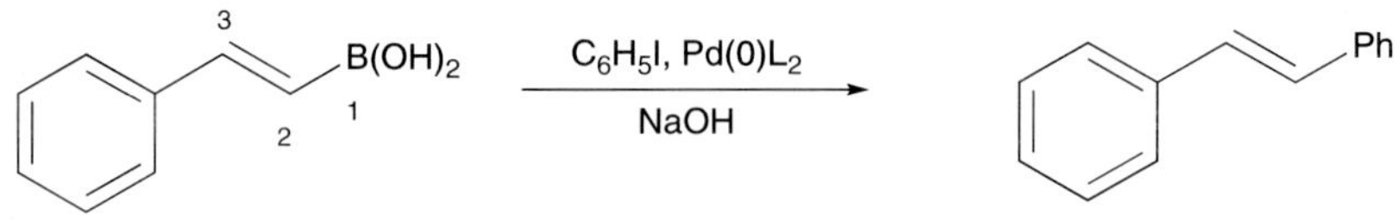

초기 제시된 모든 반응물이 친전자성/친핵성, 그리고 산성/염기성 부위를 갖는지 기록해 두자. 그리고 출발 물질과 생성물에서 동일한 원자를 열거하라.

- Pd(0)은 쉽게 산화되며 Pd(II)가 된다.
- 편극화된 C−I 결합은 방출된 전자를 받아들이는 능력을 가지고 있으며, 이를 통해 Pd−C 결합을 형성할 수 있다.

하나 이상이 존재할 경우, 가장 반응성이 큰 자리를 파악하라.

- 이 경우, 유일하게 반응성을 가진 것은 C−I 결합과 Pd(0) 금속종이다.

가장 반응성이 큰 작용기의 반응 특성을 떠올려라. 그리고 반응 조건을 고려하였을 때 어느 반응이 가장 적합한지를 정하라.

- 팔라듐(0)은 Suzuki 반응에서 유기스타난과 유기아이오딘의 커플링을 매개한다.

중간 생성물로 이어질 메커니즘을 그려라.

위 4단계를 반복하라.

- 유기할라이드(보통 Csp^2−X 결합을 가진)와 Pd(0)은 쉽게 리간드 커플링 과정에 참여한다.
- Pd(0)은 쉽게 산화되며 Pd(II)가 되는데, 이때 C−I 결합에 동시적 산화 첨가가 일어나며, *cis*-유기팔라듐 착물이 형성된다. 이것은 빠르게 *trans* 시스템과 평형을 이룬다.
- 보론산(boronic acid)에 수산화기가 첨가되면, 리간드 교환을 활성화시키는 ate 복합체가 만들어진다.
- 이 *trans*-팔라듐 착물은 바이닐 보로네이트(vinyl boronate)와 금속 교환 반응을 이루며, *trans*-배열에서 두 개의 주된 리간드와 함께 또 다른 팔라듐 착물을 만든다.
- *cis*-시스템으로의 평형은 환원성 제거 반응을 허용하면서 리간드 커플링에 의해 생성물을 만든다. 이때 $Pd(0)L_2$가 방출되는데, 이는 다음 반응에서 촉매 작용한다.

이것이 최종 생성물과 밀접하게 관련된 것인지를 확인하라.

- 이 단계 생략 가능.

최종 생성물의 구조를 그려라.

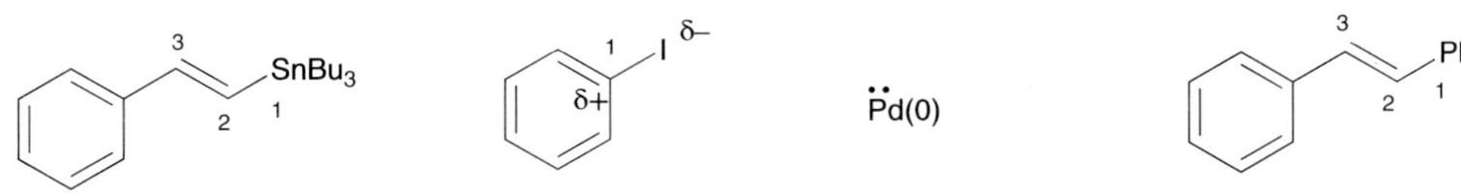

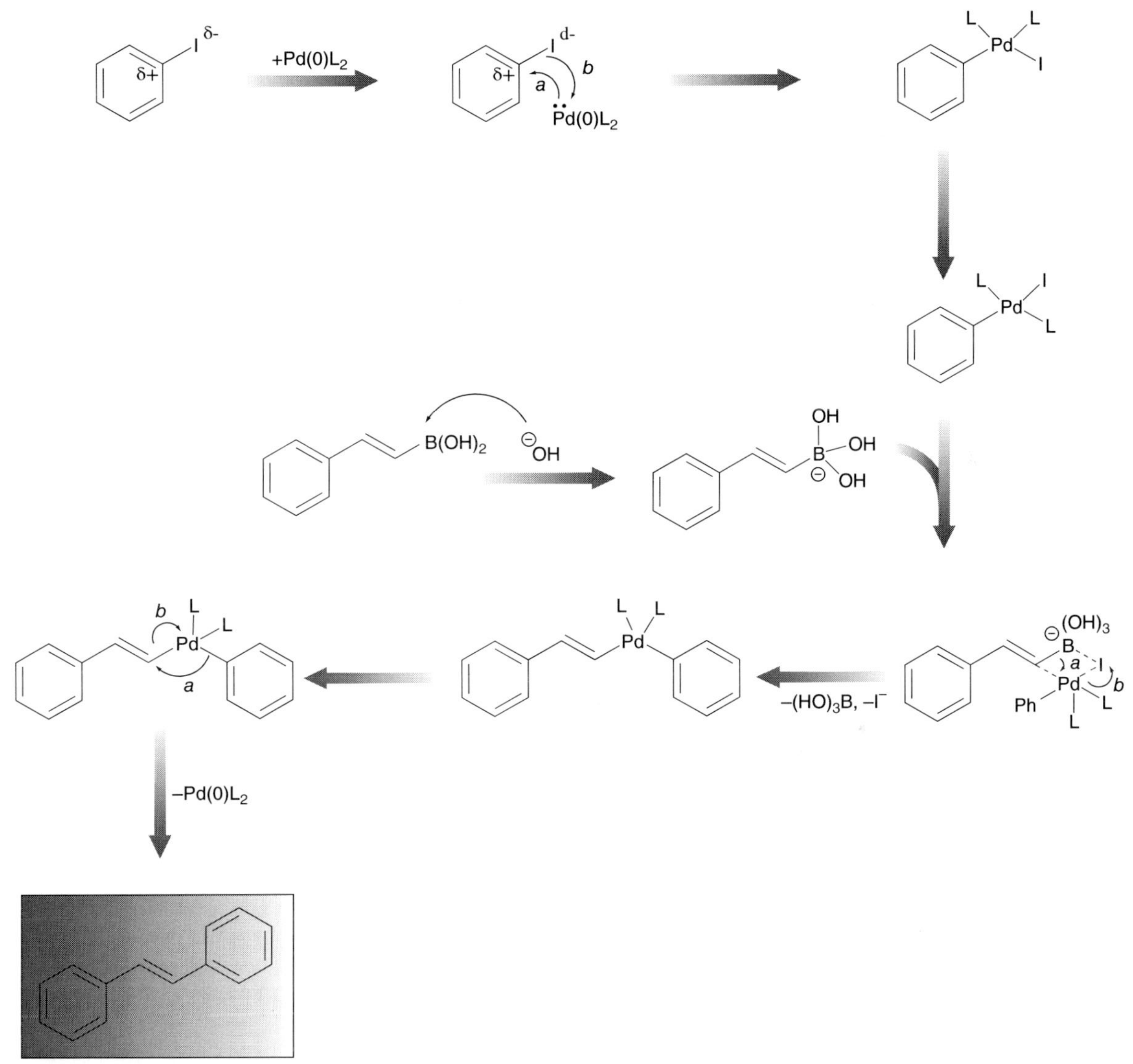

요약: Suzuki 반응의 한 예시이며, 이때 팔라듐 촉매 조건하에 유기보론산이 유기할라이드와 서로 커플링한다.

$$R'-I + RB(OH)_2 \xrightarrow{Pd(0)} R'-R$$

이제 문제 7.11을 풀어보자.

7.4

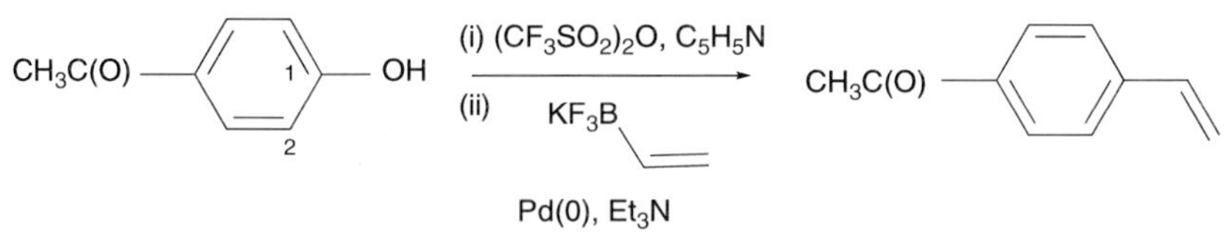

초기 제시된 모든 반응물이 친전자성/친핵성, 그리고 산성/염기성 부위를 갖는지 기록해 두자. 그리고 출발 물질과 생성물에서 동일한 원자를 열거하라.

- 페놀은 친핵체이다.
- 설폰산 무수물은 좋은 이탈기를 가지고 있으므로 친전자성이다(trifluoromethansulfonate, OTf).
- Pd(0)은 쉽게 산화되며 Pd(II)가 된다.
- 편극화된 C−OTf 결합은 방출된 전자를 받아들이는 능력을 가지고 있으며, 이를 통해 Pd−C 결합을 형성할 수 있다.

하나 이상이 존재할 경우, 가장 반응성이 큰 자리를 파악하라.

- 이 경우, 유일하게 반응성을 가진 것은 페놀, 산 무수물, C−OTf 결합, 그리고 Pd(0) 금속 종이다.

가장 반응성이 큰 작용기의 반응 특성을 떠올려라. 그리고 반응 조건을 고려하였을 때 어느 반응이 가장 적합한지를 정하라.

- 알코올처럼 페놀은 산 무수물(acid anhydride)과 반응하여 에스터를 형성한다.

중간 생성물로 이어질 메커니즘을 그려라.

- 페놀은 친핵체이며, 산 무수물과 같은 친전자체와 첨가-제거 반응을 한다. 이때 좋은 이탈기를 떼어내며, 트라이플레이트(triflate)를 만든다.

위 4단계를 반복하라.

- 유기트라이플레이트(organotriflate; 보통 Csp^2−X 결합을 가진)와 Pd(0)은 쉽게 리간드 커플링 과정에 참여한다.
- Pd(0)은 쉽게 산화되며 Pd(II)가 되는데, 이때 C−OTf 결합에 동시적 산화 첨가가 일어나며, *cis*-유기팔라듐 착물이 형성된다. 이것은 빠르게 *trans*-시스템과 평형을 이룬다.
- Trifluorosulfonate는 리간드 교환을 활성화시킨다.
- 이 *trans*-팔라듐 착물은 vinyl trifluoroboronate 복합체와 금속 교환 반응을 이루며, *trans*-배열에서 두 개의 주된 리간드와 함께 또 다른 팔라듐 착물을 만든다.
- *cis*-시스템으로의 평형은 환원성 제거 반응을 허용하면서, 리간드 커플링에 의해 생성물을 만든다. 이때 $Pd(0)L_2$가 방출되는데, 이는 다음 반응에서 촉매 작용한다.

이것이 최종 생성물과 밀접하게 관련된 것인지를 확인하라.

- 이 단계 생략 가능.

최종 생성물의 구조를 그려라.

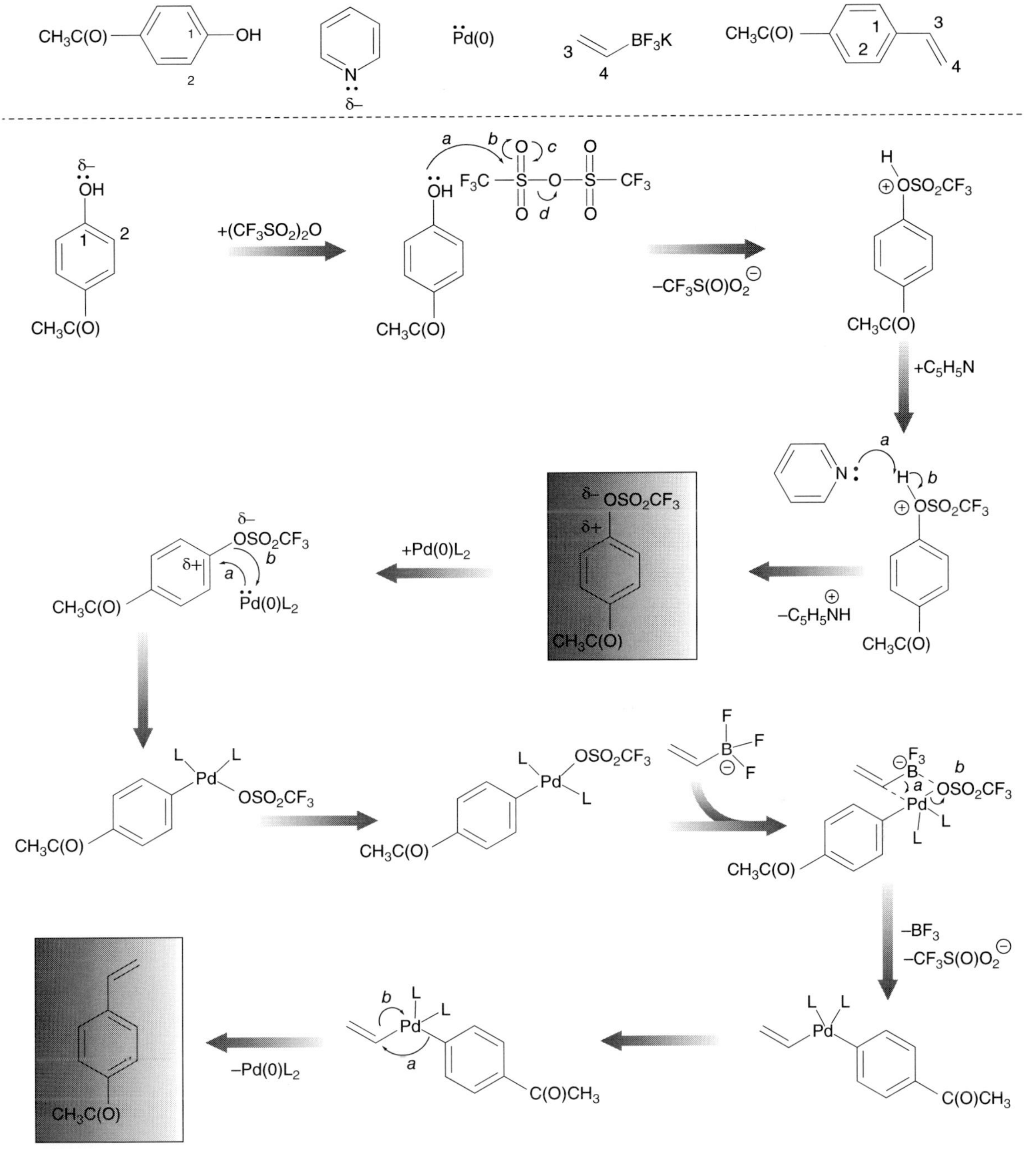

요약: Molander 반응의 한 예시이며, 이때 팔라듐 촉매 조건하에
유기트라이플루오로붕소산 이온(organotrifluoroborate)이 유기할라이드와 서로 커플링한다.

$$R'{-}I + RBF_3K \xrightarrow{Pd(0)} R'{-}R$$

이제 문제 7.12를 풀어보자.

7.5

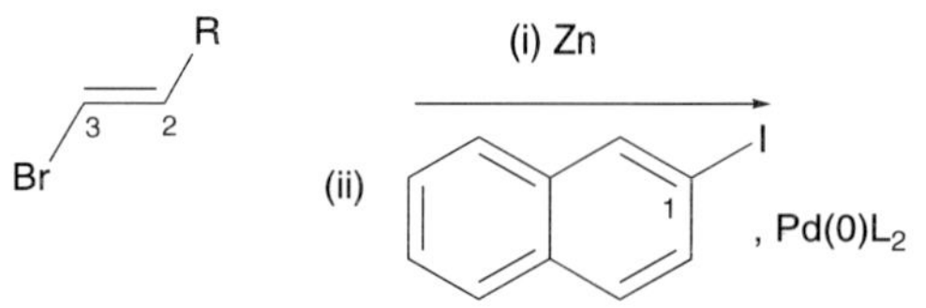

초기 제시된 모든 반응물이 친전자성/친핵성, 그리고 산성/염기성 부위를 갖는지 기록해 두자. 그리고 출발 물질과 생성물에서 동일한 원자를 열거하라.

- Zn 금속은 C–X 결합에 산화되면서 끼어 들어갈 수 있다.
- Pd(0)은 쉽게 산화되며 Pd(II)가 된다.
- 편극화된 C–I 결합은 방출된 전자를 받아들이는 능력을 가지고 있으며, 이를 통해 Pd–C 결합을 형성할 수 있다.

하나 이상이 존재할 경우, 가장 반응성이 큰 자리를 파악하라.

- 이 경우, 유일하게 반응성을 가지는 것은 각 출발 물질에 있는 C–I과 C–Br 결합, Zn(0)과 Pd(0) 금속종이 있다.

가장 반응성이 큰 작용기의 반응 특성을 떠올려라. 그리고 반응 조건을 고려하였을 때 어느 반응이 가장 적합한지를 정하라.

- 팔라듐(0)은 Negishi 반응에서 유기스타난과 유기아이오딘의 커플링을 매개한다.

중간 생성물로 이어질 메커니즘을 그려라.

위 4단계를 반복하라.

- 유기할라이드(보통 Csp^2–X 결합을 가진)와 Pd(0)은 쉽게 리간ᄃ 커플링 과정에 참여한다.
- Pd(0)은 쉽게 산화되며 Pd(II)가 되는데, 이때 C–I 결합에 동시적 산화 첨가가 일어나며, *cis*-유기팔라듐 착물이 형성된다. 이것은 빠르게 *trans*-시스템과 평형을 이룬다.
- 브로모알켄(bromoalkene)은 산화 첨가 반응에 의해 아연 금속과 반응하여 유기아연(organozinc) 종을 만든다. 이는 리간드 교환을 활성화시킨다.
- 이 *trans*-팔라듐 착물은 유기아연종과 금속 교환 반응을 이루며, *trans*-배열에서 두 개의 주된 리간드와 함께 또 다른 팔라듐 착물을 만든다.
- *cis*-시스템으로의 평형은 환원성 제거 반응을 허용하면서, 리간드 커플링에 의해 생성물을 만든다. 이때 $Pd(0)L_2$가 방출되는데, 이는 다음 반응에서 촉매 작용한다.

이것이 최종 생성물과 밀접하게 관련된 것인지를 확인하라.

- 이 단계 생략 가능.

최종 생성물의 구조를 그려라.

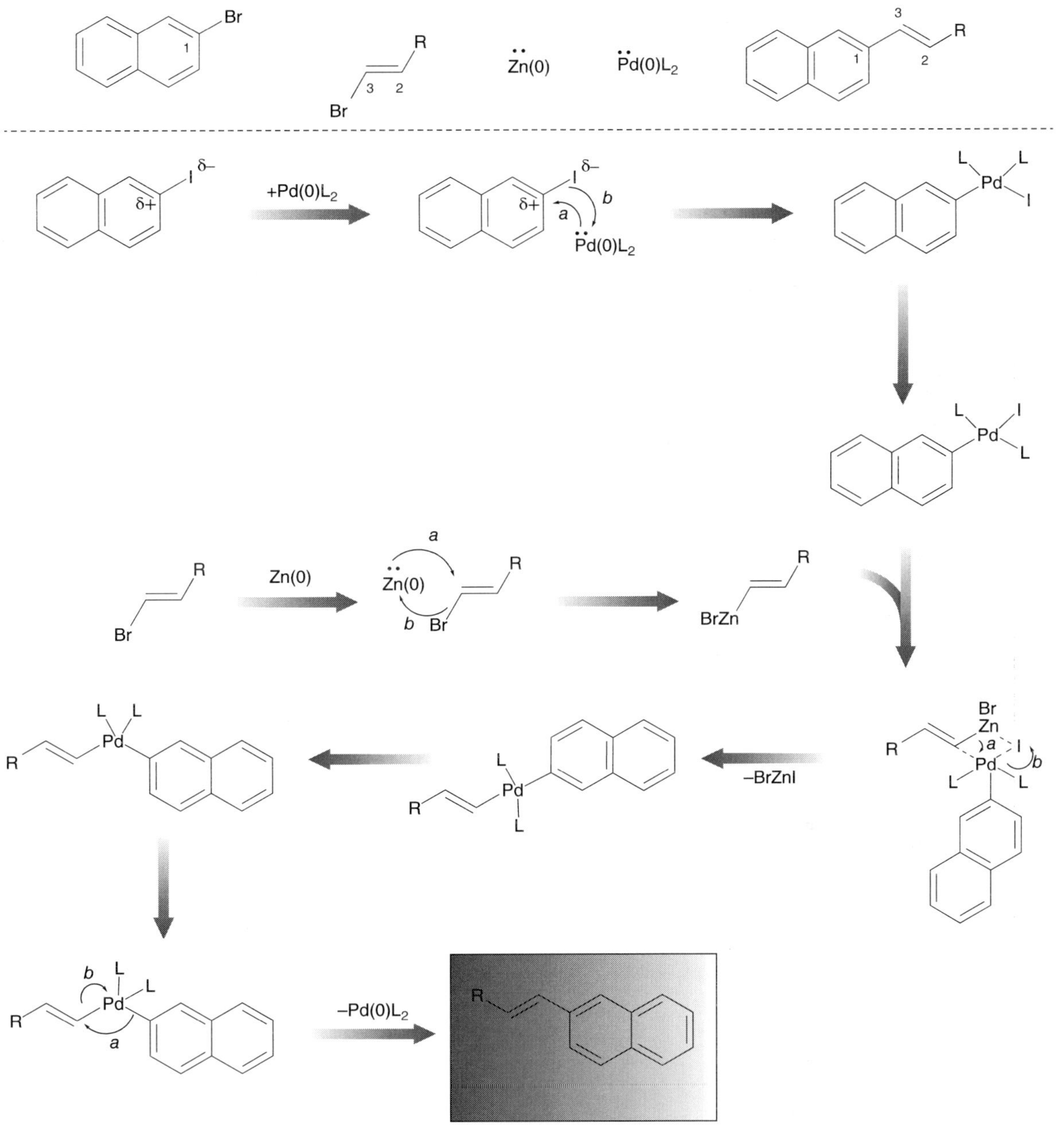

요약: Negishi 반응의 한 예시이며, 이때 팔라듐 촉매 조건하에 alkenylzinc와 유기할라이드가 서로 커플링한다.

$$R'-I + RCH{=}CHBr \xrightarrow{Pd(0)} RCH{=}CHR'$$

이제 문제 7.13을 풀어보자.

7.6

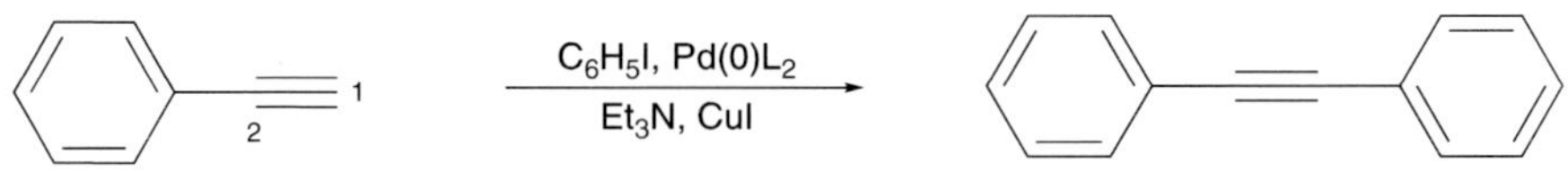

초기 제시된 모든 반응물이 친전자성/친핵성, 그리고 산성/염기성 부위를 갖는지 기록해 두자. 그리고 출발 물질과 생성물에서 동일한 원자를 열거하라.

- Pd(0)은 쉽게 산화되며 Pd(II)가 된다.
- 편극화된 C−I 결합은 방출된 전자를 받아들이는 능력을 가지고 있으며, 이를 통해 Pd−C 결합을 형성할 수 있다.
- 아세틸렌(acetylene) 작용기는 산성을 띠며, 쉽게 탈양성자화된다.

하나 이상이 존재할 경우, 가장 반응성이 큰 자리를 파악하라.

- 이 경우 유일하게 반응성을 가진 것은 C−I 결합, 알카인(alkyne), Pd(0) 금속 종이다.

가장 반응성이 큰 작용기의 반응 특성을 떠올려라. 그리고 반응 조건을 고려하였을 때 어느 반응이 가장 적합한지를 정하라.

- Pd(0)은 Sonagashira 반응에서 아세틸렌과 유기아이오딘의 커플링을 매개한다.

중간 생성물로 이어질 메커니즘을 그려라.

위 4단계를 반복하라.

- 유기할라이드(보통 Csp^2−X 결합을 가진)와 Pd(0)은 쉽게 리간드 커플링 과정에 참여한다.
- Pd(0)은 쉽게 산화되며 Pd(II)가 되는데, 이때 C−I 결합에 동시적 산화 첨가가 일어나며, *cis*-유기팔라듐 착물이 형성된다. 이것은 빠르게 *trans*-시스템과 평형을 이룬다.
- 트라이에틸아민(triethylamine) 염기는 알카인을 탈양성자화시키면서 아세틸렌 음이온을 만든다. 이것은 CuI(copper iodide)와 반응하여 아세틸화 구리(copper acetylide)를 생성한다. 이는 리간드 교환을 활성화시킨다.
- 이 *trans*-팔라듐 착물은 아세틸화 구리와 금속 교환 반응을 이루며, *trans*-배열에서 두 개의 주된 리간드와 함께 또 다른 팔라듐 착물을 만든다.
- *cis*-시스템으로의 평형은 환원성 제거 반응을 허용하면서, 리간드 커플링에 의해 생성물을 만든다. 이때 $Pd(0)L_2$가 방출되는데, 이는 다음 반응에서 촉매 작용한다.

이것이 최종 생성물과 밀접하게 관련된 것인지를 확인하라.

- 이 단계 생략 가능.

최종 생성물의 구조를 그려라.

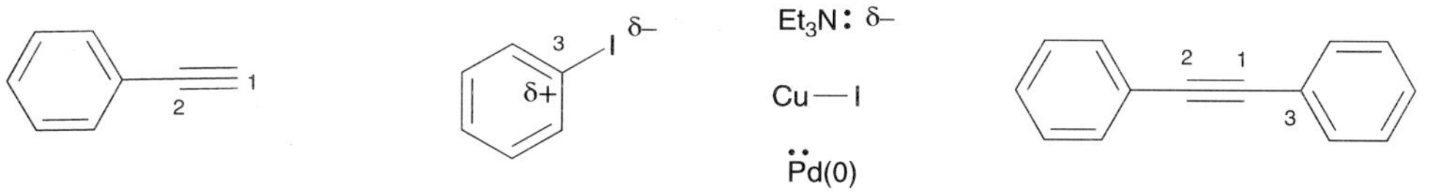

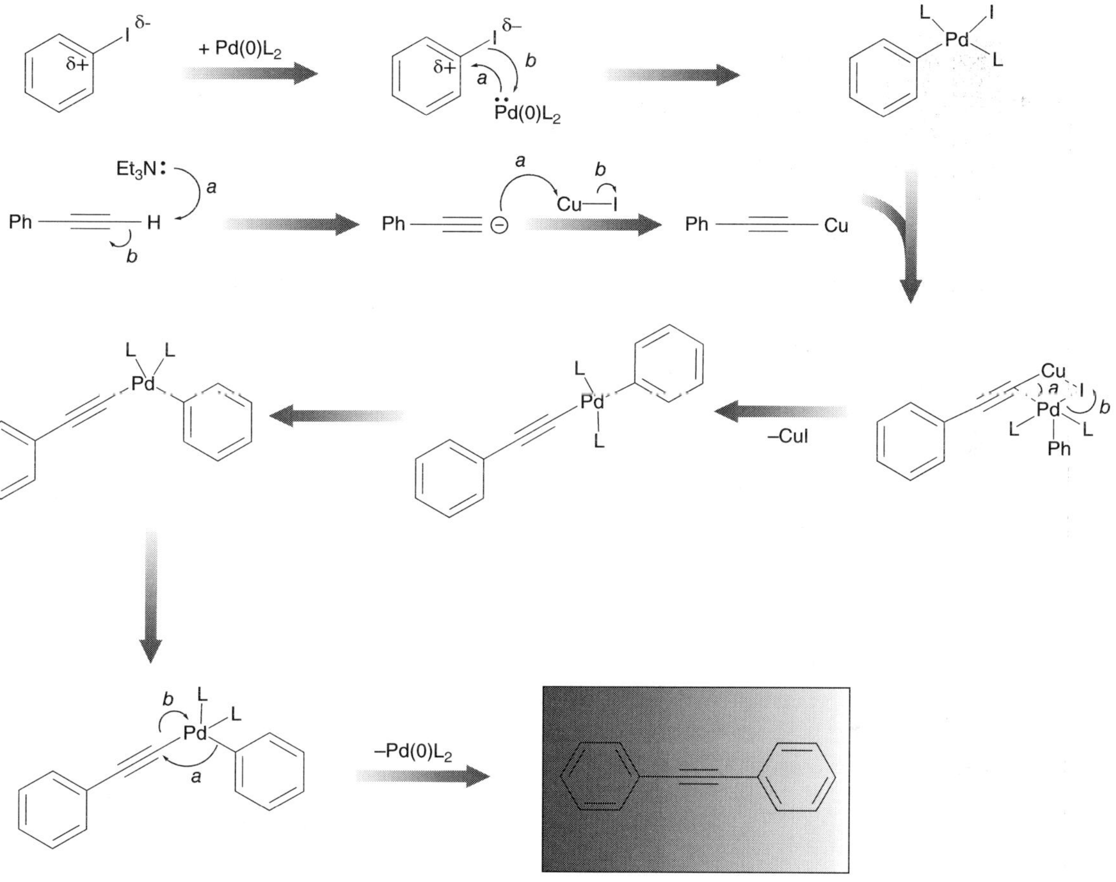

요약: Sonagashira 반응의 한 예시이며, 이때 팔라듐 촉매 조건하에 알카인과 유기할라이드가 서로 커플링한다.

$$R'\text{-}I + RC \equiv CH \xrightarrow{Pd(0)} RC \equiv CR'$$

이제 문제 7.14를 풀어보자.

7.7

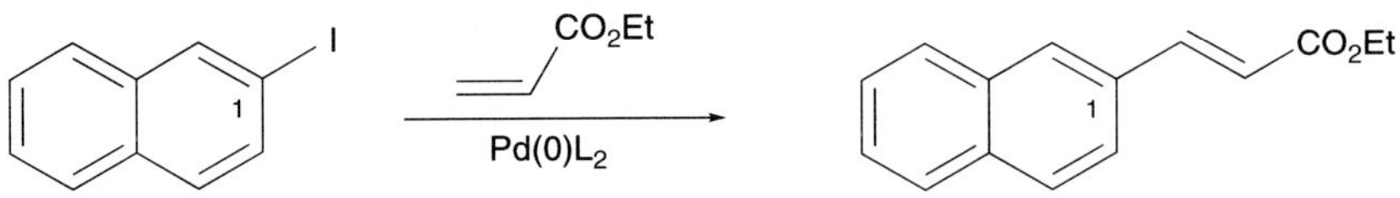

초기 제시된 모든 반응물이 친전자성/친핵성, 그리고 산성/염기성 부위를 갖는지 기록해 두자. 그리고 출발 물질과 생성물에서 동일한 원자를 열거하라.

- Pd(0)은 쉽게 산화되며 Pd(II)가 된다.
- 편극화된 C–I 결합은 방출된 전자를 받아들이는 능력을 가지고 있으며, 이를 통해 Pd–C 결합을 형성할 수 있다.

↓

하나 이상이 존재할 경우, 가장 반응성이 큰 자리를 파악하라.

- 이 경우 유일하게 반응성을 가지는 자리는 C–I 결합, 알카인, 그리고 Pd(0) 금속 종이다.

↓

가장 반응성이 큰 작용기의 반응 특성을 떠올려라. 그리고 반응 조건을 고려하였을 때 어느 반응이 가장 적합한지를 정하라.

- Pd(0)은 Heck 반응에서 알켄과 유기아이오딘의 커플링을 매개한다.

↓

중간 생성물로 이어질 메커니즘을 그려라.

↓

위 4단계를 반복하라.

- 유기할라이드(보통 Csp^2–X 결합을 가진)와 Pd(0)은 쉽게 리간드 커플링 과정에 참여한다.
- Pd(0)은 쉽게 산화되며 Pd(II)가 되는데, 이때 C–I 결합에 동시적 산화 첨가가 일어나며, *cis*-유기팔라듐 착물이 형성된다. 이것은 빠르게 *trans* 시스템과 평형을 이룬다.
- *trans*-팔라듐 착물은 carbopalladation 과정을 통해 탄소-탄소 이중 결합에 첨가된다. 이때 새로운 유기팔라듐 종이 만들어진다. 팔라듐 하이드라이드(palladium hydride)의 β-제거 반응은 생성물을 만들며, $[Pd(0)HIL_2]$를 방출시킨다. $[Pd(0)HIL_2]$는 HI를 떼어냄으로써 $Pd(0)L_2$로 전환되며, 이때 $Pd(0)L_2$은 다음 반응의 촉매로 작용한다.

↓

이것이 최종 생성물과 밀접하게 관련된 것인지를 확인하라.

- 이 단계 생략 가능.

↓

최종 생성물의 구조를 그려라.

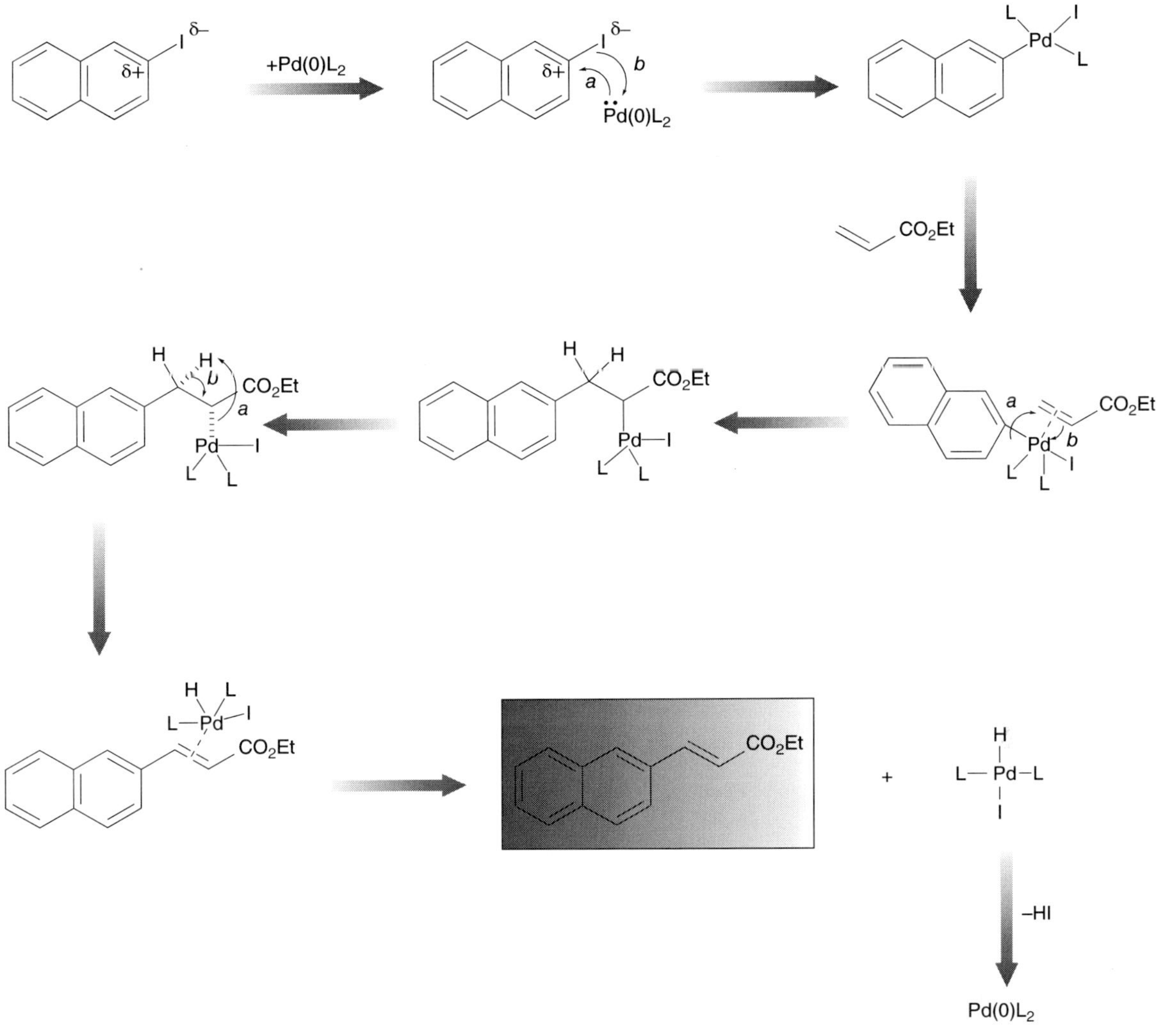

요약: Heck 반응의 한 예시이며, 이때 팔라듐 촉매하에 알켄과 유기할라이드가 서로 커플링한다.

$$R'\text{-}I + RCH{=}CH_2 \xrightarrow{Pd(0)} RCH{=}CHR'$$

이제 문제 7.15를 풀어보자.

7.8

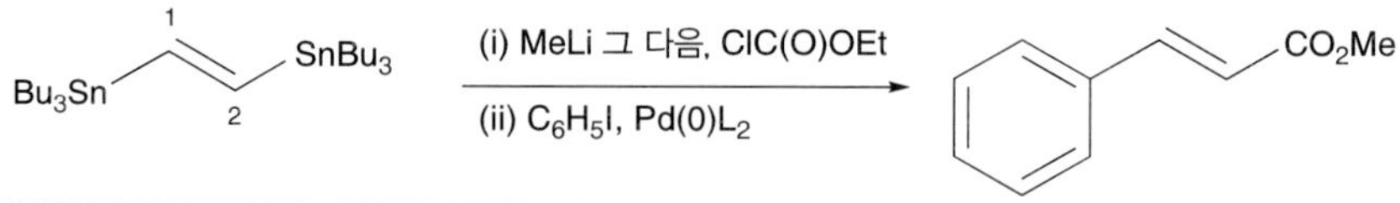

초기 제시된 모든 반응물이 친전자성/친핵성, 그리고 산성/염기성 부위를 갖는지 기록해 두자. 그리고 출발 물질과 생성물에서 동일한 원자를 열거하라.

- MeLi는 매우 강한 염기이며, 동시에 매우 좋은 친핵체이다.
- ClC(O)OEt(ethylchloroformate)는 염화 이온이 이탈될 수 있으므로, 매우 좋은 친전자성을 띤다.
- Pd(0)은 쉽게 산화되며 Pd(II)가 된다.
- 편극화된 C−Br 결합은 방출된 전자를 받아들이는 능력을 가지고 있으며, 이를 통해 Pd−C 결합을 형성할 수 있다.
- 클로로실레인(chlorosilane)은 약한 친전자성을 갖는다.

하나 이상이 존재할 경우, 가장 반응성이 큰 자리를 파악하라.

- 이 경우 반응성을 가진 것은 바이닐 스타난(vinyl stannane), C−I 결합, 그리고 Pd(0) 금속 종이다.

가장 반응성이 큰 작용기의 반응 특성을 떠올려라. 그리고 반응 조건을 고려하였을 때 어느 반응이 가장 적합한지를 정하라.

- MeLi는 바이닐 시스템으로부터 주석(tin)을 치환할 수 있다.
- 이때 생성된 바이닐 탄소 음이온은 친핵성을 가지며, $ClC(O)O^-$(chloroformate)와 반응하여 에스터 생성물을 만든다.

중간 생성물로 이어질 메커니즘을 그려라

- MeLi는 유기주석(organotin)을 공격하여 유기주석(organo tin) 유도체(derivative)를 만들고, 바이닐 시스템(vinylic system)으로부터 주석을 방출시킨다. 이후, 생성된 바이닐 탄소 음이온은 불안정하므로, $ClC(O)O^-$(chloroformate)와 첨가-제거 반응하여 에스터 생성물을 만든다.

위 4단계를 반복하라.

- 유기할라이드(보통 Csp^2−X 결합을 가진)와 Pd(0)은 쉽게 리간드 커플링 과정에 참여한다.
- Pd(0)은 쉽게 산화되며 Pd(II)가 되는데, 이때 C−I 결합에 동시적 산화 첨가가 일어나며, *cis*-유기팔라듐 착물이 형성된다. 이것은 빠르게 *trans*-시스템과 평형을 이룬다.
- 이 *trans*-착물은 바이닐 스타난과 금속 교환 반응을 이루며, *trans*-배열에서 두 개의 주된 리간드와 함께 또 다른 팔라듐 착물을 만든다.
- *cis*-시스템으로의 평형은 환원성 제거 반응을 허용하면서, 리간드 커플링에 의해 생성물을 만든다. 이때 $Pd(0)L_2$가 방출되는데, 이는 다음 반응에서 촉매 작용한다.

이것이 최종 생성물과 밀접하게 관련된 것인지를 확인하라.

- 이 단계 생략 가능.

최종 생성물의 구조를 그려라.

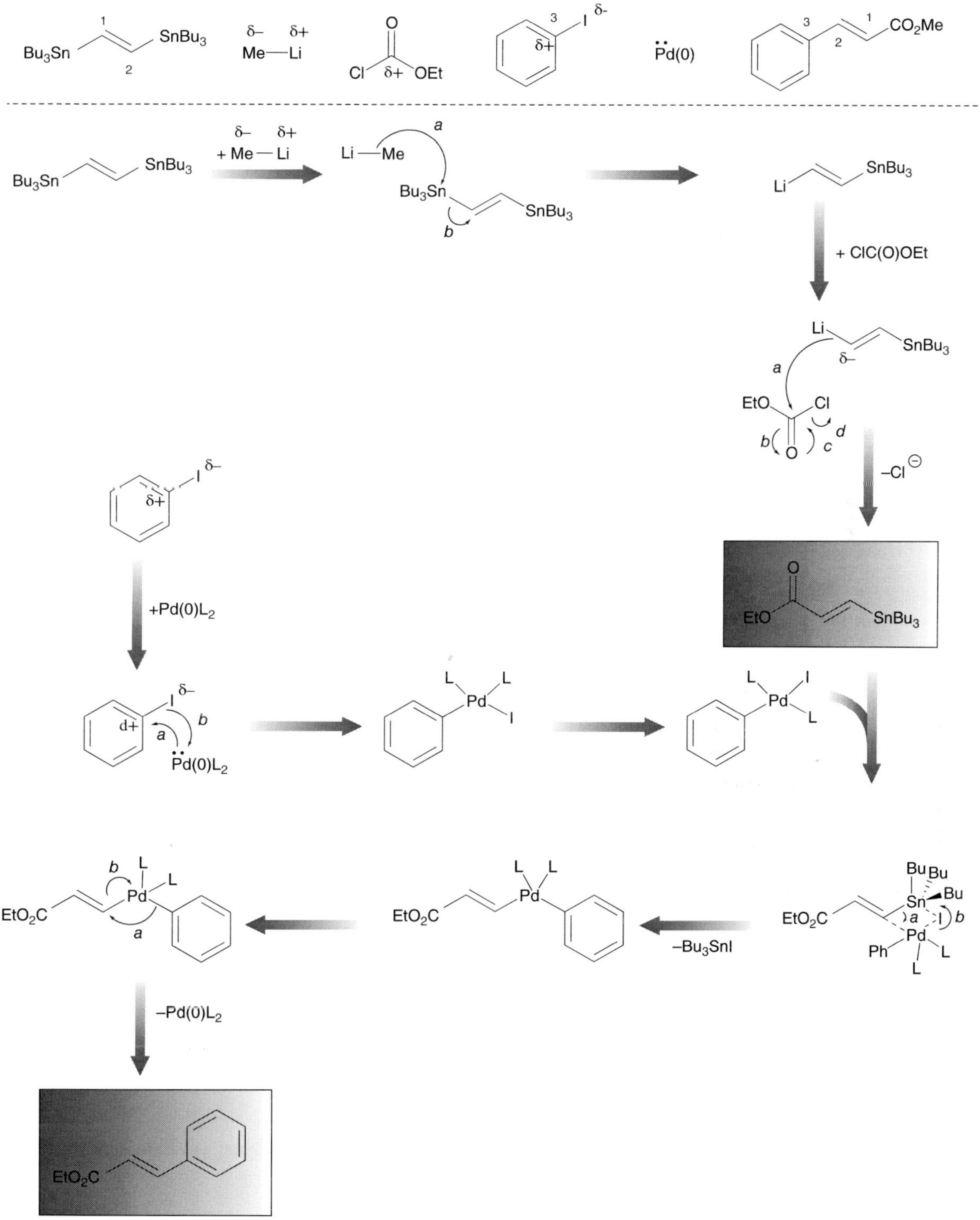

이제 문제 7.9를 풀어보자.

7.9

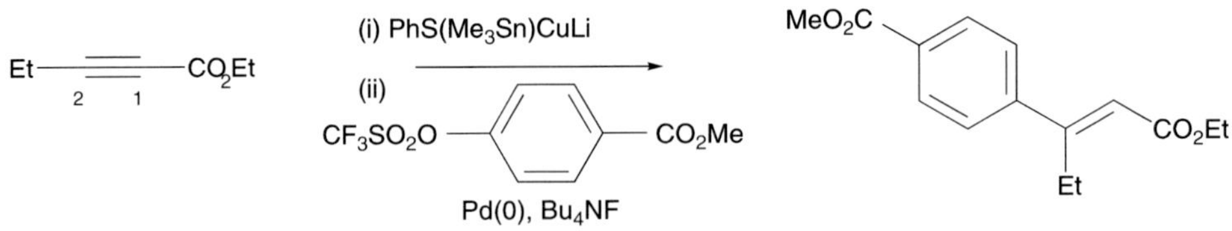

초기 제시된 모든 반응물이 친전자성/친핵성, 그리고 산성/염기성 부위를 갖는지 기록해 두자. 그리고 출발 물질과 생성물에서 동일한 원자를 열거하라.

- 큐프레이트(cuprate) 종은 매우 좋은 친핵체이다. 이것은 trimethylstannyl anion을 친전자체로 운반할 수 있는 능력을 갖고 있다. trimethylstannyl 음이온은 친전자체이다.
- 알카인은 매우 좋은 친전자체이며, 에스터 그룹에 의해 활성화된다.
- Pd(0)은 쉽게 산화되며 Pd(II)가 된다. 편극화된 C–OTf 결합은 방출된 전자를 받아들이는 능력을 가지고 있으며, 이를 통해 Pd–C 결합을 형성할 수 있다.

하나 이상이 존재할 경우, 가장 반응성이 큰 자리를 파악하라.

- 이 경우, 반응성을 가진 것은 stannanylcuprate, C–OTf 결합, Pd(0) 금속 종이 있다.

가장 반응성이 큰 작용기의 반응 특성을 떠올려라. 그리고 반응 조건을 고려하였을 때 어느 반응이 가장 적합한지를 정하라.

- 활성화된 알카인은 콘쥬게이션 첨가에 의해 친핵체와 반응한다. 이때 생성된 탄소 음이온은 친전자체(이 경우, 산)에 의해 반응종료(quenched)될 수 있다.

중간 생성물로 이어질 메커니즘을 그려라.

- 큐프레이트는 stannyl 음이온을 알카인 시스템으로 운반한다. 이때 생성된 바이닐 탄소 음이온은 산과 반응하여 에스터 생성물을 만든다.

위 4단계를 반복하라.

- 유기할라이드(보통 Csp^2–X 결합을 가진)와 Pd(0)은 쉽게 리간드 커플링 과정에 참여한다.
- Pd(0)은 쉽게 산화되며 Pd(II)가 되는데, 이때 C–OTf 결합에 동시적 산화 첨가가 일어나며, *cis*-유기팔라듐 착물이 형성된다. 이것은 빠르게 *trans*-시스템과 평형을 이룬다.
- 이 *trans*-착물은 바이닐 스타난과 금속 교환 반응을 이루며, *trans*-배열에서 두 개의 주된 리간드와 함께 또 다른 팔라듐 착물을 만든다.
- *cis*-시스템으로의 평형은 환원성 제거 반응을 허용하면서, 리간드 커플링에 의해 생성물을 만든다. 이때 $Pd(0)L_2$가 방출되는데, 이는 다음 반응에서 촉매 작용한다.

이것이 최종 생성물과 밀접하게 관련된 것인지를 확인하라.

- 이 단계 생략 가능.

최종 생성물의 구조를 그려라.

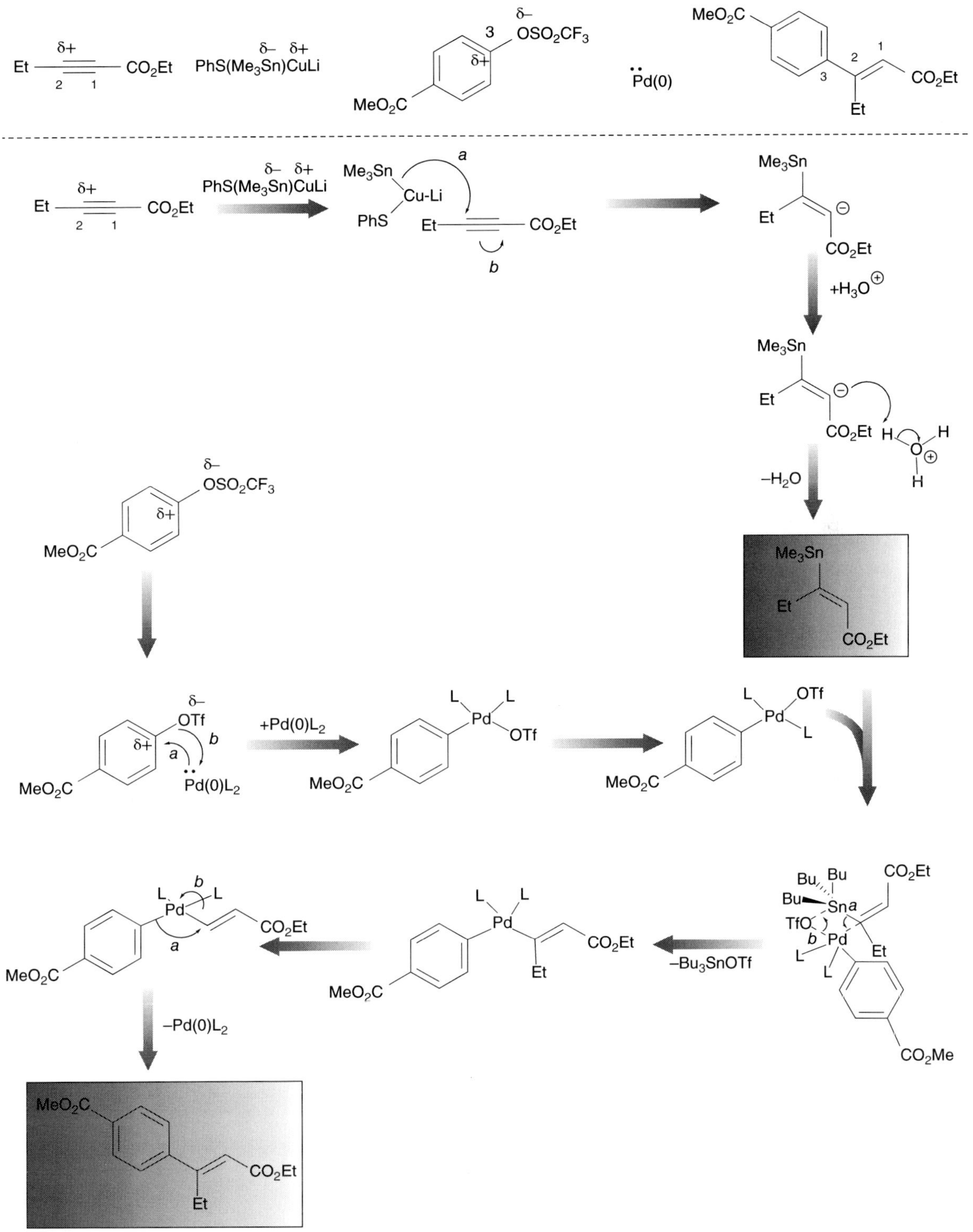

PhS(Me3Sn)CuLi
Pd(0)
+H3O⊕
–H2O
+Pd(0)L2
–Bu3SnOTf
–Pd(0)L2

7.10

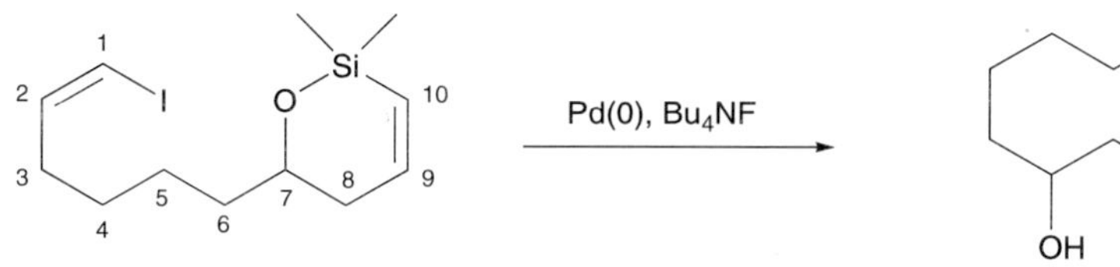

초기 제시된 모든 반응물이 친전자성/친핵성, 그리고 산성/염기성 부위를 갖는지 기록해 두자. 그리고 출발 물질과 생성물에서 동일한 원자를 열거하라.

- Pd(0)은 쉽게 산화되며 Pd(II)가 된다.
- 편극화된 C−I 결합은 방출된 전자를 받아들이는 능력을 가지고 있으며, 이를 통해 Pd−C 결합을 형성할 수 있다.
- 플루오린화 이온은 강한 Si−F 결합을 형성하며, Si 중심 첨가는 유기 리간드를 금속 교환 반응에 의해 이동하도록 활성화시킨다.

하나 이상이 존재할 경우, 가장 반응성이 큰 자리를 파악하라.

- 이 경우 반응성을 가진 것은 C−I 결합, 바이닐 실레인(vinyl silane)와 Pd(0) 금속종이다.

가장 반응성이 큰 작용기의 반응 특성을 떠올려라. 그리고 반응 조건을 고려하였을 때 어느 반응이 가장 적합한지를 정하라.

- Pd(0)은 Hiyama 반응에서 유기실레인(organosilane)과 유기아이오딘의 커플링을 매개한다.

중간 생성물로 이어질 메커니즘을 그려라.

위 4단계를 반복하라.

- 유기할라이드(보통 Csp^2−X 결합을 가진)와 Pd(0)은 쉽게 리간드 커플링 과정에 참여한다.
- Pd(0)은 쉽게 산화되며 Pd(II)가 되는데, 이때 C−I 결합에 동시적 산화 첨가가 일어나며, *cis*-유기팔라듐 착물이 형성된다. 이것은 빠르게 *trans*-시스템과 평형을 이룬다.
- 플루오린화 이온은 멀리 있는 분자 내 실리콘(silicon)을 공격하며, 활성화된 ate-착물을 생성한다.
- 이 *trans*-팔라듐 착물은 활성화된 실레인(silane)과 금속 교환 반응을 이루며, *trans*-배열에서 두 개의 주된 리간드와 함께 또 다른 팔라듐 착물을 만든다.
- *cis*-시스템으로의 평형은 환원성 제거 반응을 허용하면서, 리간드 커플링에 의해 생성물을 만든다. 이때 $Pd(0)L_2$가 방출되는데, 이는 다음 반응에서 촉매 작용한다.

이것이 최종 생성물과 밀접하게 관련된 것인지를 확인하라.

- 이 단계 생략 가능.

최종 생성물의 구조를 그려라.

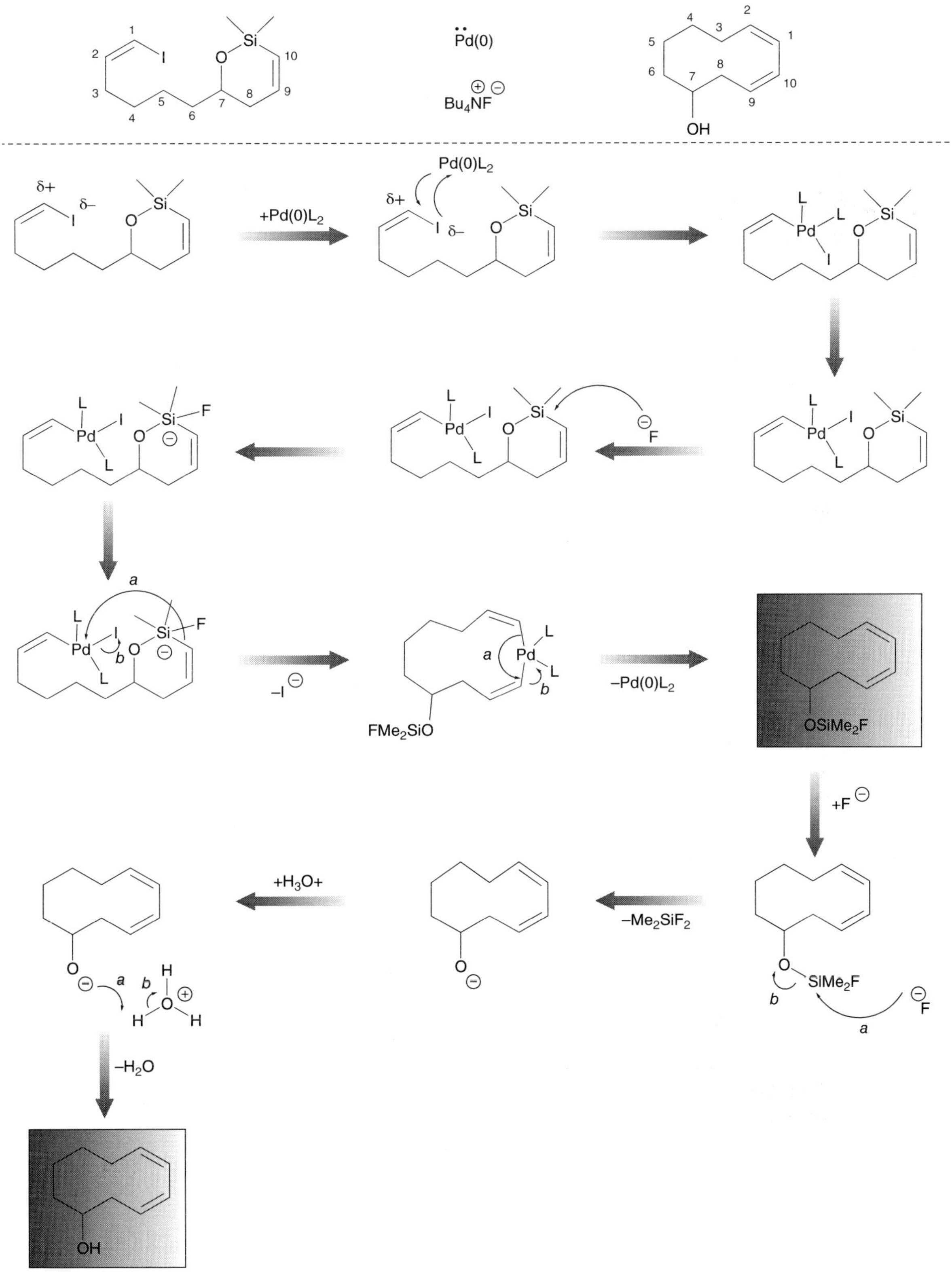
Pd(0)
Bu_4NF
OH
$+Pd(0)L_2$
$Pd(0)L_2$
$-I^{\ominus}$
FMe_2SiO
$-Pd(0)L_2$
$OSiMe_2F$
$+F^{\ominus}$
$+H_3O+$
$-Me_2SiF_2$
$SiMe_2F$
$-H_2O$
OH

7.11

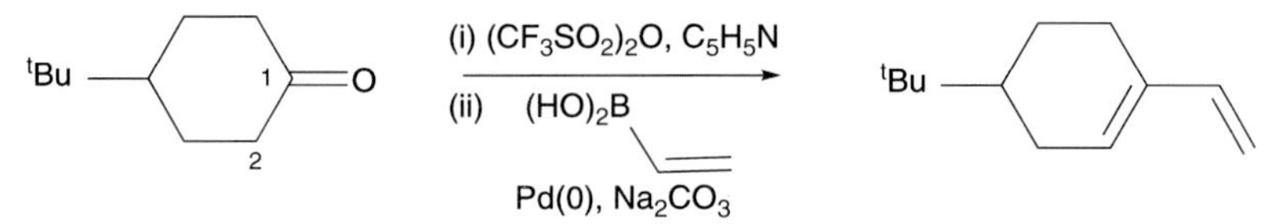

초기 제시된 모든 반응물이 친전자성/친핵성, 그리고 산성/염기성 부위를 갖는지 기록해 두자. 그리고 출발 물질과 생성물에서 동일한 원자를 열거하라.

- 케톤은 엔올 형태와 평형을 이루기 때문에 친핵성을 가진다.
- 산 무수물은 좋은 이탈기(trifluoromethansulfonate, OTf)를 갖기 때문에 친전자성을 띤다.
- Pd(0)은 쉽게 산화되며 Pd(II)가 된다.
- 편극화된 C−OTf 결합은 방출된 전자를 받아들이는 능력을 가지고 있으며, 이를 통해 Pd−C 결합을 형성할 수 있다.

하나 이상이 존재할 경우, 가장 반응성이 큰 자리를 파악하라.

- 이 경우 유일하게 반응성을 가진 것은 케톤, 산 무수물, C−OTf 결합, Pd(0) 금속 종이다.

가장 반응성이 큰 작용기의 반응 특성을 떠올려라. 그리고 반응 조건을 고려하였을 때 어느 반응이 가장 적합한지를 정하라.

- 케토 형태가 엔올 형태로 평형 이동하면 친핵성을 띤다. 알코올처럼 엔올도 산 무수물과 반응하여 에스터를 형성한다.

중간 생성물로 이어질 메커니즘을 그려라.

- 케토 형태가 엔올 형태로 평형 이동하면, 친핵체로서 작용하며, 산 무수물과 같은 친전자체와 첨가-제거 반응을 한다. 이때 좋은 이탈기를 떼어내며, 트라이플레이트(triflate)를 만든다.

위 4단계를 반복하라.

- 유기트라이플레이트(보통 Csp^2−X 결합을 가진)와 Pd(0)은 쉽게 리간드 커플링 과정에 참여한다.
- Pd(0)은 쉽게 산화되며 Pd(II)가 되는데, 이때 C−OTf 결합에 동시적 산화 첨가가 일어나며, *cis*-유기팔라듐 착물이 형성된다. 이것은 빠르게 *trans*-시스템과 평형을 이룬다.
- 탄산 염기로부터 생성된 수산화기는 보론산에 첨가되며, ate 착물을 만드는데, 이는 리간드 교환을 활성화시킨다.
- 이 *trans*-팔라듐 착물은 vinyl boronate ate 착물과 금속 교환 반응을 이루며, *trans*-배열에서 두 개의 주된 리간드와 함께 또 다른 팔라듐 착물을 만든다.
- *cis*-시스템으로의 평형은 환원성 제거 반응을 허용하면서, 리간드 커플링에 의해 생성물을 만든다. 이때 $Pd(0)L_2$가 방출되는데, 이는 다음 반응에서 촉매 작용한다.

이것이 최종 생성물과 밀접하게 관련된 것인지를 확인하라.

- 이 단계 생략 가능.

최종 생성물의 구조를 그려라.

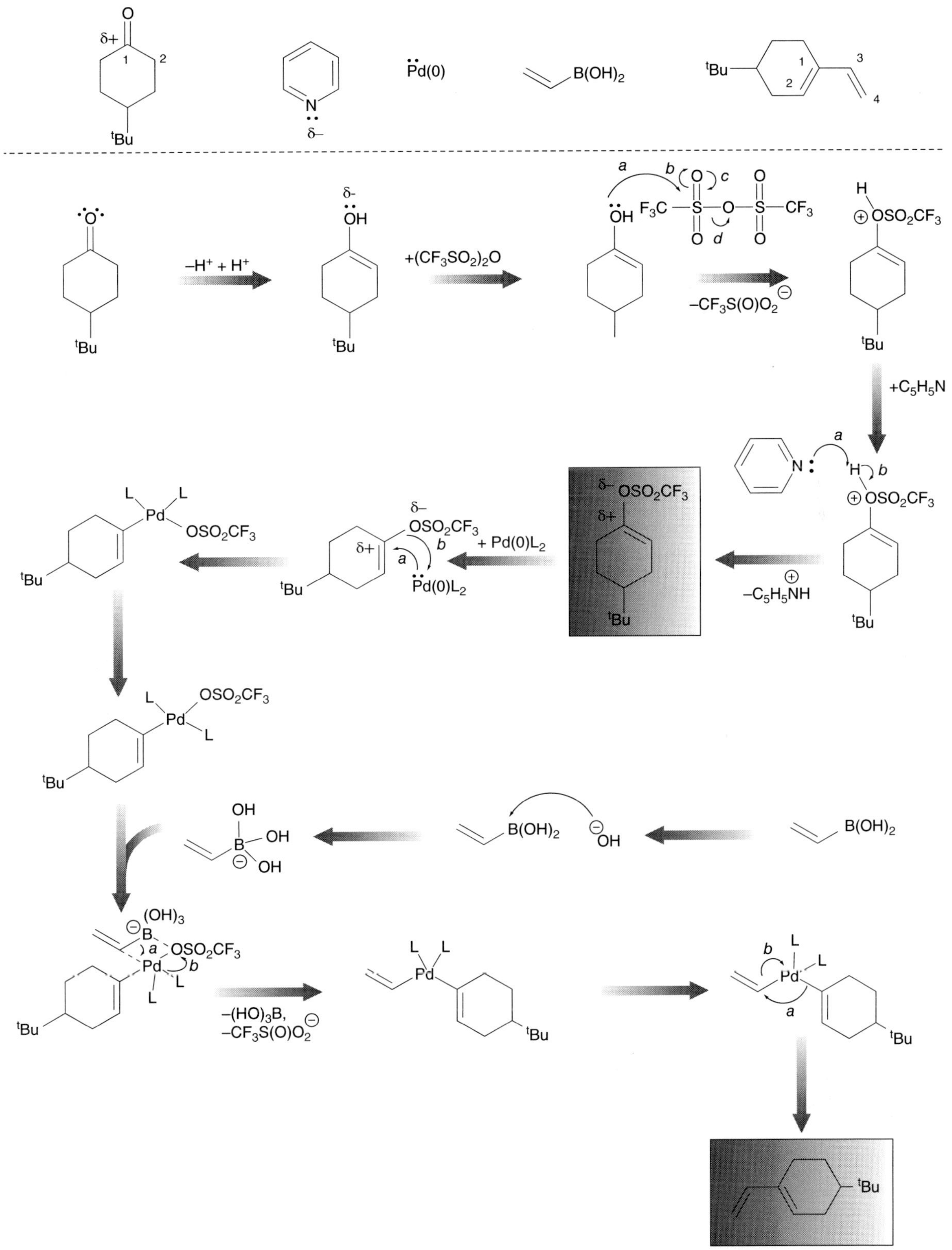

Pd(0)
B(OH)2
–H+ + H+
+(CF3SO2)2O
–CF3S(O)O2
+C5H5N
–C5H5NH
+ Pd(0)L2
Pd(0)L2
OSO2CF3
–(HO)3B,
–CF3S(O)O2

7.12

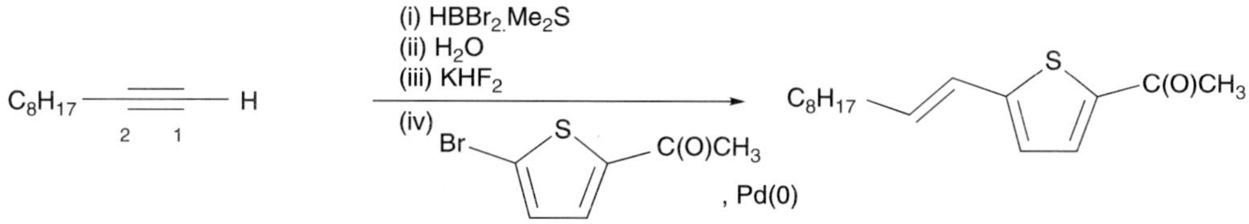

초기 제시된 모든 반응물이 친전자성/친핵성, 그리고 산성/염기성 부위를 갖는지 기록해 두자. 그리고 출발 물질과 생성물에서 동일한 원자를 열거하라.

- 알카인은 좋은 친핵체이다.
- 다이브로모보레인(dibromoborane)은 매우 좋은 친전자체이다.
- Pd(0)은 쉽게 산화되며 Pd(II)가 된다.
- 편극화된 C−Br 결합은 방출된 전자를 받아들이는 능력을 가지고 있으며, 이를 통해 Pd−C 결합을 형성할 수 있다.

하나 이상이 존재할 경우, 가장 반응성이 큰 자리를 파악하라.

- 이 경우 반응성을 가진 것들은 알카인, 보레인, C−Br 결합, Pd(0) 금속 종이 있다.

가장 반응성이 큰 작용기의 반응 특성을 떠올려라. 그리고 반응 조건을 고려하였을 때 어느 반응이 가장 적합한지를 정하라.

- 알카인의 수소화붕소 첨가 반응(hydroboration)은 바이닐 보레인(vinyl borane)을 생성하는데, 이때 붕소는 덜 가려진 쪽으로 첨가된다.

중간 생성물로 이어질 메커니즘을 그려라.

- 알카인의 수소화붕소 첨가 반응은 일관된 과정으로 일어나며, 바이닐 보레인을 생성한다. 이때 붕소는 덜 가려진 쪽으로 첨가된다. B−Br 결합의 가수분해는 S_N2-유사 과정을 통해 뒤십어신 B−F 결합을 형성한다.

위 4단계를 반복하라.

- 유기브로민(보통 Csp^2−X 결합을 가진)와 Pd(0)은 쉽게 리간드 커플링 과정에 참여한다.
- Pd(0)은 쉽게 산화되며 Pd(II)가 되는데, 이때 C−Br 결합에 동시적 산화 첨가가 일어나며, *cis*-유기팔라듐 착물이 형성된다. 이것은 빠르게 *trans*-시스템과 평형을 이룬다.
- 이 *trans*-팔라듐 착물은 vinyl trifluoroboronate과 금속 교환 반응을 이루며, *trans*-배열에서 두 개의 주된 리간드와 함께 또 다른 팔라듐 착물을 만든다.
- *cis*-시스템으로의 평형은 환원성 제거 반응을 허용하면서, 리간드 커플링에 의해 생성물을 만든다. 이때 $Pd(0)L_2$가 방출되는데, 이는 다음 반응에서 촉매 작용한다.

이것이 최종 생성물과 밀접하게 관련된 것인지를 확인하라.

- 이 단계 생략 가능.

최종 생성물의 구조를 그려라.

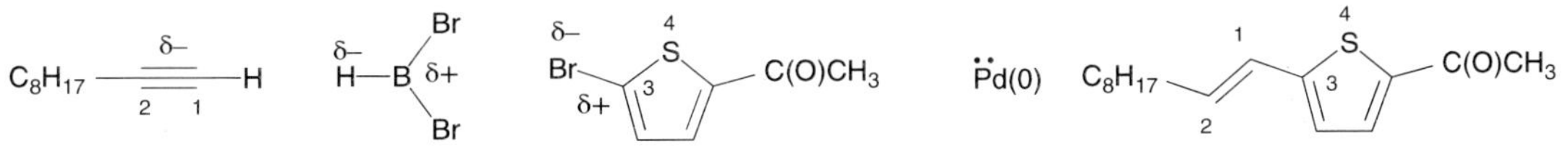

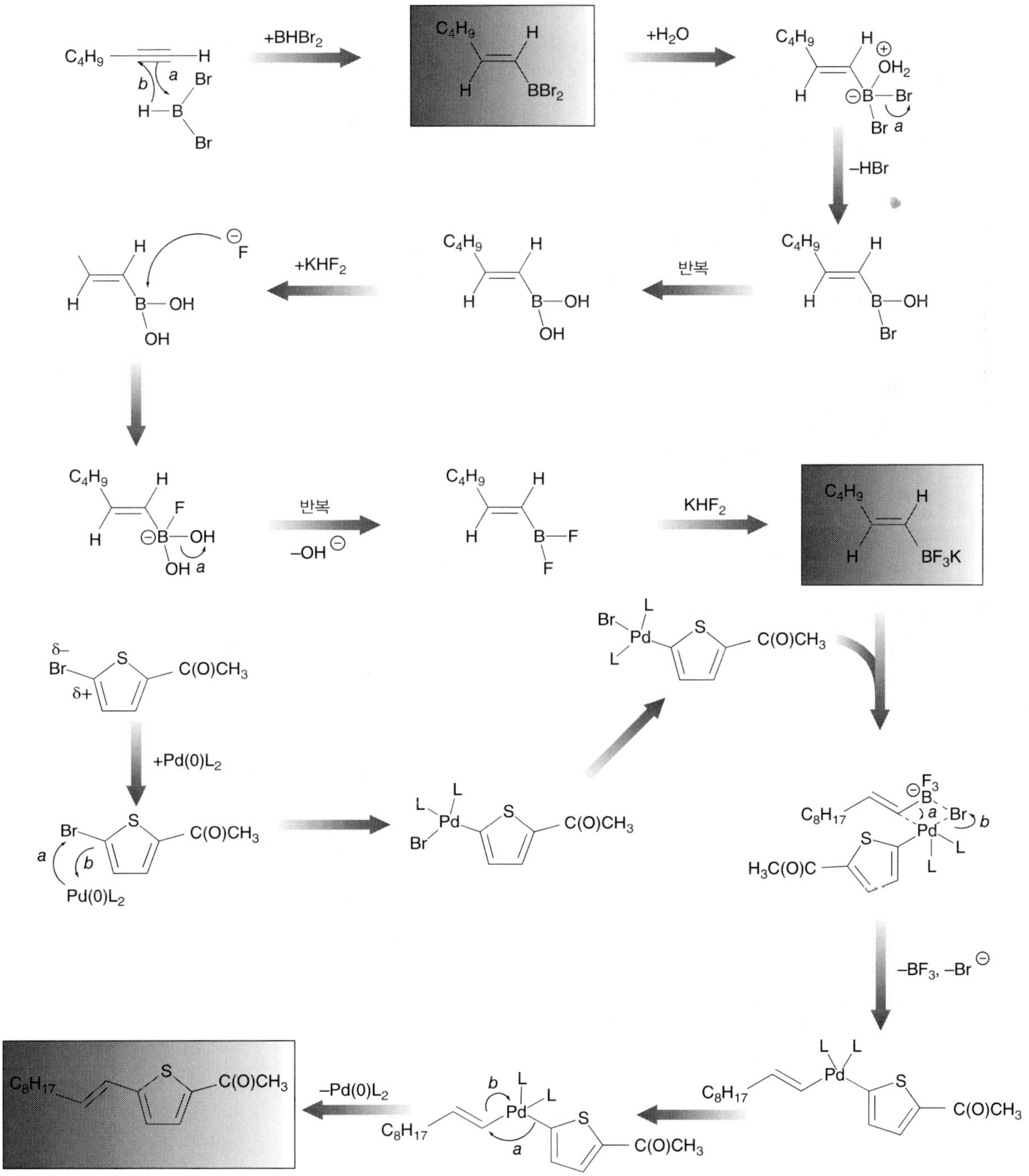
반복
반복

7.13

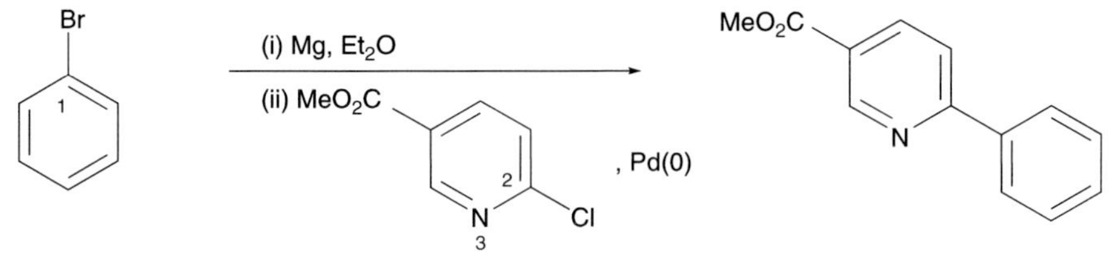

초기 제시된 모든 반응물이 친전자성/친핵성, 그리고 산성/염기성 부위를 갖는지 기록해 두자. 그리고 출발 물질과 생성물에서 동일한 원자를 열거하라.	• Mg 금속은 C−X 결합에 산화되면서 끼어들기를 할 수 있다. • Pd(0)은 쉽게 산화되며 Pd(II)가 된다. • 편극화된 C−Cl 결합은 방출된 전자를 받아들이는 능력을 가지고 있으며, 이를 통해 Pd−C 결합을 형성할 수 있다.
하나 이상이 존재할 경우, 가장 반응성이 큰 자리를 파악하라.	• 이 경우, 유일하게 반응성을 가진 것들은 출발 물질의 C−Cl, C−Br 결합과 Mg(0), Pd(0) 금속 종이 있다.
가장 반응성이 큰 작용기의 반응 특성을 떠올려라. 그리고 반응 조건을 고려하였을 때 어느 반응이 가장 적합한지를 정하라.	• Pd(0)는 Kumada(Negishi 반응 참조) 반응에서 유기마그네슘(organomagnesium)과 유기염소(organochloride)의 커플링을 매개한다.
중간 생성물로 이어질 메커니즘을 그려라.	• 유기할라이드(보통 Csp^2−X 결합을 가진)와 Pd(0)은 쉽게 리간드 커플링 과정에 참여한다. • Pd(0)은 쉽게 산화되며 Pd(II)가 되는데, 이때 C−Cl 결합에 동시적 산화 첨가가 일어나며, *cis*-유기팔라듐 착물이 형성된다. 이것은 빠르게 *trans*-시스템과 평형을 이룬다. • 브로모알켄(bromoalkene)은 산화 첨가 반응에 의해 마그네슘 금속과 반응하여 유기마그네슘 종(Grignard)을 만든다. 이는 리간드 교환을 활성화시킨다. • 이 *trans*-팔라듐 착물은 유기마그네슘과 금속 교환 반응을 이루며, *trans*-배열에서 두 개의 주된 리간드와 함께 또 다른 팔라듐 착물을 만든다. • *cis*-시스템으로의 평형은 환원성 제거 반응을 허용하면서, 리간드 커플링에 의해 생성물을 만든다. 이때 $Pd(0)L_2$가 방출되는데, 이는 다음 반응에서 촉매 작용한다.
위 4단계를 반복하라.	
이것이 최종 생성물과 밀접하게 관련된 것인지를 확인하라.	• 이 단계 생략 가능.
최종 생성물의 구조를 그려라.	

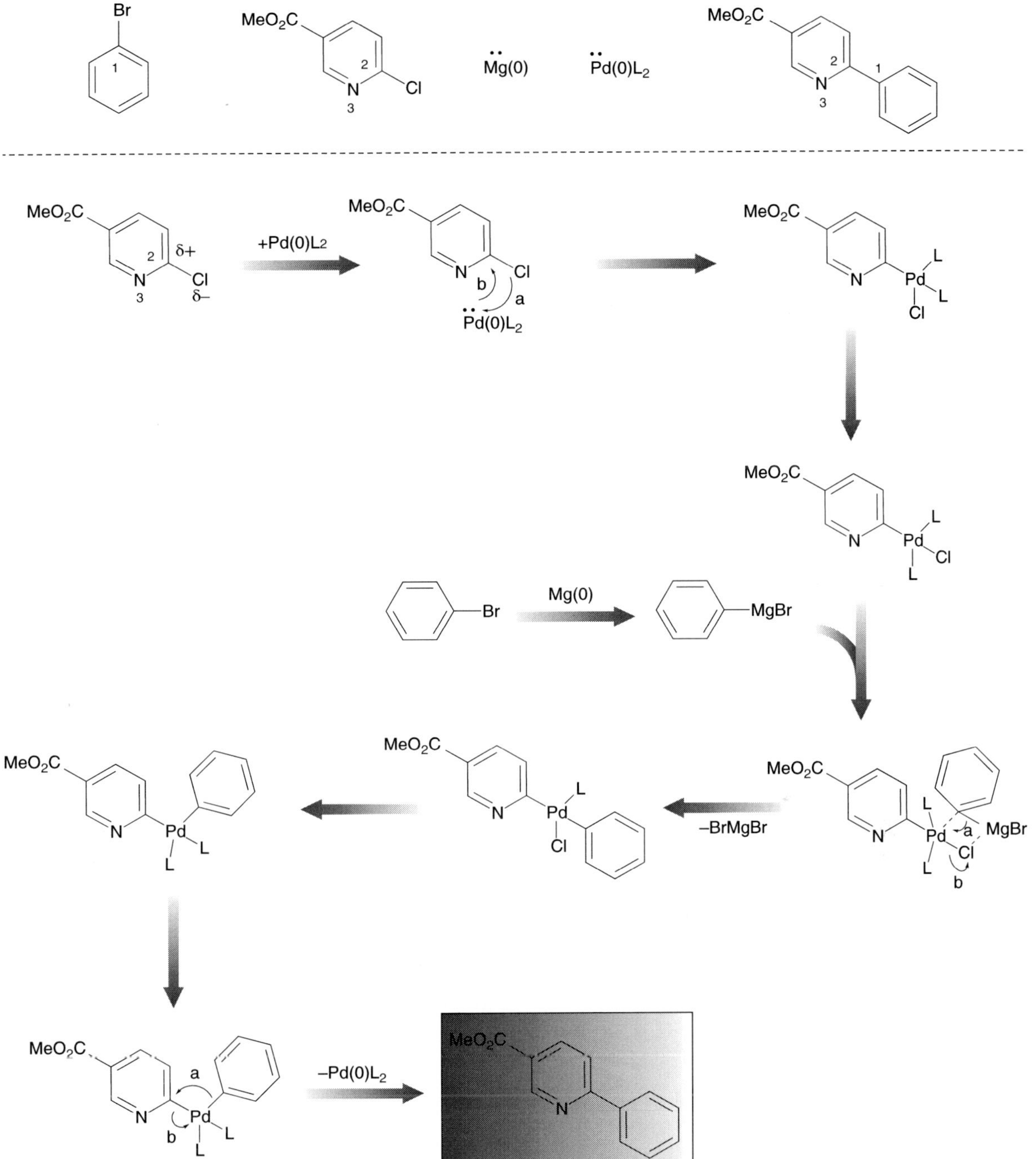

7.14

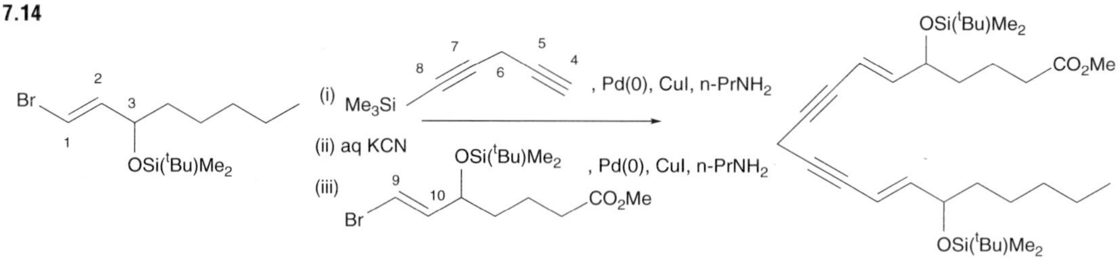

초기 제시된 모든 반응물이 친전자성/친핵성, 그리고 산성/염기성 부위를 갖는지 기록해 두자. 그리고 출발 물질과 생성물에서 동일한 원자를 열거하라.

- Pd(0)은 쉽게 산화되며 Pd(II)가 된다.
- 편극화된 C−Br 결합은 방출된 전자를 받아들이는 능력을 가지고 있으며, 이를 통해 Pd−C 결합을 형성할 수 있다.
- 아세틸렌(acetylene) 작용기는 산성을 띠며, 손쉽게 탈양성자화된다.

하나 이상이 존재할 경우, 가장 반응성이 큰 자리를 파악하라.

- 이 경우, 반응성을 갖는 것은 C−Br 결합과 알카인, Pd(0) 금속종이다.

가장 반응성이 큰 작용기의 반응 특성을 떠올려라. 그리고 반응 조건을 고려하였을 때 어느 반응이 가장 적합한지를 정하라.

- Pd(0)는 Sonagashira 반응에서 아세틸렌과 유기아이오딘의 커플링을 매개한다.

중간 생성물로 이어질 메커니즘을 그려라.

위 4단계를 반복하라.

- 유기할라이드(보통 Csp^2−X 결합을 가진)와 Pd(0)은 쉽게 리간드 커플링 과정에 참여한다.
- Pd(0)은 쉽게 산화되며 Pd(II)가 되는데, 이때 C−Br 결합에 동시적 산화 첨가가 일어나며, *cis*-유기팔라듐 착물이 형성된다. 이것은 빠르게 *trans*-시스템과 평형을 이룬다.
- 트라이메틸아민 염기는 알카인을 탈양성자화 시키면서 아세틸(acetylide) 음이온을 만든다. 이것은 아이오딘화 구리(copper iodide)와 반응하여 아세틸화 구리(copper acetylide)를 생성한다. 이는 리간드 교환을 활성화시킨다.
- 이 *trans*-착물은 아세틸화 구리와 금속 교환 반응을 이루며, *trans*-배열에서 두 개의 주된 리간드와 함께 또 다른 팔라듐 착물을 만든다.
- *cis*-시스템으로의 평형은 환원성 제거 반응을 허용하면서, 리간드 커플링에 의해 생성물을 만든다. 이때 $Pd(0)L_2$가 방출되는데, 이는 다음 반응에서 촉매 작용한다.
- 사이안화 이온은 매우 좋은 친핵체이며, 실리콘(silicon)을 공격할 수도 있고, 아세틸렌 음이온을 방출할 수도 있다. 이것은 CuI와 반응하면서 아세틸화 구리를 생성한다.
- 첫 단계에 나와 있는 것처럼 Songashira 커플링 과정이 반복된다.

이것이 최종 생성물과 밀접하게 관련된 것인지를 확인하라.

최종 생성물의 구조를 그려라.

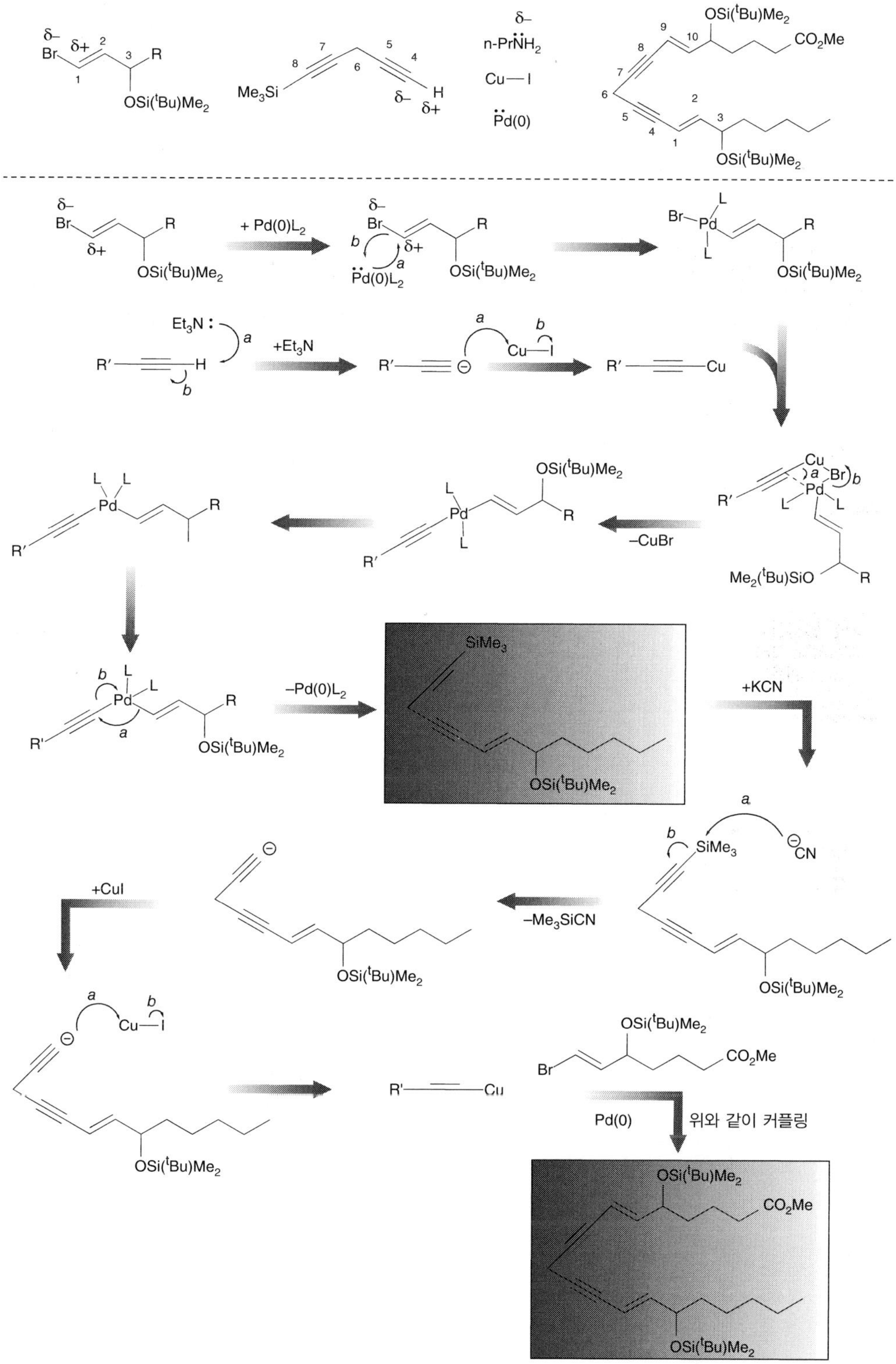
n-PrNH2
Cu—I
Pd(0)
+ Pd(0)L2
+Et3N
−CuBr
−Pd(0)L2
+KCN
−Me3SiCN
+CuI
Pd(0)
위와 같이 커플링

7.15

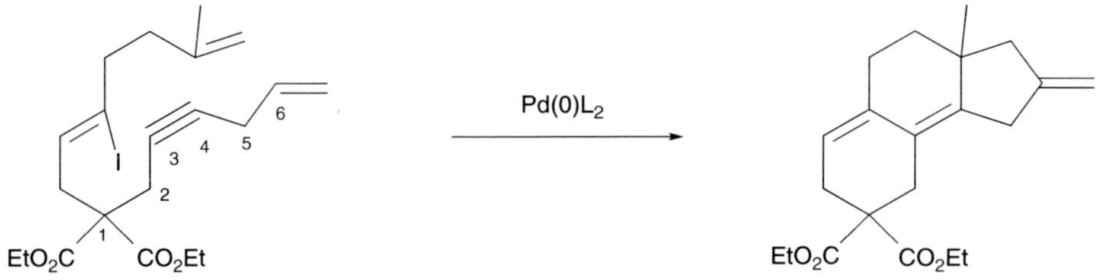

초기 제시된 모든 반응물이 친전자성/친핵성, 그리고 산성/염기성 부위를 갖는지 기록해 두자. 그리고 출발 물질과 생성물에서 동일한 원자를 열거하라.	• Pd(0)은 쉽게 산화되며 Pd(II)가 된다. • 편극화된 C−I 결합은 방출된 전자를 받아들이는 능력을 가지고 있으며, 이를 통해 Pd−C 결합을 형성할 수 있다.
하나 이상이 존재할 경우, 가장 반응성이 큰 자리를 파악하라.	• 이 경우 반응성을 가진 것은 C−I 결합, 알카인, Pd(0) 금속 종이다. • 인접 알켄 그룹은 첫 번째 예시와 같이 반응할 수는 없다. 이는 6각 고리(6−membered) 구성으로 이어지기보다는 더 큰 고리를 만들려고 하기 때문이다.
가장 반응성이 큰 작용기의 반응 특성을 떠올려라. 그리고 반응 조건을 고려하였을 때 어느 반응이 가장 적합한지를 정하라.	• Pd(0)은 Heck 반응에서 알켄과 유기아이오딘의 커플링을 매개한다.
중간 생성물로 이어질 메커니즘을 그려라. 위 4단계를 반복하라.	• 유기할라이드(보통 Csp^2−X 결합을 가진)와 Pd(0)은 쉽게 리간드 커플링 과정에 참여한다. • Pd(0)은 쉽게 산화되며 Pd(II)가 되는데, 이때 C−I 결합에 동시적 산화 첨가가 일어나며, *cis*-유기팔라듐 착물이 형성된다. 이것은 빠르게 *trans*-시스템과 평형을 이룬다. • 이 *trans*-팔라듐 착물은 가장 인접한 탄소-탄소 삼중 결합에 자발적으로 첨가되는데, 이 과정을 carbopalladation이라 지칭한다. 그 결과, 새로운 유기팔라듐 종이 생성된다. 이 유기팔라듐 종은 새롭게 carbopalladation을 또 다시 할 수 있으며, 이제는 인접한 탄소-탄소 이중 결합과 함께 반응하여 새로운 유기 팔라듐 종을 만들어낸다. 이것은 이 과정을 다시 더 반복할 수 있다. 팔라듐 하이드라이드(palladium hydride)의 β-제거 반응을 통해 생성물이 만들어진다. 이때 Pd(0)HIL_2가 방출되는데, 이는 HI가 제거되어 다음 반응에서 촉매 작용한다.
이것이 최종 생성물과 밀접하게 관련된 것인지를 확인하라.	• 이 단계 생략 가능.
최종 생성물의 구조를 그려라.	

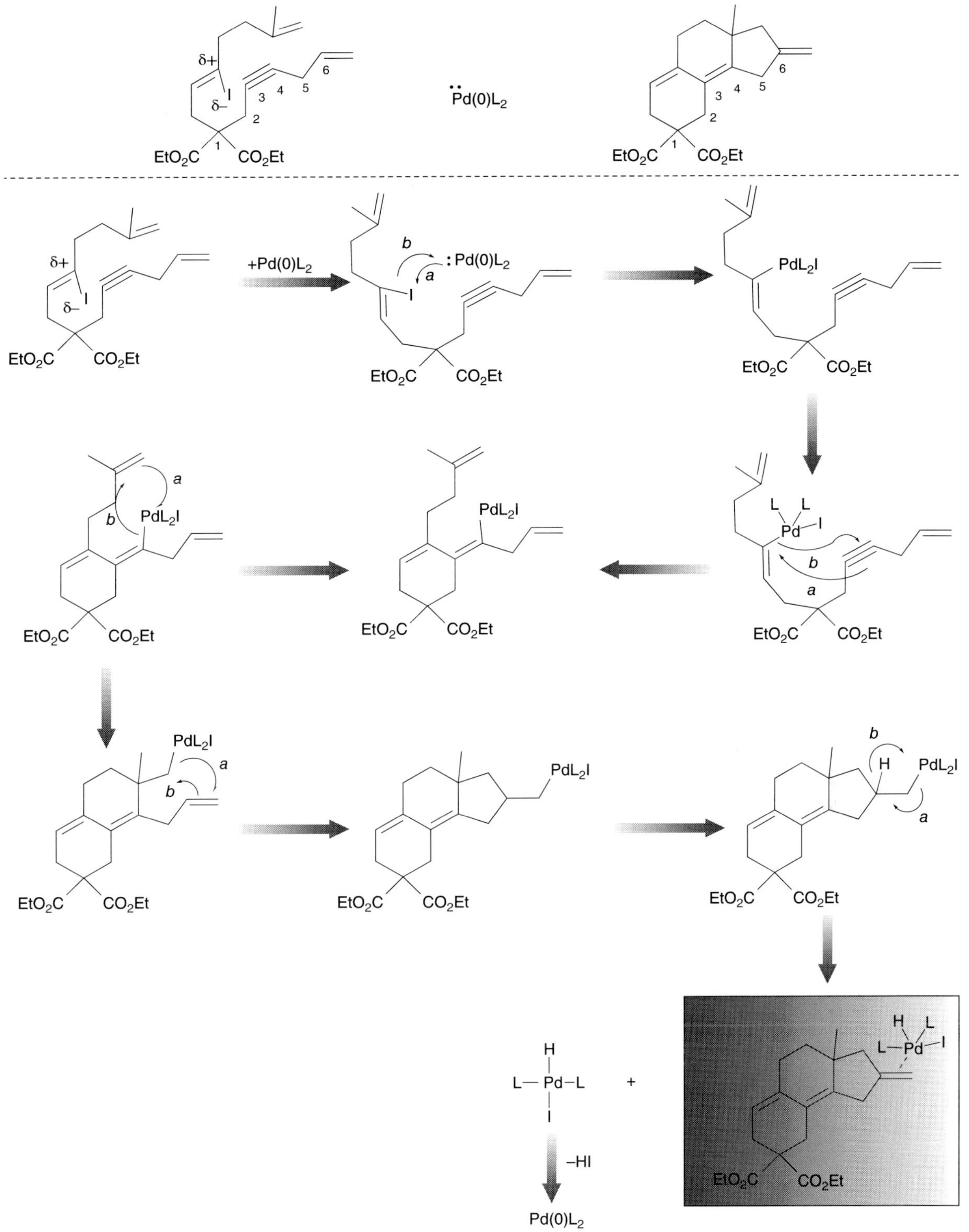
δ+
δ–
I
EtO2C
CO2Et
Pd(0)L2
+Pd(0)L2
PdL2I
-HI

찾아보기

1,2-알킬 이동(alkyl migration) 46, 172
Arndt-Eistert 반응(Arndt-Eistert reaction) 172, 187
Baeyer-Villiger 반응(Baeyer-Villiger reaction) 173, 185
Beckmann 자리옮김(Beckmann rearrangement) 173, 179
Benzyne 중간체(benzyne intermediate) 150, 166
Cannizzarro 반응(Cannizzarro reaction) 70, 97, 173
Claisen 축합(Claisen condensation) 105, 124
Curtius 자리옮김(Curtius rearrangement) 173, 183
Dieckmann 고리화 반응(Dieckmann cyclisation) 105, 109
Drazens 반응(Drazens reaction) 113
E1 제거 반응(E1 elimination) 3
E2 제거 반응(E2 elimination) 3
Favorskii 자리옮김(Favorskii rearrangement) 172, 177
Friedel-Crafts 아실화 반응(Friedel-Crafts acylation) 139, 143
Grignard 시약(Grignard reagent) 50, 70, 76
Heck 커플링(Heck coupling) 207
Hiyama 커플링(Hiyama coupling) 206
Hofmann 반응(Hofmann reaction) 173
Horner-Wadsworth-Emmons 99
Knoevenagel 축합(Knoevenagel condensation) 105, 127
Kumada 커플링(Kumada coupling) 206
Mannich 반응(Mannich reaction) 117
Markovnikov 첨가 반응(Markovnikov addition) 39, 53
Meerwein-Ponndorf-Verley 70, 173
Michael 반응(Michael reaction) 105, 119
Michael 받개(michael acceptor) 118, 131
Molander 커플링(Molander coupling) 206, 215
Negishi 커플링(Negishi coupling) 206, 216
Oppenauer 산화(Oppenauer oxidation) 173
Perkin 반응(Perkin reaction) 105
Pinacol-Pinacolone 자리옮김(Pinacol-Pinacolone rearrangement) 172, 175, 189
Reformatsky 반응(Reformatsky reaction) 105
Reimer-Tiemann 반응(Reimer-Tiemann reaction) 139, 153
Robinson 고리화 반응(Robinson ring annulation) 105
Schiemann 반응(Schiemann reaction) 147
S_N1 반응(일분자 반응)(S_N1(unimolecular) reaction) 2
S_N2 반응(이분자 반응)(S_N2(bimolecular) reaction) 2
Sonogashira 커플링(Sonogashira coupling) 207
Stille 커플링(Stille coupling) 206
Stobbe 반응(Stobbe reaction) 105, 111
Stork 엔아민 합성(Stork enamine synthesis) 115, 131
Strecker 합성(Strecker synthesis) 85, 101
Suzuki 커플링(Suzuki coupling) 206
Tiffenau-Demyanov 자리옮김(Tiffenau-Demyanov rearrangement) 181, 197
Vilsmeier-Haack 반응(Vilsmeier-Haack reaction) 145
Wagner-Meerwein 자리옮김(Wagner-Meerwein Rearrangement) 172
Williamson 에터 합성(Williamson ether synthesis) 6
Wittig 반응(Wittig reaction) 60, 71, 82
α-수소(α-양성자)(α-hydrogen(α-proton)) 104, 118
α-할로에스터(α-haloesters) 98
α-제거(α-elimination) 152, 168
β-다이카보닐(β-dicarbonyl) 118, 132, 184
β-제거(β-elimination) 17
가오존분해(ozonolysis) 37
같은면-첨가(syn-addition) 14
거울상 이성질체 중간체(enatiomeric intermediate) 56
고리 긴장(ring strain) 176, 192
고리 열림(ring opening) 58, 59
공명 안정화(resonance stabilized) 4, 104
금속 교환 반응(transmetallation) 206, 207
나이트로화(nitration) 138
이합체화(dimerization) 188

다이아조 커플링(diazo coupling) 138
다이아조화(diazotize) 48
다이클로로카벤(dichlorocarbene) 152, 168
다이하이드록실화 반응(dihydroxylation) 37
딜스-알더 반응(Diels-Alder Reaction) 37
라세미(racemic) 2, 56
리튬 비스알콕사이드(lithium bisalkoxide) 90
말론산 에스터 합성(malonic ester synthesis) 104
바이닐 스타난(vinyl stannane) 208, 210, 222, 224
반응종료(quenched) 224
방향족성(aromaticity) 38, 64, 138
벤조인 축합 반응(benzoin condensation) 79, 95
벤질 자리(benzylic) 2, 11
부분입체선택적(diastereoselective) 41
분자 내 이웃도움(anchimeric assistance) 8, 18
사이아노하이드린(cyanohydrin) 78, 86, 196
설폰화(sulfonation) 138
세이체프 규칙(Saytzev's rule(Zaĭtsev's Rule)) 3
수소화붕소 첨가 반응(hydroboration) 37, 62, 230
수화 반응(hydrolysis) 45, 67
아미노나이트릴(aminonitrile) 84, 100
아세탈(acetal) 154, 156
아세틸라이드 음이온(acetylide anion) 70, 71
안티-첨가(anti-addition) 41
알돌 반응(aldol reaction) 105, 106, 107
알돌 축합(aldol condensation) 105
알릴성 친핵성 치환 반응(allylic nucleophilic displacement) 2
알카인(alkyne) 36, 44, 218
알켄(alkene) 22, 36, 46
알킬화(alkylation) 6, 104, 139
양성자 이동(proton transfer) 4, 182
양성자화(pronation) 4
엇갈린 형태(antiperiplanar) 3
에스터 가수분해(ester hydrolysis) 17, 66, 132
에폭시화(epoxidation) 6, 22, 37
엔올화 반응(enolisation) 104
열역학적 조절(thermodynamic control) 122, 134
옥사졸론(oxazolone) 88
옥사포스페테인(oxaphosphetane) 82
옥소늄(oxonium) 4, 14, 74
옥심(oxime) 70, 72, 194
위치선택성(regioselectivity) 52, 54, 112
유기리튬(organolithium) 70, 71, 75
유발 효과(inductive effect) 104, 106, 200
인 일라이드(phosphorus ylide) 71, 82
입체 방해(steric hinderance) 110, 112
입체 효과(Steric effect) 2, 22
자동화(automerization) 162
전자-끄는 그룹(electron-withdrawing group) 139
제거 반응(elimination) 3, 14, 60
중수소화(deuteriation) 104, 138
첨가-제거 반응(addition-elimination) 8, 71, 186
촉매 수소화 반응(catalytic hydrogenation) 37
친전자성 방향족 치환 반응(SEAr)(electrophilic aromatic substitution) 138, 140, 168
친핵성 방향족 치환 반응(SNAr)(nucleophilic aromatic substitution) 139, 148, 165
콘쥬게이션 다이엔(conjugated dienes) 36
콘쥬게이션 첨가(conjugate addition) 80, 134
큐프레이트(cuprate) 150, 224
탈양성자화(deprotonation) 4, 32, 122, 234
탈카복실화(decarboxylation) 104, 108, 184
토토머화(tautomerisation) 48, 72, 118
팔라듐/숯 촉매(palladium-charcoal catalyst) 52
피브알데하이드(pivaldehyde) 92
하이드라이드(hydride) 70, 173
하이드록실(hydroxyl) 4, 8
할로젠화(halogenation) 37, 104, 138
할로젠화 바이닐(vinylic halides) 2
할로젠화 아릴(aryl halides) 2, 139
헤미아세탈(hemiacetal) 70, 82
호프만 규칙(Hofmann's rule) 3
호프만 제거 반응(hofmann elimination) 15, 31

| 역자 소개 |

이창윤
서울대학교 화학교육과 석사
현) 서울대학교 화학교육과 박사과정
현) 다패스임용고시학원 화학 강사

유기화학 반응 메커니즘의 단계별 접근법

| 저 자 Mark G. Moloney
| 역 자 이 창 윤
| 발 행 인 주 정 희
| 발 행 처 자유아카데미
| 주 소 경기도 파주시 회동길 37-42
파주출판도시
| 전 화 031-955-1321
| 팩 스 031-955-1322
| 홈페이지 www.freeaca.com
| 전자우편 main@freeaca.com(대표)
editor@freeaca.com(편집)
crm@freeaca.com(영업)
| 등 록 제406-2003-017호, 1980. 7. 12
| 제1판1쇄 2017년 2월 5일 발행
| 정 가 20,000원

역자와의
협의하에
인지생략

ISBN 979-11-5808-118-8 93430